国家文化和旅游科技创新工程项目“基于XR沉浸式传统戏曲创新研究”
文化和旅游部重点实验室资助项目“基于XR沉浸式越剧表演艺术创作研究”

演艺新媒体交互设计

New Media Interactive Design in Performance

张敬平 著

復旦大學出版社

Preface

推 荐 序

当我坐下来为张敬平先生的新作写序时，回顾 Isadora 的发展历史，我心生感慨。

我将以我曾提到过的一点开篇——事实上我屡次提及此点，现在它已经变成我的碎碎念。当我最初勾勒我心目中的 Isadora 时，当时唯一的想法是创造一种工具来满足最狂野同时也最自我的艺术欲望。那时，我想象不到，20 多年后，我会坐下来，把 Isadora 介绍给想用其为艺术服务的中国艺术家们。我对自己的艺术生涯已颇为满意，但得知当初从我指尖诞生的那些程序代码可以为众多艺术家提供灵感与帮助时，我更感到无限满足。我很感激诸位能在此阅读这些文字。

从另一方面讲，自 Isadora 诞生后，有一点从未改变。我一直由衷期望 Isadora 带给您的快速而流畅的艺术创作体验，会激励您超越自己的艺术目标，引领您开启一个意料之外的奇幻世界，而这个世界原本就存在于您的脑海之中。恰如一位雕塑大师手中的锤与凿，Isadora 这个软件将会变成您双手的拓展，每念及此，我深感荣幸。

Isadora 创建图像和声音的转换的能力也许令您与观众惊叹不已，该功能非常吸引人。我想提醒您的是，这一点并不重要。让观众对此赞叹欢呼如同给他们一粒糖果：吃的时候甘美无比，之后却不会记忆深刻。相反，我希望您能够用 Isadora 为观众做出一场七道主菜的盛宴，令其味蕾时时体会惊喜，甚至偶尔也尝些苦涩的味道，因为恰是这种体验的复杂性才能创造出令观众难以忘怀的经历。让我换句话告诉您这个思想。一位睿智的艺术家曾经告诉我：艺术不仅关乎愉悦，它也是关于意外的，甚至是困难的体验。

最后，我想告诉诸位，Isadora 不是一个功能脆弱的软件。当您输入看似不正确的参数值时，或者用一种无意义的方式连接程序块时，Isadora 不会崩溃。相反，我要鼓励您在 Isadora 上尝试您所有的疯狂想法。如果您这样做了，我保证，Isadora 将会带您进入一个充满创新和发现的领地，它所呈现的一切都源自您的思想。想到 Isadora 可以让您如此艺术地表现自己，我感到无限欢欣。

我期盼见到，当艺术家们投身到 Isadora 这个充满无限可能的世界中后，所发生的一切奇妙经历。

Isadora 的创造者 Mark Coniglio

维也纳 2020

Preface

作 者 序

Isadora 3，是一个可随着您的创意做出响应和演化的人性化的平台，可以精细化创作出令人惊艳的实时音视频特效。

无论您是艺术家、设计师、技术人员还是学生，您都需要将视频、音频和其他媒体编织在一起，Isadora 随时准备为您的创作提供动力，它将媒体服务器的视频和音频处理引擎与超灵活的视觉编程环境相结合，以创建功能极其强大的媒体播放平台。

Isadora 能用于多媒体戏剧制作或演出排练空间快速可靠的媒体播放，它提供了一种经济高效且易于编程的解决方案，用于快速媒体播放和编 Cue，它也可以很容易地与其他软件媒体工具连接。

欧美一些顶尖艺术家使用 Isadora 创作引人入胜的现场表演和互动艺术装置。表演艺术家、设计师、视听技术专家和 VJ 等各类创作者可以通过 Isadora 提供的身临其境的反应式系统来创作独特的环境、即兴表演、试验性体验。

笔者是在 2013 年 1 月参加上海戏剧学院与布朗大学、杜克大学、纽约大学和耶鲁大学联合举办的冬季学院学习时第一次接触到 Isadora。布朗大学的托德·温克勒教授在其多媒体戏剧讲座上，给听众演示了如何利用 Isadora 进行视频与表演者、音乐与生成视觉、表演者肢体动作与音乐之间的实时交互，并邀请听众到舞台上面对着摄像头进行现场表演，让听众体验交互即兴实时多媒体戏剧创作的过程。我当时就被 Isadora 令人惊叹的创作能力所吸引。在此之前，笔者在多媒体戏剧创作和教学中曾使用过 Watchout、VVVV、Max/MSP/Jitter、Quartz Composer 和 TouchDesigner 等创作工具，这些工具也非常棒。但自从参加了那个讲座后，笔者就认定 Isadora 也是一个非常优秀的可视化交互创作平台，它非常适合多媒体戏剧领域的交互创作。随后，笔者开始学习和研究 Isadora。2013 年 4 月，笔者购买了 Isadora USB Key License，并正式将 Isadora 应用在新媒体艺术专业的课程教学与创作实践中，利用它进行多媒体戏剧的交互创作与媒体播放以及交互艺术装置设计与创作等。之后，在 Isadora 官网论坛上结识了很多热爱 Isadora 的艺术家，如 Isadora 创造者 Mark Coniglio 和澳大利亚的新媒体艺术家 Tim Gruchy 等。2018 年 6 月，笔者与 Tim Gruchy 一起在上海大学上海美术学院举办了为期两周的 Isadora 交互艺术创作工作坊。

正如 Mark 先生在本书推荐序中所说:“Isadora 带给您的快速而流畅的艺术创作体验,会激励您超越自己的艺术目标,引领您开启一个意料之外的奇幻世界……”。经过 7 年多的学习和创作实践,笔者也深刻体验到了 Mark 给我们描绘的奇幻世界,同时笔者也想借此机会感谢 Mark 先生及他的团队为大家创造了这样一个优秀的可视化创作平台。因此,笔者希望通过本书带领大家一起进入交互艺术创作的奇幻世界。

本书各章内容如下:

第一章介绍新媒体交互艺术概念、交互系统构成、常见新媒体交互艺术创作平台比较,并重点介绍在新媒体交互艺术领域 Isadora 可以做什么。

第二章通过介绍一个具体实例的创作过程,让读者初步了解 Isadora 的软件界面、基本使用方法和使用流程,同时也初步展现出 Isadora 的交互创作魅力。

第三章介绍 Isadora 场景编辑器的详细使用方法。了解这点非常重要,因为场景编辑器就是可视化编辑和组合 Actors 的区域,是进行可视化编程的区域,Isadora 的绝大部分工作都是在这个区域完成的,因此,能驾驭场景编辑器,将大大提高您的创作效率。

第四章介绍常用的视频特效 Actors。本章将所有的视频特效 Actors 分成单一视频输入和多视频输入两类,分别进行介绍,一些重要的或较难理解的 Actors,笔者还专门设计了一些应用案例进行应用示范。

第五章介绍如何通过 Web Camera 或专业摄像机进行捕获现场视频的初始化设置、获取视频后的视频处理方法以及常见的应用场合的创作分析与示范。本章的相关知识和方法经常在多媒体戏剧的创作和演出中得到应用,希望读者认真学习、思考,并参考本章的示范多做一些拓展性创作实验。

第六章介绍如何使用 User Actor 组织若干个演员,并使用 User Input 和 User Output 定义其输入输出参数,从而定制编写属于自己的 Actor。创作者可以将组合在一起以完成某个特定任务的 Actors 集合打包成一个用户 Actor,在日后可以反复使用它,这样可以使代码简练,且可大大提高创作效率。

第七章首先介绍了场景的相关知识,然后重点介绍如何设计场景、控制场景以及调度场景等。

第八章介绍常用的数值计算和交互逻辑控制等 Actors 的使用方法。若想让 Isadora 程序具有强大的交互与控制能力,您必须要深耕本章的内容。

第九章介绍如何利用一些常见的 Actors 自动生成数据,并将数据动态赋值给实时生成图形或例子等 Actors,从而实时生成图形艺术内容。通过本章的学习,您可以创作一些基本的实时动画或粒子特效等,从而生成艺术作品。

第十章介绍如何启动控制面板以及控制面板中的主要控件的基本使用方法,让您掌握如何设计一个美观的程序交互控制界面,并学会如何将每一个控件与场景编辑器中的 Actors 的属性进行关联,从而实现交互控制的目的。

第十一章介绍音视频输出之前相关硬件的基本设置方法,并重点介绍了舞台视频输出的设置、舞台布局编辑视图以及多屏融合工具的应用，最后介绍声音的播放以及多声道声音的输出设置等。

第十二章介绍 Isadora 内置的强大的 Mapping 工具 IzzyMap 的使用方法和流程，并通过案例示范进行阐述。

第十三章介绍如何通过 MIDI 协议、OSC 协议和串口协议等实现 Isadora 与外部设备之间、软件与软件之间的数据通信或同步等操作。

第十四章介绍如何安装常用的 Isadora 插件，以扩展其功能，并详细介绍如何将 Internet 上优秀的 GLSL Shader 效果快速移植到 Isadora 中。

第十五章通过详细介绍 4 个作品的创作过程，让您了解利用 Isadora 进行新媒体交互艺术领域作品创作的步骤、方法和流程等。这 4 个作品是笔者给上海戏剧学院 2019 级新媒体艺术专业开设的"舞台新媒体技术基础"课程的期末作业作品——*Human to See*、《事实》、《工作细胞》和《再 · 生》，分别由贾慷诚、耿圣玉、黄沁仪和胡媛媛创作。该章中 4 个作品的创作阐述的原稿也是由 4 位学生分别撰写的。在此，笔者非常感谢他们为本书所做的贡献。

张敬平

2021 年 1 月 20 日

Contents

目　　录

第一章

新媒体交互艺术概述

一、引言

从20世纪中期第一台计算机问世，仅仅几十年的时间，计算机技术不断更新迭代，以惊人的速度向前发展。科技日新月异的发展推动了经济、文化的发展，也为艺术创作注入了新的活力。

多媒体技术的出现可以使您感受到两种或者两种以上的媒体通道同时存在的状态，实现人机交互式信息交流，并且可以根据自己的喜好选择任意的通道。它的特性是信息的多样化、交互性、集成化。人机交互交流是多媒体最大的特点，人与机器、人与人之间的互动和交流能够根据人的需要得到实时控制。其中，交互性的出现是交互艺术发展的一个重要里程碑，但它只是根据您设置的简单、原始的指令来进行机械式的操作，没有达到真正意义上的互动，为了使数字技术能更好地实现多元化的艺术作品，新媒体技术出现了。新媒体艺术始于20世纪90年代初期，随着计算机快速地更新换代和成本降低，越来越多的人开始了计算机图形艺术的研究和创作，新媒体艺术在原始模仿录像艺术的过程中慢慢成为一个新的分支，并不断地完善而独立壮大起来。

新媒体艺术是指运用新媒体技术创作的艺术作品，如数字艺术、计算机图形学、电脑动画、虚拟艺术、互联网艺术、新媒体交互艺术、声音艺术、视频游戏、电脑机器人、3D打印、半机械人艺术和生物技术的艺术。对新的媒介的关注是当代艺术的一个关键特征和现象，许多艺术学校和综合性大学现在开设了新媒体相关专业，国际上也出现了越来越多的相关研究生课程。新媒体艺术通常包括艺术家和观众之间的互动以及观众和艺术品之间的互动，艺术品会对观众做出回应。这种互动、参与和变革的形式作为新媒体艺术的共同基础，与当代艺术实践的其他部分有着相似之处。

新媒体交互艺术(Interactive Art/Interactive Media Art)是运用Isadora等交互创作工具在交互装置、沉浸空间以及舞台表演等领域进行交互媒体设计与创作并能让观众参与其中的一种艺术形式。一些交互式艺术装置通过让观众“走进”“踏上”和“环绕”它们来获得交互体验感；另一些作品则要求艺术家或观众成为艺术作品的一部分[1]。新媒体交互艺术就是建立在以一定的计算机软硬件为平台的人机之间或不同人之间进行互动的艺术，是以物理媒介为基础的交互艺术，它能使观众参与、交流甚至“融入”作品，并成为作品的组成部分。新媒体交互艺术的呈现方式是通过创作与观众互动而产生意义的艺术作品。作品向观众展示某种系统，允许观众据此有所行动，这样就提供了互动的可能性；作为回报，观众则获得了某种出乎意料的体验。如果没有观众的参与，作品则处于未完成状态，称不上是一件完整的艺术作品，因此，观众的参与是必不可少的。

近年来，随着智能终端的出现与普及，跨界艺术家们利用最新的科技手段进行新媒体交互艺术创作，呈现出精彩纷呈的艺术作品。有些作品通过智能手机与观众交互；有些作品通过智能体感设备（如任天堂的 Wii、索尼的 Eye3 Playstation 以及微软的 Kinect 和英特尔的 Realsense 深度摄像机等设备）感知观众的行为，从而实现观众与作品的交互；还有些作品通过开源硬件（Arduino 等）和一些智能感应器（包括温度感应器、湿度感应器、超声波距离感应器、红外感应器、声音感应器、光敏感应器等）结合，与电脑通信，实现艺术作品与物理世界的互联互通。

这类艺术作品通常以计算机、人机接口以及传感器为特色，通过人机接口设备、传感器甚至创作者编写的算法等，以响应运动、热量、气象变化或其他类型输入等外界信号，再通过特定的程序（Isadora、VVVV、Max/MSP/Jitter、Processing、TouchDesigner 和 Open Framework 等）处理，将捕获的信号结合其他综合媒体素材，通过显示终端或其他物理界面呈现给外界，经过信号的输入—处理—输出这一流程，实现人与计算机的交互。

总之，随着信息技术的进步，大量的艺术家和艺术创作爱好者积极地加入跨界的新媒体交互艺术设计与创作中来，必将创作出更多更好的新媒体交互艺术作品，推动新媒体交互艺术进入更高的境界。本书将带领读者运用 Isadora 这个优秀的可视化交互创作工具平台，以交互设计的方式整合多种媒介，进行新媒体交互艺术创作。

二、新媒体交互艺术作品欣赏

（一）展览展示领域交互应用

新媒体交互艺术在 2010 年上海世界博览会中得到广泛应用，很多场馆都采用新媒体交互艺术展示自己国家或地区的风景、文化、生活和场景。新媒体交互艺术在上海世博会的应用大大推动了我国新媒体交互艺术的发展。

笔者当年有幸被借调到世博局，主要负责世博会的虚拟现实与展示的相关工作，接触到很多场馆的新媒体交互艺术作品案例。这些作品偏重于介绍国家或企业文化等功能性

① Interactive Art，https://en.wikipedia.org/wiki/Interactive_art。

的交互应用。下面分享部分交互艺术作品案例。

1. 澳大利亚馆互动装置——介绍相关企业文化

澳大利亚馆的这个互动装置主要通过播放企业的宣传视频来介绍澳大利亚的企业。它的主要互动方式是:液晶屏下面有一个摄像头,可以拍摄到正常的人流和周围的陈列。参观者将画有企业标识的木板竖起,对准前方的摄像头,稳定1～2秒后,前方的液晶屏便会显示企业的宣传视频,并自动播放,木板上的标识离开摄像头的范围,视频即终止,又恢复成正常的摄像状态。如图1-1所示。

2. 芬兰馆的互动装置——卡通互动

芬兰馆的这个互动装置富有童趣,能与其国内有名的卡通形象产生互动。参观者拿起手机或者IPAD等多媒体显示装置,将摄像头对准台面上的黑色标识,当手机或者IPAD等屏幕上显示摄像头对准的画面时,移动终端的画面上就会出现一个立体卡通形象,并与参与者进行相应的互动,十分生动有趣。如图1-2所示。

图1-1　2010年上海世博会澳大利亚馆的交互视频播放装置

图1-2　2010年上海世博会芬兰馆的类似增强现实互动

3. 天下一家互动装置——体感游戏

天下一家的这个互动装置主要是让参与者置身于液晶屏展示的优美的童话故事背景中,参与格斗游戏,不必借助任何其他设备。只要参观者的左右手分别戴上红色和蓝色的手套,就可以前后左右地挥舞拳头与前方液晶屏中的游戏角色进行格斗。该互动装置让参与者不需要借助传统的键盘或鼠标,以一种直接体感的方式即可进行游戏,让参与者体会到其真实性,既刺激又有趣,是游戏与交互设备的完美结合。

该装置主要通过摄像机识别手臂上的颜色,从而判断左右手的运动方向,然后将信号传递给游戏中的虚拟角色,从而实现现实中的参与者控制游戏虚拟角色的左右手运动并进行简单格斗。这算是体感游戏的简单雏形,虽然比起任天堂的Wii和微软的Kinect体感互动游戏体验感要差一些,但是这个案例给新媒体交互艺术创作带来一个启发:交互过程的实现就是一个信号数据的传递,艺术作品创作的关键在于作品的创意点和内容表达。如图1-3所示。

图 1-3　2010 年上海世博会的类似体感互动

图 1-4　2010 年上海世博会德国馆的色彩识别交互

4. 德国馆的互动装置——喂养兔子

德国馆的这个互动装置通过展现人和兔子的互动，表达了人与自然以及人与动物的和谐相处之道。主要互动方式为：参与者在一个装饰成兔笼子的装置前，拿起橘色的胡萝卜在铁丝网前晃动，过一会儿，一只兔子影像便会由于受到食物的诱惑而出现在笼子里，并靠近参与者所持的胡萝卜。参与者会亲身感受到给兔子喂食的有趣体验。如图 1-4 所示。

5. 斯洛伐克馆的互动装置——《许愿池》

图 1-5　2010 年上海世博会斯洛伐克馆的识别手势互动

斯洛伐克馆的这个互动装置充分利用了斯洛伐克独具特色的许愿池，当观众用手滑动许愿池的表面时，一汪池水便会荡漾开来，漂浮在水面上的莲花也会随之摇摆晃动，许愿池里还有五颜六色的锦鲤，当参与者尝试用手去捞取它们时，这些锦鲤会像受到惊吓一样向四面八方游弋开去，仿佛一切都是真实的。最特别的是，如果运气好的话，会有金币掉入池中的金杯里，然后跳跃出不同的祝福语，让参与者既感受到互动的乐趣，又收获到美好的祝福。整个作品传递出一种生动自然的气息，使人乐在其中。如图 1-5 所示。

6. 上海企业联合馆互动装置——《魔方》

上海企业联合馆堪称是整个世博园区内互动装置最多的展馆，而其《魔方》更是别出心裁。除了在名为“魔方控制室”里播放的 360 度环幕影片让观众感到震撼之外，里面还设有多台摄影机和各种感应器，当观众在观赏影片时进行鼓掌、挥手等动作时，场馆外整个建筑的 LED 灯光也会随之发生变化，并且通过直播信号让观众看到自己对“魔方”的改变，互动效果十分炫目。

“魔方”的寓意是让人们感受到，自己的一点一滴和举手投足都能改变这个世界。所以，展馆还通过光纤芦苇等形式，让展馆 LED 屏幕的颜色和效果随着观众的随意动作而改变。所有这些，都与“魔方”是遥相呼应的。如图 1-6 所示。

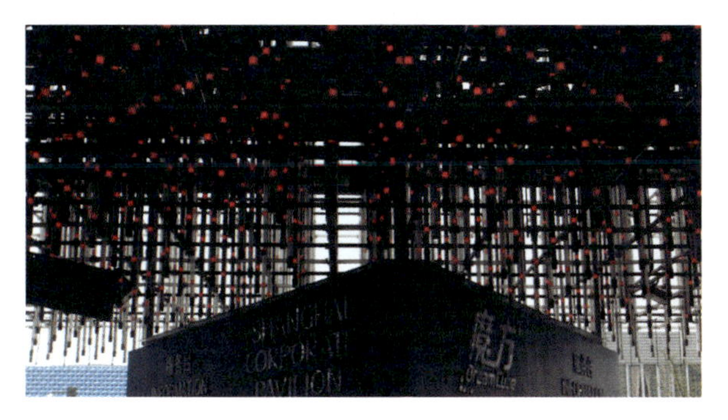

图 1-6　2010 年上海世博会上海企业联合馆的“魔方”

7. 德国馆的互动装置——金属互动球

德国馆的高潮就是它的最后部分“动力之源”。这个可以容纳 600 人的大厅的圆形环廊是一个圆锥形的空间，圆锥的中间悬挂着一个重达 1 500 千克、直径达 3 米的巨大金属球，四周则有一圈供游客驻足的走廊。黑漆漆的大厅里，两个虚拟主持人邀请观众同时大声呐喊，随着呐喊声的加大，声控装置受到感应，动力球开始慢慢地摆动起来，声音越大，摆动的幅度越大，甚至会绕圈飞行。圆球表面覆盖着 40 万根发光的 LED 管，会逐渐闪现出德国人对未来城市生活的畅想画面，奇妙的金属球像是格林童话里的水晶球，预示着人们对未来美好生活的向往①。如图 1-7 所示。

图 1-7　2010 年上海世博会德国馆的动力之源

（二）交互装置艺术作品

1.《镜花水月》

《镜花水月》是一件应用了增强虚拟现实技术创作的互动装置艺术作品，它结合装置、

① 《德国馆，可持续发展典范》，《羊城晚报》2010 年 4 月 25 日。

图 1-8 《镜花水月》

影像、声音等多种元素，实现虚拟世界的虚拟元素（影像）与真实物理空间的人和道具之间的互动。作品利用计算机实时生成图像的方式产生虚拟影像，通过投影投射到水面上，呈现出花朵漂流在水面上的动态效果。在现实环境中，使用者手持实体勺子，以直觉的方式捞取虚拟环境中漂浮在水面上的花朵。这不仅是实体物质介入了虚拟环境，而且虚拟环境中的元素也动态地投射在实体上，构成了虚实间的互动关系。如图 1-8 所示。

2.《火球》

《火球》是一个外形为球形的半透明膜体剧场，内置燃点温度感应器，观众在剧场内可随意点燃感应点火头，引发火焰“喷射”。火焰由小变大直至穹顶，持续约 2 分钟后转换成浓烟，此时可再次引发火焰。如图 1-9 所示。

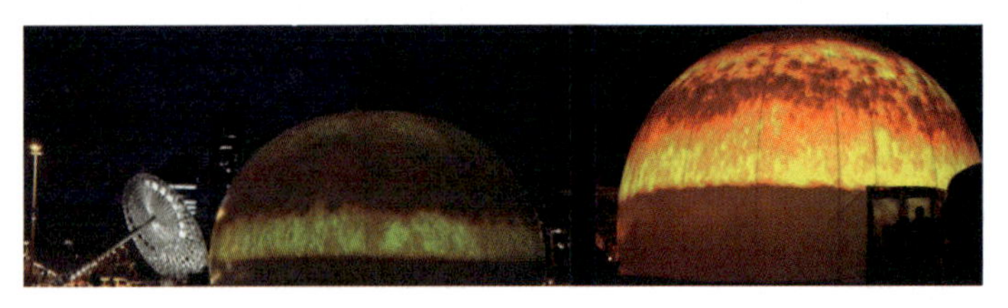

图 1-9 《火球》

这个巨大的球形剧场，直径为 12 米，材料为透明膜体。内置 12 台燃点温度感应器，5 台投影机拼接融合成 360 度穹形图像。若 12 个感应器都被触发，火焰喷射图像将布满整个环形穹顶屏幕。参与的观众越多，频率越高，其火球烈焰“喷射”图像的烈度越高，持续时间越久，直至火焰“喷射”环绕整个穹顶，此时，在球形剧场外远距离观看，球形建筑转变成一团火红色，成为燃烧的真正的“火球”[①]。如图 1-10 所示。

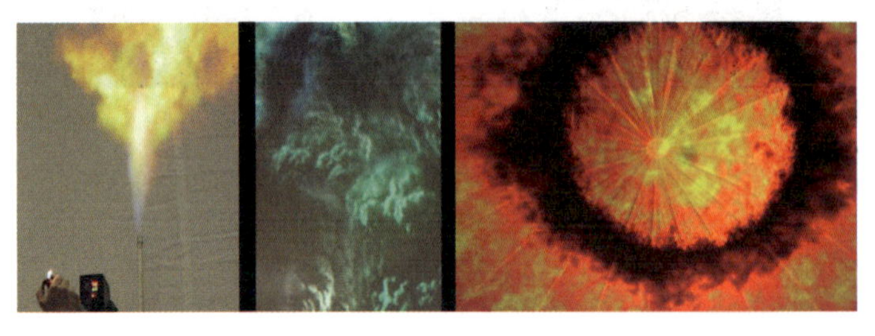

图 1-10 《火球》作品交互过程

① 《装置〈火球〉及作者杜震君介绍》，新浪文化，http://cul.book.sina.com.cn. 2007/12/22。

《火球》是沉浸性视频互动装置。《火球》作品刷新了人们对平面视频的概念与感受情绪，以全方位沉浸性视频与观众互动。它遵守互动游戏的规则，尊重作品结果的开放性，以观众之手制造作品，作品每时每刻都能反应和感受到观众的情绪，而观众也在“火球图像引放者”和“360 度穹顶视频感受者”这双重身份之间转换，由此成为一次全方位改变视频审美的实验。在互动之下不断爆炸、塌落、复升的烟火弥漫于整个视频空间，沉浸性视觉使人感受到重力性缺乏而恍惚于空间之中。图像在烈火浓烟中隐约飘现出全球 200 多个国家和地区的国（区）旗，国（区）旗溶于烈焰中，寓意在全球化趋势下国家界限的日趋模糊。

三、交互控制系统

（一）系统的构成

交互控制系统可以被看作新媒体交互艺术作品的神经系统，用来感知人的反应及环境的变化，并且驱动作品运动，发出声响，产生视觉影像等。它是新媒体交互艺术作品与参与者之间的沟通桥梁。

一件新媒体交互（装置）艺术作品的控制系统常常由输入接口、输出接口、控制硬件模块以及交互逻辑控制程序等部分组成。其可能的系统架构如图 1-11 所示。

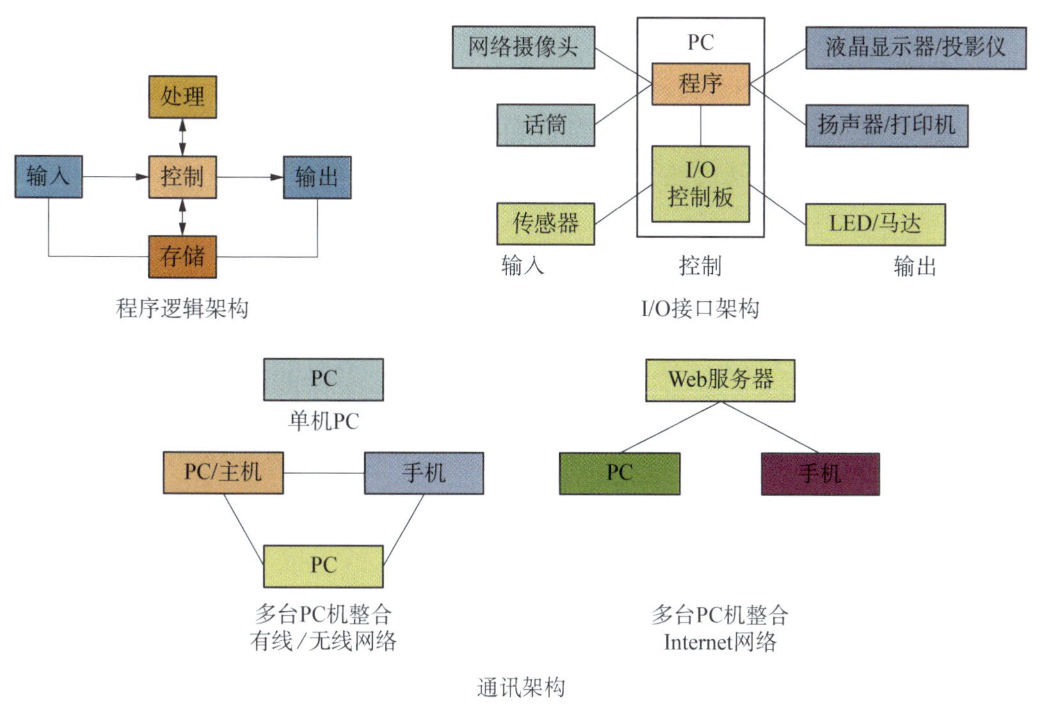

图 1-11　交互控制系统结构示意图

1. 输入接口

在新媒体交互艺术创作中可能的输入接口有：

① 可以感知和获取来自人的动作、人的操作、环境的变化或艺术作品本身的变化而产生的信息等，然后将其转换为数字信号并传送至控制器。

② 现场视频也可以视为一种参与者信息的输入。常常可以利用 webcam 或深度摄像机等获取输入影像，然后设计算法并作出相应的反馈。

③ 在特定的艺术创作中，有时要获取物理世界中某些特殊的信息作为互动参数，这就必须得到工程师的协助，定制特定的感知电子元件，作为输入接口。

2. 输出接口

在选择新媒体交互艺术作品的输出接口时，要着重思考作品需要给参与者什么样的体验。在新媒体交互艺术创作中，常见的输出接口有：

① 显示器、LED(LED 阵列、LED 屏或 LED 灯带)或投影机的影像输出接口。

② 喇叭等声音输出接口。

③ 舵机、步进电机或伺服电机等驱动机构装置产生运动的动力输出接口。

④ 自主设计定制一组可以上下摆动的开关作为驱动源，作为另一种装置的输出装置。可以在开关上连结不同颜色的色板，形成视觉化输出效果装置。

（二）互动形式

常见的互动形式有以下 3 种形式：

① 参与者与参与者之间通过艺术作品的装置来互动。

② 参与者与装置间的互动。两者之间以声音、文字、动作、触摸甚至是眼神或气氛的营造或来自互联网的数据来互动，既可以是单一的方式，也可以是多种方式的组合。

③ 艺术装置(装置整体或部分)与装置(另一装置/装置的另一部分)之间的互动。

（三）控制程序

对于一些艺术创作者来说，在新媒体交互艺术作品的创作过程中，作品控制程序的设计是一个不小的门槛。其实，若您沉下心来面对并思考，也没有想象得那么难。控制程序的逻辑与平时生活中用自然语言去分析问题、解决问题的逻辑是完全一致的。下面通过一个示例来说明：利用自然语言创作一幅图形的思维过程及表达方式，然后采用计算机程序代码的方式绘制该图形。如图 1-12 所示。

绘制自然语言思考的过程与表达如下：

从画一个点开始；

在画布上的某个位置画一个点；

希望将这个点涂成蓝色；

希望这个点的颜色会随时间的改变而改变；

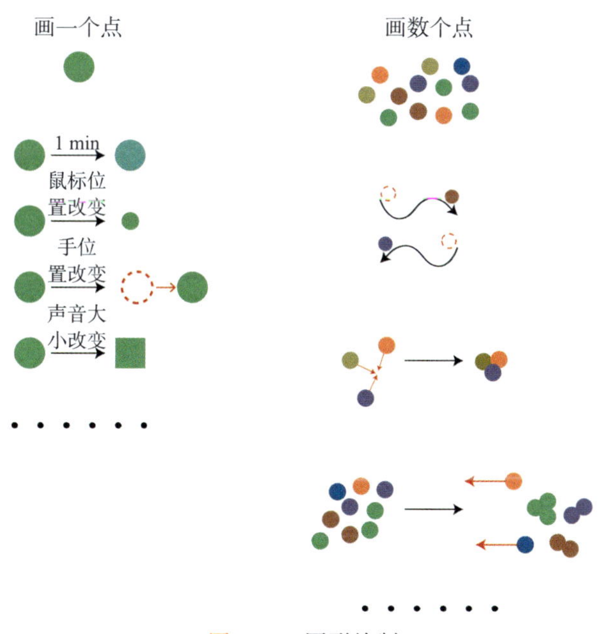

图 1-12　图形绘制

希望这个点的大小会随鼠标位置的变化而变化；

希望这个点的位置会随观众位置的改变而改变；

希望这个点的形状会随环境中声音音量的改变而改变；

想在画布上画若干个点；

希望每个点都能沿着曲线或像流水般地移动；

希望不同的点相互碰撞时粘在一起；

希望不同的点相互碰撞时，仅仅是相同颜色的点才粘在一起，不同颜色的点会各自向反方向弹回去；

希望每个点的大小随音乐音量的改变而改变，并且在变化时留下轨迹，有拖尾效果；

希望每个点的颜色会随周围环境温度的变化而变化；

希望每个点的颜色、大小、形状、位置由计算机随机生成(计算机决定，数值具有不确定性)；

希望画布上的点的数量随时间的延长而增加，若超过某个设定阈值后，再随时间的延长而减少，若小于 0，再随时间的延长而增加；

希望……

利用程序的语法把这些想法、逻辑编写出来，其表达如下：

点的语法是 point(x, y)，其中，(x, y)可以控制点的位置；

fill(r, g, b)与 point(x, y)的组合可以控制点的位置及颜色

ellipse(x, y, rx, ry)可以控制点的位置及大小，其实就等于在画圆；

fill(r, g, b)与 ellipse(x, y, rx, ry)结合,可以在画的圆中填充颜色;

rect(x, y, dx, dy)可以画方形,也就是可以改变点的形状。

上述以(x, y)表示位置、(rx, ry)表示大小、(r, g, b)表示颜色、ellipse()/rect()表示形状等,即为程序的绘图思考模式,这些也是程序创意的来源所在。

若在上述程序绘制基本图形的基础上,再加上随机的状况,条件规则的设计与设定,最后会以什么样的结果呈现,已经是无法想象的了,其创意也是无限的。

以程序的思考模式绘图,其实是在设计图像变化的规则,也即算法。

所谓的数字化创作,就是参数的调整或规则的改变。以程序的思考模式绘图,具有未知、随机、互动的特性,能引发每个人无限的想象空间。这就是为什么它会那么吸引人的地方。

在新媒体交互(装置)艺术作品的创作中,还需要进一步了解或思考以下因素,它们有益于设计与编写一个好的控制程序。

(1) 控制程序是整个新媒体交互艺术作品非常关键的要素。只有好的交互控制程序,才能给观众一个更好的参与体验,在观众的参与下,完成与呈现交互艺术作品。

(2) 艺术作品的主题或内涵是根本,是出发点。必须依据艺术作品想要表达的内涵,来设计最恰当的转换逻辑,也要考虑视觉输出的呈现,做到作品内容、交互形式和艺术呈现的统一。

(3) 一个复杂的新媒体交互艺术作品,常常需要由艺术家、设计师和工程师等相关人员组成的团队共同完成创作。工程师要不断地与艺术家交换意见,从而设计出最合适的控制逻辑及程序。

(4) 控制程序与逻辑常常由以下这些内容组成:

① 数值映射与变换或数码转换;

② 公式,函数或方程式;

③ 模型鉴别;

④ 逻辑推理;

⑤ 过程控制及顺序控制;

⑥ 随机、随机数、噪声等;

⑦ 控制逻辑的创意等。

关键是要找出输入数值的参数种类有哪些,输出数值的参数种类有哪些,预设的状态是什么,可能的过程状态是什么,希望最终的可能结果是什么,等等。如此便可以设计出一个有创意的控制逻辑[①]。

---

① 李家祥:《互动技术概念》,https://www.digiarts.org.tw/DigiArts/DataBasePage/4_88532502521098/Ch。

四、新媒体交互艺术创作平台

目前，新媒体交互艺术创作平台很多，这里所说的创作平台，是指可编程的交互创作平台。常见可编程的交互创作平台有 Processing、Open Framework、Quartz Composer、Puredata、Max/MSP、Vuo、VVVV、TouchDesigner 和 Isadora 等。其中，Processing 和 Open Framework 是代码编程，其他的都是节点编程。下面介绍目前比较流行的 5 个创作平台，它们的很多功能既有相似之处，又各自有不同的特点和优势。只要熟练掌握以下任何一种创作工具，都能够完成大部分新媒体交互艺术创作。

（一）Processing

Processing 是一门开源编程语言，提供了对图片、动画和声音进行处理的编程环境。它是一种以艺术为导向的用代码进行学习、教学和创作的工具。

Processing 诞生于美国麻省理工学院媒体实验室（MIT Media Lab），Casey Reas 和 Benjamin Fry 发起了该项计划。麻省理工学院媒体实验室一直致力于将科技、媒体、科学、艺术以及设计融合到一起。所以，Processing 融合了艺术和科学性：它以数字艺术为背景，通过可视化的方式进行编程，在 Java 语言的基础上简化语法，并具备跨平台的特性。

Processing 最初只是一门编程语言，因为发展势头好，在 2012 年的时候成立了 Processing 基金会，开始横向拓展其他项目，如 p5. js（支持在浏览器上创意绘图），Processing. py（Python Mode，能在 Processing 开发环境中用 Python 语言输写创意代码）等。

Processing 具有以下特征：

1. 开源而简洁

Processing 是一个完全开源，免费下载，无需安装，无需配置开发环境，直接运行，界面简洁，容易上手，基于视觉的代码编程创作平台。

2. 资源丰富

Processing 的官网有丰富的学习资源和参考案例。官网将大量的开发者、艺术家和创意编程者聚集在一起，通过公开交流创意和作品来实现代码的共享，爱好者想要的大部分学习文档和教程都能在这里轻松找到。

（二）Open Framework

Open Frameworks（以下简称 OF）设计的初衷不是为计算机专业人士准备的，而是为艺术专业人士准备的，就像 Processing 一样。也有人说它是一个 C++ 版的 Processing。

OF 是一个开源的 C++ 框架。旨在通过为实验提供简单直观的框架来协助创作过程。OF 被设计为像多功能的瑞士军刀一样来解决各种问题，并将以下常用的第三方库整合在一起：

（1）图形：OpenGL，GLEW，GLUT，libtess2，cairo；

（2）音频输入、输出与分析：rtAudio，PortAudio，OpenAL and Kiss FFT 或 FMOD；

（3）字体：FreeType；

（4）图片加载与导出：FreeImage；

（5）视频播放与生成：Quicktime，GStreamer，videoInput；

（6）多功能工具库：Poco；

（7）计算机视觉：OpenCV；

（8）加载三维模型：Assimp。

这些库虽然遵循着不同的规则和用法，但 OF 在它们的基础上提供了一个通用的接口，使得使用它们变得很容易。

OF 的框架代码支持跨平台，目前支持五种操作系统（Windows，OSX，Linux，iOS，Android）和四个 IDE（XCode，Code::Blocks，Visual Studio，Eclipse）。所有的接口都采用简单易读的模式设计。

（三）VVVV

VVVV（简称 4V）是由德国 MESO 公司开发的一款用于实时创作新媒体装置的交互工具，最早仅在 MESO 公司内部使用。随着 MESO 公司在商业项目上对 VVVV 广泛地运用和推广，以及 VVVV 具备实时性、可视化的编译特性，很快在全球聚集了一群创意编程爱好者。

VVVV 是一款对初学者十分友好的基于节点编程的开发工具。它无需敲代码即可实现新媒体艺术创作的优势，也为一些无编程基础的创意表达者解决了后顾之忧，使其成为他们融合艺术与技术，实现跨学科创作的必备法宝。

VVVV 有以下特征：

1. 是一款免费的开源工具

VVVV 作为一款可免费用于非商业用途的开源工具，对初学者十分友好，VVVV 官网下载的安装包中提供了很多教学案例。

2. 可视化编程

VVVV 将传统的字符代码打包成一个个节点模块，整个创作过程都处于图形可视化的状态，像是在玩“连连看”的游戏一样。用户可以对其每个节点进行单独的调节控制参数，实现特定的任务，也可以用连线的方式将多个节点串联起来（就像 Photoshop 中多个图层叠加一样，实现效果的混合）。即使用户毫无代码编程基础，也能从中体会到可视化编程的魅力。这种通过节点模块间连线的编程方式被称为可视化节点编程。

（四）TouchDesigner

TouchDesigner（以下简称 TD）是一种基于节点的可视化编程语言，用于实时交互式多媒体内容，由位于加拿大多伦多的 Derivative 公司开发。艺术家、程序员、创意编码人员、软件设计师和表演者已使用它来创建表演、装置和混合媒体作品。

TD 涵盖了二维和三维制作的众多相关领域，包括渲染与合成、工作流程和可扩展架构、视频和音频输入/输出、多显示器支持、视频映射、动画和控制通道、定制控制面板和应用程序构建、3D 引擎和工具、设备和软件的互操作性和脚本编程等。

TD 的可视化编程由不同功能的元件（在官方文档中称为 operator）相互连接完成，这意味着使用者不用打开一个文档然后一行行地敲代码，TD 用图形化界面通过节点创建程序。TD 的每一个节点执行一个具体的、小的独立动作。这对于没有计算机编程基础的艺术家或设计师来说非常友好。

除了商业版和专业版的软件外，TD 也开放免费的非商业版本供爱好者学习和实践，其大部分的功能都与商业版一样，对于学生和教师群体也有半价的教育版本。

（五）Isadora

进入 21 世纪以来，新媒体技术的发展日新月异，影响着人们的生活方式，并渗透到更广泛的领域。舞台上新形态的人机融合表演改变了存在体验，激励着很多跨界艺术家与科技人员研究人类与新技术之间日益深化的融合，创作表演者与各种装置互动的作品，其中不乏剧场舞台上的交互设计应用，如投影与表演的交互视觉设计、交互装置与表演交互的实验艺术形式等。

舞台表演中的交互设计着重建立与表演者的关系或互动，与表演艺术结合，形成新的戏剧与展演形式、观演关系、感官体验，可以创造更多的表现可能性和更大的创作空间。

相对而言，舞台表演领域的艺术家或设计师们的艺术形象思维能力要优于逻辑思维能力；另外，舞台艺术作品常常有场景和 Cue 点的概念，为了故事的叙事要求，整个作品需要设计成若干个场景，根据叙事的需要切换场景，需要设计与编写 Cue 点，实现舞台表演时表演者、舞台灯光和影像内容等的同步。根据在舞台艺术领域中多年的交互媒体设计的教学与创作经验，笔者认为，Isadora 是一个适用于舞台表演交互设计与创作的软件工具，将视频和交互媒体添加到演出项目中，能够很好地满足艺术家的创作需求。

Isadora 与 VVVV、TD 一样，都是可视化编程软件。它也是本书详细介绍的新媒体交互艺术创作工具平台。

1. Isadora 的由来

Isadora 的创始人是 Mark Coniglio，他是一位媒体艺术家、作曲家和程序员，被公认为现场表演和互动数字技术整合的先驱。他和编舞家 Dawn Stoppiello 于 1994 年创立了 Troika Ranch 公司。该公司所有创作的作品都是将舞蹈、音乐和戏剧的传统元素与交互新媒体融合在一起。他们追求的核心是探索艺术本体天然的刺激与电子刺激的内在联系，尝试通过表演者的运动进行交互控制视频、声音和灯光或投影等，并在舞台上表现出来。Troika Ranch 公司的艺术家们利用数字软件工具为他们的作品构建视觉和听觉材料，为表演者在演出中表达自己提供新的手段，创作舞蹈、戏剧和新媒体的混合表演。

Isadora 就是由 Troika Ranch 公司设计出来的，它是艺术家、设计师、表演者在他们的表演项目中添加视频和互动媒体的一个完美创作工具。需要说明的是，Isadora 的官方文档将每一个功能节点模块都称为 Actor。可以理解为，每个节点有其特定的功能，在数字交互舞台上扮演特定的角色，故称为 Actor。很应景。难怪 Isadora 就是为戏剧表演与数字交互而生的。

Isadora 是一个应用软件，旨在实现交互式实时操作新媒体，包括预先录制的视频、现场视频、声音、标准 MIDI 文件等。Isadora 提供了很多功能模块（在 Isadora 中称为 Actor），每个 Actor 都在媒体上执行特定的功能，用户可以根据创作应用需求，按照一定的逻辑将若干个模块连接在一起并创建 Isadora 程序。比如需要创作一个具有交互性的程序，就可以将若干 Actor 连接到具有监听功能的 Actor（一个 watcher 模块负责从外界搜集信息，如 MIDI 消息、鼠标和键盘操作、网络发送的消息、传感器的数据和网络摄像头等）。该类 Actor 一直监听输入信息，由它们收集来的数据或信息激活用户的程序相关任务，就使 Isadora 程序具有了交互性。

该软件可以视为一个强大的交互式媒体播放平台。它具备媒体服务器的功能，提供了可视化编程环境、强大的实时的视频和音频处理引擎、开放易用的硬件接口以及强大而完善的显示输出能力。艺术创作者可以使用界面友好且易于学习的 Isadora 实时创建令人惊叹的视听效果。

2. 基于场景的设计理念

Isadora 与其他可视化编程软件不同，基于场景（对应 Isadora 中的 Scene）的结构，贴近舞蹈表演或戏剧演出时按 Cue 点逻辑展开的思维模式，使得实现场景间的跳转非常容易，而且有淡入、淡出以及 CrossFade 功能。图 1-13 所示的工程文档包括候场、第一场、第二场和第三场 4 个场景，对应演出播放时的 4 个 Cue，分别为 Q1、Q2、Q3 和 Q4。

图 1-13　Isadora 的场景

3. 界面友好的可视化创作流程

Isadora 拥有直观友好的界面。基于节点的编程提供了深度定制，也可以拖放媒体进行快速原型设计（见图 1-14）。多个功能节点间通过像意大利面条一样的线连接起来，可以轻松地完成特定的功能，节点的输入、输出数据都可以随时直观地察看，将鼠标悬停在视频的连接线上，即可看到视频的输出图像效果，给使用者呈现了“所见即所得”的视觉效果，特别适合于具有较强的形象思维能力的艺术家们使用。

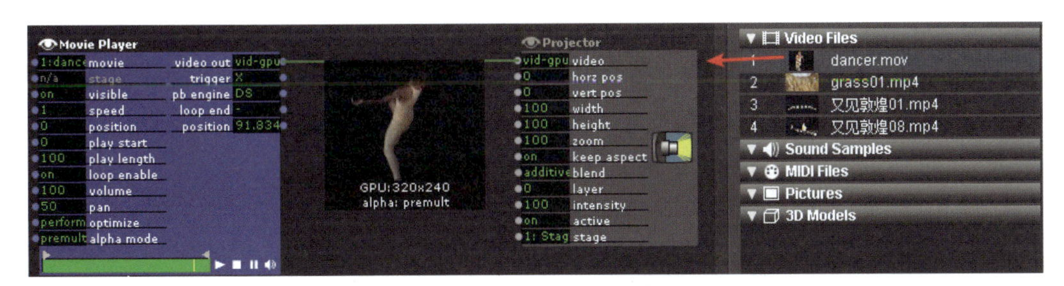

图 1-14　拖入舞者视频到编辑区即可建立播放视频原型

4. 实时交互的视频处理

Isadora 具有强大的实时视频处理能力，视频图层合成理论上是无限的；很多视频特效节点是基于 GPU（图形处理器）的快速视频效果处理与渲染（上述图中节点的输入或输出参数中带有 vid-gpu，表示该节点的视频处理采用和支持 GPU 处理），还支持 FreeFrameGL；并提供 GPU 处理的 HAP 视频解码器的支持。这些强大的视频处理能力，通过丰富的视频效果（Video Effects）功能节点来体现，满足使用者的可视化艺术创作需要。Isadora 提供了很多 Video Effect Actor，除了功能节点串联实现视觉特效多次迭代之外，还可以通过类似 Multimix 的 Actor 实现多效果图层叠加与混合。如图 1-15 和图 1-16 所示。

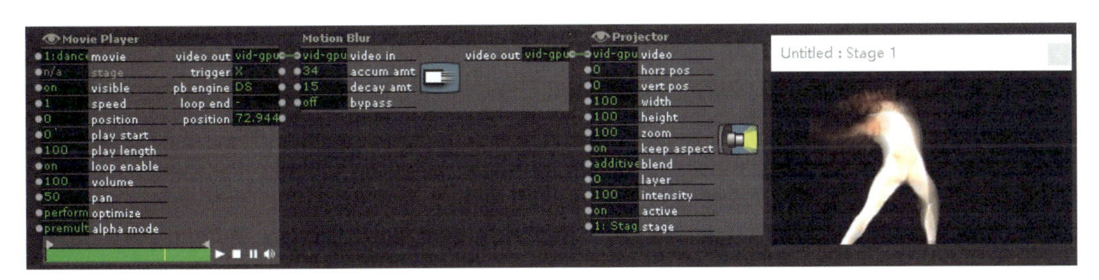

图 1-15　在两个节点之间加一个“Motion Blur”即出现视频模糊效果

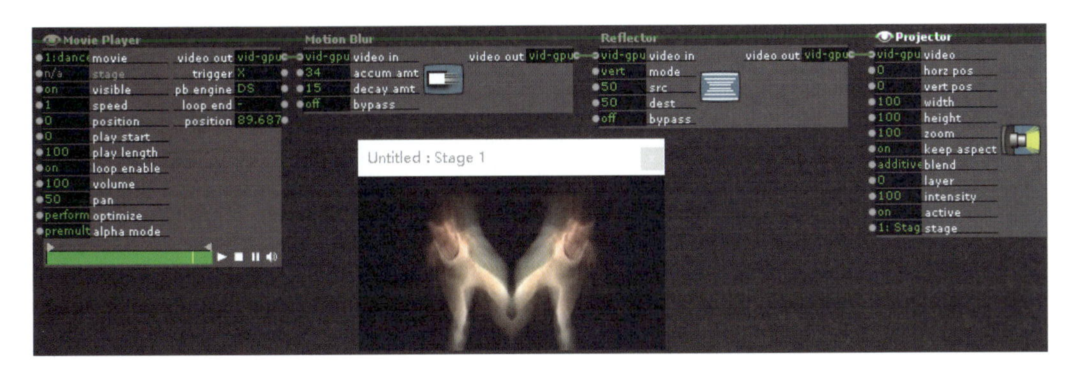

图 1-16　再加一个“Reflector”即出现镜像效果

Isadora 还具有强大的 Live Video 处理能力。可以同时支持 4 个实时捕获 Live Video，并进行实时处理，其处理方式与上述的播放视频文件一样。支持常见的视频捕捉卡，如外置的 Blackmagic 视频采集卡，可以方便地链接摄像机并进行视频捕获。如图 1-17 所示。

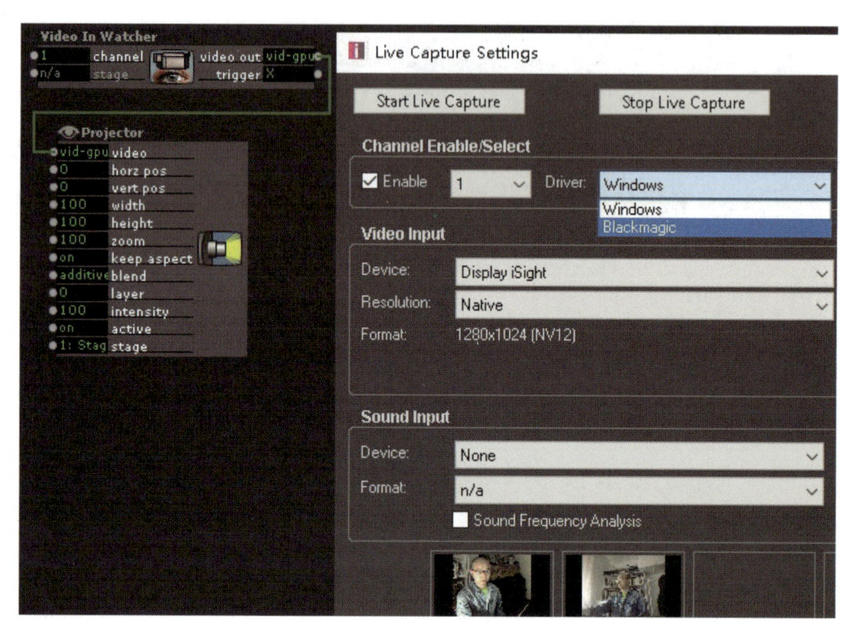

图 1-17 视频捕捉设置

Isadora 还提供了 GLSL Shader Actor，通过 OpenGl Shader（GLSL）语言编辑实现强大的图像处理能力。

5. 强大的显示输出能力

从 Isadora 2 开始，集成了投影映射工具（Mapping tool），可以进行任意形状的视频输出投影映射，也可以实现多屏边缘融合。Isadora 3 最多可以有 48 个舞台（对应 Isadora 中的 Stage）和 16 个独立的视频投影仪或显示器的输出，在舞台布局编辑器里，可以创建视频，进行简单地图像渲染后输出到单个显示器，也可以做拼接与边缘融合投射至多个显示器。

Isadora 还集成了 Syphon（MacOS 环境下）和 Spout（Windows 环境下）的视频帧流共享技术，将 Isadora 渲染结果共享给其他程序，也可以接受其他程序采用同样技术分享的视频帧流。如图 1-12 中底部 Syphon 复选框所示，可以勾选该复选框，通过 Syphon 或 Spout 分享视频流。此外，使用舞台布局编辑（Stage Layout Editor）上的 Syphon 的复选框和弹出窗口，可以将舞台或显示器上的任何内容发送到任何 Blackmagic 设备或通过 NDI 协议共享远程网络或设备，实现与其他软件的整合，完成更复杂、更强大的舞台艺术创作任务。

6. 开放易用的扩展能力

Isadora 具有强大的扩展能力，支持常见的 Open Sound Control（OSC）、MIDI、串行（Serial）、TCP/IP 和 Human Interface Device（HID）等数据通信协议，而且集成到面板中。为了降低使用者获取数据的门槛，还集成了自动检测输入（Auto-Detect Input）与数据分析的功能，使用者只需要驱动并简单设置硬件，采用自动检测输入的方式，即可快速地获得数据；并且屏蔽了很多获取数据的实现细节，以及采用不同通信协议数据格式不同等因素。

Isadora 3 的硬件集成度更高，进一步简化了上述相关操作，集成了高级的身体跟踪功能，能将开源的 NiTE 人体跟踪模块嵌入，直接支持从 Kinect1、Kinect2、Orbbec Astra 和 Intel Realsense 摄像机读取深度图图像。

除此之外，Isadora 支持开源硬件，使用者通过串口实现与开源硬件微控制器（Arduino）的通信，联通各种设备，构建一个交互的表演舞台的功能。

五、Isadora 可以做这些

Isadora 的功能、工作流程和交互特性，如表 1-1 所示。

表 1-1　Isadora 的特性

功能特性	工作流程与交互
支持 8 个通道高清视频播放	实时控制
支持多通道 4K 视频	直观的界面
支持无限的视频层	拖曳媒体即可构建播放媒体原型
支持 Midi 时间码	支持 OSC、Midi、串口、TCP/IP、PJLink、DMX512 和 Artnet 等协议的输入与输出
整合了强大的投影仪映射工具	提供深度定制化基于节点的编程
支持多达 16 个显示器的输出	强大的基于场景的结构
支持 4 个实时现场摄像捕捉	对实时输入的低延迟响应
支持本地的 Blackmagic 视频输入与输出	提供内嵌视频跟踪技术
支持包括 FreeFrameGL 在内的基于 GPU 快速渲染的视频特效	通过内置串行输入/输出的 Arduino I/O 连接物理世界
支持 GLSL Shader 定制特效	支持 Javascript 语言
整合了 Syphon、Spout 和 NDI 等视频传输技术	整合了获取 Kinect1，kinect2，Orbbec，Intel Realsense 以及其他深度摄像设备的输入能力
支持包括 HAP 等在内的专业视频编码技术	

正是基于表 1-1 中列举的功能特性，Isadora 不仅适用于舞台交互艺术创作领域，也适用新媒体交互艺术领域中其他类型的交互艺术作品的创作。

（一）新媒体演艺设计

Isadora 提供了一种经济高效且易于编程的解决方案，用于快速媒体播放和舞台 Cue 调度控制。它也可以很容易地与其他软件媒体工具接口，可以应用于戏剧制作或演出合成等快速可靠的媒体播放与控制场合。如图 1-18 所示。

图 1-18　演出剧照(来自 Isadora 官网)

（二）基于 DMX 的交互灯光装置艺术

Isadora 通过插件的形式提供了 Artnet 协议和 DMX512 协议的支持，可以灵活地交互控制一切支持 Artnet 或 DMX512 协议的设备、灯具或目前流行的 LED 灯带等，也可以通过灯光控台等设备控制 Isadora 的交互等。如图 1-19 所示。

图 1-19　灯光与舞台装置(来自 Isadora 官网)

（三）建筑 3D Mapping 艺术

Isadora 具有强大的显示输出能力，支持多通道的 4K 视频能力，支持 16 个显示输出，内置了强大的投影仪映射工具，可以应用于各种场合的建筑 3D Mapping 艺术。如图 1-20 所示。

图 1-20　3D Mapping 艺术(来自 Isadora 官网)

(四) VJ 艺术

Isadora 提供了很多生成艺术的功能节点,可以结合声音、音乐和摄像头视频输入实时生成交互视频艺术。其中,3D Particles 节点可以在三维空间中生成缤纷粒子艺术效果,3D Model Particles 节点可以结合设计个性化的 3D 物体和个性化贴图创作出更加个性化的粒子效果。它还支持 Midi 等协议,VJ 艺术家可以通过 Midi Control 等设备实时控制音乐和视频以及实时生成艺术等。如图 1-21 所示。

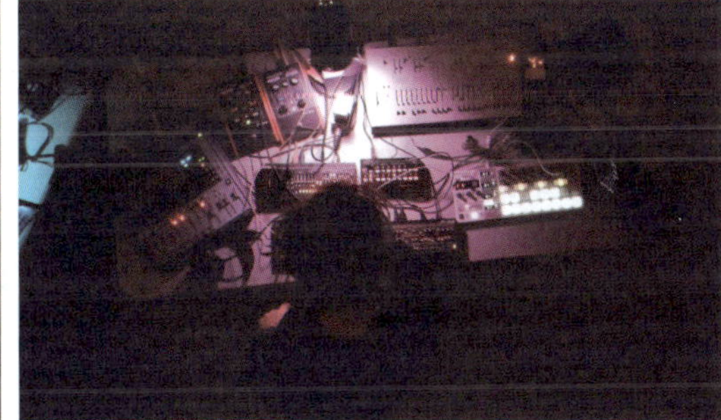

图 1-21　VJ 艺术现场(来自 Isadora 官网)

(五) 沉浸式媒体空间艺术

通过环绕式空间的投影映射,营造一个沉浸式媒体空间,与表演艺术相结合,让表演者或观众同在一个虚与实无缝融合的艺术空间中,与艺术内容互动,观众与表演者互动,增强艺术体验感。如图 1-22、图 1-23 和图 1-24 所示。

图 1-22　《天酿》的沉浸媒体空间剧照

图 1-23　沉浸式舞台表演媒体空间(来自 Isadora 官网)

图 1-24　"小羊肖恩"XR 沉浸体验空间概念设计图

(六) 交互视频装置艺术

Isadora 通过内置串行协议,使用"开源硬件(Arduino 等)+感应器(Sensor)"连接物理世界,通过 Tcp/ip 连接互联网,通过 Javascript 语言获取和分析互联网数据等。Isadora 能胜任创作交互视频装置艺术作品,甚至人工智能交互艺术作品。图 1-25 所示的作品由澳大利亚艺术家蒂姆·格鲁奇(Tim Gruchy)创作,它是一种变幻无常的"生物"艺术装置。观众可以触摸它,与它交谈,在它面前跳舞,将它暴露在光明、黑暗和温度的变化中,每次都会激起它的不同反应。

图 1-25　人工智能装置艺术作品 *Scout*

(七) 基于视觉跟踪的交互艺术

Isadora 提供了内置的基于视觉跟踪的节点"Eye Actor",可以实现基于视频输入处理的 Blob tracking 的功能。其增强型的"Eye ++ Actor"节点可以跟踪多达 16 个 Blob 对象。Isadora 还通过插件的方式提供了捕获深度摄像机的输入,甚至获取人体骨骼数据的能力。这样,使用者可以利用它创作更加复杂而又能灵活控制的基于视觉跟踪的交互艺术作品。如图 1-26 所示。

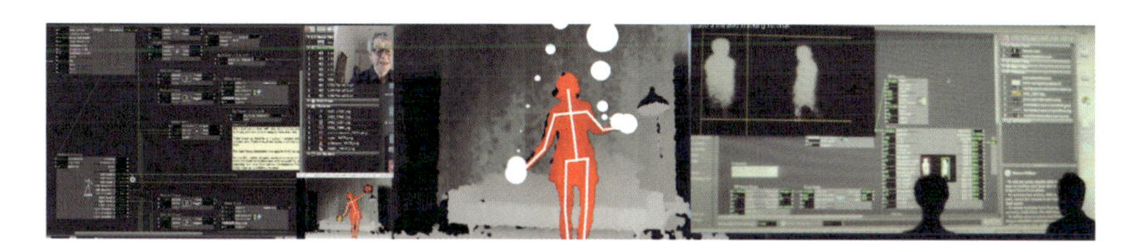

图 1-26　基于视觉跟踪的交互艺术（来自 Isadora 官网）

第二章

初识 Isadora

一、Isadora 安装

您可以访问 Isadora 官网(https://troikatronix. com),点击“GET IT”页面,下载 Isadora 软件安装文件。如图 2-1 所示。

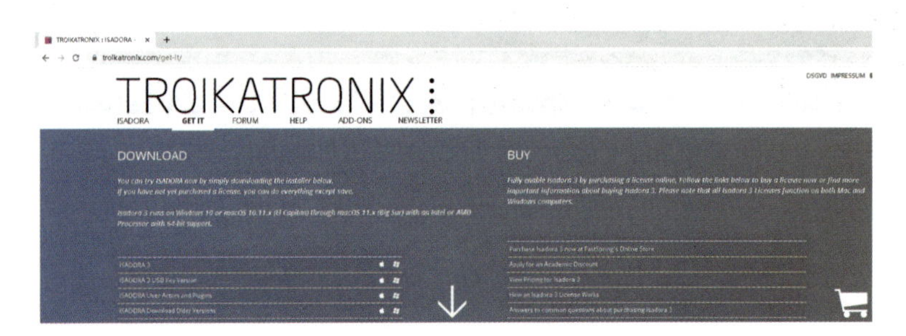

图 2-1 Isadora 官网下载页面

Isadora 是跨平台的交互创作工具,适用于 Mac 和 Windows 两个系统平台,目前最新的软件版本是 3. x。您可以免费下载并使用它,除了没有保存文档的功能外,未注册软件拥有其全部功能。

当然,若需要更好地体验,并且能够保存创作成果,就需要购买软件的 License。根据 Isadora 授权方式的不同,它又分标准版(standard)和 USB 版(USB Key)。标准版采用用户名和密码的方式在线注册验证合法性;USB Key 版与一个像 U 盘一样的 Key 配合使用,只要拥有 USB Key,在任何机器上安装驱动并注册,就可以使用,不限定注册电脑的数量。另外,其标准版还可以按周、月或年进行授权租赁使用。而且上述所有 License 的价格都有教育优惠政策,享有 5 折优惠。

若您购买了 License,请按照官网的指导(https://support. troikatronix. com/support/solutions/folders/5000277526)进行管理和注册。

若您购买了 Isadora USB Key License,就会获得一个像 U 盘的密钥,您除了需要下载 Isadora USB Key 版本,还需要下载 USB Key 驱动程序(如图 2-2 所示),安装好 Key

驱动后，输入注册码才能正常使用 Isadora。

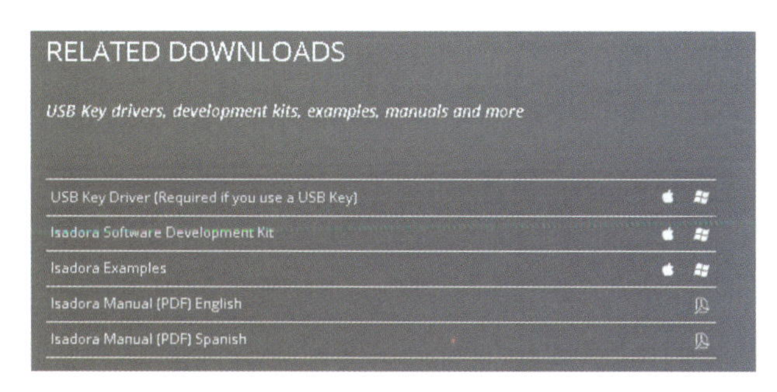

图 2-2　相关资源下载

您还可以下载“Isadora Examples”并安装它，该安装包中含有一些简单的 Isadora 案例供您学习参考，更重要的是，里面提供了视频、图片、声音和 3D 模型等资源文件。为方便您按照本书的示例作实验，本书中的案例大部分使用该安装包中的资源文件。

您还可以下载 Isadora Manual 的 PDF 文档，该手册非常全面地介绍了 Isadora 的功能，特别是详细描述了所有 Actors 的功能和输入、输出参数的含义，可供您随时查阅。

二、界面概述

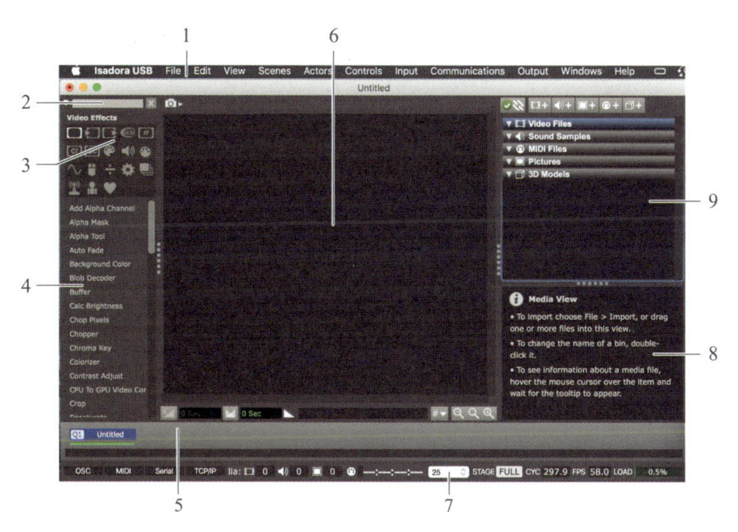

图 2-3　Isadora 的界面

Isadora 拥有非常友好的界面，如图 2-3 所示，下面按照图中的数字标注逐一阐述。

“1”是菜单栏。大部分的功能都可以通过选择相应的菜单实现，在后续章节中将会详细讲述。

“2”和“3”是 Actor 过滤（Actor Toolbox Filter）。当您在“2”处输入框输入“video”，则

在“4”区显示所有名称中包含“video”的 Actors，如图 2-4 左边部分所示；若您用鼠标左键点选“3”区的图标时，则在“4”区只显示某一类 Actors。例如，您点选了第一排第二个图标（video Source），则在“4”区只显示所有视频输入源类的 Actors，如图 2-4 右边部分所示。

（备注：在图 2-3 所示的 Isadora 界面中，还隐藏了很重要的“control panel”部分，您可以在 panel 里定制设计自己项目的 UI。该部分将在后面章节进行阐述。）

“4”是 Actor 工具箱（Actors Toolbox）。这也是 Isadora 的宝盒。Isadora 是基于可视化的图形节点逻辑编程平台，该软件中的每个图形化节点称为 Actor，利用 Isadora 进行创作，就是在 Actor 工具箱中选择需要的 Actor，按照一定的逻辑将 Actors 连接起来，完成所需要的任务。

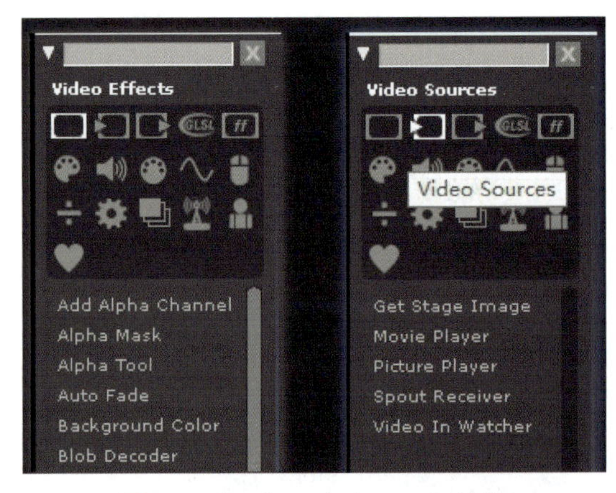

图 2-4　Toolbox 中 Actors 过滤器

“5”是场景列表（Cue list）。Isadora 按场景组织不同的任务；您创作时，可以建立不同的场景，分别进行场景编辑，组织 Actors 完成不同的任务（详见专门介绍场景知识的章节）。

“6”是场景编辑（Scene Editor）。这是 Isadora 的核心区域。这是一个无限大的区域，理论上您可以添加任意个 Actor，并按照一定的逻辑和规则将相关的 Actor 进行连接，就像串联积木一样。

“7”是状态栏。显示当前 Isadora 运行时的网络信号、串口信号、帧速率和 CPU 负荷等实时状态信息。

“8”是信息提示区。系统实时显示相关提示信息。特别值得注意的是，您可以充分利用该区域的提示信息了解每一个 Actor 的功能。当您将鼠标悬停在某一个 Actor 图形节点的名称区域或节点的空白区域时，信息提示区显示该 Actor 的功能及使用方法，如图 2-5 所示；当您将鼠标悬停在 Actor 的输入参数或输出参数上，则信息提示区显示该参数的含义及使用方法等，如图 2-6 所示。充分利用该提示功能，是学习和掌握 Isadora 工具的一个有效途径。

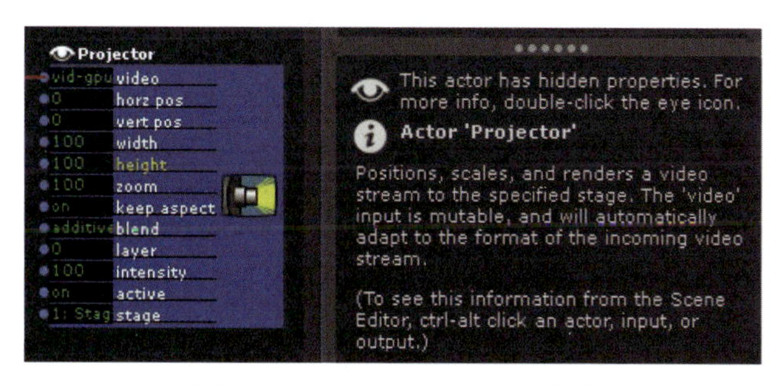

图 2-5　Projector 的 Actor 提示

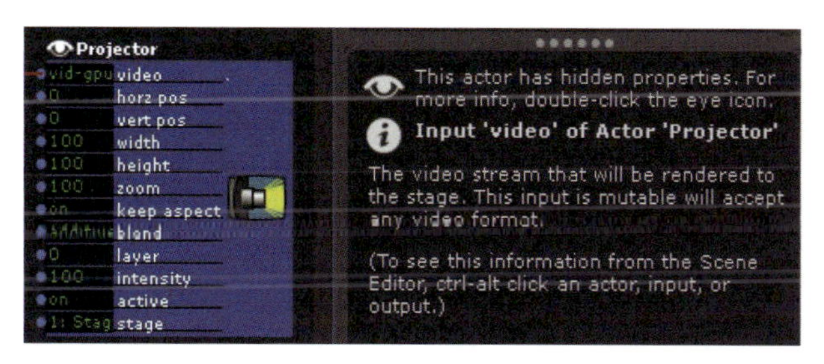

图 2-6　Projector 的 video 参数提示

“9”是媒体区(Media View)。您可以将项目所用的视频、声音、MIDI、图片和 3D 模型等媒体资源分别导入到媒体区。每个媒体文件在相应的分类中都有编号，在场景编辑时可直接使用媒体编号引用该媒体文件。

三、软件初探

一个好的软件架构，造就了一个神奇好用的软件。Isadora 拥有直观友好的界面。基于节点的编程提供了深度定制，也可以拖放目标对象(视频或图片)进行快速原型设计，多个功能节点间通过连线就可完成各节点功能的组合，实现特定的功能；节点的输入、输出数据可以随时直观地查看，将鼠标悬停在视频的连接线上，即可看到视频的输出图像效果，给使用者呈现“所见即所得”的视觉效果。下面通过如何快速建立一个交互播放视频的案例，来让读者快速了解 Isadora 的软件架构以及基本使用方法与流程。

(一) 创建一个新的 Isadora 文档

在 Isadora 软件中，您要建立一个新文件，可以选择 Isadora 菜单栏“File>New”。一个新的名为“untitled”的 Isadora 文件就产生了，如图 2-7 所示。

图 2-7 新建空的文档

Isadora 界面有 4 个主要区域：

① 左侧有工具箱和工具箱过滤器。

② 右侧上面是媒体面板，与之分开的下面是信息面板。

③ 整个窗口底部是场景列表和状态栏。

④ 场景编辑器占据窗口的中央部分，其上面显示的是场景快照，下面显示的是场景设置。

在该新文件的场景列表中已经插入了一个名为“Untiled”的场景 Q1。场景是您创建“程序”的地方。当场景处于激活状态时，该程序定义了如何操纵和控制媒体。在一个 Isadora 文档中可以有许多场景，但在大多数情况下，一次只能有一个场景处于激活状态（更多关于多场景激活的内容详见本书第九章）。

（二）导入媒体

1. 媒体面板

Isadora 允许您播放和处理视频文件、音频文件、图片、标准 MIDI 文件和 3DS（3D Studio Max）格式的 3D 对象。使用这些文件，您必须在媒体面板中对它们创建其引用（每个文件引用也对应一个数字编号）。媒体面板可以包含任意数量的容器（Bin），每个容器都与某一个媒体类型对应。每个容器可以包含任意数量的媒体文件。您可以通过创建新的容器来组织您的文件，可以将现有的媒体引用拖到刚刚创建的容器中。

导入媒体（Media Import）时，Isadora 会自动将媒体文件放在媒体面板的第一个可用的与文件类型匹配的容器中，即视频文件进入第一个视频容器，声音文件进入第一个声音容器，依此类推。

事实上，Isadora 文档并未包含实际的媒体文件数据，只是记录了指向其在硬盘驱动器或其他存储设备上的位置的指针（引用）。如果您以后删除或重命名该文件，Isadora 将无法找到它。因此，创建一个文件夹来保存 Isadora 文档以及与之关联的所有媒体文件是一个非常好的习惯。这样，在处理一个大型的复杂项目时，您将可以更加高效地管理数据和文件。

选中查看＞媒体(View＞Media)，以显示媒体面板，就可以将媒体文件导入，如图 2-8 所示。

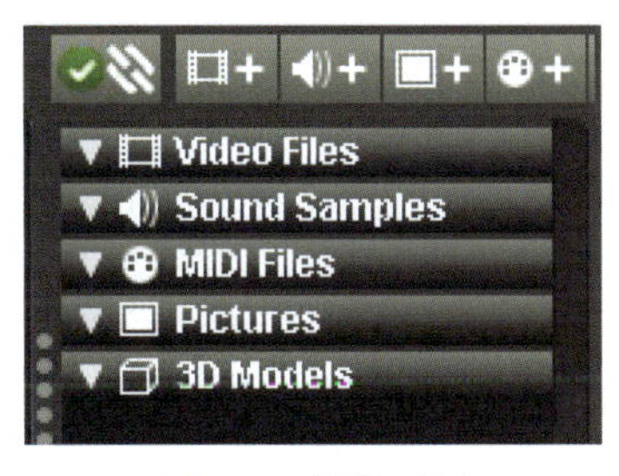

图 2-8　媒体面板

2. 媒体类型

Isadora 允许导入和播放大多数当代和传统媒体文件的格式。但是，建议使用以下列出的文件格式，因为它们经过 Isadora 官方的广泛测试，并展示了可能的最佳性能和跨平台兼容性。文件类型及文件格式如下：

(1) 视频文件：HAP(.mov 和.avi)；HAPQ(.mov 和.avi)；HAPA(.mov 和.avi)；Photo JPEG(.mov 和.avi)；Apple ProRes(.mov)——仅 MacOS；Windows Media(.wmv)——仅 Windows；H264(.mp4，.mov 和.wmv)——不支持交互式播放模式。

(2) 声音文件：音频交换格式文件 Audio Interchange Format Files(.aif，.aiff)；波形 Wave(.wav，.wave)；.mp3——使用 Movie PlayerActor 播放.mp3 文件。

(3) MIDI 文件：标准 MIDI 文件(.mid)。

(4) 图片：位图(.bmp)；TIFF(.tif)；GIF(图形交换格式 graphics interchange format)；PNG(.png)；JPEG(.jpeg)。

(5) 3D 对象：3D Studio Max(.3ds)。

创建新的 Isadora 文档时，它以“Video Files”“Sound Samples”“MIDI Files”“Pictures”“3D Models”五个分区(Bin)开始，每个分区对应一种可以加载到窗口中的媒体文件类型。您可以使用窗口顶部的按钮制作新的分区。

3. 导入媒体

可以通过两个途径激活导入媒体对话框，一是选择 Isadora 菜单“File＞Import Media...”；二是在 Isadora 右边的 Media panel 上点击鼠标右键，在弹出菜单上选择“Import Media...”。如图 2-9 所示。

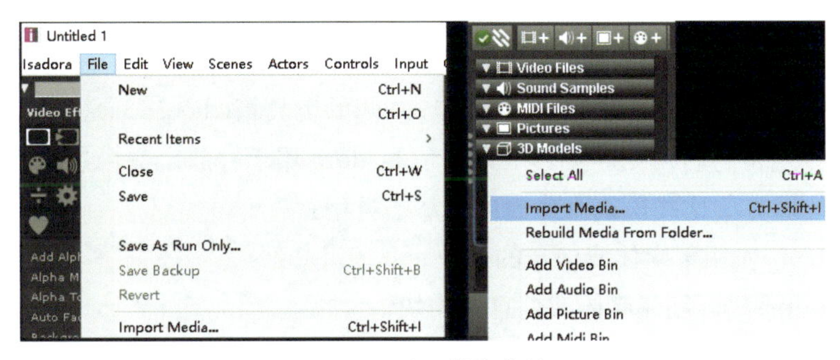

图 2-9　导入媒体菜单

激活导入媒体对话框后，将出现“文件选择”(Choose Media Files)对话框。使用该对话框导入一个或多个媒体引用。您可以单击选择要打开的文件，然后单击“打开”。如果您需要一次导入多个文件，可以按住 Shift 键并单击以选择多个文件(它们可以是不同的类型)，然后单击“打开”。

还有一个简便的方式，就是使用拖放导入一个或多个媒体引用，请执行以下操作：

在 Finder(MacOS)或文件资源管理器(Windows)中选择要导入的文件，然后将文件拖到“媒体面板”(Media Panel)上。它的轮廓将突出显示以表明它准备接收文件。释放鼠标按钮即可导入文件。如果您选择的文件组包含 Isadora 无法读取的文件类型(电影、声音文件、MIDI 文件或图片)，则无法高亮显示读取。

图 2-10　媒体面板

您选择的所有文件都将导入到 Isadora 中，并作为参考引用显示在媒体面板上。这些引用将分别存储在与您拖动的文件类型匹配的引用的第一个可用容器中。如图 2-10 所示。

在该示范中，我们拖入 9 个视频文件、1 个声音文件、11 张图片和一个 3D 模型，四种不同文件类型的容器如图中带有三角形的矩形标识；图中矩形左侧标有数字标识的是文件引用(注意：每个媒体引用左侧的数字)。这个数字很重要，因为它是指定在 Actor 中播放或操作的媒体文件的标识。在每个分区标题下，数字从“1”开始并从那里开始计数。因此，如果媒体面板中有 3 部视频和 3 个音频文件，则视频将编号为 1、2、3，音频文件将编号为 1、2、3。依次类推。在 Actors 中使用该数字编号识别和指定相应的媒体。

您还可以替换与媒体引用关联的文件。双击媒体引用，或者按住 Control 键单击(MacOS)，或右键单击(Windows)媒体引用，以选择弹出菜单中的“Replace Media...”(替换媒体)。将会出现一个文件对话框，允许您选择其他文件进行关联该媒体引用。选择新文件，然后单击“Open”(打开)以确认新文件。

(三) 使用 Actor

要定义一个场景，您需要将 Actor 从窗口左侧的工具箱(ToolBox)拖动到场景编辑器中，并以各种方式将它们相互连接。工具箱是 Isadora 用于存放定义场景所要用到的所有模块(Actor)的地方。这些模块可分为 4 种基本类型：

① Actor——作用于媒体或信息的模块；

② Generators——创建媒体或信息的模块；

③ Watchers——监视来自外部世界的信息的模块；

④ Senders——向外界发送信息的模块。

下面具体说明创建一个播放视频场景的过程。

1. 从工具箱过滤器中选“Video Sources”(视频源)，此时，Toolbox 下方 Actor 列表仅仅显示视频源类的 Actor。如图 2-11 中左边的图所示。

2. 单击名为“Untitled”的场景，此时，场景应该被选中并且场景编辑器应该在场景的右上角可见。

3. 在 Toolbox 下方 Actor 列表中找到“Movie Player Actor”，并单击它。光标将变为加号，表示您即将添加新模块。

4. 将鼠标移动到场景编辑器中。

5. 再次单击，即可将 Movie Player Actor 存入场景编辑器。Movie Player Actor 将出现在场景编辑器中。

6. 从工具箱过滤器中选择“Video Renders”(视频渲染器)，如图 2-11 中右边的图所示。

图 2-11　Actor 过滤

7. 对 Projector Actor 执行相同的过程(如果不可见，则使用 Actor 列表右侧的滚动条滚动该列表)。将它放在 Movie Player Actor 的右侧。您的文档现在应该如图 2-12 所示。

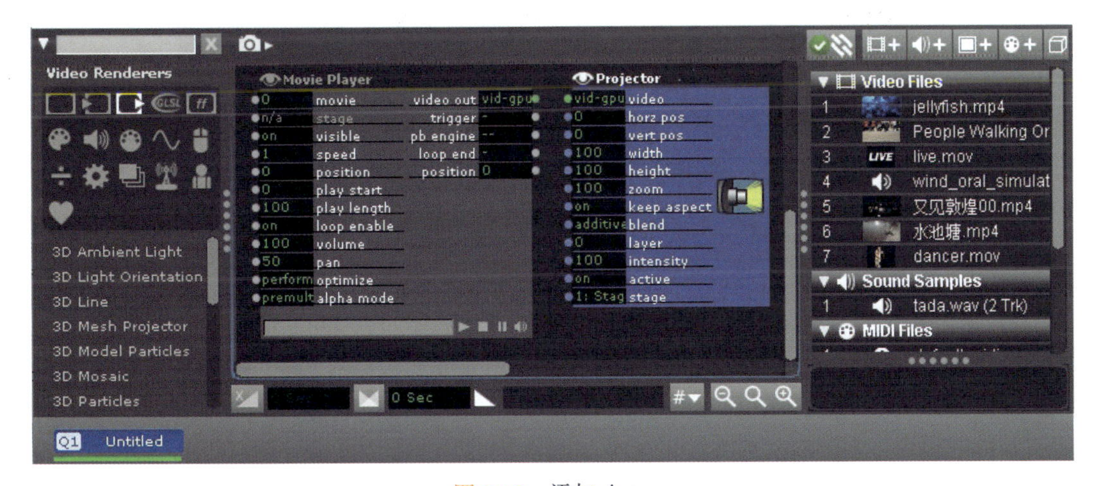

图 2-12　添加 Actor

您需要同时使用这两个模块来播放视频，但 Movie Player Actor 不会将其直接生成的视频图像发送到舞台，您需要通过将 Movie Player 连接到 Projector Actor，将其视频流输出到其中一个舞台(Stage)①。

视频播放器和投影机 Actor 的关系与录像机和电视机的关系类似：前者处理录像带

① 在 Isadora 中，渲染的结果一般都在 Stage 中显示出来。Isadora 最多可以有 16 个 Stages。Stage 是一个逻辑概念，最终需要在 output 中设置 stage（与显示器、投影仪等进行匹配；具体设置详见后续输出设置章节）。

的播放，后者允许您查看它产生的图像。若您没有把录像机的输出连接到电视机，将无法在电视上看到图像。

两个 Actor 都在其输入或输出属性值旁边有圆点。这些是 Actor 的输入和输出端口。输入端口始终位于左侧，输出端口始终位于右侧。通过将一个模块的输出端口连接到另一个模块的输入端口，信息就可以从一个模块输出到另一个模块。为了能够看到视频，需要将视频数据从 Movie Player Actor 输送到 Projector Actor。

让我们完成以下场景程序编辑：

首先，将 Movie Player Actor 的输出属性 video out 连接到 Projector Actor 的输入属性 video。具体操作如下：

1. 单击 Movie Player Actor 右侧的 video out 圆点。当移动鼠标时，将出现一条红线并跟随鼠标的位置（在执行此操作时，无需按住鼠标按钮，只需单击一下即可）。

2. 将鼠标移动到 Projector Actor 的左侧的 video in 输入点。红线会变粗，表示此时鼠标处于输入端口内。

3. 当红线较粗时，单击并完成连接。请注意 Actor 之间的连接线，如果显示为红色，表示没有数据流过它。如图 2-13 所示。

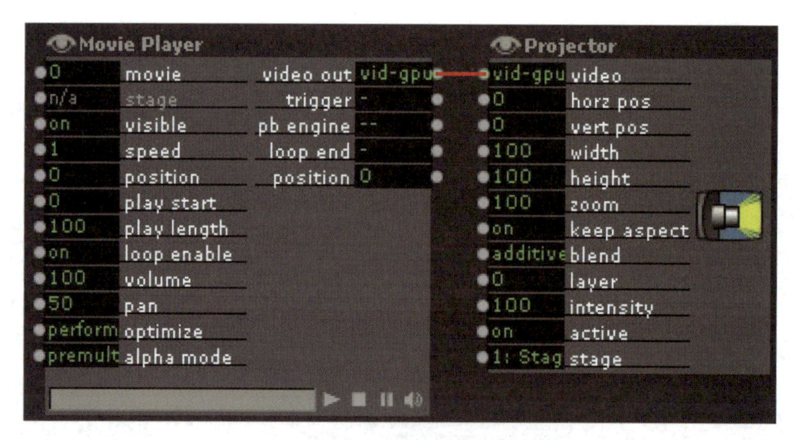

图 2-13 连接两个 Actor

然后，需要告诉视频播放器 Actor 要播放哪个视频。请记住，我们之前将名为“dancer. mov”的视频导入媒体面板，列表中视频文件名称前的数字为“1”。

1. 单击 Movie Player Actor 左侧的 movie 输入属性框。数字将消失，黑框将变为蓝色，以告知您可以键入新值。

2. 键入数字“1”，然后按 Enter 键。完成此操作后，您将在数字“1”的右侧看到视频的名称（或至少部分视频名称），如“dancer. mov”。这是我们之前导入媒体面板的视频。此外，Movie Player 和 Projector 之间的连接将变为绿色，表示数据正在流过它。沿着 Movie Player Actor 底部的绿色条纹移动的细黄线显示正在播放的视频的当前帧位置。如图 2-14 所示。

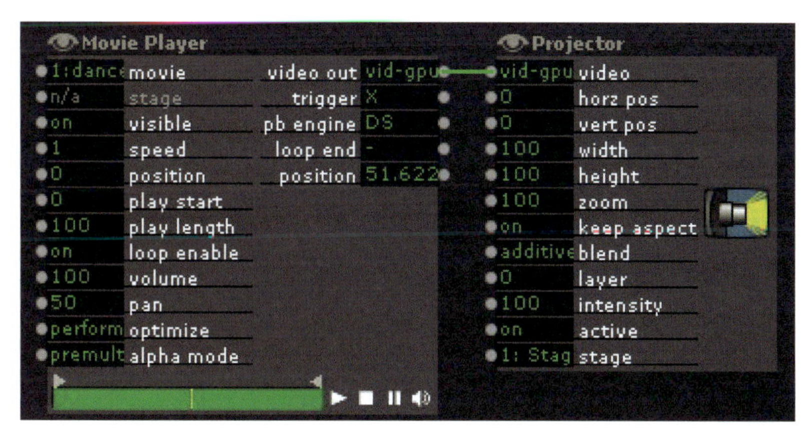

图 2-14 播放 dance 视频

有两点值得注意：一是当 Actor 之间没有数据流过时，连接为红色（如图 2-13），有数据流过时，连接为绿色（如图 2-14），此颜色标识可帮助您查看数据在 Isadora 场景中的移动方式；二是当视频播放结束时，细黄线会自动跳回到开头并重新播放。默认情况下，Movie Player Actor 以这种方式循环播放视频。

3. 显示舞台（Show Stage）。选择“Output>Force Stage Preview”，将出现舞台预览窗口。在显示舞台后，您应该能够看到在舞台窗口内播放的视频。恭喜您，您已经完成了您的第一个 Isadora 场景。需要说明的是，此处让您选择“Force Stage Preview”，仅是为了临时观察场景输出结果。正式应用场合，一般都是选择“Output>Show Stage”。

（四）修改 Actor 属性值

如您所见，Movie Player Actor 有左侧和右侧的属性列表和标题，左侧的列表是输入属性，它们确定 Actor 在激活场景时执行的操作或允许数据流入 Actor，Actor 通过右侧的输出属性输出信息。Projector Actor 是最终结果输出 Actor，它的左侧也有输入属性列表。

更改属性设置可以使用键盘或鼠标来完成。

让我们首先使用键盘更改 Movie Player 中的一些输入属性值。

在 Movie Player Actor 中，单击 play length（播放长度）属性左侧的框内部。该框将变为蓝色，数字将消失，表示 Isadora 正在等待您键入值。输入数字“4”并按 Enter 键。查看舞台窗口上的视频输出。您会看到舞者“抖动”，此时播放的画面仅是循环播放该视频内容的 4%。Movie Player Actor 底部的条形图显示了新设置：浅绿色的区域现在是左侧的很小一部分，而条形图的其余部分是深绿色。浅绿色部分表示正在播放视频的那个部分。在这种情况下，正在播放视频的前 4%。观看黄色播放指示，当它到达浅绿色区域末尾时，它会跳回到视频的开头，显示视频播放是循环方式。

现在，单击 play start（播放开始）属性值前面的黑框，键入“50”并按 Enter 键。视频播放器仍然播放 4%的视频，但不是从头开始，而是从视频的中途开始，即它开始播放 50%，当它达到 54%时，它会跳回到 50%。查看底部的栏以获得正在播放的视频部分的图形指示。

您也可以使用鼠标更改值。目前，speed(播放速度)的属性值设置为“1”，这意味着以正常速度向前播放。

要使用鼠标调整此属性，请单击 speed 的属性值(属性标题左侧的黑框)，然后在按住鼠标左键的同时，缓慢地向显示屏底部拖动，您会看到其值由大变小。当速度显示为您期望的数值时，立即释放鼠标左键。例如，当速度的属性值显示“0.5”时，则表示当前视频以慢动作播放，是正常播放速度的 1/2。

当然，您也可以让视频向后播放：

再次单击 speed 的属性值，在按住鼠标左键的同时，缓慢地向显示屏底部拖动，直到值为“-1.0”。释放鼠标按钮。视频现在以“正常”的速度播放，但是是向后而不是向前播放。

您也可以以正常速度的两倍播放视频：

使用鼠标，单击速度属性值并向上拖动，直到值为“2”，释放鼠标按钮。

视频播放器中另一个有趣的属性是 position(位置)。执行以下操作：

将 play start 更改为“0”；

将 play length 更改为“20”；

将 speed 更改为“0.0”，如图 2-15 所示。

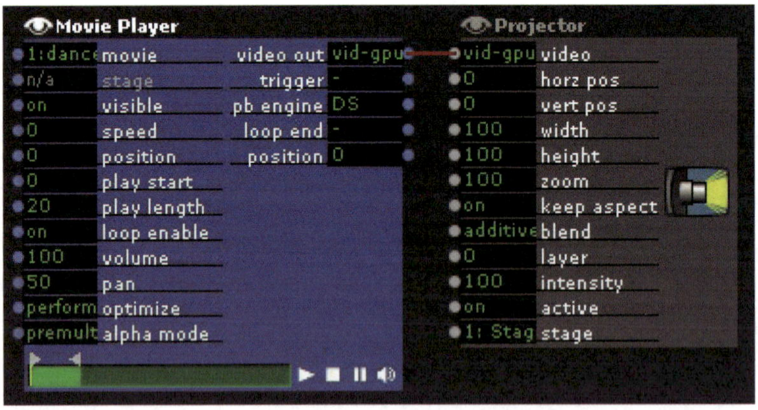

图 2-15　修改属性值

这时使用鼠标更改值，单击 position 的属性值，并上下拖动鼠标，移动鼠标时，您将会看到视频来回播放。

每次将 position 的属性更改为新值时，影片将在其播放持续时间长度内跳转到指定位置，position 的数值是当前 play length 播放视频长度的百分比。视频不会继续播放，因为它的 speed 设置为“0”(即静止)。

您还可以尝试编辑其他属性：尝试将“loop enable”（循环启用）属性设置为“off”（关闭），使视频仅播放一次而不循环播放。如果导入的视频带有音轨，则可以更改“volume”（音量）的属性，以更改播放音量的大小。

（五）简单交互控制

在上述播放视频的基础上，可以使用鼠标实现交互方式控制视频的播放。

单击“toolbox filter”（工具箱过滤器）中的“Mouse & Keyboard”（鼠标和键盘），显示该组 Actor。如图 2-16 所示。

图 2-16　鼠标和键盘 Actor

将 Mouse Watcher Actor 加入场景编辑器中。观察其 horz. pos（水平位置）和 vert. pos（垂直位置）的两个输出属性值，这些输出告诉您鼠标的水平和垂直位置占总显示尺寸的百分比。

将鼠标一直移动到显示屏的左上角，它们的输出都将为“0”；现在将鼠标慢慢移动到显示屏的最右边缘，您会看到 horz. pos 的值逐渐增加，直到读数为“100”；然后沿着显示屏的右侧向下慢慢移动鼠标，vert. pos 的数值将逐渐增加，直到读数为“100”。

连接 Mouse Watcher 的 horz. pos 输出端口到 Movie Player 的 position 输入端口。您可以看到在播放时水平鼠标移动如何擦除视频。如图 2-17 所示。

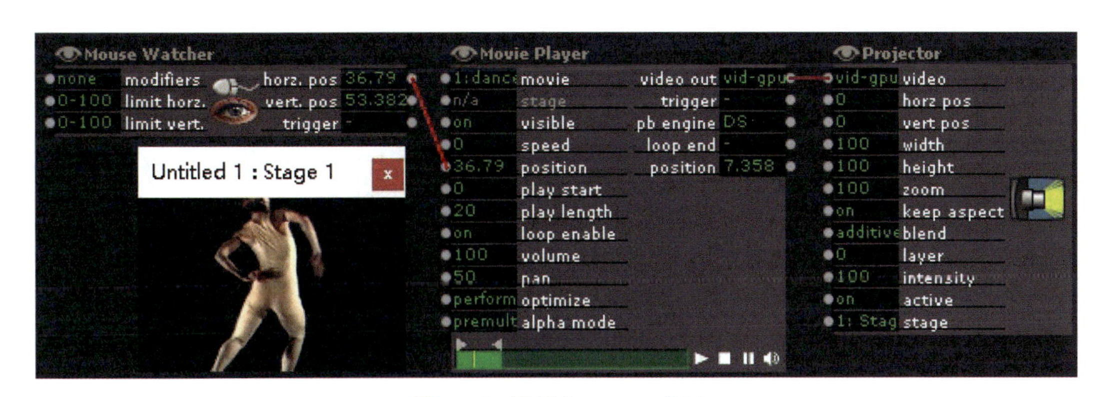

图 2-17　鼠标 horz. pos 交互

您不妨连接 Mouse Watcher 的 vert. pos 输出端到 Projector 的 zoom 输入端。这时您可以左右移动鼠标，像是用鼠标“刮擦”视频一样。如果同时鼠标上下偏移，您还可以看到视频中的舞者有大小缩放的变化。

细心的您也许注意到图 2-18 中 Movie Player Actor 与前面的外观不一样，像是被折叠起来了。

为了节约空间，让当前有限的可视空间能显示尽可能多的 Actor，可以根据需要和您的喜好，将某个 Actor 图形折叠起来。在场景编辑中快速双击 Movie Player Actor，或者在该 Actor 上右击，在弹出菜单上点击“Collapse Actor”，即可折叠该 Actor。如图 2-18 所示，Movie Player Actor 被折叠起来了。反之，在被折叠的 Actor 上快速双击，或者在该 Actor 上右击，在弹出菜单上点击“Expand Actor”，即可展开该 Actor。

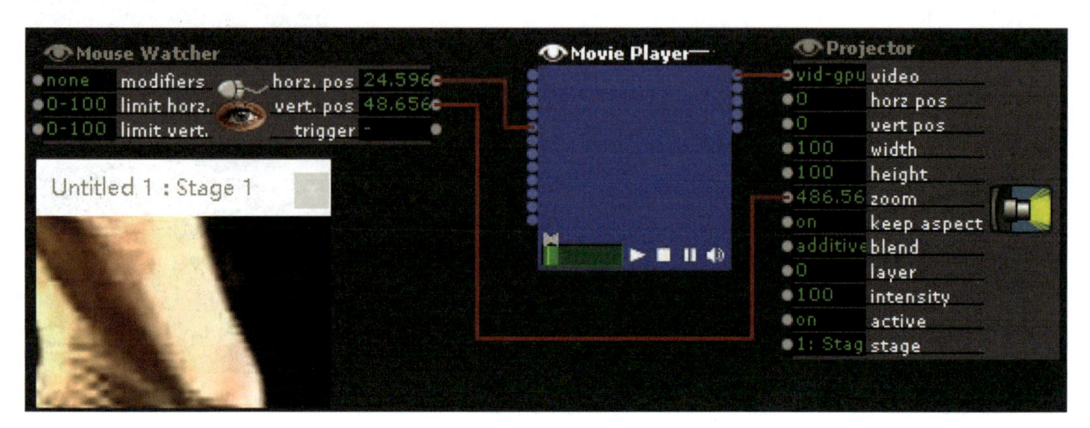

图 2-18 折叠 Actor

（六）保存文件

您可以点击“File>Save”，选择您要存放该文件的文件夹，输入文件名。如图 2-19 所示。将文件命名为“Isadora 基础”，并存放在桌面的“交互媒体设计”文件夹中。及时保存文件是一个良好的习惯。

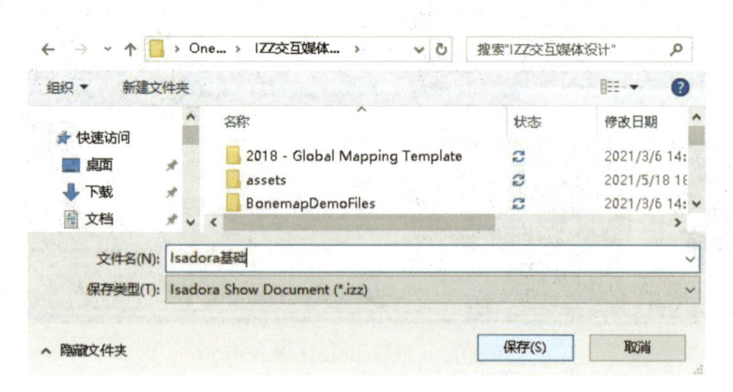

图 2-19 保存文件

另外，Isadora 允许您将文件另存为“仅运行”模式。任何人可以运行该文件，但只能在输入正确的密码后才能对其进行修改，这意味着只有设计者或被授权的人才可以修改该文件。

当您需要将文件另存为“仅运行”文档时，选择“File＞Save as Run Only...”，将出现如图 2-20 所示的对话框。

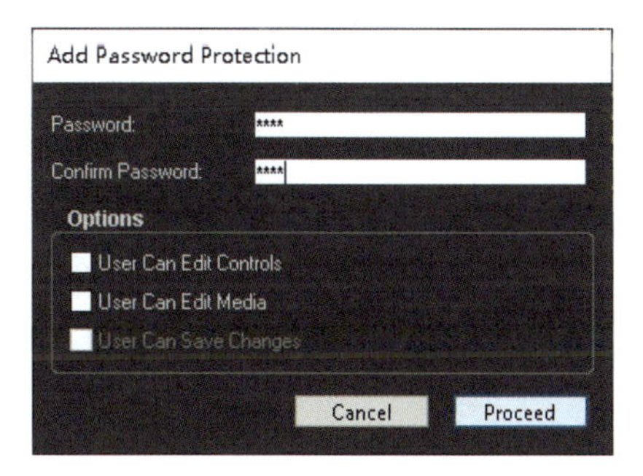

图 2-20　“仅运行”对话框

在“Password”和“Confirm Password”字段中键入该文件的密码。

若您勾选了“User Can Edit Controls”，意味着可以修改文档的控制面板；若您勾选了“User Can Edit Media”，意味着能够将媒体导入媒体面板；若您勾选了“User Can Save Changes”，意味着如果您具有 Isadora 的注册版本，则可以保存他们所做的任何更改。最后，单击“Proceed”，以确认您的选择。

此时，Isadora 会要求您保存文件，以便在启用密码保护的情况下将其保存在硬盘上。完成此操作后，文档将以您指定的“仅运行”模式工作。

您还可以选择“File＞Add Password Protection...”，给已有的文档添加密码保护。其操作与上述步骤相同。

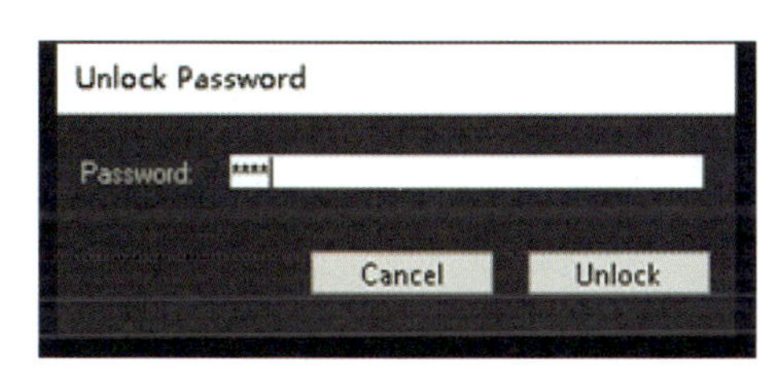

图 2-21　解锁文档

若要解锁“仅运行”文件，以便可以对其进行编辑，选择“File＞Unlock Document...”，将出现图 2-21 所示的对话框。

在“Password”字段中输入正确的密码，然后单击“Unlock”，以解锁文档，便可以对其进行编辑。

当然，若您不再需要密码保护文档，您选择“File＞Remove Password...”，操作界面与上述相同（如图 2-21 所示）。在“Password”字段中输入密码，然后单击“Unlock”以解锁该文档。此时，Isadora 会要求您再次保存该文件。

Isadora 源文件的扩展名为“.izz”，为了书写方便，Isadora 的使用者有时将 Isadora 简写为 IZZ。

第三章

驾驭场景编辑器

场景是处理一个或多个新媒体流的 Actor 的集合。场景编辑器就是利用各种 Actor 进行可视化交互程序设计的空间。在这里，您可以定义这些 Actor 相互协作的方式，共同实现一个交互功能。因此，作为一个使用者，首先必须掌握和理解场景编辑器的使用方法。

通过在场景编辑器中放置 Actor，并将一个 Actor 的输出连接到另一个 Actor 的输入，您可以定义媒体(视频、声音、MIDI 等)的处理方式。通过变换(放大或缩小等操作)在 Actor 间流动的数据，修改每个 Actor 相关的属性值，可以决定 Actor 的特定运行方式。变换或缩放(Scale)数据是一个非常重要的概念，在 Isadora 的编程设计与创作中经常用到。

大多数场景都遵循这种模式：无论是存储在媒体面板中预先录制的媒体，还是来自外部设备(或视频流接口)的实时媒体，媒体流流过一个或多个 Actor 时，不同的 Actor 会对媒体流进行处理，然后将处理后的结果通过其输出端口进行输出。本章介绍如何在场景中添加、删除、组织和连接 Actor。

一、编辑器导览

1. 缩放编辑器

您可以使用右下角附近的放大镜图标放大(+)和缩小(-)场景编辑器，可以看到编辑器中的 Actor 被放大或缩小。使用中央放大镜按钮返回到 100%。

还可以使用鼠标滚轮(鼠标中键)来放大或缩小场景编辑器。当您按住 OPTION 键(MacOS)或 ALT 键(Windows)，光标将变为“手”和“放大镜”的图形，此时，您前后滚动鼠标中键，即可放大或缩小视图。

您也可以使用键盘快捷键进行缩放。默认情况下，按住 Command 键(MacOS)或 Ctrl 键(Windows)，并连续按键盘上的“+”或“-”键来放大和缩小场景的当前视图。

2. 移动视图

除了使用滚动条之外，您还可以使用鼠标来上下或左右移动场景编辑器的视图。当您按住 Command 键(MacOS)或 Alt 键(Windows)并单击灰色场景编辑器的一部分,按下鼠标左键,光标将变为"手"的图形,此时,按下鼠标左键并拖动鼠标即可拖动场景编辑器视图。

总之,通常情况下,按下 OPTION 键(MacOS)或 ALT 键(Windows),配合鼠标的左键和中间滚轮,就可以方便地操作场景编辑器视图。

二、Actor 工具箱

Isadora 文档的左侧部分是包含所有 Actor 的工具箱。在这里,您可以找到所有可用的 Actor。在工具箱的顶部是工具箱的过滤器,有一个文本框和若干个 Actor 分类图标网格组成。Isadora 所有的 Actors 被归类为"Video Effects"(视频特效)、"Video Sources"(视频源-输入)、"Video Renderers"(视频渲染器-输出)、"GLSL Shaders"(GLSL 着色器)、"FreeFrame Effects"(Freeframe 特效)、"Color"(颜色)、"Audio"(音频)、"Midi"(MIDI 处理)、"Generators"(发生器)、"Mouse & Keyboard"(鼠标和键盘)、"Calculation"(计算)、"Control"(逻辑控制)、"Scene Control"(场景控制)、"Comunications"(通信)和"User Actors"(使用者自定义的 Actor)。在工具箱中,每一个分类都用一个图标表示。

当您单击显示类的图标时,该类所有的 Actor 就显示在工具箱的下面区域。

单击工具箱上方文本框左侧白色"三角形",可以隐藏或显示工具箱过滤器。

点击工具箱顶部的文本框,然后键入 Actor 名称中的任何字母,可以快速查找 Actor,包含您所键入字母的所有 Actor 都将出现在工具箱中。如:键入"tri"。如图 3-1 所示。

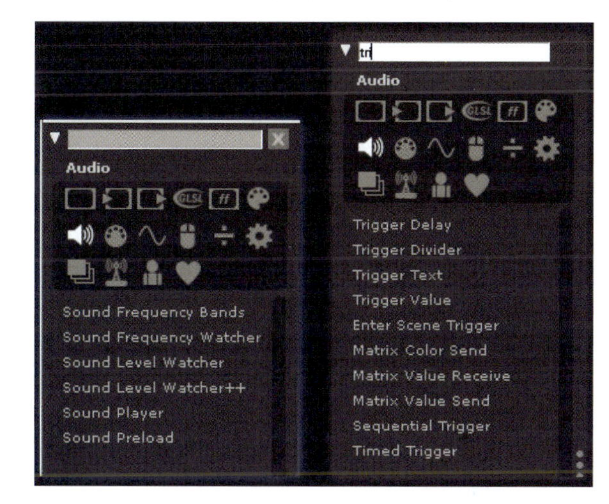

图 3-1 Actor 工具箱及过滤器

1. 添加/选择 Actor

在工具箱中单击要添加的 Actor,光标将变为"+"号,表明您已选择了该 Actor。将鼠标移到场景编辑器中。在执行操作时,您会看到 Actor 跟随鼠标移动,移动到 Actor 将要放置的位置后,单击鼠标以确认其位置。需要注意的是,如果您错选了 Actor,您可以再次单击工具箱或按 Esc 键以取消本次选择操作。

另外,在场景编辑器中的灰色区域双击鼠标,就会出现 Actor 工具箱的弹出菜单形式。如图 3-2 所示。您可以在弹出菜单的顶部文本框中键入 Actor 的全名或者名称的一部分,包含您所键入字母的所有 Actor 将显示出来,您可以用鼠标选择您需要的 Actor,或

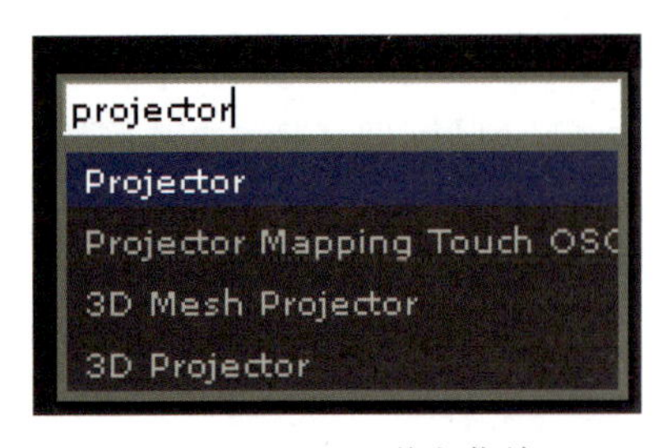

图 3-2　Actor 弹出菜单

者用键盘的上、下方向键选择您需要的 Actor，然后按回车键。这时您所需要的 Actor 就放置在您双击鼠标的位置。

2. 选择和组织 Actor

用鼠标单击 Actor 的主体部分，即可选择该 Actor。还可以按下 Shift 键，同时单击您想要选择的 Actor，就可以选择任意多个 Actor。被选择的 Actor 为蓝色，其他的 Actor 为灰色。

另外，若需要选择一组 Actor，可以单击场景编辑器的背景，然后拖动鼠标。将出现一个选择矩形。释放鼠标时，矩形内的所有 Actor 将被选中。

若需要在场景编辑器中重新定位 Actor 的摆放位置来组织 Actor，则可以选择一个或多个 Actor，单击 Actor 的主体并拖动。选定的 Actor 将跟随鼠标移动，直到您释放鼠标按钮。

3. 编辑 Actor

选择一个或多个 Actor，选择“Edit>Clear”或按 Delete 键，Isadora 将删除所选的 Actor。

选择一个或多个 Actor，选择“Edit>Cut”或“Edit>Copy”。Isadora 将所选的 Actor 剪切或拷贝到系统的粘贴板，然后再选择“Edit>Paste”。Isadora 将复制选定的 Actor。

通过单击场景编辑器的背景，确保其处于活动状态。选择“Edit>Paste”。Isadora 将粘贴您先前剪切或复制的 Actor。新粘贴的 Actor 将全部被选中，您可以单击其中任何一个并将其拖动，以将其移动到新位置。

剪切或复制一组 Actor 时，该组 Actor 之间的所有连接都将保持不变。粘贴这些 Actor 时，将还原剪切/复制时已存在的连接。

三、建立连接

为了使 Isadora 的 Actor 能够一起工作，您必须定义不同 Actors 间的数据传输方式。数据传输是通过在一个 Actor 的输出和另一个 Actor 的输入之间建立连接来实现的。

要想在不同的 Actors 之间建立正确的连接，必须了解一些数据类型的基本知识。比如，只有当不同的 Actors 的输入属性和输出属性拥有相同的数据类型或相兼容的数据类型时，它们之间才能建立连接，实现数据传输。例如，您可以将任何数值或触发器(Trigger)输出连接到任何其他数值或触发器输入。视频输出只能连接到视频输入，声音输出只能连到声音输入。反之，则无法建立连接。当您尝试将两个不兼容的端口进行连接时，光标会变为一个中间有斜杠的红色圆圈(禁止图标⊘)，表示不允许建立连接。

Isadora 软件的所有 Actors 的输入属性或输出属性可能的数据类型有以下几种(每

个属性属于以下类型之一):

① Integer:不带小数点的数值。

② Float:带小数点的数值。

③ Boolean;仅是 0 和 1 两个数字,通常显示为 off 或 on。

④ Range:用于指定一个数值范围的一对数。

⑤ Text:文本。

⑥ Trigger:触发信号,常态是 0,瞬间触发为 1。通常对应显示为 - 和 X。

⑦ Video:视频流。

⑧ Sound:声音流。

⑨ Blobl:来自 Eyes ++ 模块的 Blob 信息,Isadora 特有的属性。

您可以将鼠标光标放在属性的值编辑框上,悬停一会儿,将会出现一个信息框,显示该属性的名称、类型及其最小值和最大值。如图 3-3 所示。

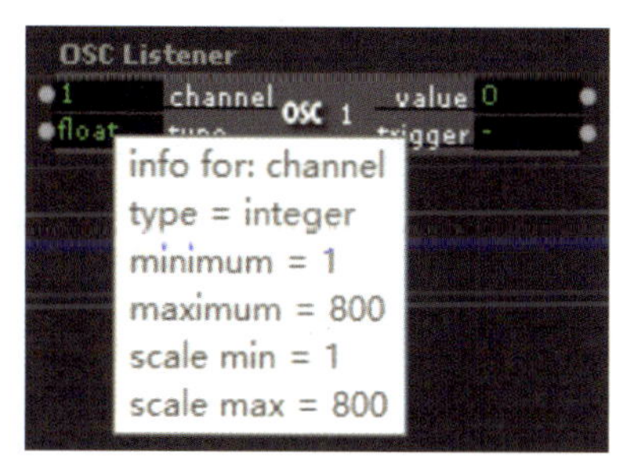

图 3-3 属性信息

要将一个 Actor 的输出连接到另一个 Actor 的输入,请执行以下操作:

单击输出端口(Actor 右侧的圆点),移动鼠标并出现红色,代表连接的红线将跟随鼠标移动,然后移至另一个 Actor 的输入端口(Actor 左侧的圆点)。只要您将连接线放置于有效的输入端口内,连接就会变粗。单击鼠标以确认连接。

请注意,当没有数据流过连接时,连接为红色;当数据流经连接时,连接为绿色。

1. 撤销连接

按 Esc 键或按 Command-Period(MacOS)或 Control-Period(Windows),可以取消正在进行的连接。

2. 删除连接

鼠标单击一个连接,它将变为亮红色或亮绿色(若有数据在流动,则为绿色),以表明它已被选中。您也可以按下 shift 键同时单击,一次可以选择多个连接。然后选择“Edit>Clear”以删除连接,或按 Delete 键进行删除。

3. 创建分段连接

合理排列 Actor 的位置,使用分段线连接 Actor,可以使 Actor 编辑器整洁,Actor 间的连接脉络清晰,有更好的视觉效果。这在逻辑复杂、Actor 很多的场景中尤为重要。使用者应养成确保场景编辑器中的 Actor 和连接线组织有序的好习惯。如图 3-4 所示。

如何绘制转折的分段连接线?

鼠标左键单击前一个 Actor 的输出端圆点,然后移动鼠标,在需要转折的地方再单击鼠标左键,然后改变鼠标的移动方向,即:在连接线的转折点处单击鼠标左键,再改变移动方向,依此类推,直到连接到另一个 Actor 的输入端,再单击鼠标左键,完成连接线。

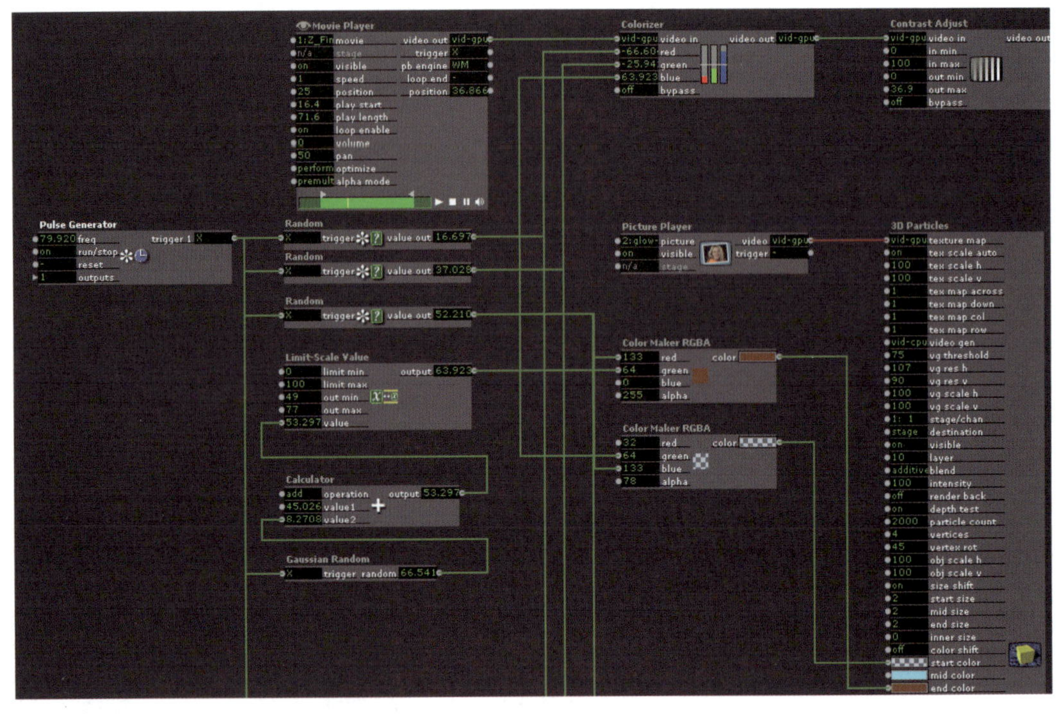

图 3-4　分段连接线示意图

在连接线的绘制过程中，若不满意当前的连接线的绘制路径，可以按下 Esc 键，每按下一次撤回一个步骤。

单击连接线某一个分段并拖动，移动分段线。水平线段只能上下拖动，垂直线段只能水平拖动。

4. Actor 的智连接

在一定的条件下，智连接（Hotlinking Actor，直译为热连接）会自动连接具有兼容数据类型的两个 Actor 的输入和输出。

在连接 Actor 时，您只需要将一个 Actor 尽量靠近另一个 Actor，到达其智能感知的距离内，系统将自动将 Actor 连接在一起，此功能可节省大量时间。

若想更改智连接的相关设置，您可以在 Isadora＞“preferences”下的“general”选项卡上自定义 Hotlinking 行为。如图 3-5 所示。您要谨慎地修改相关参数，如果修改不当，往往会导致过多的意外自动连接。通常情况下，建议保留默认设置。

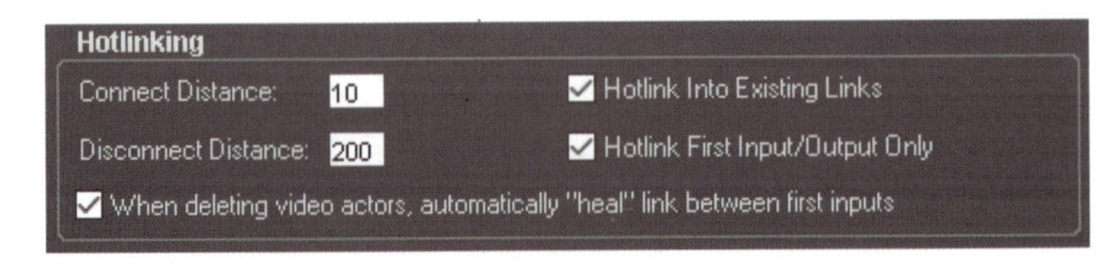

图 3-5　Hotlinking 设置

5. 智能插入连接

当您需要快速地在两个已连接的 Actor 之间插入一个 Actor 时，拉开两者间的距离，使其产生一个能容纳新的 Actor 的间距，并保持两者的连接线是水平线。然后拖动新 Actor，并将其放置在水平连接线上，当连接线变成亮黄色时，松开鼠标，新的 Actor 就插入已经连接的两个 Actor 之间。同时，新 Actor 自动与前后两个 Actor 建立了连接。该 Hotlinking 功能不适用于对角连接或垂直连接。该功能常常在视频处理类 Actor 间使用。

6. 自动重新连结

在若干个视频处理类 Actor 的连接中，将某个处于两个 Actor 之间的 Actor 删除后，视频 Actor 之间的连接会自动“修复”。这样，您就可以轻松地删除某个视频效果 Actor，而不会中断视频流。

智能插入连接和自动重新连接功能相结合，可以非常轻松地添加或删除视频效果，而不会中断视频流，这在进行彩排时非常有用。

7. 更改连接对象

当您移动鼠标靠近某个 Actor 输出端或输入端（小圆点），鼠标指针悬停在连接线上，此时若出现一个灰色的“X”符号，单击鼠标并移动鼠标，即可根据您的需要更改连接对象。移动连接时，原始的连接线是灰色的，新的连接建立后，灰色线随即消失。

您还可以通过另一种方法更改连接。先选中需要修改的连接线，然后鼠标右击，显示弹出菜单，选择“Detach Links at Output”（或使用快捷键 ctrl + 4 或 command + 4）或“Detach Links at Input”（或使用快捷键 ctrl + 3 或 command + 3），再移动鼠标重新连接。

有时，在您的场景编辑器中，可能有一个 Actor 输出连接到多个 Actor 的输入，或者一个 Actor 输入接收了来自多个 Actor 的输出。如果您需要将所有这些连接立即移动到其他 Actor 上，您可以在按下 Shift 键的同时单击选择所有连接线（所有连接必须源自同一输出，或者所有连接必须连接至同一输入），然后鼠标右击，显示弹出菜单，采用上述相同的操作，可一次修改多个连接线。如图 3-6 和图 3-7 所示。

为了提高选择效率，您也可以用鼠标画矩形框选连接线以及对应的 Actor，再单击鼠标右键，如图 3-8 所示。与图 3-6 中的弹出菜单略有不同，但同样也可以进行上述操作。

四、可变的输入和输出

通常，数据类型不匹配的输入和输出不能连线。例如，视频输出通常无法连接到数字输入，因为这样的连接毫无意义。但是，某些 Actor 支持可变输入或输出，其输入或输出端口旁边的圆点是绿色的，意味着它是可变的输入或输出。当第一个连接建立时，这些输入或输出将作出相应更改，以匹配数据类型。而通常情况下，输入或输出端口旁边的圆点是蓝色或灰色的。例如，Table、Selector 和 Router 这 3 个 Actor，见图 3-9 所示。

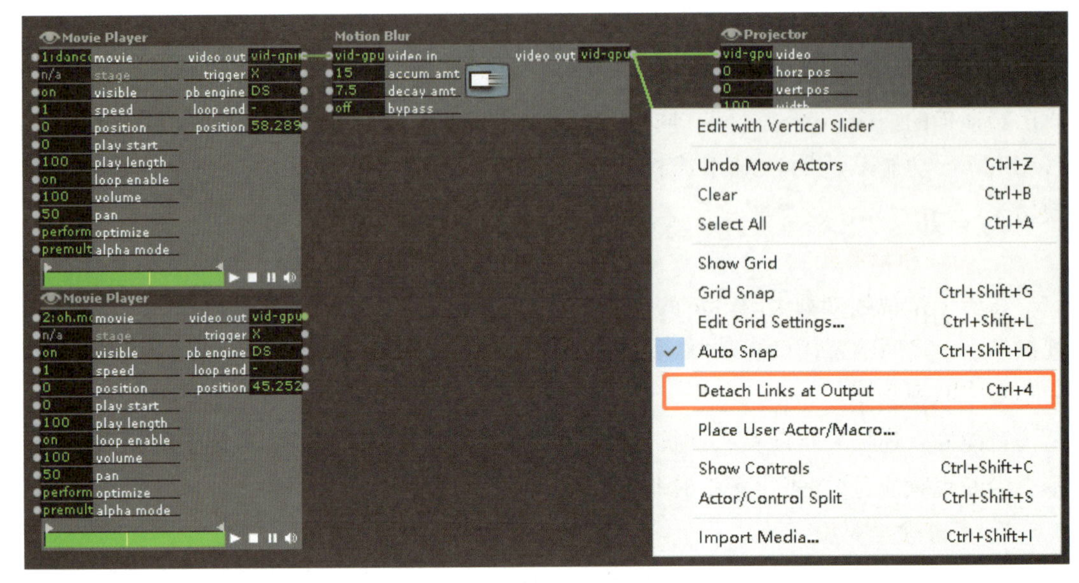

图 3-6　分离连接弹出菜单

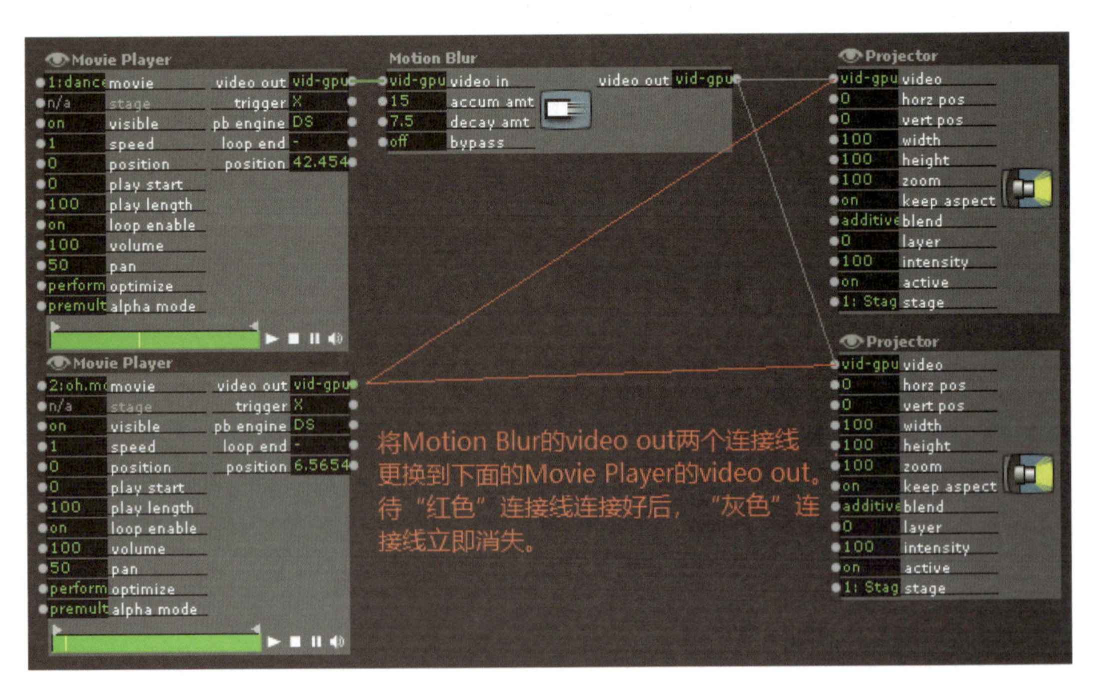

图 3-7　一次更改多个连接

图 3-8 中标有①的 Table Actor 显示：在没有任何连接之前的 Table 的三个输入端和 val out 输出端边上都是绿点，表示这些端口是可变的。

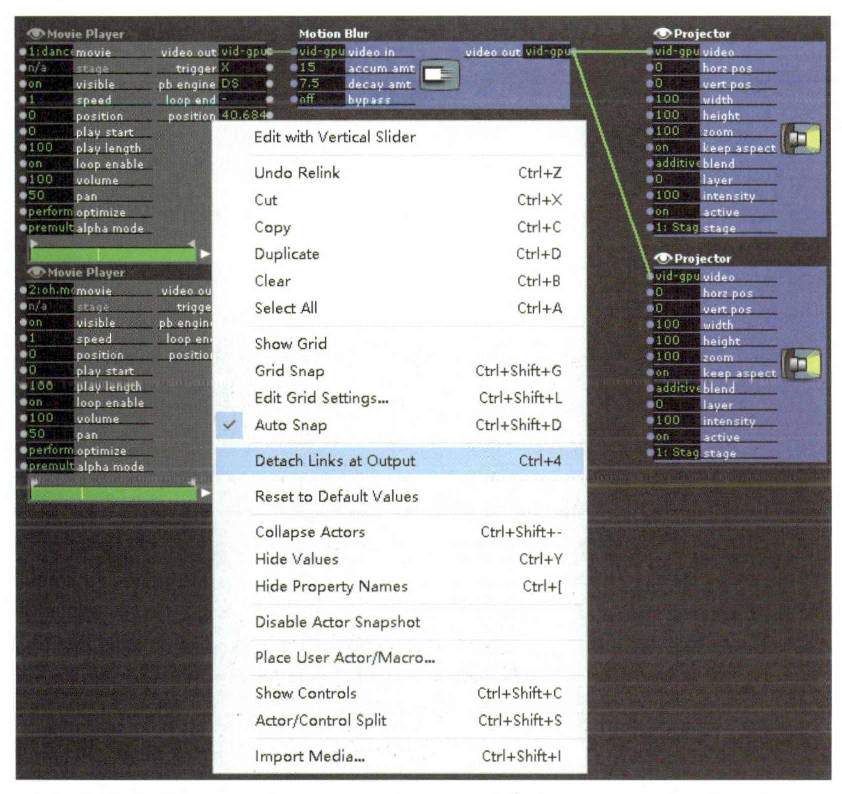

图 3-8　框选后右键弹出菜单

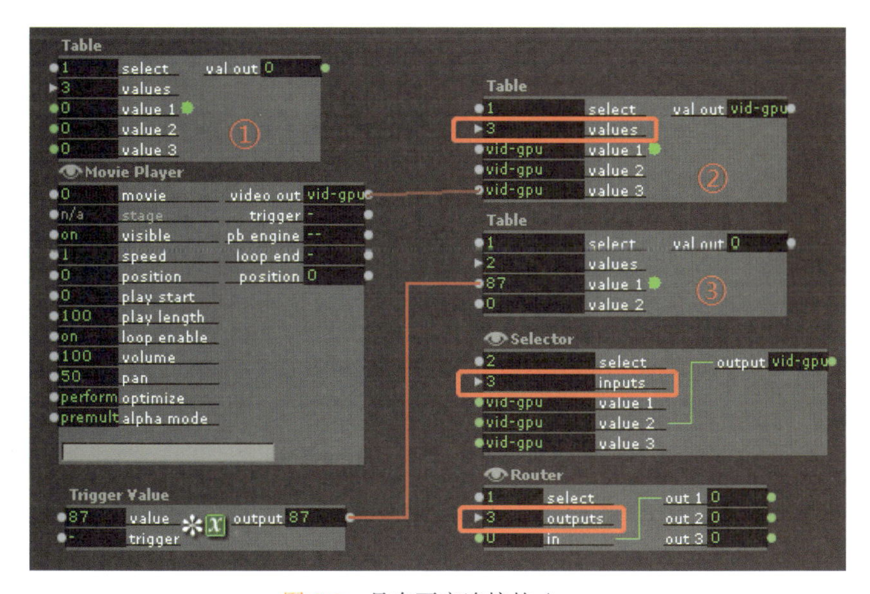

图 3-9　具有可变连接的 Actor

当您添加新的 Table 时，输入和输出的默认数据类型为 float（带小数点的数字）。图 3-8 中 Movie Player 已连接到标有②的 Table 第三输入（value 3），则 Table 的所有输入和输出自动更改为 vid-gpu，表示它们可以接收或发送视频流。此外，输入和输出旁边的点变成灰色，表示它们不再可变。在此示例中，当您完成第一个连接并将数据类型更改为视频后，您无法将新的连接设置为其他类型的输入或输出，除非您断开所有的输入和输出端口的连接，并重新建立连接。

图 3-8 中的三个矩形框仅用于指定 Actor 的可变输入或可变输出的数目，此端口不能连接到其他 Actor，它的左端有个三角形可识别标识，代替了圆点。像这样可变的输入或输出端口数目的 Actor 还有不少，如图 3-10 所示，您在学习新的 Actor 时要注意观察。

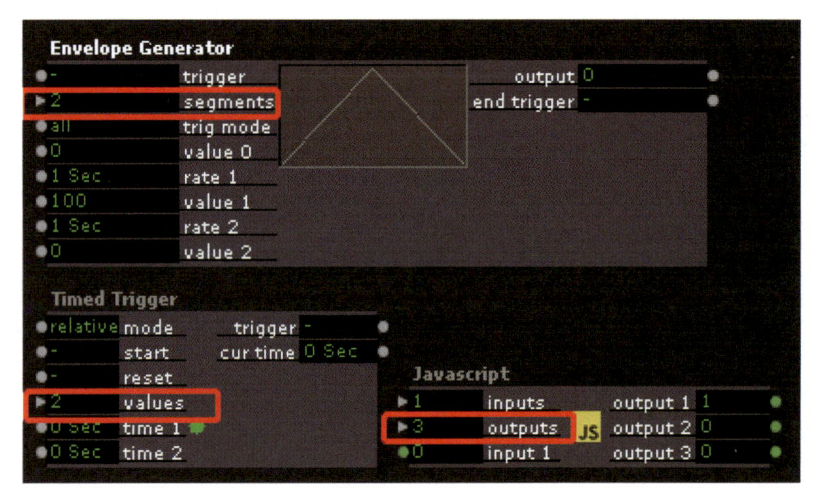

图 3-10　可变的输入或输出端口数目

虽然这些 Actor 的输入参数允许您更改 Actor 的输入/输出数量，但无法实时交互地改变其数值。有些 Actor 在该数量确定后可以实时改变 select 的属性值，从而交互选择输入或输出，如图 3-9 所示，Table、Selector 和 Router 都可以通过改变 select 的属性值，选择不同输入/输出通道传递数据流。

五、输出和输入之间的缩放值

每当您将一个角色的数字输出连接到另一个角色的数字输入时，Isadora 的默认行为就是缩放输出值的范围，以使其与输入值的范围匹配。

根据输入/输出两对值来计算值的缩放比例。输出属性具有 Limit Min（限制最小值）和 Limit Max（限制最大值），它们给出了该输出属性可以发送的最低值和最高值。输入属性具有 Scale Min（缩放最小值）和 Scale Max（缩放最大值），用于指定到达该输入的任何值将被缩放到的范围。如图 3-11 所示。

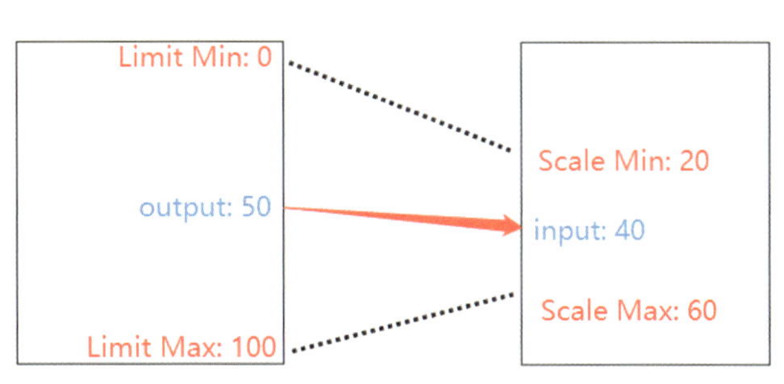

图 3-11 输出与输入缩放示意图

当您将左侧 Actor 的输出属性的 Limit Min 和 Limit Max 设置为 0 和 100，右侧 Actor 的输入属性的 Scale Min 和 Scale Max 值分别设置为 20 和 60。然后，当输出属性发送的值为 50(0 到 100 之间的一半)时，您将看到输入的值为缩放为 40(20 到 60 之间的一半)。反之亦然。

每当您将新的 Actor 添加到场景中时，每个输入属性的 Scale Min 和 Scale Max 默认设置为该所允许的绝对最小值和最大值。同样，每个输出属性的 Limit Min 和 Limit Max 也默认为其绝对最小值和最大值。如图 3-12 所示。

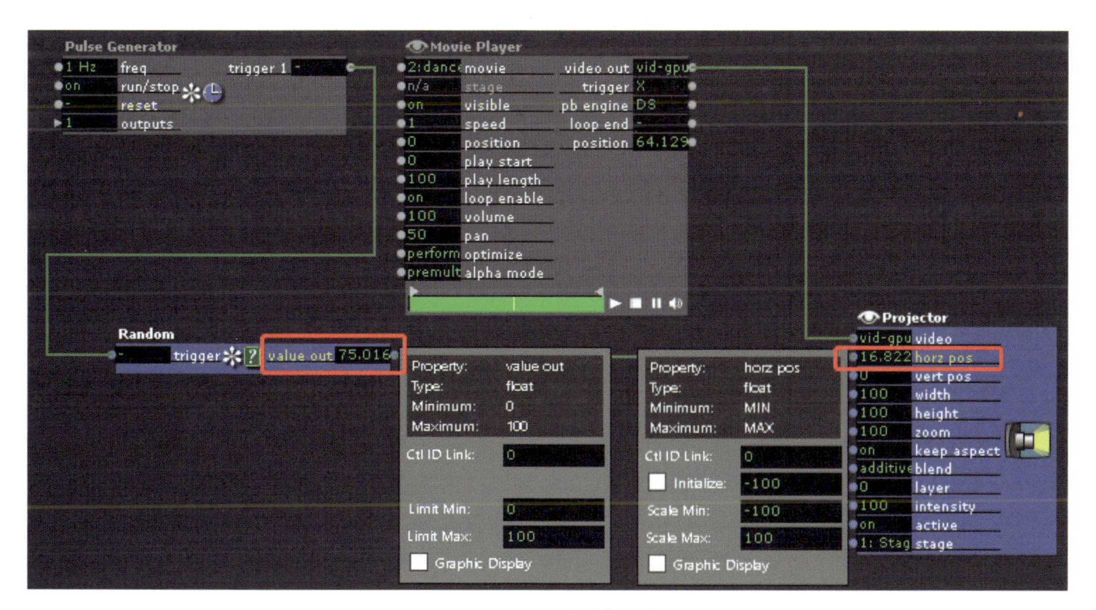

图 3-12 Actor 属性值缩放设置

您可以根据创作需要修改输入属性的缩放比例，单击输入属性的名称，该名称位于 Actor 左侧的输入值框的右侧，如图 3-12 中 Projector 的 horz pos(水平位置)，此时，该名称变为黄色，表示已被选中，并将显示该属性的信息查看器。您可以修改其 Scale Min 和 Scale Max 值。

您也可以设置对应 Actor 的输出属性的 Limit Min 和 Limit Max。单击输出属性的名称，该属性位于 Actor 右侧的输出值框的左侧，如图 3-12 中 Random 的 value out，此时，该名称变为黄色，表示已被选中，并显示该属性的信息查看器。您可以对应修改 Limit Min 和 Limit Max 的值，并按 Enter 键确认。

按照如下操作，您可以实现反转输出与输入之间的关系。

如果您设置 Actor 的输入属性的 Scale Min 大于 Scale Max，则会反转输出和输入之间的关系，在输出数值上升时，输入数值下降。例如，如果输出属性的范围是 0 到 100，并且将其连接到 Scale Min 为 100 且 Scale Max 为 0 的输入，则当 output 属性值从 0 变为 100 时，输入属性值将从 100 变为 0。

1. 预设属性值

在某些情况下，激活 Actor 所在的场景时，可能需要预先设置某些属性的值。首先，您可以单击属性名称，弹出 Actor 属性查看器。然后，在 Initialize 右侧的值编辑框中输入属性的初始值，再勾选其复选框，以启用初始化。如图 3-13 所示。

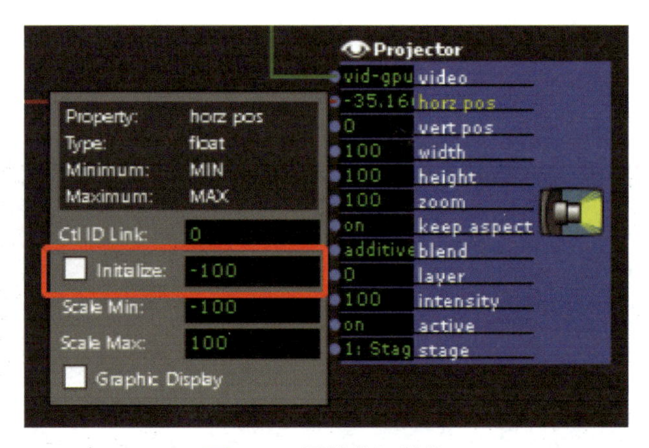

图 3-13　属性值初始化

图 3-13 的红色方框上方有一个 Ctl ID Link 属性，它与控制面板的控件相关联，将在本书第十二章详细讲解。

2. 编辑属性值

单击属性值编辑框(属性名称旁边的黑框)，然后向上或向下拖动鼠标。拖动鼠标时，该值将上升或下降。

在值编辑框中单击，它将变成蓝色，表明您将要键入一个值。输入新值，然后按 Enter 键。

六、折叠/展开 Actor

每个 Actor 具有三个主要组成部分：主体(其他元素所在的矩形)、属性值框和属性值名称。后两个可以独立显示或隐藏，使您可以缩小 Actor 的外观比例。根据您的需要，每一个 Actor 可以设置为 4 种不同形态的外观。以 Movie Player Actor 为例，其 4 种外观如图 3-14 所示。

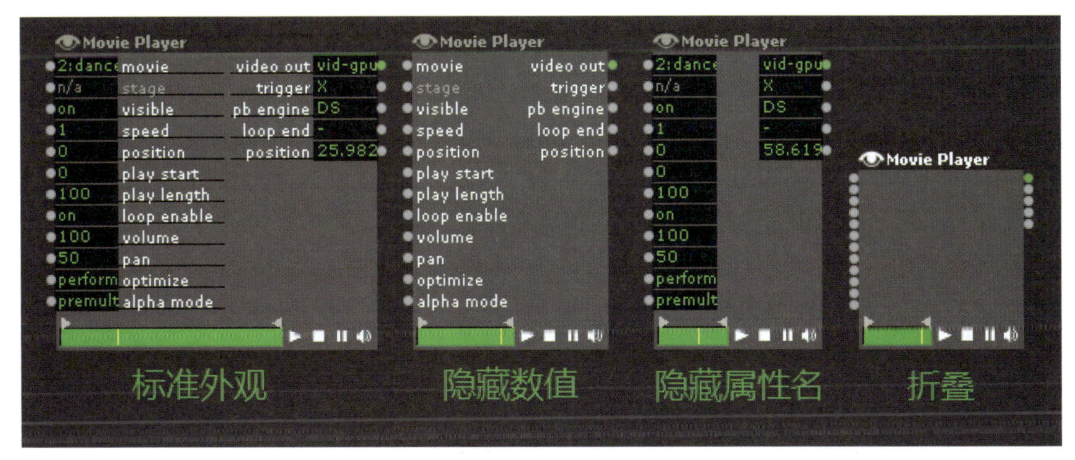

图 3-14　Actor 的众生相

若使一个或多个 Actor 尽可能小，选中您想要折叠的 Actor。选择菜单“Actors>Collapse Actors”。Isadora 将隐藏属性值编辑框和属性名称，从而使 Actor 尽可能小。

要将一个或多个 Actor 恢复到标准状态，选中您想要还原的角色。选择菜单“Actors>Expand Actors”。Isadora 将同时显示属性值编辑框和属性名称，从而使 Actor 返回其标准状态。

您也可以单独隐藏或显示值编辑框。选择“Actors>Hide Values”。Isadora 将隐藏所选 Actor 的属性值编辑框；选择“Actors>Show Values”，以再次显示属性值编辑框。

要隐藏当前选定 Actor 的属性名称，请选择“Actors>Hide Names”。Isadora 将隐藏所选 Actor 的属性名称；选择“Actors>Show Names”，以再次显示属性名称。如图 3-15(左)所示。

上述对 Actor 的折叠或展开操作，也可以先选择 Actor，然后单击鼠标右键，显示 Actor 的弹出菜单，进行同样的相关操作。希望使用者关注和记住每一个菜单命令后的快捷键，若能熟练地运用这些命令对应的快捷键，可以大大提高工作效率。如图 3-15(右)所示。

如果在场景编辑中快速双击 Movie Player(主体部分)，即可折叠该 Actor。反之，在被折叠的 Actor 上快速双击，即可展开该 Actor。但是，这种快速折叠操作不适用于 Projector，双击 Projector 将会进入另一个功能的设置(详见本书第十四章)。

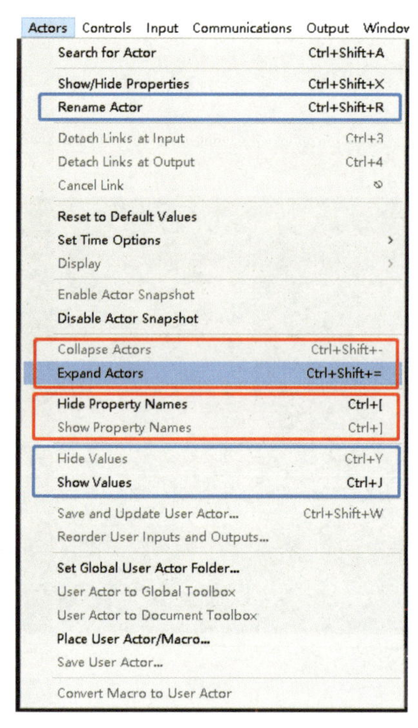

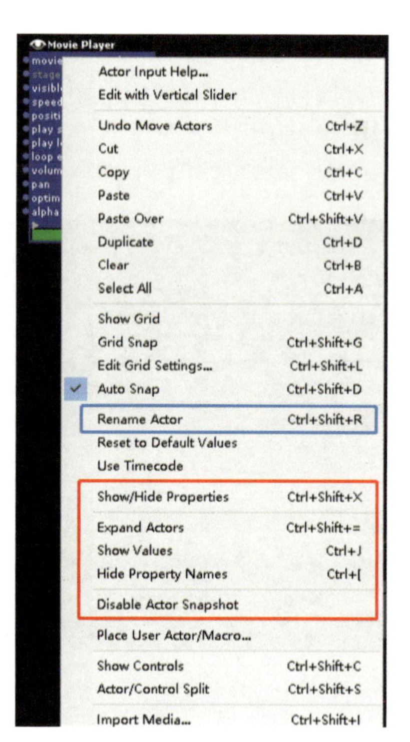

图 3-15 Actors 菜单(左)Actor 弹出菜单(右)

七、显示标记的 Actor

此按钮可快速地将场景视图滚动到当前场景中名称以“#”开头的 Actor。

要快速地将 Actor 滚动到可见视图中，请单击此按钮，然后从弹出菜单中选择一个带有标记的名称。该弹出菜单仅包括场景编辑器中当前可见的 Actor。如图 3-16 所示。

图 3-16 “#”标记按钮

要在此菜单中提供 Actor，请在场景中选择一个 Actor，然后从主菜单中选择“Actors >Rename Actor”，如图 3-14 所示。并为 Actor 指定一个以“#”号开头的名称。如图 3-17 所示。

在一些大型项目中，场景往往非常复杂，一个场景会有非常多的 Actor。有时用人工浏览的方式定位 Actor 不容易，若采用这样的命名标记方式，有利于快速定位相应的 Actor，提高工作效率。

图 3-17　被更名带“#”标记的 Actor

第四章

视频特效

一、特效概述

Isadora 提供了许多可以实时处理视频/图像的 Actor。如果您选择“Toolbox Filter”(工具箱过滤器)中的“Video Effects”,在工具箱中可以找到所有的视频处理效果 Actor。虽然视频处理 Actor 的功能各不相同,但基本工作原理是相同的:一个 Actor 通过 video in 输入端口获取视频,它根据您设置的属性处理视频图像,并将结果发送到其视频输出端口 video out 输出视频。大多数视频处理 Actor 只有一个视频输入,仅有少数 Actor 可能有两个甚至三个视频源。下面结合具体案例讲述其基本工作原理,正如在前面章节的案例中所做的,将电影播放器 Movie Player 和投影仪 Projector Actor 插入场景编辑器窗口,并导入舞蹈 Actor 视频文件(该文件在官方提供的案例文件夹内,您可以参考前面案例找到该视频文件,详见本书第二章的“导入媒体”部分)。

现在,单击工具箱中的 Colorizer Actor,并将其拖到场景编辑器中。将 Movie Player Actor 的视频输出端口 video out 连接到 Colorizer Actor 的视频输入端口 video in,然后,连接 Colorizer Actor 的输出端口 video out 到投影仪 Projector Actor 的视频输入端口 video in。如图 4-1 所示。

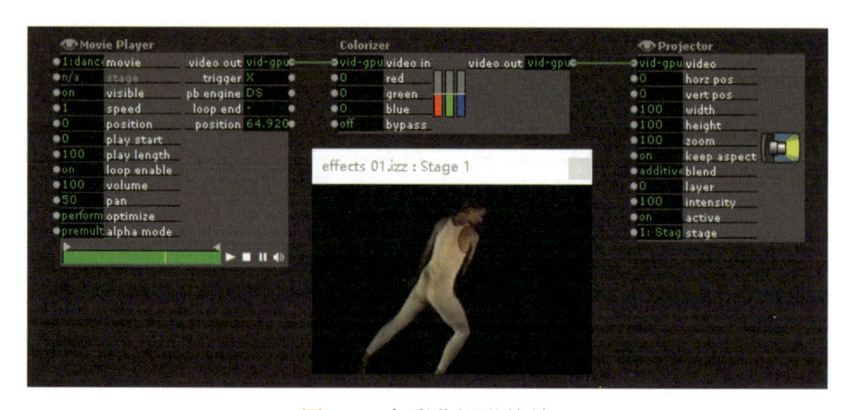

图 4-1　色彩化视觉特效

在 Isadora 菜单中，选择“Output>Force Stage Preview”，以显示舞台 Stage 画面。您应该看到像在前面章节案例中一样的视频图像。现在请单击 Colorizer 的 red（红色）属性值，并将设置更改为 -50，图像将改变颜色。尝试修改其 green（绿色）和 blue（蓝色）属性的数值。您也可以单击鼠标并按住，然后向上或向下拖动以滚动修改这些属性值。红色、绿色和蓝色属性可以控制视频图像的红色、绿色和蓝色像素。将这些属性设置为负值，则会按指定的百分比减少该颜色的强度；将它们设置为正值，会使它们增加指定的百分比。如果您将绿色和蓝色值设置为 -100，则所有绿色和蓝色从图像中去除，便产生了红色的单色图像。如图 4-2 所示。

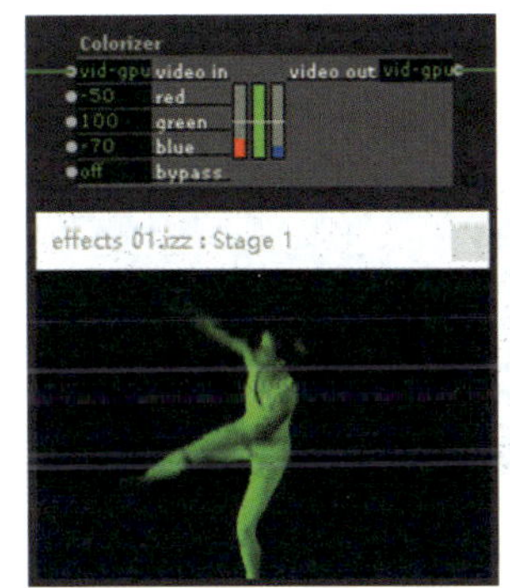

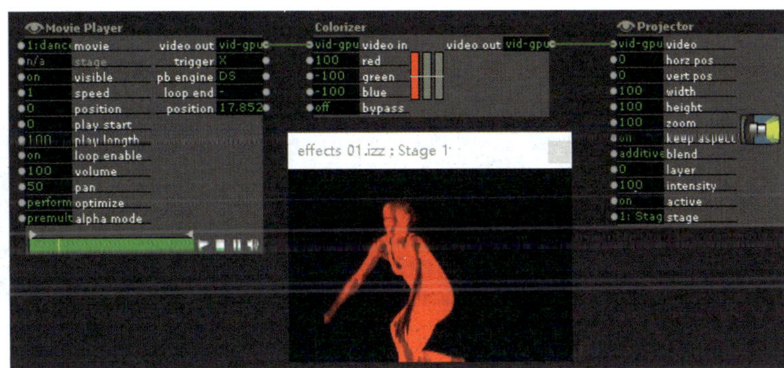

图 4-2 调整 Colorizer Actor 参数

您可以尝试在上述基础上添加另一个 Actor。

在 Colorizer Actor 的后面添加一个 Dots Actor，用鼠标点击编辑器中的 Projector Actor，水平向右拖动它，让 Colorizer 和 Projector 两个 Actor 的中间留出空间。然后，在工具箱中找到 Dots Actor 并单击它，将其拖到场景编辑器中，并放在 Colorizer 和 Projector 两个 Actor 的中间。当您移动 Dots Actor 时，若刚好 Dots Actor 的 video in 和 video out 都与 Colorizer 和 Projector 两个 Actor 间的连接线平齐时，绿色的连接线变成了黄色连接线，此时松开鼠标。则 Dots Actor 自动与 Colorizer 和 Projector 两个 Actor 前后相连。当然，您也可以采用传统的连接方式，先将 Colorizer 和 Projector 两个 Actor 间的连接线删除，再将 Colorizer Actor 连接到 Dots Actor，将 Dots Actor 连接到 Porjector Actor。如图 4-3 所示。

这时您看到的输出视频图像是一个大小不同的圆点组成的舞者。大小不同的点代表图像的亮度（您也可以修改 Movie Player Actor 的 movie 数值，测试亮度与圆点大小的关系）。尝试修改 dot size（点大小）输入属性的值。属性值越大，则输出时产生的点越大。一旦达到 25%左右，图像就会变得非常抽象。您也可以将 mode 的属性从“circle”更改为“square”。后者产生不同大小的正方形而不是圆形。如图 4-4 所示。

Isadora 系统提供了很多视频特效的 Actor，您可以从 Video Effects 类中选择不同的 Actor 加入程序中，得到各种不同的视觉特效。每次添加一个 Actor，其处理的结果都是

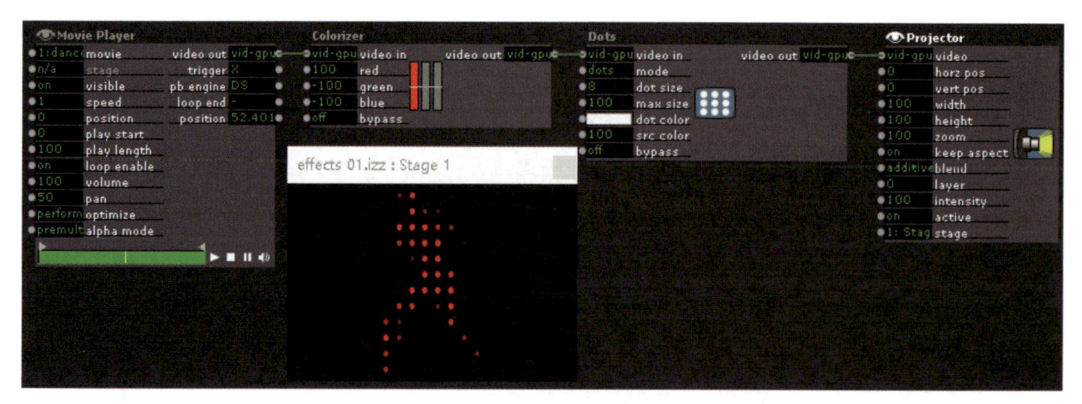

图 4-3　像素点化特效

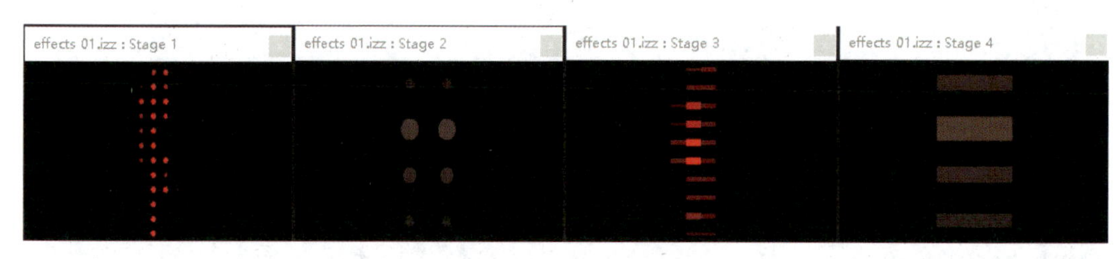

图 4-4　调整 Dots Actor 参数

实时的，即“所见即所得”。同时，您可以尝试修改其相关的输入属性的值，边修改边观察其实时渲染的视频效果输出，直观地了解每一个 Actor 的功能。您还可以利用 Mouse Watcher Actor 将鼠标的位置数据与某个 Actor 的输入属性进行连接，实现鼠标实时交互实验。

二、单输入视频特效 Actors

为了使于读者尽可能多地尝试不同的视频特效 Actor，下面简明扼要地介绍一些常用的视频特效处理的 Actor。

1. Buffer——捕获任意数量的视频帧，并临时存入电脑内存缓冲区，您可以以任何顺序、任何方式召回并使用它们。缓冲区可以理解为视频帧缓冲区的有序列表，该列表中的存储指针和调用指针如图 4-5 所示。

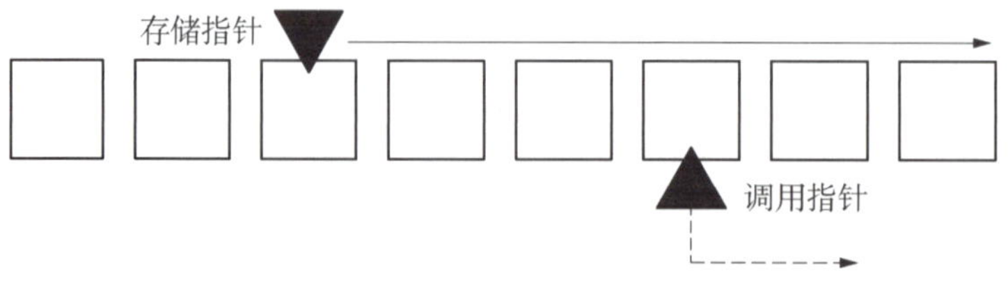

图 4-5　缓冲区示意图

存储指针确定下一帧视频的存储位置。每当新的视频帧到达输入中的视频时，它就会自动地移至列表中的下一缓冲区。

调用指针基于接收到的 select 输入属性的值而移动。通过将缓冲区编号发送到输入属性 select，您可以将该缓冲区中以 select 指定的帧发送到视频输出。由于每个缓冲区都存储在计算机的 RAM 中，调用几乎是瞬时的。

当到达列表中的最后一个缓冲区时，存储指针的作用取决于输入属性的设置。如果设置为“circle”(循环)，则缓冲区将从第一个缓冲区开始继续存储传入的视频(这会删除该缓冲区的先前内容)。如果设置为“stop”(停止)，则缓冲区将在存储最后一帧后停止，并等待直到触发输入属性 reset(复位)输入，才从第一个缓冲区重新开始。

当 Buffer Actor 存储来自 Video In Watcher 的实时视频源的帧后，您可以任意操纵刚刚发生的实时图像。要查看实际效果，请尝试以下程序，如图 4-6 所示。

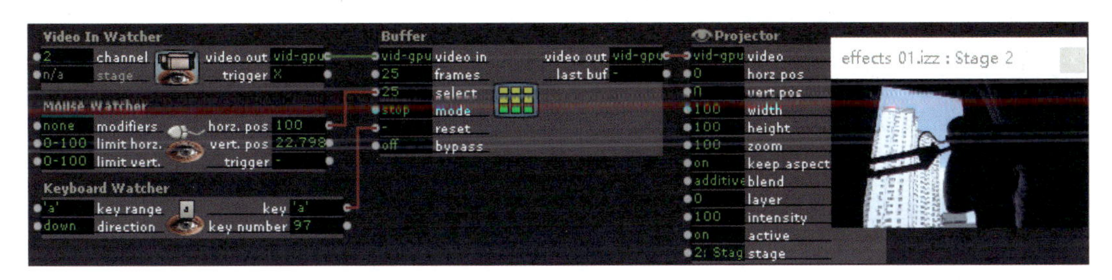

图 4-6 鼠标移动操纵 Buffer 中图像

每次您在计算机键盘上按字母“a”时，缓冲执行器将从实时输入中捕获 25 帧视频。由于该示例中的输入属性 mode 设置为“stop”，因此，当缓冲区存满后，Buffer Actor 将停止并等待另一个触发器。然后，您可以水平移动鼠标以浏览存储的图像(此示例中使用了捕获实时视频的 Video In Watcher Actor，其使用方法详见第五章)。

2. Colorizer——单独处理输入视频的红色、绿色和蓝色的强度。该 Actor 有 red、green 和 blue 这 3 个输入属性，其值范围为 −100 到 100。默认值为 0，表示保持不变；若向下调为负数，表示降低输入视频的红色或绿色或蓝色；若向上调整为正数，表示增加输入视频的红色或绿色或蓝色。如图 4-7 所示。

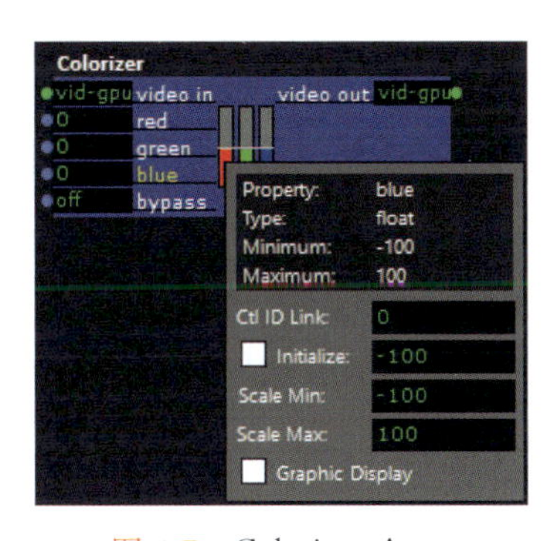

图 4-7 Colorizer Actor

3. HSL Adjust——通过修改该 Actor 的三个输入属性 hue offset(色相偏移)、saturation(饱和度)和 luminance(流明或称亮度)的值来调整输入视频或图像的颜色。

4. Contrast Adjust——调整输入视频的亮度和对比度。设置 in min 和 in max，调整输入亮度/对比度的最小和最大值；设置 out min 和 out max，调整输出亮度/对比度的最小和最大值。上述四个输入属性值的范围都是 0 到 100。若您需要通过该 Actor 调整视频的亮点和对比度时，您需要知道 in min 和 in max 与 out min 和 out max 是一对映射关系。如图 4-8 所示。图 4-8 左下角表示它们之间的映射关系；当您按照图 4-8 最上面的 Contrast Adjust Actor 所示，将 in min 设置为 15，对应的 out min 为 0，表示将输入图像或视频中 15 以内的暗部区域都映射为 0(黑色)，使图像中的暗部区域更暗；将 in max 设置为 80，对应的 out max 为 100，表示将输入图像或视频中大于 80 的亮度区域都映射为 100(白色)，使图像中的亮部区域更亮。调整输出的效果图如图 4-8 右边 Stage 1 输出所示。作为对比，图 4-8 的中间 Contrast Adjust Actor 未调整任何参数，中间 stage 6 的输出效果不变；图 4-8 的下面 Contrast Adjust Actor 仅将 out max 设置为 58，表示将输入的 0～100 映射为 0～58，输出图像的整体亮度降低，输出效果如图 4-8 中 stage 7 所示。

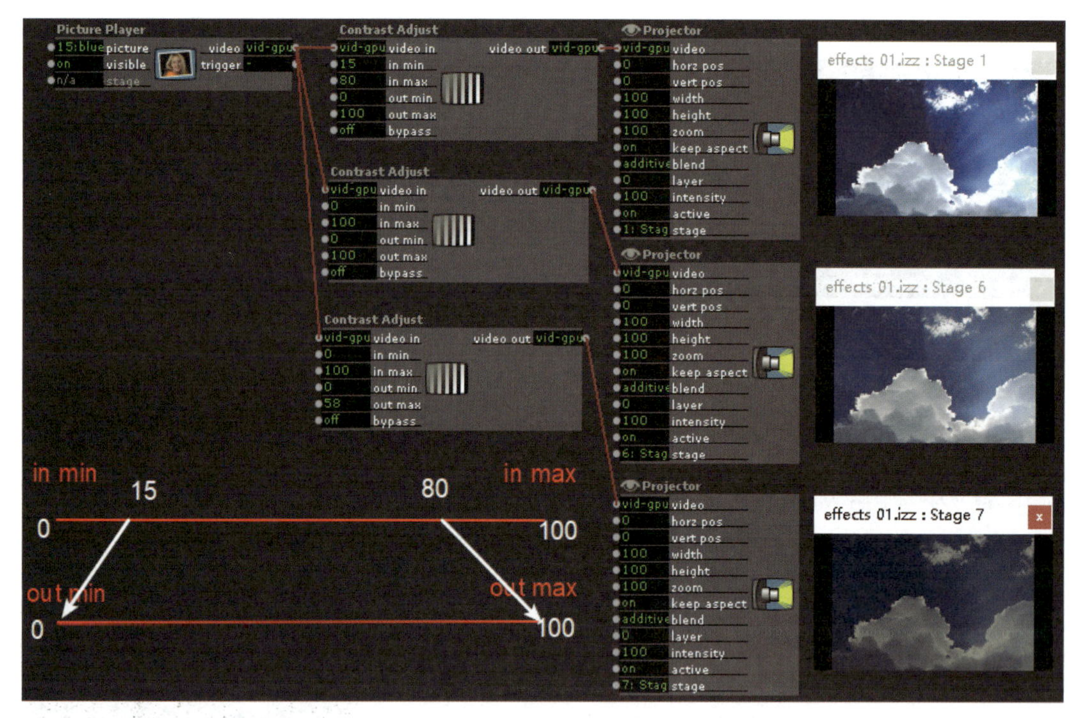

图 4-8　对比度调整特效

5. Crop——根据该 Actor 的 left、right、top 和 bottom 这 4 个输入属性值来裁剪前景(fore)视频流，然后将其叠加在背景(back)视频流上。如果 back 输入属性没有输入，则前景视频流将叠加在黑色上。如图 4-9 所示。

6. Chop Pixels——从输入视频流中截取一部分，以指定的水平和垂直分辨率创建较小的视频流。此功能有点像 Crop Actor 的功能，但输出仅包含图像被剪切后的部分，例如，如果输入视频流为 1920×1080 像素，并且 hors res max 和 vert res max 的输入设置为 1280 和 720，最终的视频流将为 1280×720 像素。设置 horz pos 和 vert pos 的数值，可以选择将源图像的哪一部分输出。如图 4-9 所示。

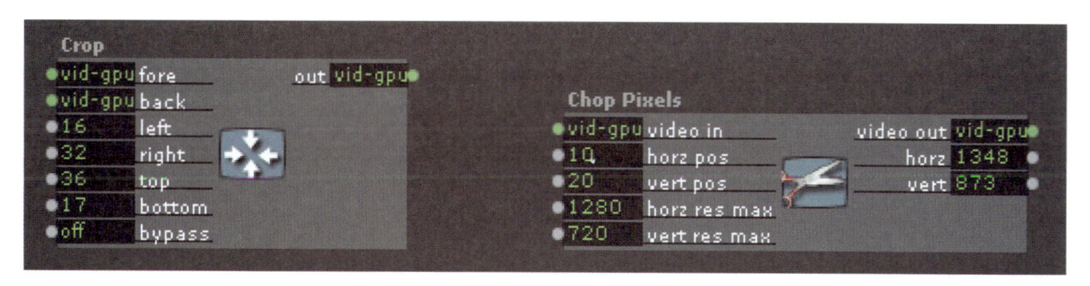

图 4-9 Crop Actor 和 Chop Pixels Actor

7. Chopper——裁剪输入视频,得到一个小尺寸的视频画面。horz size 和 vert size 表示指定剪裁后的视频是原来视频大小的百分比。horz pos 和 vert pos 的属性值是从 −100 到 100,默认值为 0,表示对视频的左右两边等比例剪裁,对视频源的上下等比例剪裁;若设置 horz pos 为 −100,表示视频源左边保持不变,从右边进行剪裁;反之,若设置 horz pos 为 100,表示视频源右边保持不变,从左边进行剪裁;上下裁剪设置类似;您也可以设置其他数值进行剪裁,观察其变化。如图 4-10 所示。

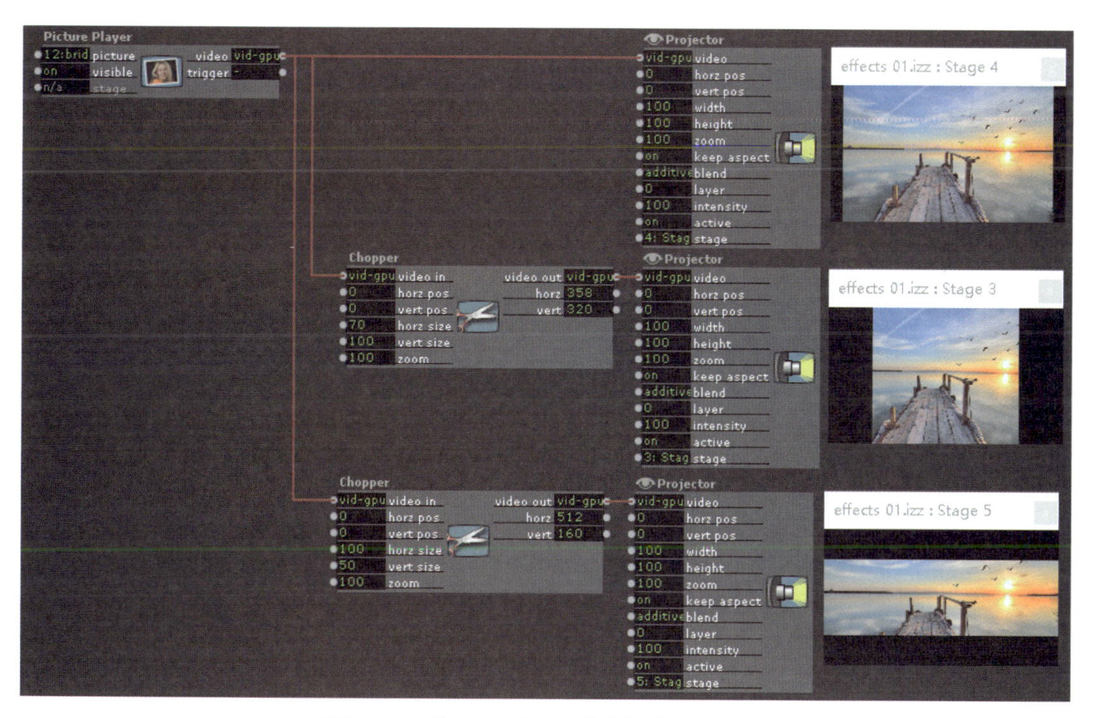

图 4-10 Chopper Actor 剪裁图片效果对比

由此可见,Chopper、Crop 和 Chop Pixels 这 3 个 Actor 各自有不同的特点和使用场合,您可以做一些案例进行对比。

8. Desaturate——允许您通过修改其输入属性 saturation 的值,从而逐渐去除输入源

(图片或视频)的色相饱和度信息。数值范围为 0～100,若将其值设置为 30,则图片饱和度很淡,如图 4-11 所示。

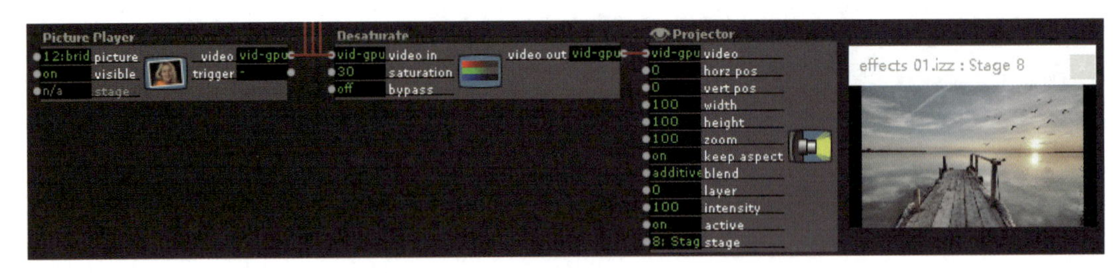

图 4-11　去饱和度特效

9. Displace——根据一个视频流的亮度使另一个视频流的像素产生偏移,从而产生扭曲的视觉效果。

通过使用输入属性 displace 指定的视频流的亮度,来确定将输入属性 source 的视频源对应的像素移动多少,实现对源视频流像素的“扭曲”。例如,当 displace 视频为灰色(50%亮度)时,源视频像素完全不移动;当它接近黑色时,源视频像素向左移动更多;当它接近白色时,源视频像素向右移动更多。如图 4-12 所示。

图 4-12　source 图像(左)、displace 图像(中)和“扭曲”图像(右)

——source:源视频输入流。

——displace:置换视频流,其亮度决定了源视频像素的偏移量。

——amount:置换效果的强度,从 0 到 100%。值越高,源视频的像素将移动得越深。

——angle:设置像素移动沿线的角度。

——offset:将生成的图像偏移 0 到 100%的距离。如果置换视频流太亮或太暗,生成的视频可能会偏离舞台边缘。调整此值,可再次使图像重新显示。

——src-bkg:打开时,源视频用作置换图像的背景;关闭时,背景为黑色。

——wrap:启用此选项后,移到框外的所有像素都会绘制在图像的另一侧;当关闭时,丢失到帧外的像素将丢失。

Displace Actor 目前还是一个旧版本的,视频源的输入与输出属性都是 cpu 类型,而大部分视频 Actor 的输入与输出视频都是 vid-gpu 类型,因此,您需要两种类型的视频源转换的 Actor,如 GPU To CPU Video Converter 或 CPU To GPU Video Converter,参考示例如图 4-13 所示。

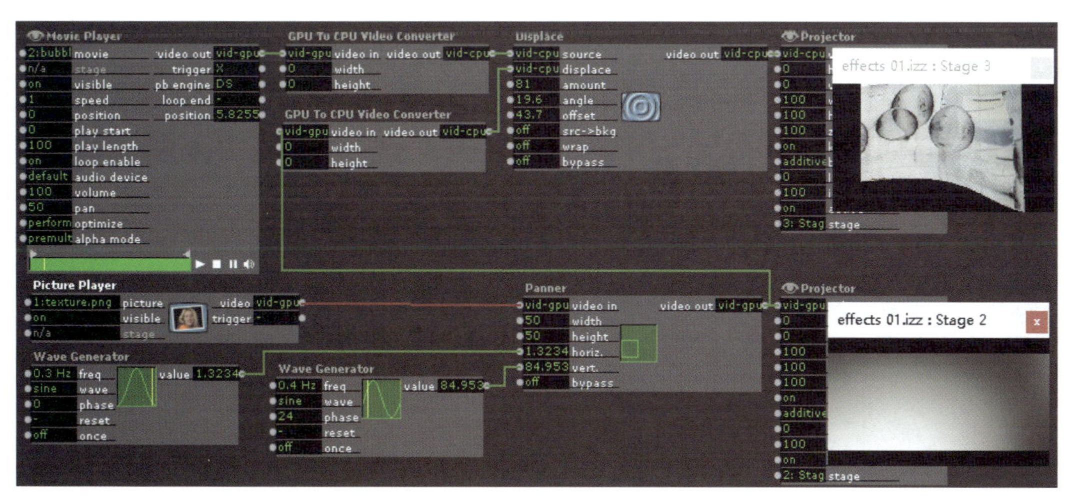

图 4-13　Displace 应用

10. Dots——经过它处理视频后，其效果类似于被印刷在报纸上的照片。点的大小各不相同，以表示源图像的亮度。您可以将点的大小从很小变大，也可以修改其 mode 的属性，由圆点改为方块。如图 4-4 所示。

11. Difference——将视频源的当前帧与前一帧的每个像素进行对比，两帧对应位置的像素发生变化时，则该位置的像素的亮度不为 0，前后差异越大，亮度值越高。相反，两帧对应位置的像素没有发生变化，则该位置像素的亮度值为 0。该 Actor 的输入源常常是动态图像，如视频或摄像头捕捉的视频。如图 4-14 所示。

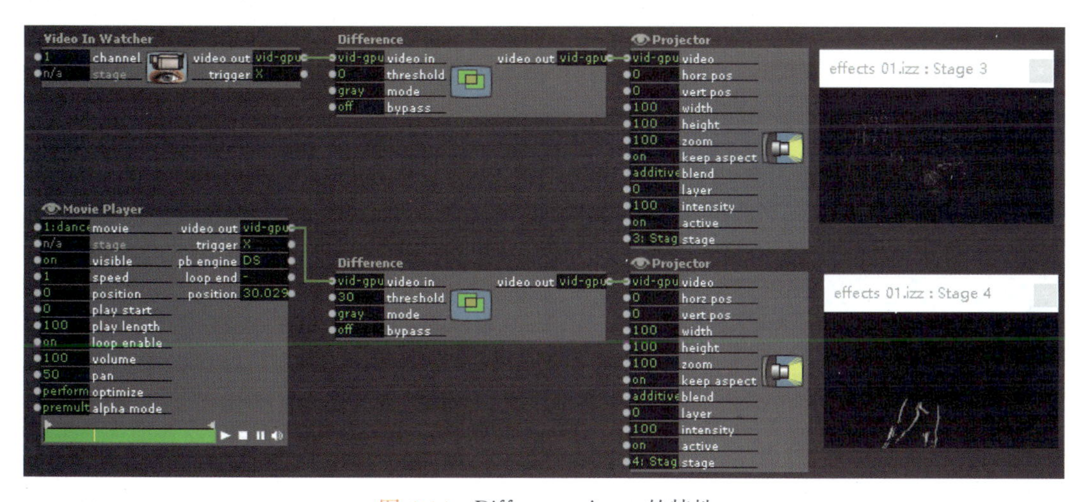

图 4-14　Difference Actor 的特性

该 Actor 的输入属性 threshold 的值默认为 0。当设置为 30（或以上），表示通过计算两帧对应位置的像素变化而得到的亮度值为 30（或大于 30），输出图像显示出来；亮度值小于 30 时，输出图像不显示。也就是说，当 threshold 的数值越大时，视频前后帧的变化非常大，输出图像才有显示。另外，输入属性 mode 有“gray”和“color”，分别表示输出图像显示为“灰色”和“彩色”图像。还可以再加上 Video Delay、Motio Blur 等其他 Actor，做一些很有意思的重影视觉效果。如图 4-15 所示。

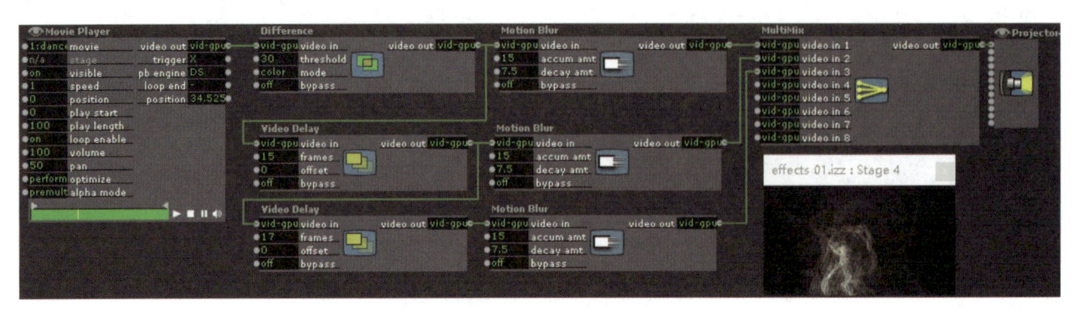

图 4-15 差值＋延迟＋模糊的重影效果

12. Explode——通过将源图像分成一系列矩形并移动它们的位置，来实现“爆炸”视频流的效果。

amount 属性决定图像的“爆炸”程度，即矩形更小，有更多的矩形数量；distance 属性指定矩形爆炸后飞越的最大距离；hori zsize 和 vert size 分别表示颗粒（矩形）的水平和垂直尺寸，其值是原始宽度和高度的百分比（0 到 100%）。如图 4-16 所示。

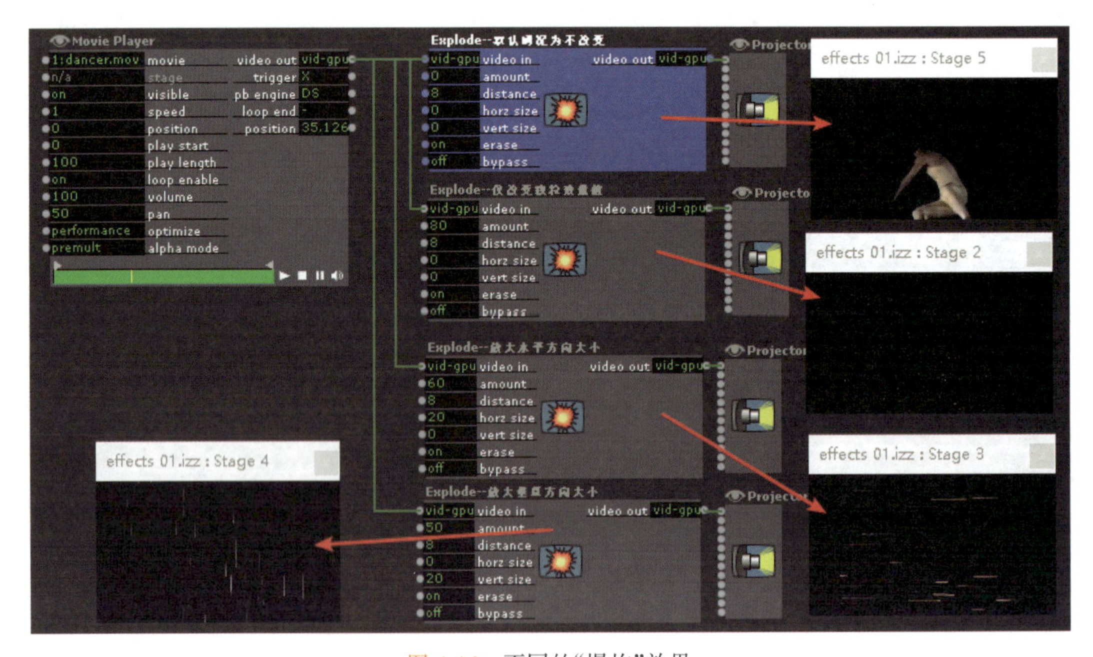

图 4-16 不同的“爆炸”效果

在上述案例的基础上，您可以配合使用 Isadora 的 Generate 类的 Actor，实时地动态改变 Explode Actor 的输入属性值，可以观看到图像的实时“爆炸”过程的动态视觉效果。

13. Flip——允许您水平、垂直或两个方向同时翻转视频图像。

14. Freeze——允许您从传入的视频流中冻结某个瞬间，获取一帧图片。当您每次按下键盘的“A”键时，就产生一个触发信号赋值给 Freeze Actor 的 grab（捕获），则捕获其 video in 属性中的视频流的当前帧，并定格该帧画面，输出到舞台“Stage 3”，如图 4-17 所示。图 4-17 的上面舞台“Stage 5”显示原始的舞者视频播放画面。

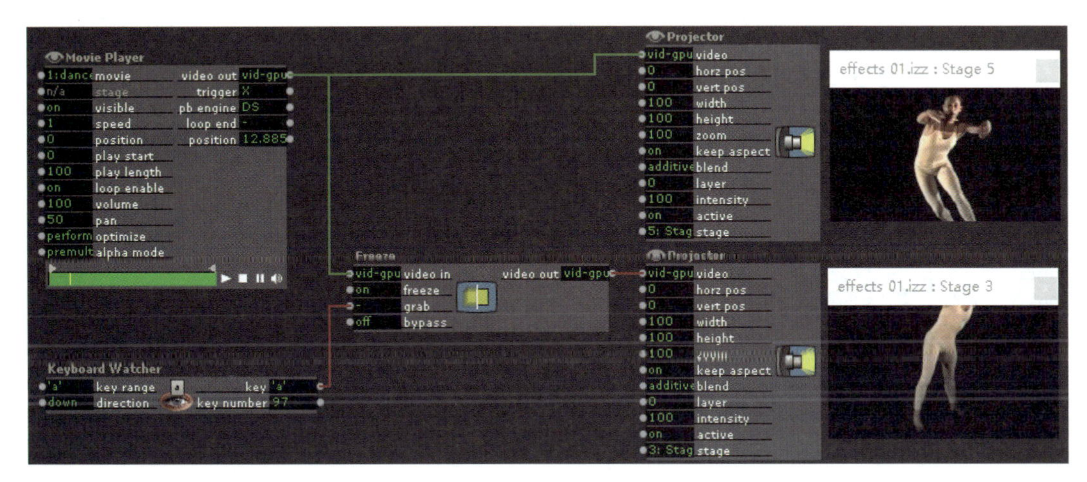

图 4-17 捕获静帧图片

15. Gaussian Blur——使输入的视频流出现整幅画面模糊效果。size 的属性值越大，图像越模糊。请注意，size 属性越大，越耗费您的电脑资源，导致 Isadora 的运行缓慢，当您的电脑性能一般时，可能导致您的电脑崩溃。

16. Motion Blur——通过逐渐添加输入视频流到缓冲区来模糊视频流，同时使现有输出变暗。其最终效果是图像中静止存在的东西（背景）看起来很正常，但是任何移动的东西都是模糊的。设置 accum amt 和 decay amt 的数值决定模糊效果。从理论上讲，Motion Blur 的最初保留输出缓冲区为黑色，当视频的每个新帧到达 video in 时，将由 accum amt 属性指定的百分比图像添加到缓冲区。同时，由 decay amt 属性指定数量的输出缓冲区中的视频图像变暗。从直观视觉上讲，accum amt 的数值越大，图像逐帧叠加，输出画面越亮（当 accum amt 为 0 时，没有画面）；decay amt 的数值越小，画面逐帧叠加并逐帧变暗，有画面拖尾的效果（当 accum amt 为 100 时，完全没有拖尾效果）；当 accum amt 和 decay amt 同为 100 时，则近似原始画面直接输出。如图 4-18 所示。

图 4-18 中，对于一张由 Picture Player Actor 播放的图片来说，Gaussian Blur Actor 将其整张图片进行模糊处理；而 Motion Blur 对静态图片不产生任何模糊效果，仅降低其输出图片的亮度，使其变暗。

为了获得最佳的模糊结果，应将 accum amt 和 decay amt 的属性设置为相同的值。如果将它们设置为两个不同的值，可以得到有趣的结果。您可以进一步调整 accum amt

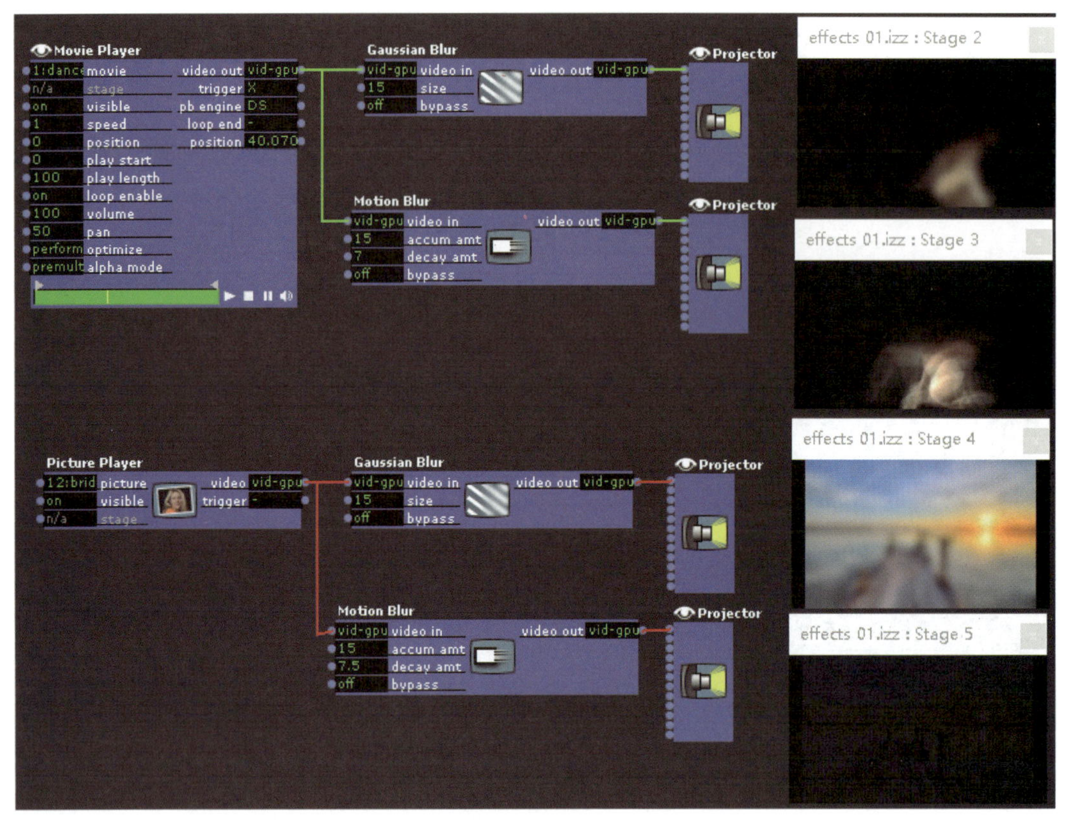

图 4-18　高斯模糊和动态模糊对比

和 decay amt 的属性值，观察其输出变化。

17. Negative——通过反转颜色创建源视频流的底片，Alpha 通道不受影响。

18. Panner——先通过 width 和 height 属性设定一个区域，该区域是视频源的子集，允许您向上、向下、向左或向右移动该区域。Actor 节点上会有预览提供视觉反馈。

19. Reflector——将视频围绕其图像中心点进行镜像复制。Mode 属性决定是水平镜像或垂直镜像。

20. Scaler——将视频流缩放到任意分辨率。

21. Shimmer——在运动图像上产生像素运动轨迹一样的尘埃视觉效果。

22. Slit Scan——从源图像中复制一行并将其滚动输出，有水平或垂直两种模式。当视频源缓慢移动时，效果最佳。

23. Spinner——允许您旋转和缩放源图像。

24. Text Draw——将文本叠加在视频流上，并可以控制其字体、大小、行距、对齐位置和颜色。其中，video 属性表示将文本叠加在该属性对应的视频流上。如果您希望文本显示在黑色背景上，则可以断开此输入的连接。

如图 4-19 中列举的其他 Actors 和 Text Draw Actor 一样都比较容易理解，您只要连接视频输入和舞台输出，进行简单的测试，即可掌握其功能。

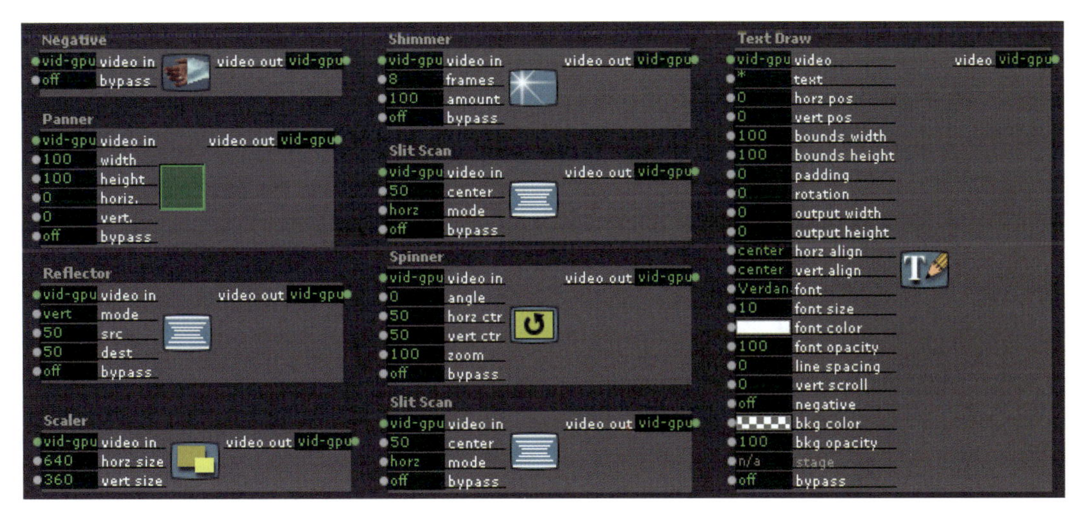

图 4-19 Negative 等 Actor

25. Video Delay——延迟视频流。可以将视频帧通过一系列视频缓冲区来实现视频延迟。缓冲区 buffer 越大(frames 的属性值越大),延迟越长。每次接收到新的视频后,先将其视频帧存储在缓冲区中,缓冲区类似于图 4-20 所示的存储链,存储链中的视频帧向右移动,缓冲区最后一帧(最右边一帧)送到视频输出,依次类推。

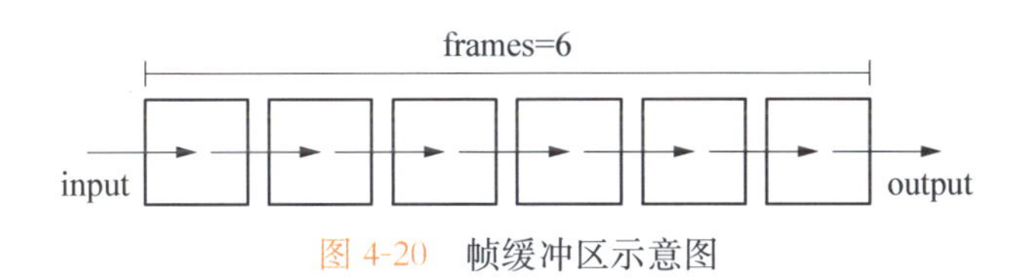

图 4-20 帧缓冲区示意图

在某些情况下,您可以尝试使用视频混合器 Actor(Video Mixer)来混合原始视频和延迟视频,当您设置 Video Mixer 的 mix amount 输入属性为 50 时,原始视频和延迟视频都可以看到,也可以使用多个 Video Mixer Actor 串联起来使用,实现更多的视频混合。您还可以用 MultMix Actor 来合并多个视频输入,它可以提供 8 个视频源叠加混合。您可以实验一下,比较它们的异同点。如图 4-21 所示,Video Mixer 混合后,视频各自变暗了;使用 MultiMix 混合视频后,视频保持各自亮度不变,视频叠加部分则明显变亮,甚至有过曝现象。

26. Video Fader——允许您在源视频图像和纯色背景之间实现淡入淡出。

27. Video Inverter——该 Actor 的默认行为是反转视频图像,看起来像照相底片。要获得更狂野的效果,请更改 color,方法是单击 color 输入值时出现的颜色选择器框,选择您期望的颜色即可。

28. Warp——随着视频的每一帧进入,该 Actor 将 rows 属性指定的行复制到输出,且每次向下移动若干行,重复上述动作。最适合使用的场景是背景固定不动而前景中的

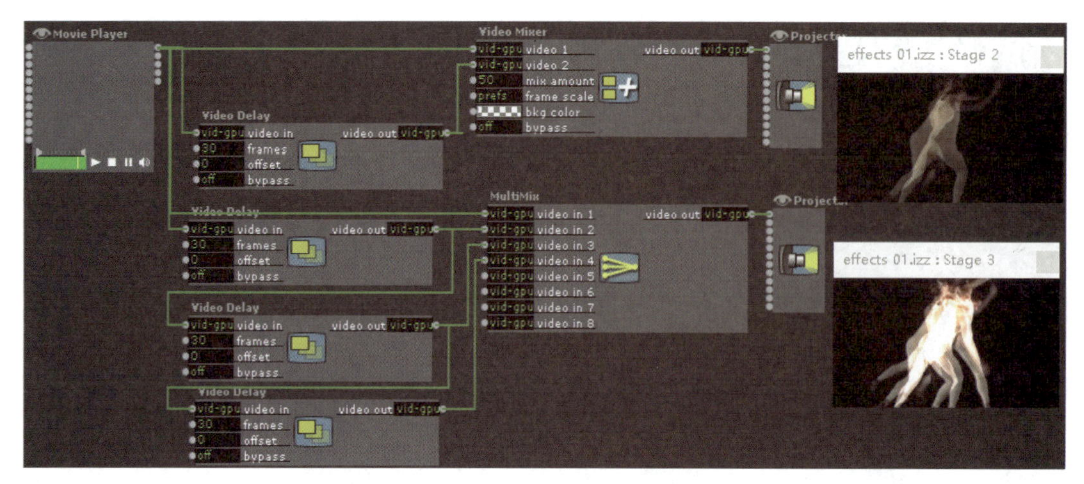

图 4-21　Video Delay 与视频混合

对象缓慢移动。您可以尝试启动摄像头，并将摄像头对准人，然后人的身体或手等慢慢移动，则可以看到如图 4-22 所示的类似效果。

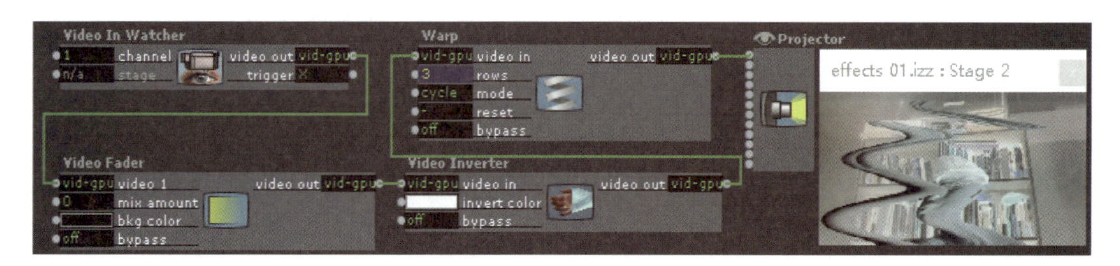

图 4-22　Warp 特效

29. Zoomer——允许您放大或缩小源视频流。

三、多输入视频特效 Actors

前面介绍的视频特效 Actor 都是只有一路视频输入和一路视频输出。下面介绍需要两个或三个视频输入的视频特效 Actor。为了便于理解，仍然通过 Actor 的应用案例来介绍它们。

1. Chroma Key(色度键)——视频抠像功能在很多视频处理软件中是一个常见功能。设置一个色键“Key”，使背景视频流可以在与指定的前景颜色或颜色范围匹配的任何地方显示出来。色度键模块使用前景图像的颜色来确定您在输出中看到的是前景视频流还是背景视频流。我们在电视上看天气预报时，常常可以看到这样的画面：一个主持人站在一个巨大的气象云图前面。实际上，该主持人是在纯蓝色或绿色屏幕的前面，技术人员将气象云图键入到蓝色或绿色区域中，以创建幻觉。

在 Chroma Key Actor 中,您可以通过调整 key hue 属性来确定要匹配的颜色,触发按键的颜色范围由 hue width 属性、saturation 属性来指定;可以使用 softness 属性调整前景和背景图像边缘的清晰度。如图 4-23 所示。

图 4-23 色键抠图合成示例(前景图和背景图来自互联网)

您可以从互联网上找到类似的前景图和背景图。本示例中将 key hue(色键)设置为 32,将 hue width(色宽)设置为 7(人的背景色较纯,所以色相宽度较小),将 saturation(饱和度)设置为 25,将 softness(柔化)设置为 20(柔化前景和背景图像间边缘)。在实际操作中,可以根据前景图和背景图的实际情况调整相关参数,即可得到图 4-23 中最右边所示的输出结果。

为了帮助您理解这些值在工作时的含义,在 Actor 的中心显示了一个图表,该图表代表关键色相的色相宽度和柔软度属性。在该示例中,您可以看到色相颜色为绿色,宽度相当窄。顶部和底部的斜率代表边缘柔化性。

色度键实际使用过程中非常棘手,除非前景视频流中的"key"的颜色非常纯净且亮度均匀,否则,很难获得干净的"Key"。另一方面,通过将 Actor 的 hue width 和 softness 属性设置为非常高的值,从而使前景图像和背景图像之间出现奇怪的混合。若想使用该 Actor 创作出奇妙的艺术效果,需要对属性值进行大量实验。

2. Effect Mixer——使用各种数学运算来合并两个视频流。不同的数学运算由 mode 属性指定。您可以任意设置该属性,对比各种运算模式所获得的合成效果,如图 4-24 所示。值得注意的是 diff 算法,它是实现两个视频流间的像素差值运算,在实时差值去背景场合非常有用。

3. Video Mixer——在前面建立的 effects. izz 文件中,按照前面叙述的方法添加一个新的场景,命名为"EFX-Mixer",在该场景中添加两个 Movie Player Actor 以及 Mouse Watcher、Video Mixer 和 Projector 各一个。将两个 Movie Player 的 movie 属性设置为不同的视频源文件,并按照图 4-25 所示将相应的 Actor 连接起来:两个 Movie Player 的

图 4-24　Effect Mixer 混合模式对比

video out 分别连接 Video Mixer 的 video 1 和 video 2，Mouse Watcher 的 horz. pos 连接到 Video Mixer 的 mix amount；然后，将 Video Mixer 的 video out 连接到 Projector 的 video；最后，从菜单中选择“Output>Force Stage Preview”。这时，将鼠标从屏幕的左边到右边来回移动，并观察 Stage 输出的预览图像，您将看到预览图像在两个视频源间来回淡入淡出交叉切换。当鼠标停留在屏幕的最左边时，您只能看到视频源 1；当鼠标停留在屏幕的最右边时，您只能看到视频源 2；当鼠标停留在屏幕的中间时，可以同时清楚地看到两个视频源图像，如图 4-25 所示。

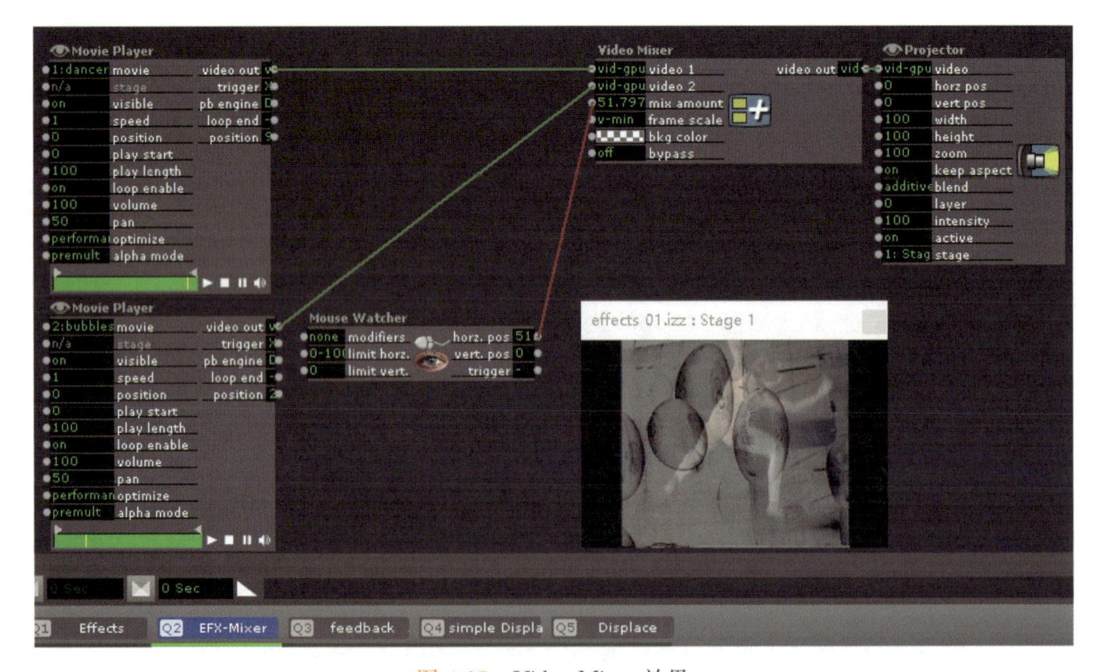

图 4-25　Video Mixer 效果

4. MultiMix——最多将 8 个视频流汇总为 1 个输出。它有点像 Video Mixer，可以将多个视频流混合在一起。两者的区别在于：一是输入数量不一样，MultiMix 最多可将 8 个视频流“加在一起”，实际上是将它们的像素加在一起以产生输出；二是将 Video Mixer 的 mix amount 设置为 50%时，是将两个图像加在一起之前，每个图像都会变暗，从而可以产生交叉渐变。使用 MultiMix，您可以将两个或更多视频流加在一起而不降低其亮度。

5. Luminance key——用来合成前景和背景两个图像，通过指定其中的一个图像作为 key src，然后基于其亮度值来调整合成效果。下面通过一个应用案例来了解它的工作原理。

首先，请在编辑区域添加 2 个 Movie Player Actor、2 个 Luminance Key Actor 和 2 个 Projector Actor。将 dancer. mov 和 bubbles. mov 分别赋值给 2 个 Movie Player 的 movie 属性，再将播放 dancer 视频的 Movie Player 的 video out 连接到 Luminance Key Actor 的 foreground 属性；将播放 bubbles 视频的 Movie Player 的 video out 连接到 Luminance Key Actor 的 background 属性。然后将 Luminance Key Actor 的 video out 连接到 Projector Actor 的 video 属性。最后，选择菜单“Output>Force Stage preview”。您应该看到一个舞者叠加在气泡上。若 Key src 属性默认是前景图像，前景图像的亮度落在 key top 和 key bottom 两个数值之间的像素可见，在此范围之外，您会看到背景。例如，当您设置 key top 为 100，key bottom 设置为 5（100 表示尽可能亮，0 表示黑色）。foreground 指定的视频中的舞者的身体非常明亮，因此会掉落在 5～100 的范围内，则舞者可见；但该视频的背景是黑色的，黑色的亮度值超出 5～100 的范围，因此，foreground 指定的视频的黑色背景不可见。这时，background 指定的视频（气泡）就显示出来，则 stage 2 输出的是一个舞者在气泡上跳舞。如图 4-26 的下半部分的 Stage 2 所示。

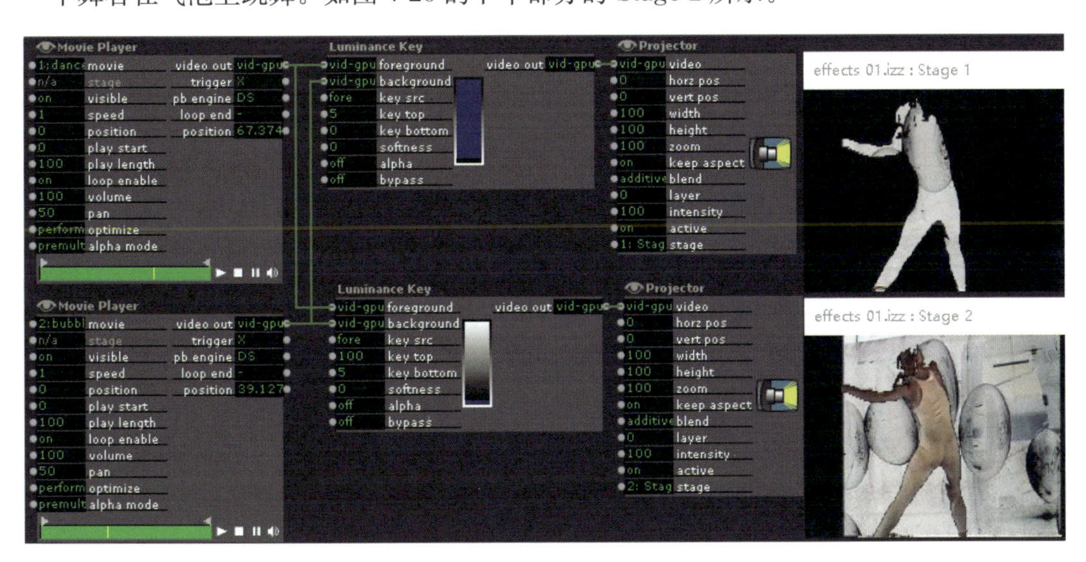

图 4-26 基于亮度抠图示例

作为对比,将另一个 Luminance Key Actor 的 key top 值更改为 5,将 key bottom 的值更改为 0,这时,只能看到前景图像非常暗的像素部分,在其范围之外的部分显示背景图片。如图 4-26 的上半部分的 Stage 1 所示,即以舞者的轮廓显示气泡视频。

上述很多 Actor 都有一个 bypass 属性,其默认值为 off,当您将其修改为 on,表示该 Actor 对视频流不起作用。常用于临时关闭某一个 Actor 功能。

您需要做的最重要的事情就是疯狂地利用上述 Actor 进行创作实验。既可以单独使用,也可以联合起来使用,Actor 既可以串联,也可以并联。对于初学者来说,笔者的经验是,对于 Isadora 这类“所见即所得”的可视化编程软件,最有趣的事情是随意使用它,也许会创作出出其不意的视觉效果。

第五章

实时视频捕捉

Isadora 能非常方便地处理来自摄像头的现场视频或其他实时视频流。您的计算机必须有捕获硬件，允许 Isadora“看到”传入的视频和音频。

目前，很多 USB 接口的网络摄像头直接连接电脑即可使用。例如，罗技 C920 等网络摄像机是一种流行的、廉价的便携式选择。对于专业的摄像机或 DSLR 相机或其他高清视频设备而言，则需要通过采集卡或专业采集设备连接到电脑，电脑才能获取实时视频。当使用采集卡或其他外置视频采集硬件时，可能需要安装硬件驱动程序才能正常工作，不同厂商的硬件，其连接接口也有所不同，请按照不同厂商的指示进行安装与设置。例如，Blackmagic Intensity 通过 USB 3.0 或雷电连接电脑，通过 HDMI 或 SDI 连接摄像机等捕获视频。如图 5-1 所示。

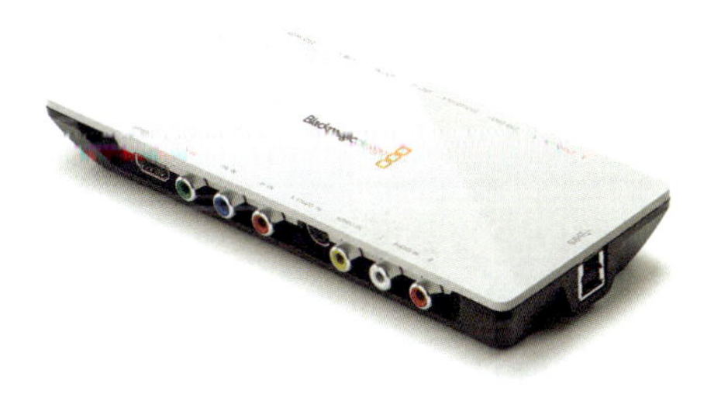

图 5-1 Blackmagic Intensity 视频采集设备

若仅用于测试，就可以利用笔记本电脑自带的 Mic 来接收外界音频信息。若需要专业的高质量的捕捉现场音频，需要连接外部音频源到电脑的声音输入。若电脑没有音频输入，则需要购买外部声音输入设备或音频接口。通常情况下，外置音频设备都是连接至电脑的 USB 端口。

一、实时捕捉设置

Isadora 可以同时接受多达 4 个视频和音频输入的实时输入。4 个通道都有自己的配置。您可以使用“实时采集设置”窗口进行这些通道的设置。

当 Isadora 不在计算机上运行时，请将摄像机或视频捕获设备连接到您的计算机上。根据需要打开所有相机和设备的电源，然后启动 Isadora。

现在，您需要在 Isadora 中启用视频捕获，因为默认情况下未启用它。选择菜单“Input>Live Capture Setting”，将出现如图 5-2 所示的窗口。

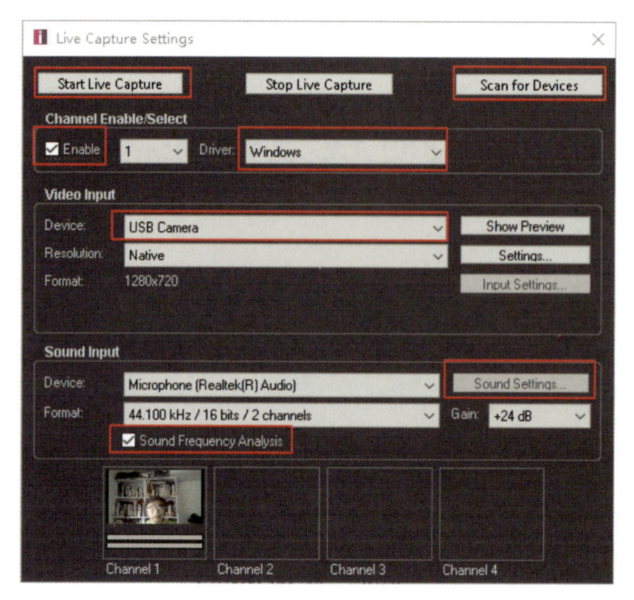

图 5-2　实时捕捉设置

按照以下步骤配置每个通道。

1. Channel Enable/Select（通道启用/选择）

选择并启用您要配置的通道。使用“Channel Select”弹出式菜单，选择 1 个通道（1～4），然后勾选“Enable”复选框，以启用该通道，用于实时采集。如图 5-2 所示，通道选择为“1”，并在通道“1”前面勾选“Enable”复选框。

2. Video Input（视频输入部分）

可以点击“Device”右边的设备弹出菜单，选择一个您用于采集视频的设备。如果您的设备没有出现，请尝试点击“Scan for Devices”按钮，然后再试。

3. Resolution（视频分辨率）

分辨率弹出窗口显示您的设备所提供的分辨率选项。如果您不确定，请使用默认设置“Native”（本地）。若您需要采集视频并进行视频分析与处理，以实现一些视频交互功能时，建议您选择相对较低的视频分别率，这样消耗计算机的资源会较少。

4. Sound Input（音频输入）

选择“Device”右边的弹出菜单选项。音频输入部分可以让您配置音频输入设备。如果您使用的是外部设备，并且它没有出现在“device”菜单中，您要确保它已打开并正确地连接到电脑。然后尝试点击“Scan for Devices”按钮，再去弹出的菜单中寻找您需要的设备。

一旦您选择了一个设备，该设备的默认音频格式（Format）将显示在其右边的弹出菜单中。

5. Sound Frequency Analysis（声频分析）

“Sound Frequency Analysis”前面的复选框，用于启用/禁用声频分析功能。如果您想使用声频分析功能，则先勾选该复选框，启用声频分析功能。如果您在交互应用过程中觉得音频输入过大或过小，您可以选择“gain”(增益)调整其大小。在“gain”右侧的弹出式菜单中选择不同的选项，可降低或增加输入声音的音量(正值表示增加振幅，负值为减少振幅)。如图 5-2 所示。然后利用“Sound Frequency Watcher” Actor 获取“Sound Frequency Analysis”的频率数据来操纵其他 Actor。如图 5-3 所示。

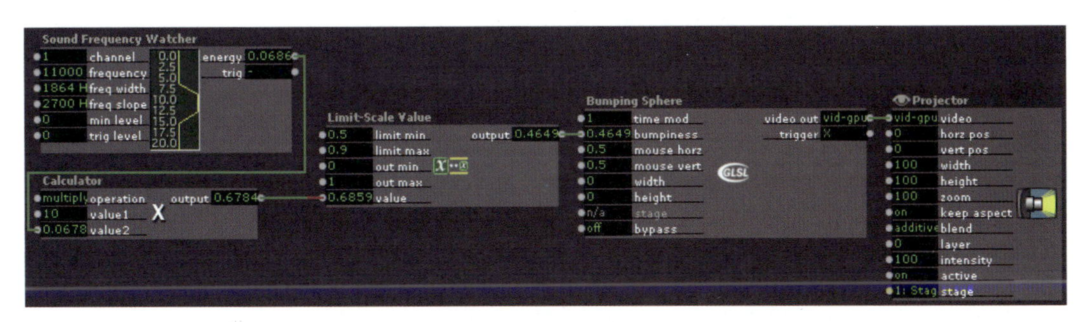

图 5-3 声频分析应用

一旦这个选项被启用后，您可以选择“Windows>Show Status”来显示“Status”(状态)窗口，以查看输入音频的频率内容。

如果在程序中没有使用 Sound Frequency Watcher Actor，建议不启用该分析功能，以节省 CPU 的资源。

6. Start/Stop Live Capture(开始/停止实时捕捉)

按照上述步骤，做好了所有设置之后，点击“Start Live Capture”按钮，即可实时捕捉视频，在该窗口下面对应的通道上预览显示摄像头捕捉到的当前画面。若启用了声频分析功能，则在该通道上预览画面的下方有音频的输入信号显示。当您不需要实时视频捕捉时，您可以点击该窗口的“Stop Live Capture”按钮，停止实时视频捕捉。

当上述设置窗口关闭后，也可以选择菜单“Input>Start Live Capture”或“Input>Stop Live Capture”，开始或停止实时视频捕捉。

二、显示捕捉视频

假设已经按照上述步骤做好了视频捕捉设置的相关工作，并启动了视频捕捉功能。接下来，创建一个最简单的应用来说明如何显示捕捉的视频。

创建一个新的 Isadora 文件(或在一个已打开的文件中新增一个场景 scene)。将 Video in Watcher 和 Projector Actor 拖到场景编辑器中。将 Video in Watcher 的视频输出连接到 Projector 的视频输入。两个模块之间的连接应为绿色，表示视频流正在从一个 Actor 流向另一个 Actor。然后，选择“Output>Show Stage”，以显示舞台窗口。您应该在舞台上看到来自摄像机或其他视频源的视频。如图 5-4 所示。

图 5-4　显示捕捉视频

除了启动摄像头捕捉功能的方法外，还可以通过在程序中添加 Capture Control Actor 来实时控制摄像头的启动与关闭。如图 5-5 所示。

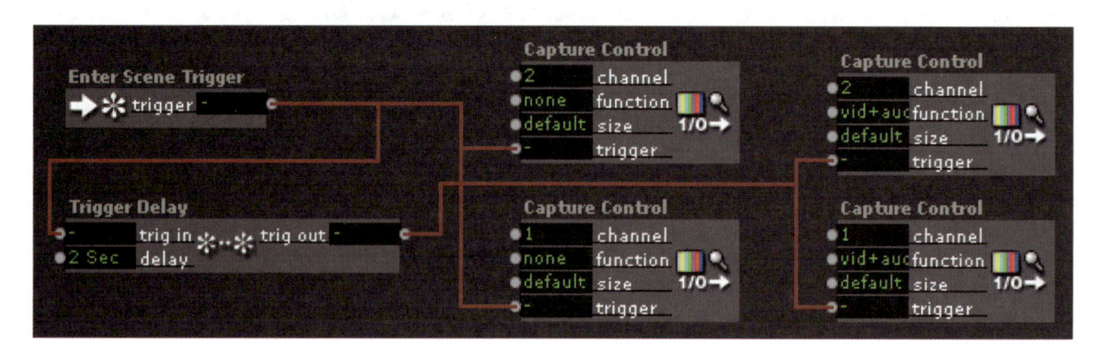

图 5-5　程序交互控制摄像头启动与关闭

上述示例中，进入当前场景后，Enter Scene Trigger Actor 发送一个触发信号给中间两个 Capture Control Actor，其 function 的属性值都为“none”，则触发其关闭 channel 为 1 和 2 的两个摄像头的视频捕获和音频捕获；同时，Enter Scene Trigger 触发信号也发送给 Trigger Delay Actor，该 Actor 在延迟 2 秒之后，又触发最右边的两个 Capture Control Actor，其 function 的属性值设置为“vid + aud”，表示进入当前场景 2 秒钟后，开启 channel 为 1 和 2 的两个摄像头的视频捕获和音频捕获。

三、去除背景应用

在一些创作应用中，您可能需要剔除不动的背景画面，仅留下活动的画面。这时，您就需要进一步处理实时捕捉的视频(Live Video)。

可以通过“差值去背”法来实现。该方法主要利用 Effect Mixer Actor，将其输入属性 mode 修改为“diff”，该 Actor 将输入属性 video in 1 和 video in 2 的视频流逐帧进行实时差异比较，两帧对应位置的像素有差异时，则该位置的像素亮度不为 0，前后差异越大，亮度值越高；如果两帧对应位置的像素没有发生变化，则该位置的像素亮度值为 0。这里使用了一个小技巧：当没有人或者其他活动的物体入镜的情况下，按下键盘上的“A”键时，触发 Freeze Actor 获取一张静态的背景，这时，您将看到舞台输出为黑色；当活动的物体或人入镜后，则仅显示活动的物体或人的轮廓。当然，这是一种理想结果。当活动的物体入镜后，会产生光的反射，会影响“差值去背”的效果。您可以利用 Gaussian Blur Actor 消除一些小的噪点，再用 Threshold Actor 来设置阈值进而获取较为清晰的前景对象轮廓。如图 5-6 所示。

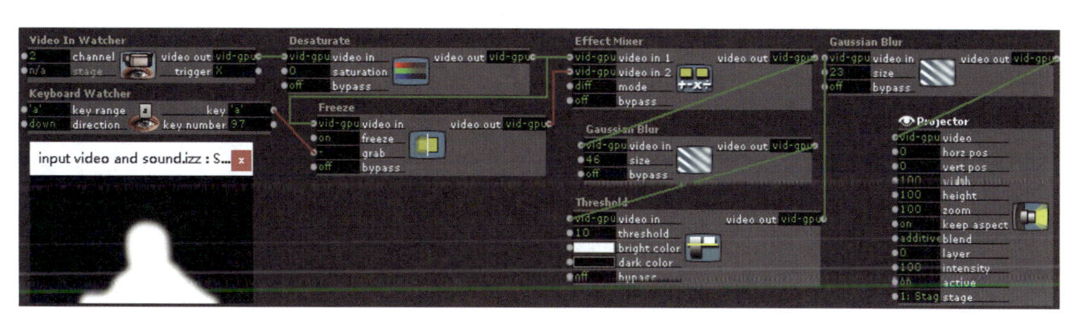

图 5-6 通过“差值去背”法获取前景对象轮廓

四、运动检测应用

采用“差值去背”获取变化的图像的方法常常用于运动检测或异物“入侵”摄像头捕捉的区域等场合。其基本思路是：在探测之前，先从摄像头的视频流中截取一张静帧的环境图像，然后让程序一直对摄像头捕获的视频流与该静帧图像进行差值运算，即可通过差值运算后得到的黑白亮度图像来判断检测运动或“入侵”。具体应用时，常用 Calc Brightness Actor 计算差值运算所得的黑白亮度图的亮度值来判定。如图 5-7 所示。

在图 5-7 中，上面部分表示摄像头的镜头前没有变化，当前视频帧与原始背景差值运算结果输出为黑色，经 Calc Brightness Actor 计算的 brightness 亮度值为 0；当有物体进入镜头后，当前视频帧与原始背景差值运算结果出现了“亮度”图像，经 Calc Brightness Actor 计算的 brightness 亮度值为 16.069（这个值在不同情况下是不同的）。如物体在镜头前不停地运动，这个 brightness 的值也会不停地变化。

在实际应用中，需要仔细观察前后的变化，设定一个阈值，比如 0.8，当 brightness 的值大于 0.8 时，就认为有运动物体进入摄像头的捕捉区域。

当然，您也可以直接使用 brightness 的值进行其他的交互控制，如图 5-8 所示，利用其亮度值交互控制一张图片显示的 intensity（亮度），当您在摄像头镜头前挥动手时，则 Picture Player Actor 播放的图片显示出来；当手离开镜头后，图片“消失”了。

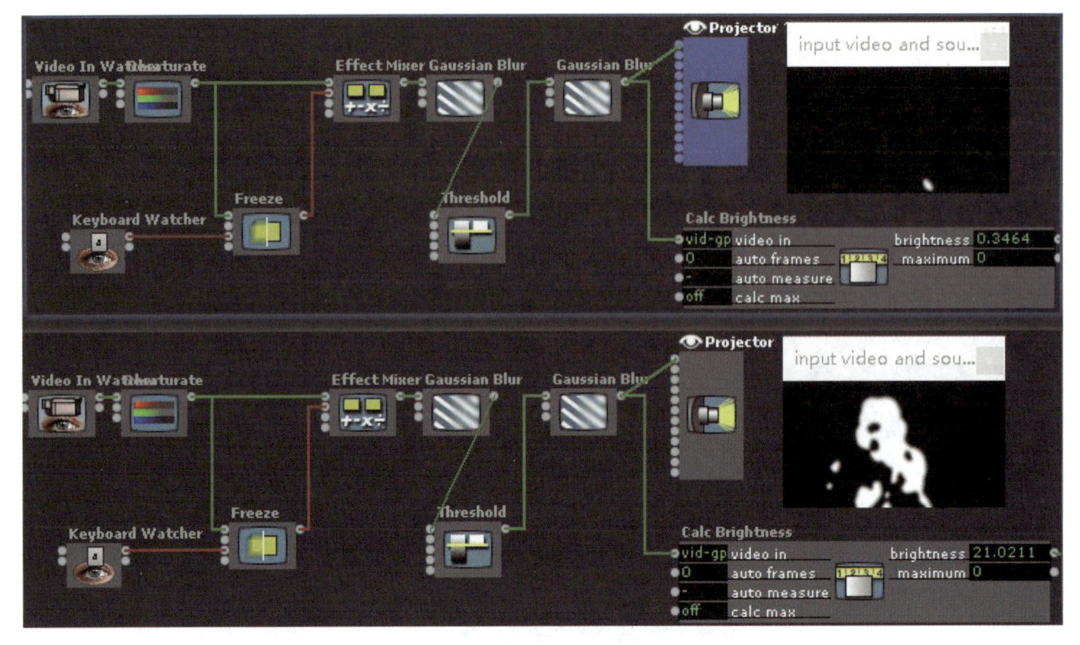

图 5-7　“入侵”检测前后对比

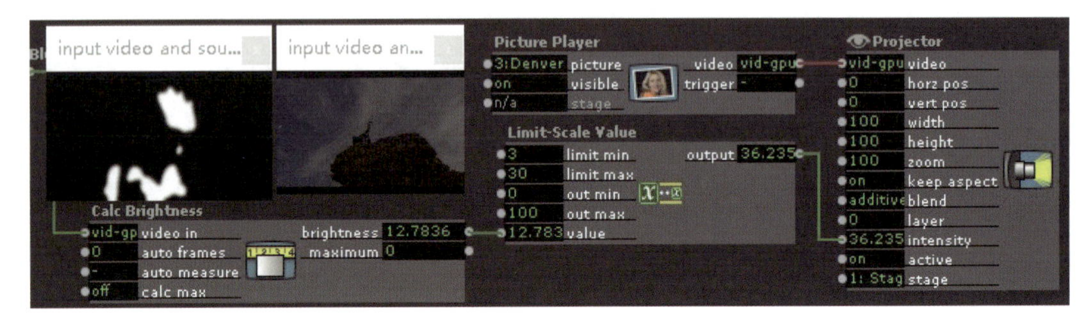

图 5-8　交互控制图片显示亮度

五、对象跟踪

Isadora 提供了 Eyes 和 Eyes ++ 这 2 个 Actor，用于跟踪对象的位置。它们根据对象的亮度来判断对象在视频图像中的位置。如图 5-9 所示。

Eyes Actor 根据其叠加在该视频流上的网格中的位置来报告该视频流中最亮的对象的位置。它还报告对象的大小及其速度(移动速度)。

row(行)和 columns(列)的输入确定网格的大小。每帧到达时，Eyes 都会分析图像以寻找比所有其他帧都亮的网格坐标，并报告该对象的位置。

在设置 Eyes 的输入属性的值时，请将 monitor 的输入属性设置为 on，打开监视器。这样有利于设置最佳的相关属性值。该监视器窗口将出现在 Actor 的中心。红色十字线

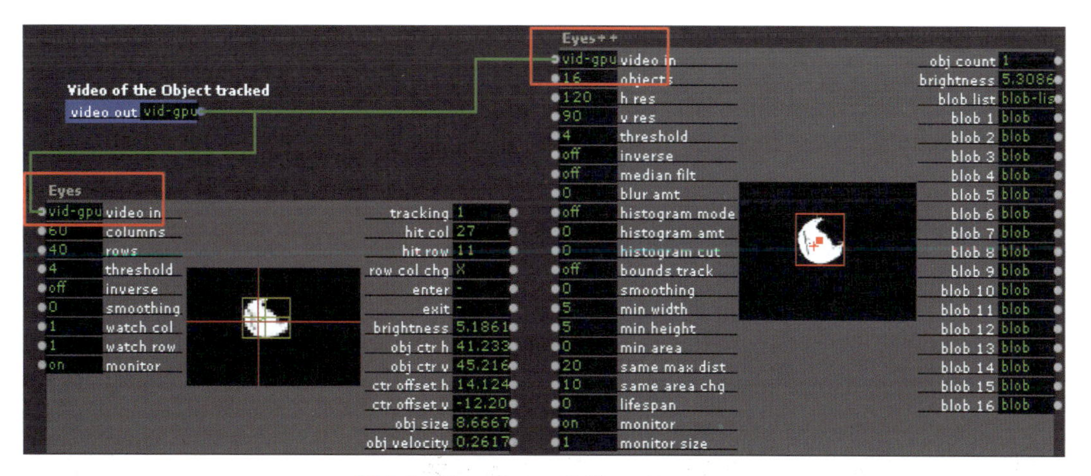

图 5-9　Eyes Actor 和 Eyes ++　Actor

显示对象的中心，黄色矩形显示对象被跟踪时的“边界框”。

由于显示监视器会消耗您的一些 CPU 速度，因此，一旦配置满意，就应该将其关闭。

您可以选择使用 watch col（监视列）和 watch row（监视行）属性设置要监视的网格位置。当一个对象进入该网格位置时，enter 属性输出将发送一个触发信号。当对象消失时，exit 属性输出将发送触发信号。

一般而言，输入视频图像的对比度越高，Eyes 就越容易跟踪。例如，在黑色背景下，表演者穿着浅色服装是非常理想的。您还可以在尝试跟踪视频之前通过对视频进行处理来改善跟踪效果。在这方面非常有用的几个 Actor 是 Difference、Chrome Key 和 Threshold 等。

如果将 Difference Actor 的输出连接到 Eyes 的视频输入，即使在光线不足的情况下，也可以跟踪帧中移动对象的位置。您可以通过将 Chrome Key 的键色设置为要跟踪的对象的颜色，并将其输出提供给 Eyes 的视频输入。如图 5-10 所示。

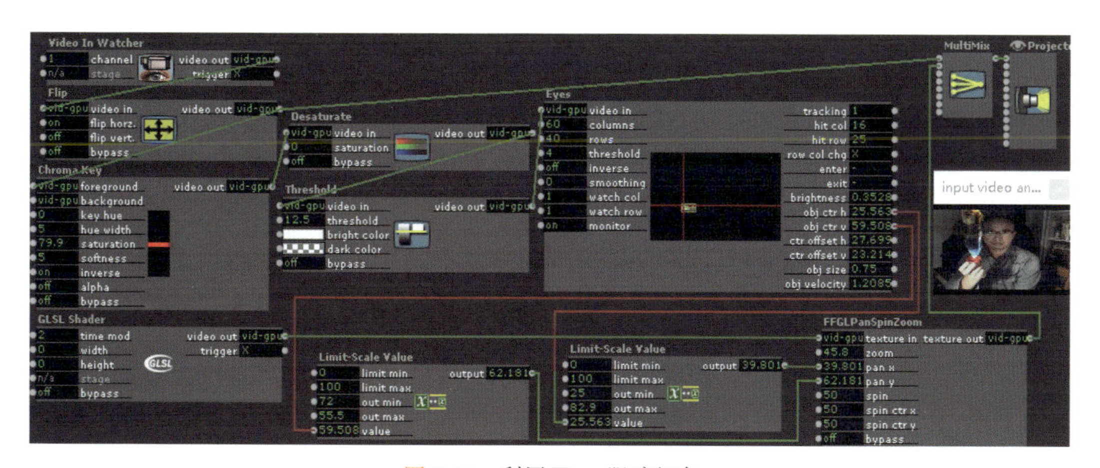

图 5-10　利用 Eyes 跟踪红色

上述示例中，就利用 Chrome Key 的键色设置为红色，还使用 Threshold 进行处理，以获取一个更加清晰、轮廓稳定的亮度对象，便于 Eyes 进行跟踪，将 Eyes 获取的位置映射为火焰 Shader 的位置。这时，当上下左右移动红色对象时，就可以看到火焰 Shader 会跟随着手而移动(这里是一个用于实验的红色瓶盖子)。如图 5-11 所示。同样的原理，您也可以应用到舞台交互艺术或互动装置艺术等创作领域。

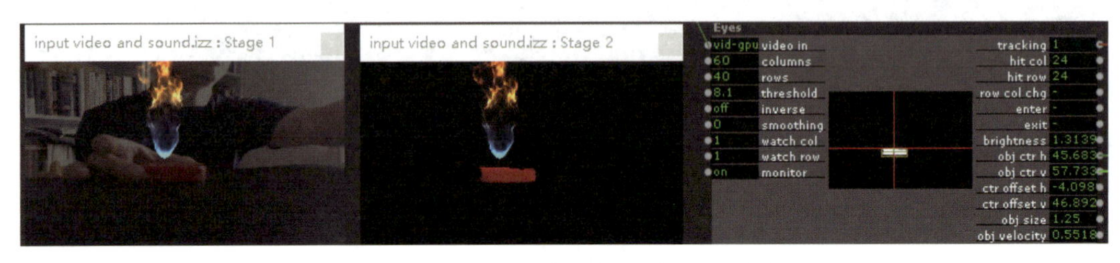

图 5-11　手移动红色对象，火焰跟随移动

为了便于您对 Eyes Actor 有更多的了解，下面进一步阐述该 Actor 的相关属性。

——video：要分析的源视频。

——columns 和 rows：指定网格中用于确定对象位置的列数和行数。较高的数字可提供更好的分辨率，但这并不一定意味着让 Eyes 更准确地跟踪对象。多实验是找到最合适的值的关键。

——threshold：亮度阈值。对象的亮度必须高于此值，Eyes 才能“看到”它。如果 monitor 打开了，并且亮度高于此值，则在红线交叉点绘制为白色(块)，反之，将绘制为黑色。

——inverse：启用此属性，则 Eyes 可跟踪帧中最暗的点，而不是最亮的点。

——smoothing：当此属性大于零时，将从 obj ctr h、obj ctr v、obj size 和 obj velocity 这些输出端口输出的值很平滑地过渡，从而减少跟踪对象时的抖动量。值越高，输出越平滑。请谨慎设置此值，若太大，其输出的跟踪对象的位置数据将明显落后于被跟踪的对象位置。

——tracking：当识别并跟踪到了对象，输出为 1；否则，输出为 0。

——brightness：输出亮度值。

——obj ctr h 和 obj ctr v：输出其跟踪的对象的边界框的中心坐标位置，其值的范围是视频帧的帧宽度/高度的 0 到 100%。

——ctr offset h 和 ctr offset v：输出其跟踪对象的中心距 obj ctr h 和 obj ctr v 的偏移量(按其亮度计算)，其值的范围是视频帧的帧宽度/高度的 0 到 100%。

——obj size：输出其跟踪对象的大小(相对于视频帧的大小)，其值的范围是 0 到 100%。该值本质上是边框的面积与视频帧的面积之比。

——obj velocity：输出被跟踪对象的速度。对象移动得越快，该值就越高。

如果您阅读到这里，而且又做了很多实验的话，肯定觉得 Eyes Actor 太棒了，让您的程序有了一只超厉害的“慧眼”。其实，Eyes Actor 的工作原理蕴含了计算机视觉分析的高科技，但是 Isadora 软件非常友好，它为艺术家们屏蔽了很多技术细节，让您非常容易地进行基于计算机视觉技术的视频跟踪的互动艺术作品创作。

当您不满足于 Eyes Actor 只能跟踪一个对象时，您还可以进一步尝试使用 Eyes ++ Actor。它与 Eyes 的基本原理是一样的，都是基于标准的计算机视觉技术，与 Eyes 不同的是，它可以跟踪视频流中多达 16 个对象的位置、速度、大小和其他特征。

当每个新的视频帧到达视频输入时，Eyes ++ 会寻找它可以找到的每个 Blob(斑点)，且仅追踪其发现的最大 Blob。您可以设置输入属性 objects 值来确定要同时跟踪多少个对象，其值的范围为 1～16。例如，当您设置 objects 的值为 5，而 Eyes ++ 看到了 15 个 Blob，最小的十个将被忽略。

有关要跟踪的 Blob 的信息将传送到 Eyes ++ 的 16 个 Blob 输出。这些将连接到 Blob Decoder Actor，以访问要跟踪的 Blob 的各种特性，其输出属性的含义与 Eyes Actor 对应的输出属性一样。如图 5-12 所示。

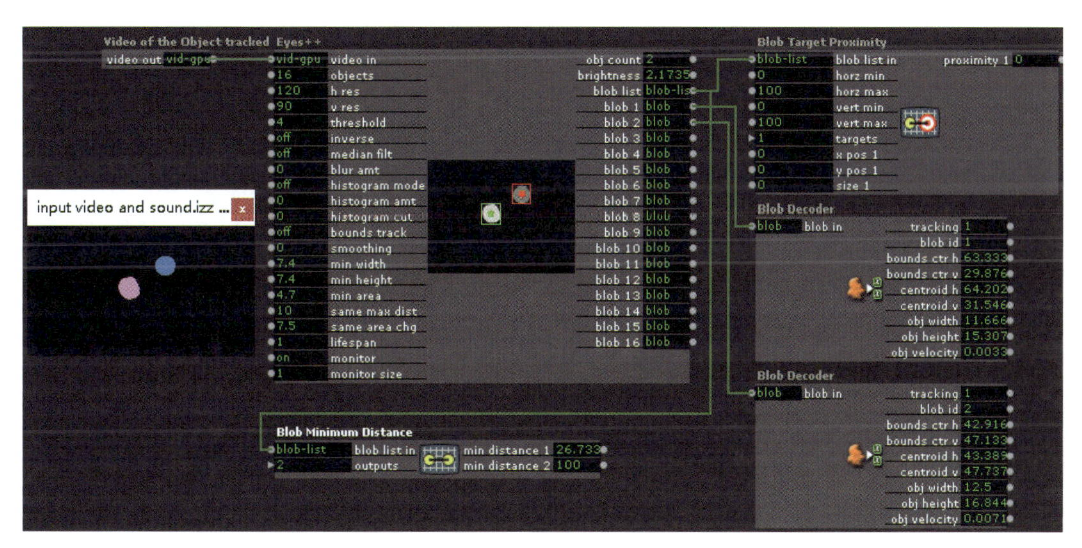

图 5-12 Eyes ++ Actor

为了帮助您设置 Eyes ++ 的输入属性值，请设置输入属性 monitor 的值为 on。完成后，微型监视器窗口将出现在 Actor 的中心位置。每个被跟踪的对象将被一个彩色矩形包围。表 5-1 显示了边框颜色和 Blob 之间的关系。

表 5-1 Blob 颜色对照表

Red(红色)	Blob 1
Green(绿色)	Blob 2
Blue(蓝色)	Blob 3
Yellow(黄色)	Blob 4

（续表）

Aqua（水色）	Blob 5
Cyan（青色）	Blob 6
Orange（橙色）	Blob 7
Lt. Green（浅绿色）	Blob 8

Eyes ++ 会尽最大努力识别在框架中移动的 Blob。当 Blob 彼此不碰撞（重叠）时，它表现得很好。但是，当两个 Blob 接触并再次分离后，就很难确定它们各自是哪个。可以尝试设置它的 same max dist、same area chg 和 lifespan 等输入属性值，以改善 Blob 碰撞过程中的跟踪能力。其中，same max dist 和 same area chg 两个属性值相互配合时，用于判断前后两个 Blob 是否为同一个对象：当一个先前被跟踪的对象在相同的区域内，前后移动的距离变化值小于 same max dist 值，则认为它们是同一个对象。若设置一个对象的 lifespan 属性为一个较高的数值，即使该对象跟踪丢失了，系统仍然在生命周期内认为它是存在的，这个设置在一个被跟踪对象与另一个对象有简短的重叠时依然保持着“跟踪”状态。

对象跟踪是一个很高级的应用。一个高质量的稳定的跟踪，与以下三个因素有关。

（1）与摄像头有关，通常情况下，相对于普通摄像头来说，利用红外摄像头与红外补光灯结合，可以相对容易地获得相对稳定的对象跟踪。因为红外摄像头不受可见光的影响，这样就可以在特定的场景下，用红外灯照亮需要跟踪的对象，有利于获取清晰的跟踪对象 Blob。若想了解如何更好地利用红外摄像头等技术跟踪对象，您可以去 Isadora 的官网教程频道找到名为“Isadora Infrared Tracking Tutorial”的视频教程，下载该视频并观看。

（2）与对摄像头的输入视频处理的逻辑方法有关。优化视频的处理流程，从背景中提取跟踪对象，获取跟踪对象清晰、稳定的轮廓，将有利于对象的位置跟踪。如图 5-13 所示，在这个示例中，先用 Chrome Key Actor 提取需要跟踪的红色物体和蓝色物体，再利用“差值去背”方法，排除背景因素的干扰，以获得稳定的 Blob，再利用 Threshold 设定一个阈值，让背景更黑，跟踪对象更白，以获得更加清晰、轮廓稳定的跟踪对象的 Blob。

（3）与跟踪对象与背景等相关环境的布置与设计相关。在进行艺术作品创作时，尽量让跟踪对象与背景明暗的对比度增大。例如，在戏剧舞台艺术设计中，在一个较为暗的环境下，让 Actor 身上或某道具上有一个放光物件，这样就可以非常容易地实现 Actor 或某个道具的跟踪。因为在这样的场景下，这个发光点与周边的较暗环境的对比度很大，利用 Eyes 或 Eyes ++ 很容易获取这个 Blob。

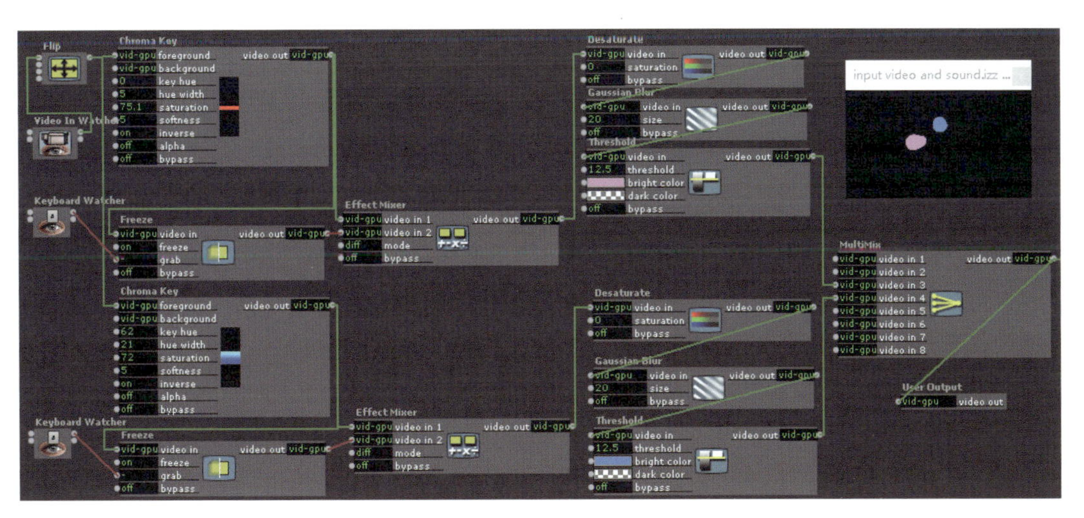

图 5-13　优化处理逻辑，获得更清晰的 Blob

第六章

定制属于自己的 Actor

一、概述

使用 Isadora 时，或许您会发现一组 Actors 经常一起使用。特别是在一些复杂的项目中，某一组 Actors 会重复出现在不同的场合。这时，您可以使用 Isadora 的 User Actor 和宏的模板，将一个或多个 Isadora 的 Actor 组合起来，创建自己的 Actor 或宏。这样您就可以在需要使用这一组 Actors 完成特定任务的时候，用您刚刚建立的 Actor 或宏替代。它起到代码复用和简化您的 Actor 编辑器的作用。

如上所述，在一些基于视频的运动分析场合，去除背景获取运动对象等场合经常用到图 6-1 所示的一组 Actors。

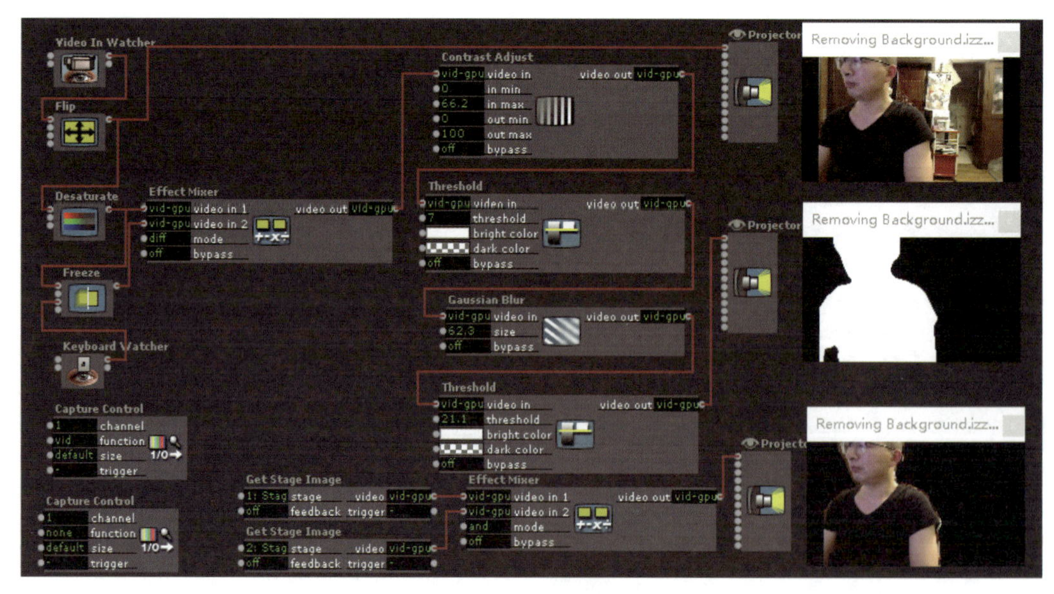

图 6-1　去除背景

若您将上述场景中所有的 Actors 打包成一个 User Actor 或宏，命名为 Removing

Background，并将其保存在 Isadora 指定的 User Actor/宏文件夹下，当您需要这个功能时，只需要将该 User Actor 或宏拖入场景中即可，如图 6-2 所示。相对来说，这样既节省了屏幕“空间”，使场景更加整洁清晰，又实现了代码复用，提高了效率。

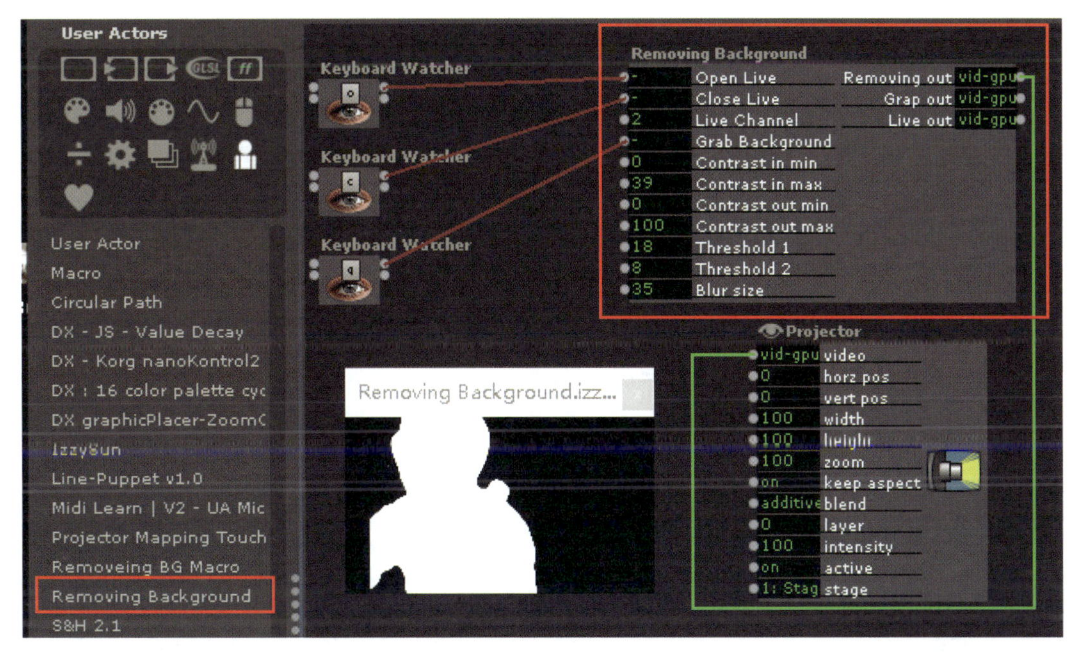

图 6-2　Removing Background Actor 应用

User Actor 和宏的建立流程和工作方式是相同的。但它们有一个不同点：当您对 User Actor 进行更改时，该 User Actor 的每个副本(也称为实例)会同步被修改。当您在多个场景中都使用了该 User Actor 并且希望它的实例功能保持同步时，这非常有用。而某个宏在进行更改时，宏将不会更新其自身的副本。当您只想对一些 Actor 进行逻辑分组时，或者当您想通过将几个 Actor 嵌入到一个较小的对象中来节省屏幕“空间”时，可以使用宏。

二、创建 User Actor

一旦确定了要将一组 Actors 封装到 User Actor 或宏中，您就可以按照如下步骤创建：在 Toolbox Filter 中单击图标，将 User Actor 或 Macro Actor 拖到场景编辑器中。如图 6-3 所示。您将看到一个没有输入也没有输出的 User Actor。

图 6-3　User Actor 分类

然后，双击 User Actor，打开它的编辑器。在此编辑器中，您可以添加 Isadora 的 Actor 以及 User Input 和 User Output Actor，以定义您的 Actor 的功能。如图 6-4 所示。

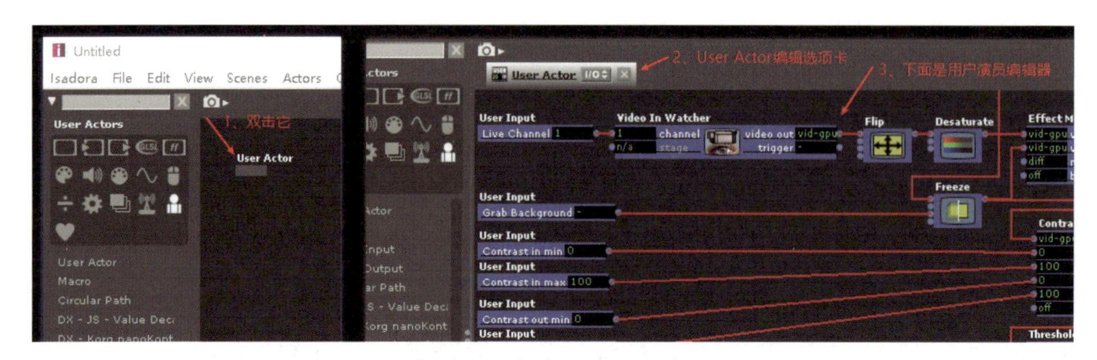

图 6-4　打开 User Actor 编辑器

下面以"Removing Background"为例，阐述如何定制属于自己的 Actor。

1. 添加 Isadora 的 Actor，实现去除背景功能

在上述编辑器内部，您可以添加 Isadora 的 Actor，定义该特定 User Actor 的功能。如图 6-5 所示。

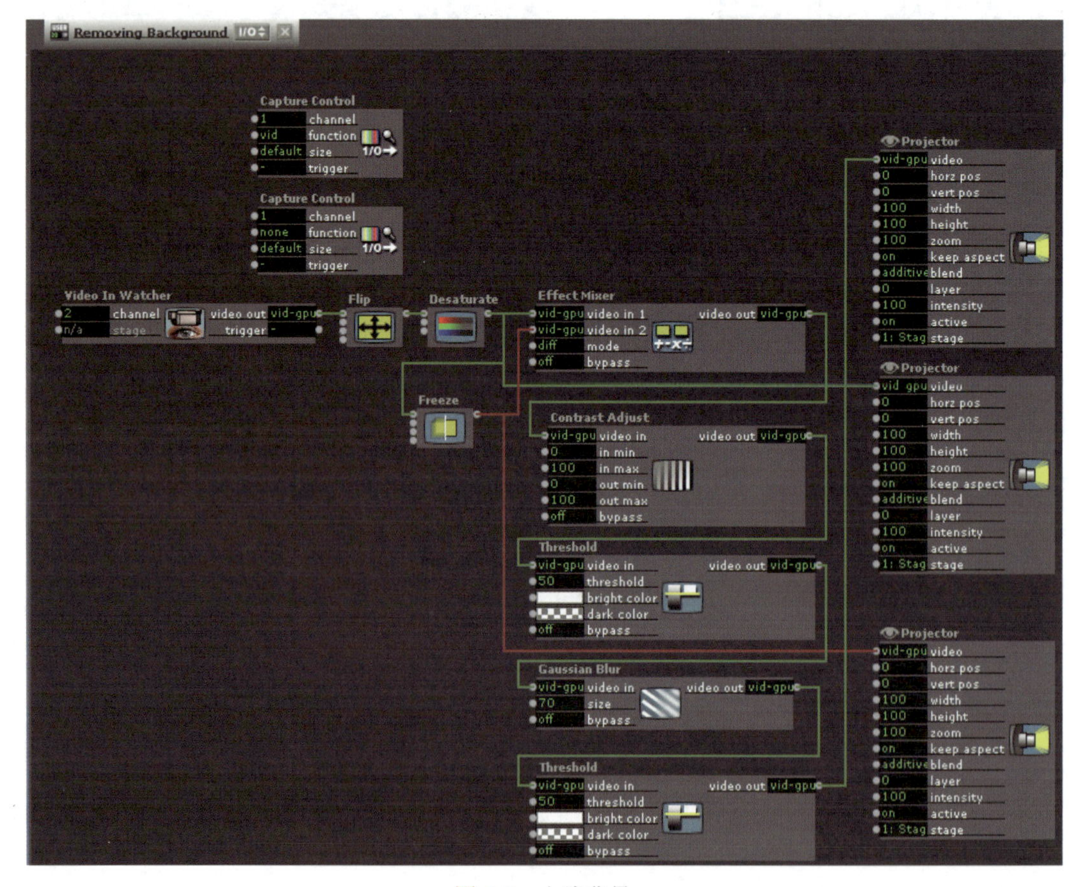

图 6-5　去除背景

上述 User Actor 编辑器中的所有 Actors 完成了一个去现场视频背景的功能。它是通过 Video In Watcher 获取来自摄像头的现场视频，通过 Freeze 抓取一张背景照片，Effect Mixer 进行现场视频和背景的差值运算，再由 Contrast Adjust、Threshold 和 Gaussian Blur 等一系列 Actors 进行一些细节的处理，从而获得去除背景的人物视频输出。

若需要上述 Actors 组合实现去背景功能，在不同的应用场合，您需要设置和调整一些 Actors 的输入属性参数来实现最佳的视频处理效果。如设置对应的视频（channel）、激活（Trigger）摄像头，调整 Contrast Adjust、Threshold 和 Gaussian Blur 等的输入属性参数。因此，当您将这些 Actors 打包成一个 User Actor 后，需要为 User Actor 添加 User Input 或 User Output，以将数据带入到 User Actor 内部，或从 User Actor 内部向外输出数据。如图 6-6 所示。

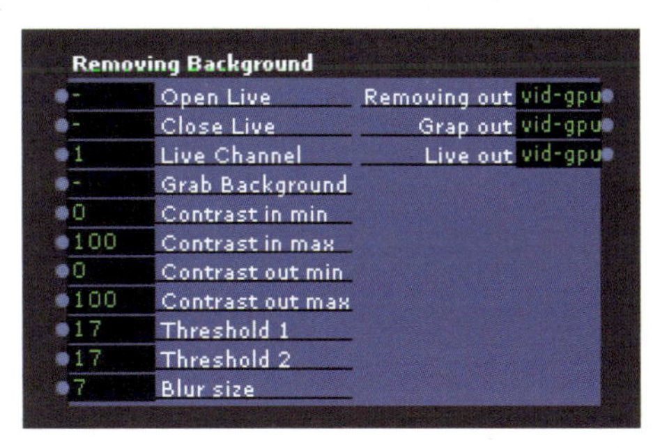

图 6-6　Removing Background Actor

2. 添加 User Actor 输入和输出

在工具箱过滤器中单击图标。在那里您将找到 User Input 和 User Output，将它们拖到场景编辑器中，如图 6-7 所示。

图 6-7　User Input 和 User Output Actor

在 User Actor 编辑器中添加 User Input 或 User Output Actor 的个数是由您定义的 User Actor 的设计要求决定的。

以 Removing Background 为例，将 11 个 User Input 添加到 User Actor 编辑器中，并将每一个 User Input 连接到对应的另一个 Actor 的输入属性；再添加 3 个 User Output 到编辑器，并将其与对应的 Actor 的输出属性连接。如图 6-8 所示。此时，User Input 或 User Output 的所有属性都会发生变化，以匹配与其连接的 Actor 的属性。

您还可以设置 User Input Actor 的属性信息，其中包括属性类型（整数、浮点数、视频等）、最小值和最大值以及限制的最小值和最大值等。

当您双击 User Input Actor 后，将出现一个对话框，如图 6-9 所示。允许您定义其属性。

通过在 Property Name（属性名称）文本编辑框中键入名称，设置此属性的名称（将在 User Actor 中显示）。如图 6-9 左所示。

点击 Data Type（数据类型）下拉式弹出菜单设置数据类型，如图 6-9 右所示。有很多可选择性：

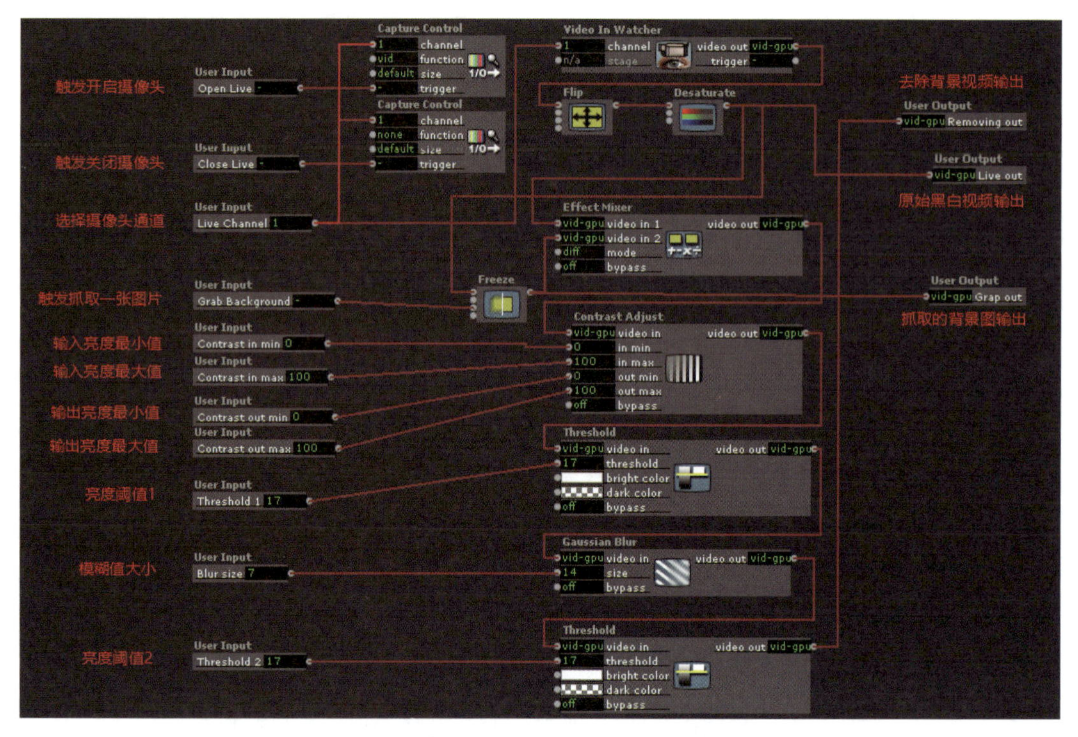

图 6-8　定义 User Actor 的输入与输出

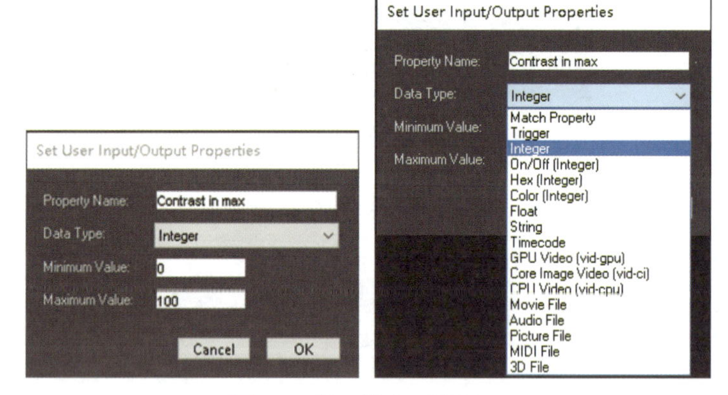

图 6-9　输入输出属性设置

——Match Property(匹配属性)

——Trigger(触发器)

——Interger(整数——不带小数点的数字)

——On/Off(Interger)(开/关——1 或 0)输入触发器—触发器输入

——Hex(Interger)(十六进制整数)

——Color(Interger)(颜色整数)

——Float(浮点数——带小数点的数字)

——String(字符串)

——Timecode(时间码)

——GPU Video(vid-gpu)基于 GPU 处理的视频流

——Core Image(vid-ci)基于 Mac 核心图形处理的视频流

——CPU Video(vid-cpu)基于 CPU 处理的视频流

——Movie File(电影——媒体面板中的电影文件编号)

——Audio File(音频——媒体面板中的音频文件号)

——Picture File(图片——媒体面板中的图片文件编号)

——MIDI File(MIDI 音乐——媒体面板中的 MIDI 文件编号)

——3D File(3D 模型——媒体面板中的 3D 文件编号)

最常见的设置是 Match Property。选中此选项后,User Input 或 User Output 将自动适应其匹配的输入或输出属性的特征。例如,如果有一个 User Input,并且更改了与其连接的属性的 Scale Min 或 Scale Max,则 User Input 的 Scale Min 和 Scale Max 将自动更新以匹配新设置。

当选择 Integer 或 Float 时,可以使用"Minimum Value"和"Maximum Value"字段为此属性设置绝对最小值和最大值。如果要对所选数据类型使用尽可能低的值,请在"最小值"字段中键入 MIN;如果要指定最大的可能值,请在"最大值"字段中键入 MAX。

像常规 Isadora 的 Actor 上的输入和输出一样,"最小值和最大值"字段确定此输入可以接收或从此输出发送的绝对最小值和最大值。另外,像任何输入或输出一样,可以通过单击属性名称,弹出该属性的检查器窗口。在检查器窗口,您可以根据需要更改"Limit Min"(最小限值)和"Limit Max"(最大限值)来进一步限制这些属性值的范围。如图 6-10 所示。

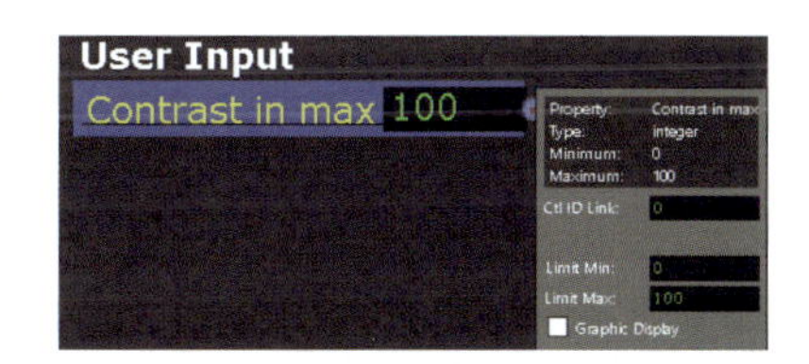

图 6-10 属性检查器窗口

当您按照上述步骤完成了 User Actor 的定义后,可以单击其选项卡的"关闭框"按钮关闭它,然后在"Confirm User Actor Edit"对话框中选择"Save & Update All"("宏"不会出现对话框,因为它们不会更新自身的副本)。如图 6-11 所示。

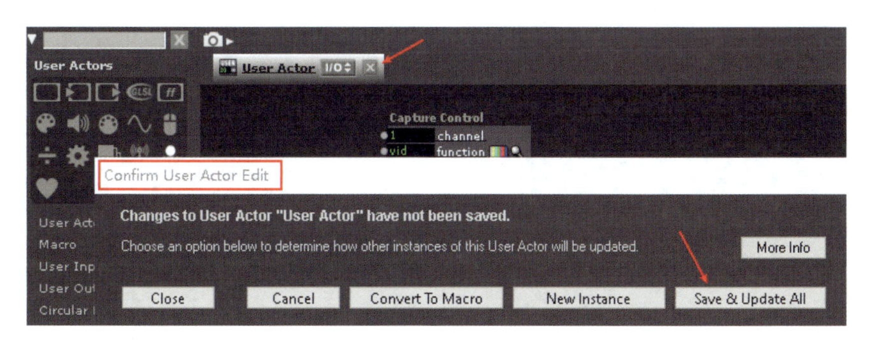

图 6-11 保存或更新 User Actor 编辑器

现在，User Actor 存在于您的场景中，您还可以点击菜单“Actor>Rename Actor”，给刚刚定制的 User Actor 取一个名字，命名时尽量遵守“见名知意”的原则。也可以像其他任何 Isadora 的 Actor 一样进行复制、粘贴和其他处理。如图 6-12 所示。

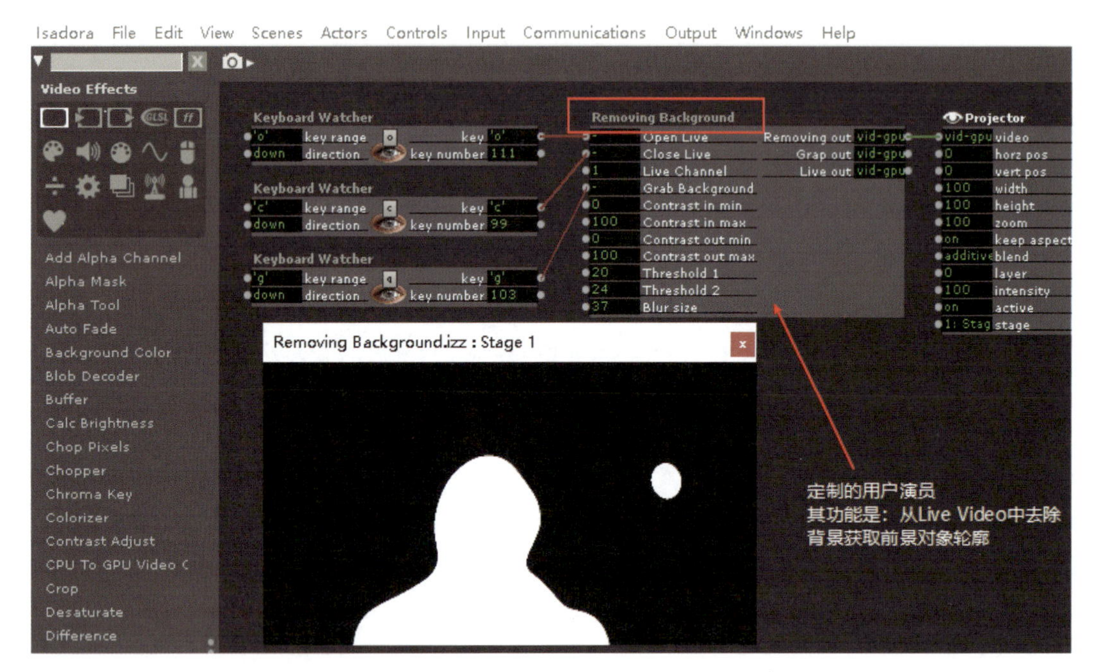

图 6-12　User Actor “Removing Background”应用

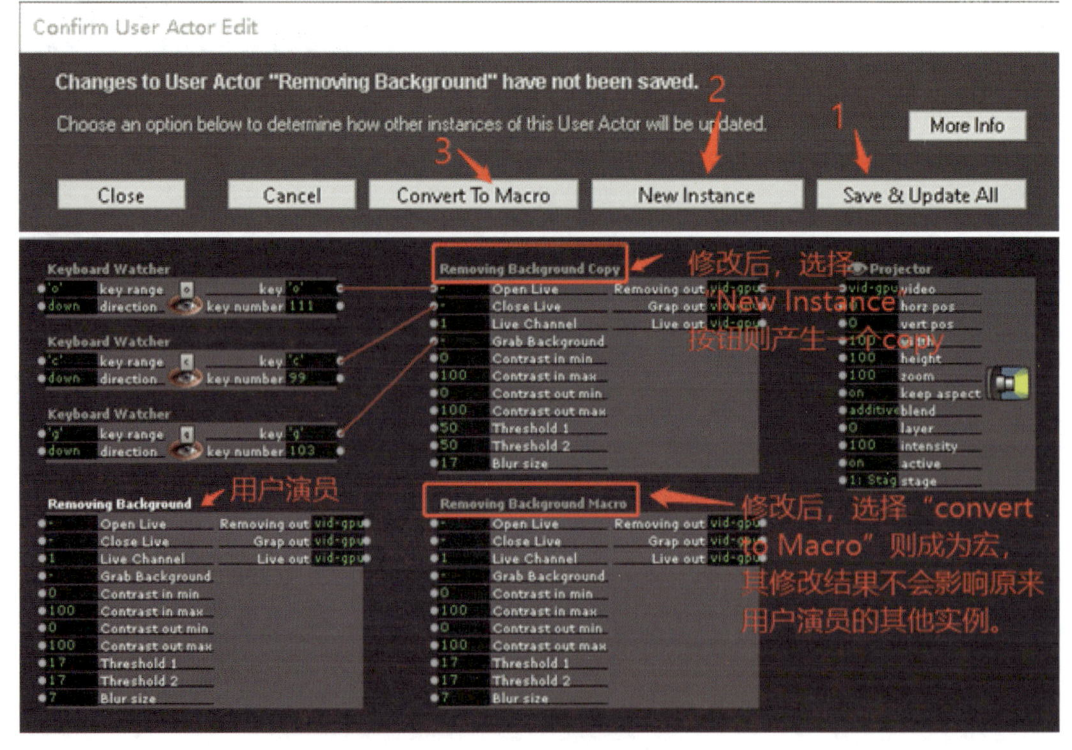

图 6-13　三种不同的结果

创建 User Actor 或宏后，您可以随时再打开其编辑器选项卡并更改其功能，而不会影响所属场景。关闭 User Actor（如“Removing Background”）时，您可以选择“Save & Update All”按钮更新此 Actor 及它的所有其他实例，以匹配您刚刚所做的更改，或者选择点击“New Instance”创建与先前 User Actor 版本不同的新 Actor（如“Removing Background Copy”，请注意，系统会自动在原有的名称后面添加单词“Copy”），也可以选择“Convert to Macro”转换为宏“Removing Background Macro”。如图 6-11 所示，当您在图 6-13 上的“Confirm User Actor Edit”窗口，分别点击图中“1”“2”和“3”指向的不同按钮，将分别得到不同的结果。参见图 6-13 下半部分的红色文字的对应注释。

三、添加到工具箱

如果创建了您希望经常使用的 User Actor，则可以将其添加到“Global Toolbox”（全局工具箱）。之后，即使您退出并重新启动 Isadora，Actor 也会出现在工具箱的“User”部分。您可以像操作其他任何角色一样将此角色拖到场景编辑器中。

您也可以将角色添加到“Document Toolbox”（本地工具箱）中。在这种情况下，User Actor 会与您的 Isadora 文档一起存储。如果您创建仅在特定项目中需要的 User Actor，此功能可能很有用。

在将任何 Actor 存储到“Global Toolbox”之前，必须选择一个用于存放全局 User Actor 的文件夹，并将所有 User Actor 保存到该文件夹中。Isadora 下次启动时，将使用该文件夹查找 User Actor。具体操作如下：

1. 选择全局 User Actor 文件夹

点击 Isadora 菜单“Actor>Set Global User Actor Folder...”。将出现一个对话框，允许您选择一个文件夹。然后单击“选择文件夹”按钮确认选择。如图 6-14 所示，本文选择“Onedrive>文档>IZZUserActors”为 Isadora 的全局 User Actor 文件夹。

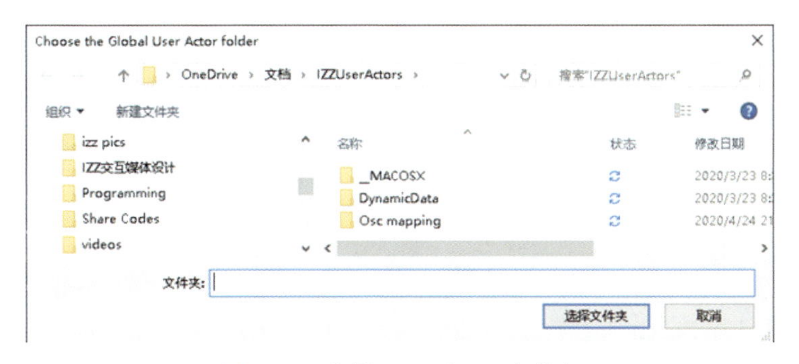

图 6-14　全局 User Actor 文件夹

2. 添加 User Actor 到全局工具箱

先选中 User Actor，再点击 Isadora 菜单“Actor>User Actor to Global Toolbox”。工具箱将自动切换到 User Actor 组，新的 User Actor 将显示在此处。

如果在工具箱中没有该名称的 Actor，则该 User Actor 被添加到全局工具箱中。如果名称已被使用，Isadora 会弹出警报窗口，您可以选择替换 Actor 或取消。

3. 添加 User Actor 到本地工具箱

先选中 User Actor，再点击 Isadora 菜单“Actor > User Actor to Document Toolbox”。工具箱将自动切换到 User Actor 组，新的角色将显示在此处。

4. 从工具箱中删除 User Actor

在工具箱的“User”组中，单击要删除的 Actor。在工具箱下方，将出现一个小的垃圾桶图标。然后将光标移至垃圾桶，此时光标将变为向下的箭头，再单击垃圾桶，则 User Actor 将从工具箱中删除。

5. 分享 User Actor

您可能需要与另一个 Isadora 使用者共享 User Actor。为此，您可以将定制的 User Actor 保存成一个单独的磁盘文件。具体操作如下：

先选中待分享的 User Actor，再点击 Isadora 菜单“Actor>Save User Actor...”，将出现一个保存文件对话框。在文件对话框中命名您要分享的 User Actor，选择将其保存到的位置，单击确定。如图 6-15 所示。在 Isadora v3 中，保存用户定制的 Actor 的文件扩展名为“. iue3”。

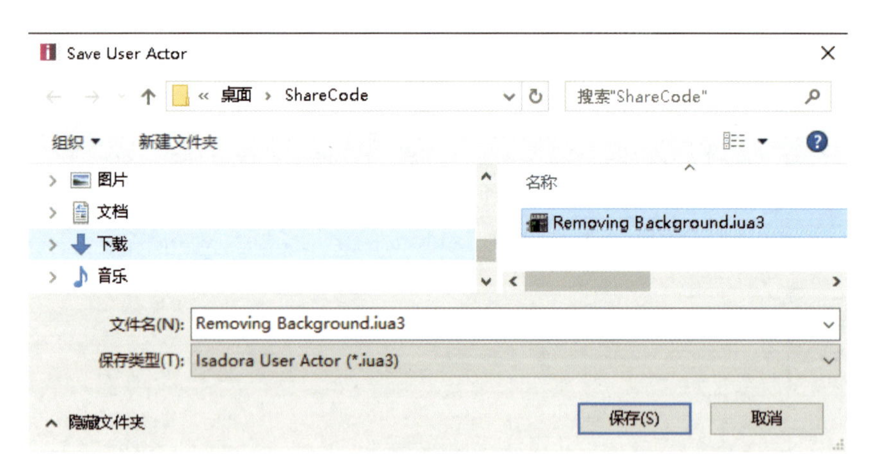

图 6-15 保存 User Actor

6. 将保存的 User Actor 加入场景编辑器

如果您已收到他人分享的 User Actor 文件，并且希望将其加入您的文档中，请使用“Place User Actor/Macro”命令。

选择“Actors>Place User Actor/Macro...”，将出现一个打开的文件对话框。在对

话框中选择 User Actor 文件，再单击“打开”按钮。如图 6-16 所示。该 User Actor 将出现在场景编辑器中，就像您刚刚从工具箱中单击它一样。这时，Actor 跟着鼠标在场景窗口中移动，然后在合适的位置单击以放置它。

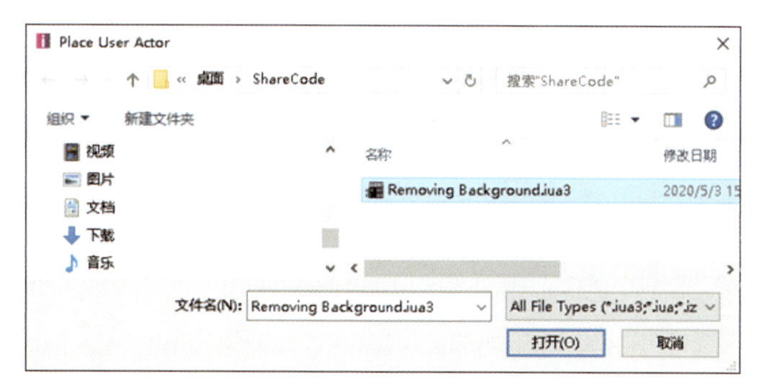

图 6-16　放置 User Actor

第七章

场景设计与调度

一、场景设计概述

Cue 就是常说的场景，是每场演出中最核心的部分。演出中的一个 Cue 是一个独立的场景，是演出中最基本的组成单位。Cue List 是 Cue 的集合，按顺序排列不同的 Cue，整合所有的 Cue 就成为一场完整的演出。

基于舞台演出的“Cue”的场景设计是 Isadora 的重要设计理念。在一台演出进行过程中，舞台监督人员按照演出的时间顺序将舞台机械、灯光、音响设备和多媒体播放等应该执行的演出命令（称为舞台机械 CUE 表、舞台灯光 CUE 表、舞台音响 CUE 表和多媒体 CUE 表等）通过内部通话系统传达给负责的操作师，由操作师在相应的时间执行相应的操作，是一种舞台演出调度方法。

Isadora 文档可以具有任意数量的场景，每个场景都是操纵一个或多个新媒体流的 Actors 的集合。这里的场景就像戏剧中的场景：每个场景可能有不同的演员（Actor）、不同的景片、不同的灯光等。类似地，每个场景都可以以完全不同的方式操纵媒体。您可以使用 Jump Actor 或通过单击场景列表中的场景即可从一个场景跳到另一个场景，所以，当您在文档的各个部分中移动时，可以从一种交互式设置转移到另一种交互式设置。

当您在场景列表中用鼠标单击某个场景并激活该场景时，该场景中的所有 Actors 将显示在场景编辑器中，它们都开始运行并相互通信。如果激活的场景产生视频输出，它将出现在适当的舞台上，如果产生声音，声音将被发送到计算机的音频输出等。

每个场景都完全独立于同一文档中的其他场景。因此，您无法将数据从一个场景传递到另一个场景。当您激活一个新的场景时，之前场景中的所有处理任务都会停止。

在大多数情况下，一次只能激活一个场景。但是，您可以使用 Activate Scene Actor 来一次激活一个以上的场景。Isadora 文档底部的“场景列表”中显示为蓝色背景的为激活场景，其他灰色背景的为未激活场景。如图 7-1 所示。

在 Isadora 中，根据项目的需要，可以将不同的视频处理效果输出设计为不同场景，在项目最终输出时，通过场景的切换来实现不同视频处理效果的输出。因为单词“Cue”与字

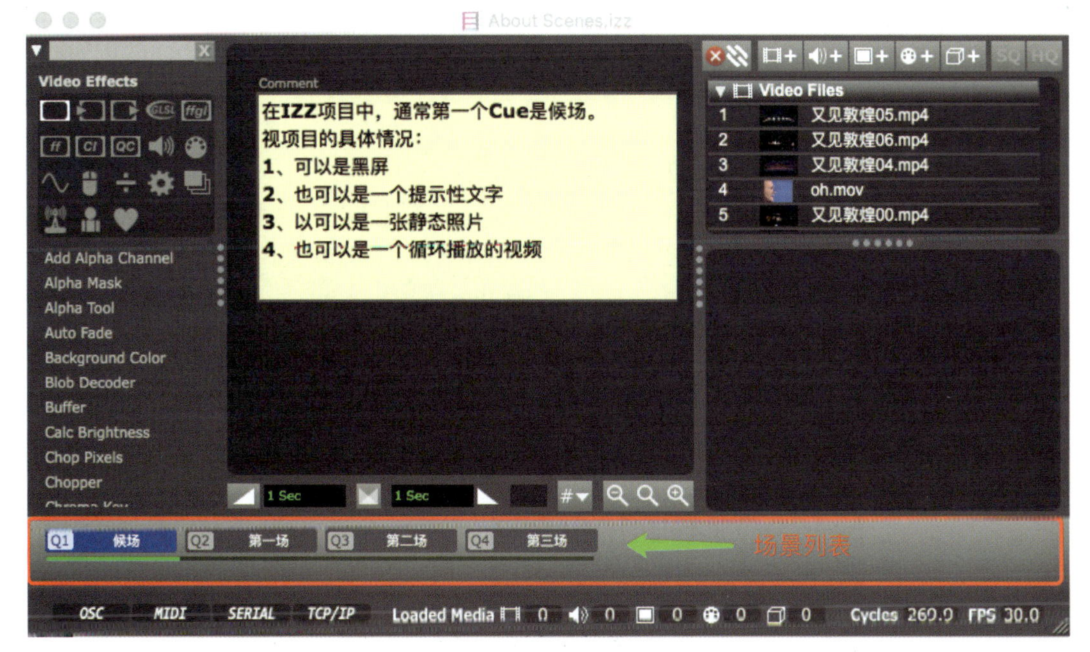

图 7-1　场景列表

母“Q”读音一样，为了显示简洁，IZZ 中的场景简称为 Q1、Q2、Q3 等。

二、场景操作

场景的常见操作有激活场景、插入场景、删除场景、复制场景、移动场景和场景重命名。相关操作描述如下。

1. 激活场景

当您用鼠标左键点击某一个场景标签后，该场景标签由灰色变为蓝色，标签下面还有亮绿色线条。该场景即被激活，成为当前场景。也可以采用编程的方式，使用 Activate Scene Actor 激活指定的场景，如图 7-1 所示，“Q1 候场”为激活场景，即当前场景。

2. 插入场景

在场景栏目所在区域内，在需要插入新场景的位置点击鼠标右键，在弹出菜单中选择“Insert Scene”，或者在需要插入新场景的位置点击鼠标左键，然后按下插入场景快捷键 command + I(Win 下 ctrl + I)，如图 7-2 所示。当然，您也可以在菜单上点击“Scenes>Insert Scenes”进行操作。

图 7-2　插入场景

3. 删除场景

先用鼠标左键点选待删除的场景，然后按 delete 键。

4. 复制场景

可以使用常用的拷贝粘贴的方式进行场景复制。先用鼠标左键点击选中待复制的场景，按下快捷键 command + c（Win 下 ctrl + c），然后再用鼠标左键点选复制的新场景所在的位置，最后按下快捷键 command + v（Win 下 ctrl + v）；也可以先用鼠标左键选中待复制场景，点击鼠标右键，然后选择“Duplicate”，则可以快速地在当前场景之后复制一个新场景，如图 7-3 所示。

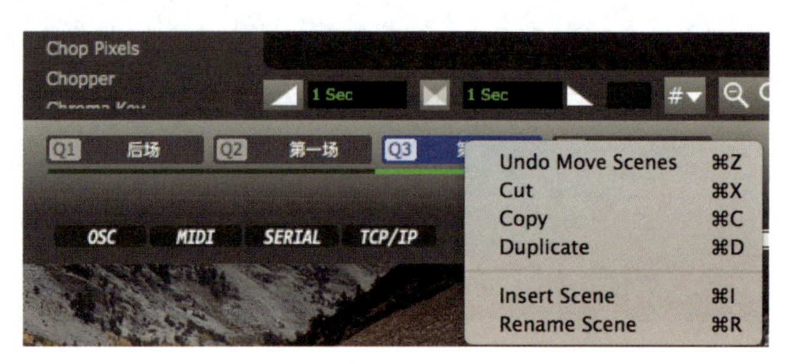

图 7-3 弹出菜单上场景的常见操作

5. 移动场景

先用鼠标左键点击待移动的场景，并一直按住鼠标左键，当光标形状变为“手”时，移动鼠标，即可将待移动的场景拖到新的位置。如图 7-4 所示。

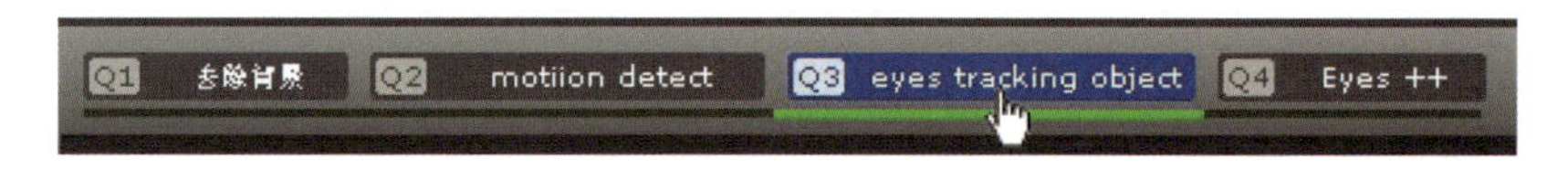

图 7-4 移动场景

6. 场景重命名

用鼠标左键快速双击某一个场景标签，该场景名称即变为待编辑状态，然后键入场景的新名称即可；也可以先用鼠标左键选中待重命名的场景，然后在该场景标签上点击鼠标右键，在弹出的菜单中选择“Rename Scene”，再键入场景新名称。如图 7-3 所示。

7. 改变场景宽度

按住 Command 键(MacOS)或 Control 键(Windows)，将光标放在要修改的场景的右边缘。光标将更改以指示您已准备好更改场景的宽度。左右拖动鼠标，即可改变场景在场景列表上显示的宽度。

三、场景切换

在舞台表演的使用场合，场景切换可以理解为舞台场景的调度，从一个场景切换到另一个场景。在 Isadora 文档中，一个场景就是若干个 Actor 的集合。按照一定的逻辑，将这些 Actors 相对应的输出输入连接起来，实现某一个符合项目创作需要的功能或视觉表现效果等。因此，从处理过程的角度看，场景的切换可以理解为从一个任务的处理过程切换到另一个任务的处理过程；从输出结果的角度看，场景的切换可以理解为从一个视频处理效果切换到另一个视频处理效果。

常见的切换场景方法有以下两种。

1. 默认的切换方式

当按下空格键时，Isadora 将从当前场景按序换到相邻的下一个场景。在该切换方式下，您还可以通过场景列表上方的“场景设置”区域设置“淡入激活与否”(Fade In Enable/Disable)、“淡入时间”(Fade In Times)、“叠画模式”(Crossfade Mode)和“淡出时间”(Fade Out Times)等，具体设置如图 7-5 所示。

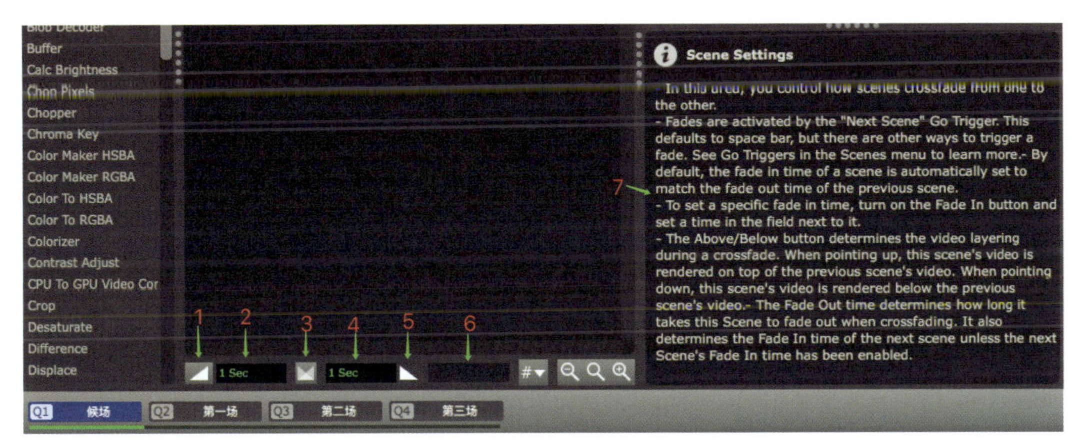

图 7-5　场景设置

在图 7-5 中的红色数字标记所指向的位置，鼠标左键点击“1”处的“淡入激活与否”(Fade In Enable/Disable)；修改“2”“4”处的数值，可以设置淡入、淡出时长；鼠标左键多次点击“3”处，可以在 3 种不同的场景间叠画模式中选择一个模式(图 7-5 中的“3”处当前模式最为常用)；当鼠标停留在 1～6 所示的任何一个位置时，在数字“7”处会对应显示相关操作的提示信息。图 7-5 中，当鼠标停留在“6”时，在“7”处显示“您如何进行场景设置”。其中，还特别提到，系统默认按空格键(Space)触发场景切换，但您也可以进入“Scene”菜单，选择“Edit Go Triggers”，设置不同的触发方式，如图 7-6 所示。

如图 7-6 所示，您可以先勾选“1”处的“Learn”，让系统处于自学习模式，以简化操作。然后在“2”“3”处进行相关设置，您也可以设置不同的键盘按键触发场景切换，甚至设置不同的 MIDI 信号参数来实现场景切换。

2. 编程的场景跳转切换方式

您可以在每一个场景中，通过编程使用 Jump 或 Jump ++ 或 Jump to cue Actor 来实

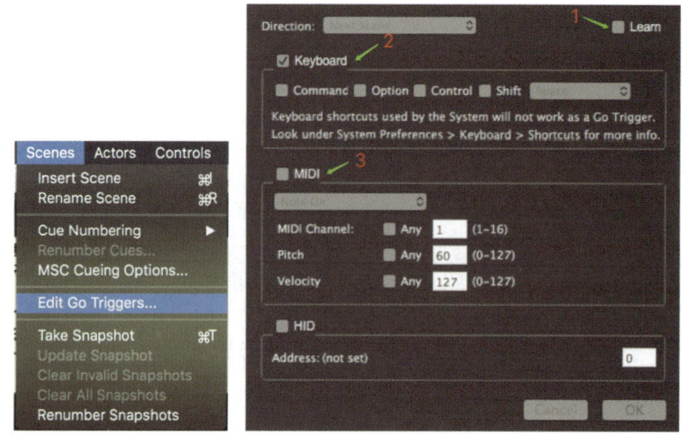

图 7-6　场景切换触发编辑

现不同场景的切换。下面详细介绍使用方法。

(1) Jump、Jump++和 Jump to Cue

Jump Actor 的使用方法是：当 trigger 输入端收到 trigger 信号后，则关闭当前场景，激活并跳转另一个场景。“mode”参数值有“relative”(相对)和“absolute”(绝对)。当“mode”值为“relative”，是相对当前场景的序号，即当前场景序号+“jump”参数值；当“mode”值为“absolute”，表示直接跳转到以“jump”参数值为序号的场景。如图 7-7 所示，当前场景是“Q1 候场”(“1”是场景序号，“候场”是场景名称)，当您按下“r”键时，给图中上面一个“Jump”发送一个 trigger 信号，该 Actor 的“mode”参数设置为“relative”，所以，当前场景序号 1+2(jump 参数值)=3，故跳转到“Q3 第二场”；而当您按下“a”键，给图中下面一个“jump”发送 trigger 信号，该 Actor 的“mode”参数设置为“absolute”，所以，从当前场景直接跳转到序号为“jump”参数值：5 的场景“Q5 第四场”；另外，“Jump”Actor 还可以设置“fade”参数值，单位为“秒”，指定当前场景淡出和另一个场景淡入所用的时长。而“transition”参数默认为“additive”，最为常用，一般不用修改该参数值。

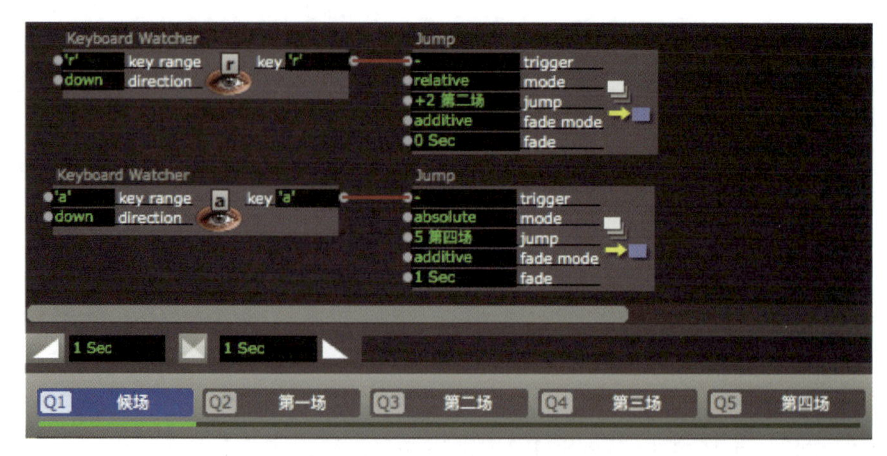

图 7-7　Jump Actor 设置

Jump++ Actor 的使用方法与“Jump”类似，最大的不同是将 fade 分为“fade in”和“fade out”分别设置数值；

Jump to Cue Actor 是在“cue”参数中设置场景序号的数值，则直接跳转到指定的场景。值得注意的是，“cue”参数值只能输入数字 1，2，3，4……或 Q1，Q2，Q3，Q4……，不能输入场景的名称。另外，如需要设置场景间叠加模式以及淡入和淡出时间，需要将“fade ovrd”设置为“on”，其他同上。

如图 7-8 所示，当您按下‘r’键，给上面一个 Jump to cue 发送 trigger 信号时，场景从当前场景“Q1 候场”跳转到序号为“Q3”的场景“Q3 第二场”，该 Actor 的“fade ovrd”为“off”，所以，“transition”“fade out”和“fade in”为灰色，不可用；当您按下“a”键，给下面一个“Jump to cue”发送 trigger 信号时，场景从当前场景“Q1 候场”跳转到序号为“4”的场景“Q4 第三场”，该 Actor 的“fade ovrd”为“on”，所以“transition”“fade out”和“fade in”参数为激活状态，可以设置相应的数值。

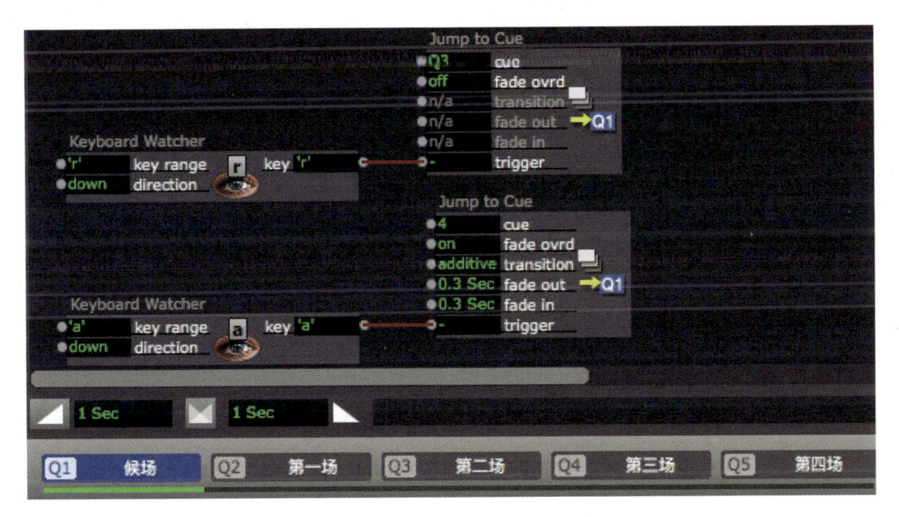

图 7-8 Jump to cue Actor 设置

(2) Activate Scene、Deactivate Scene 和 Activate Scene Amount

Activate Scene、Deactivate Scene 和 Activate Scene Amount 这 3 个 Actor 用于同时激活某个场景或使某个场景失效。

假如有这样一个应用场景：“Q1 候场”“Q2 第一场”和“Q3 第二场”3 个场景需要同一个背景音乐，而且 3 个场景切换时背景音乐不受影响，一直连续播放。

一般情况下，某个场景为激活状态的当前场景(其标签为蓝色，下面还有一个亮绿色的线条)，这时，场景中的所有 Actor 才被激活并运行。

在上述应用场景中，需要两个场景同时处于激活状态。场景 Q1、Q2 和 Q3 可以依次切换为当前场景，而背景音乐(场景 Q5)需要一直处于激活状态。

当需要两个或两个以上场景同时为激活状态时，就需要 Activate Scene Actor 或

Activate Scene Amount Actor。在必要的时候，若需要关闭某个已被激活的场景，就需要用到 Deactivate Scene Actor。

如图 7-9 所示，当您按下“S”键，激活场景“Q5 背景音乐”，场景“Q1 候场”和场景“Q5 背景音乐”都为激活状态，场景标签都为蓝色。如图 7-10 所示。当需要关闭前面被激活的第二个场景“Q5 背景音乐”时，就必须在相应的场景中使用 Deactivate Scene Actor，使之成为非激活状态，如图 7-11 所示。

同时激活另一场景的编程方法还可以使用 Activate Scene Amount Actor，如图 7-8 所示，当您按下“P”键，则先触发 Envelope Generator Actor，然后 Activate Scene Amount 的“intensity”的参数值由 0 逐渐到 100。场景“Q5 背景音乐”由非激活变为激活状态，并淡入。

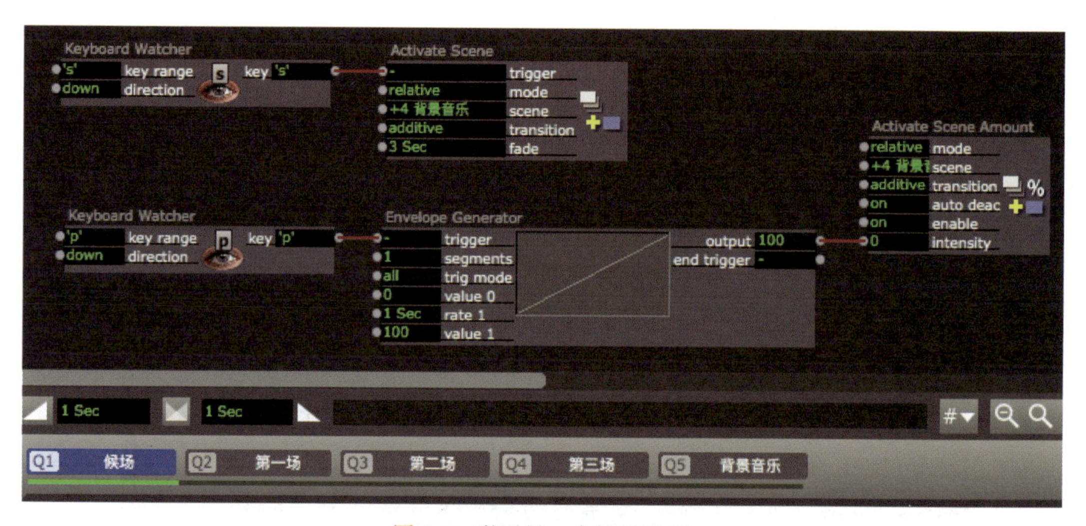

图 7-9　激活另一个场景编程

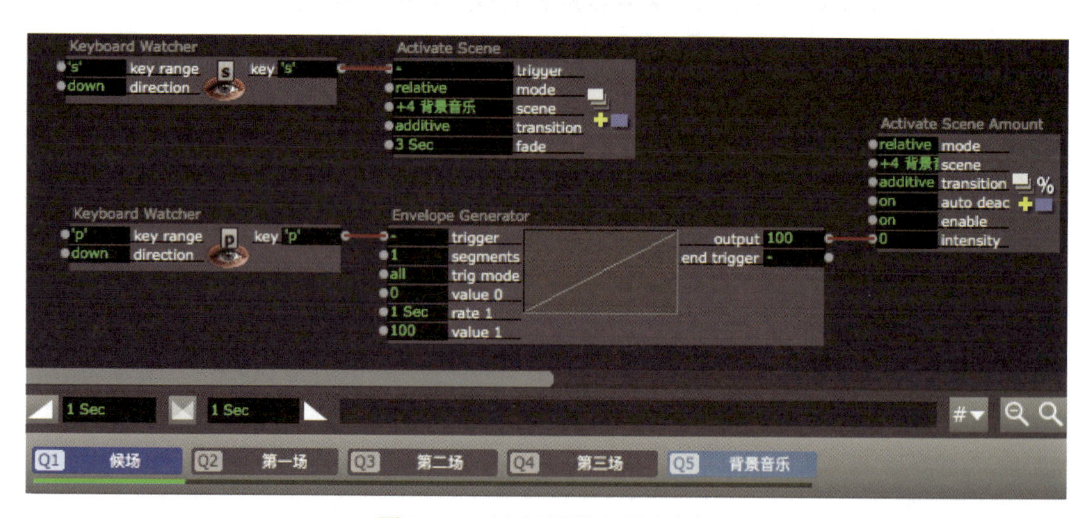

图 7-10　两个场景同为激活状态

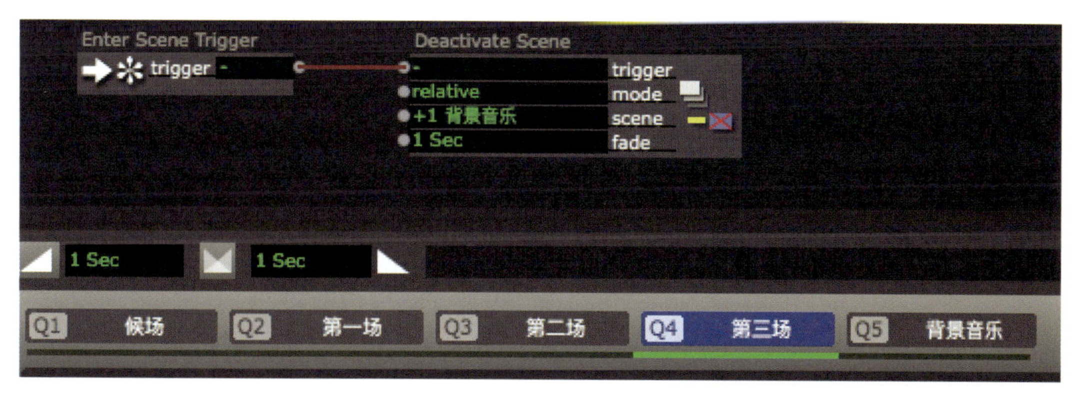

图 7-11　使场景变非激活状态编程

Activate Scene Amount Actor 与 Activate Scene Actor 略有不同，当"intensity"的参数值为"0"时，对应场景为不激活状态，当"intensity"的参数值大于"0"，则被激活；"auto deac"也值得注意，当其值为"on"时，包含 Activate Scene Amount Actor 的场景变为不激活状态，第二个场景也自动变为不激活状态；反之，若其值为"off"时，则需要在相应的场景中使用 Deactivate Scene Actor，使之成为非激活状态，如图 7-11 所示。

(3) 其他常用的与场景相关的 Actors

Enter Scene Trigger Actor：当包含该 Actor 的场景被激活时，就立即输出一个"trigger"信号值；

Enter Scene Value Actor：当包含该 Actor 的场景被激活时，就立即将左边的数值送到右边输出；

Scene Intensity Actor：当包含该 Actor 的场景被激活时，给当前的场景赋予一个初始数据；

Current Scene Number Actor：获取当前场景的序号；

Get Scene Name Actor：获取某一个指定场景的名称；

Preload Scene Actor：可以用于预先载入指定的场景。

四、Blind 模式

在特殊情况下，您很有可能在播放视频并输出期间需要编辑 Isadora 项目中的某个场景。Isadora 提供了一个 Blind 场景模式，在保持当前活动的场景处于运行状态下，可以让您编辑其他场景或创建一个新场景。

这种 Blind 模式就是当前活动的场景正在运行，同时，您可以选择其他非活动场景进行编辑，或者再建立一个新的场景等，这些操作都不会改变该文档的当前活动场景，也不影响正在运行的当前活动场景的输出。系统对非当前活动场景进行的这种操作视而不见，故称为"Blind"。很多灯光控台系统都有类似的 Blind 模式。

Blind 模式在排练的情况下也很有用，在此情况下，设计人员可以在开发一个新场景的同时配合表演者排练另一个场景。

当您有上述需要时，您可以从菜单中选择“Scenes>Blind Mode”或使用键盘快捷键 Ctrl + Alt + B(Windows)或 Command + Option + B(OSX)激活 Blind 模式。如图 7-12 所示。

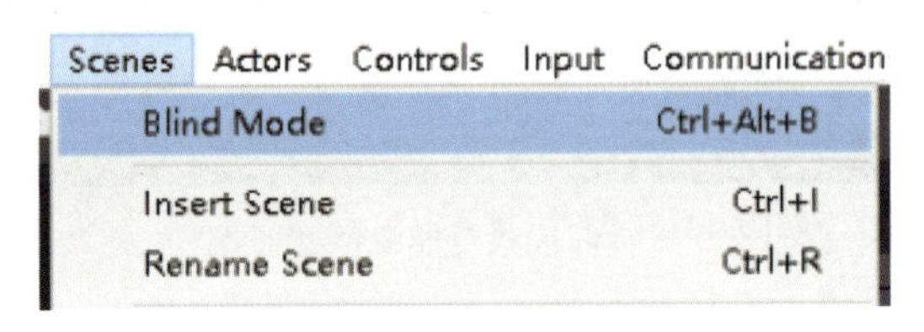

图 7-12　Blind 菜单

执行该操作后，场景列表将以深红色显示，表明 Blind 模式已激活。如图 7-13 所示。

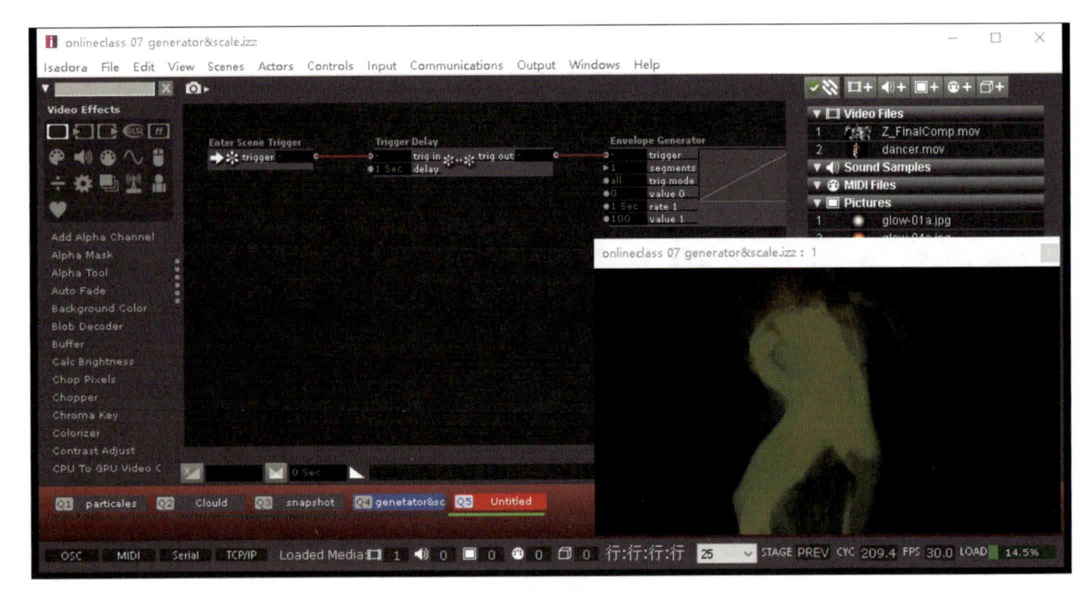

图 7-13　Blind 场景(红色标识)

当 Isadora 处于 Blind 模式时，您可以导航到场景列表中的另一个场景(如图 7-13 所示的 Q5)进行编辑，原始场景(Q4)仍处于活动状态。

在 Blind 模式下可以添加、移动或删除其他场景，而不会影响当前活动的场景。

在场景列表中，Blind 场景的颜色为红色，而当前活动场景保持为蓝色。当前活动场景中所有内部计时器、视频播放器和消息传递继续起作用，但 Blind 场景已暂停，即 Blind 场景中的所有视频播放器、计时器、触发器、控件和消息传递都将停止。

需要注意的是，场景跳转触发(Go Trigger)和场景过渡在 Blind 模式下正常运行。您可以使用鼠标点击某个场景，使之成为 Blind 场景(红色标识)。

当需要取消 Blind 模式时，从菜单中再次点击"Scenes＞Blind Mode"或使用键盘快捷键 Ctrl＋Alt＋B(Windows)或 Command＋Option＋B(OSX)，即去掉"Blind Mode"前面的勾号，以禁用 Blind 模式。如图 7-14 所示。停用后，Isadora 会自动返回当前处于活动状态的场景。

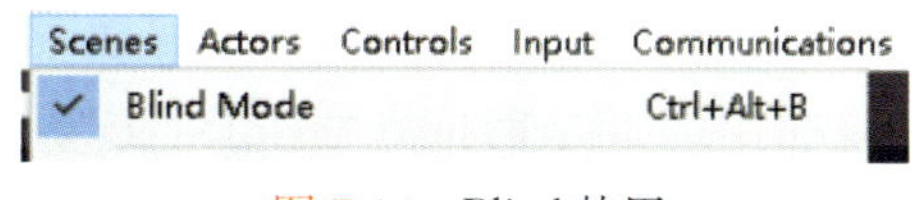

图 7-14　Blind 禁用

五、场景快照

Isadora 的场景快照(Snapshot)是用来存储当前场景中所有 Actors 的输入端口属性值。当您需要时，可以再次调用这些快照来恢复拍摄时存储的 Actors 的设置。

当您要创建一个场景的多个变化时，您只需要调整该场景中一些 Actors 的输入参数值，然后像使用照相机一样简单：单击软件左上方的相机图标来拍摄当前场景的快照，或选择菜单"Scenes＞Take Snapshot"，拍摄快照时，它们沿着 Isadora 文档的顶部边缘出现在相机右侧，以数字标识：重复上述步骤，您就可以通过不同的快照存储相关 Actors 的不同输入端口属性值，从而将同一个场景中不同的视觉效果存储在对应的场景快照中。当然，当您熟悉 Actor 编程后，也可以在 Actor 编辑器中使用 Take Snapshot Actor 建立场景快照。

在建立多个快照后，您可以点击相机图标右边的数字或通过编程的方式使用 Recall Snapshot Actor 来调用不同的快照，实现在同一场景切换多个不同的视觉效果。如图 7-15 所示。

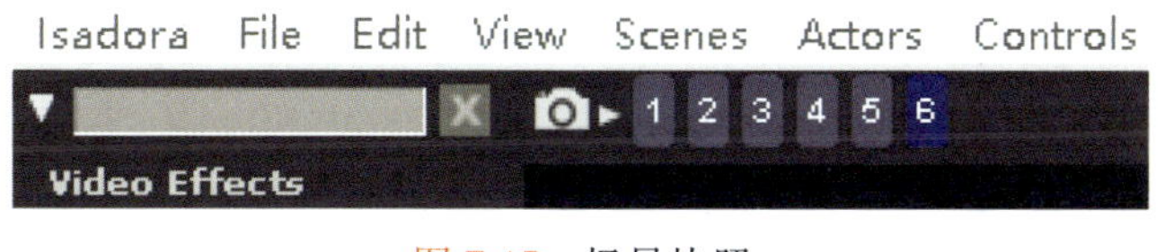

图 7-15　场景快照

如果您更改了场景中 Actors 输入属性值并想更新当前选择的快照，则您可以通过菜单选择"Scenes＞Update Selected Snapshot"或按住 Alt 键(Windows)并单击快照。

一旦您在拍摄一个或多个快照后添加了更多 Actors，一个或多个快照的数字标号将会变为红色，表明它们仅部分有效，即它们没有当前场景的全部 Actors 的输入属性信息。快照实际上缺少足够的信息来还原整个场景。这时，您可以根据创作需要，再次更新红色标识场景快照。如图 7-16 所示。

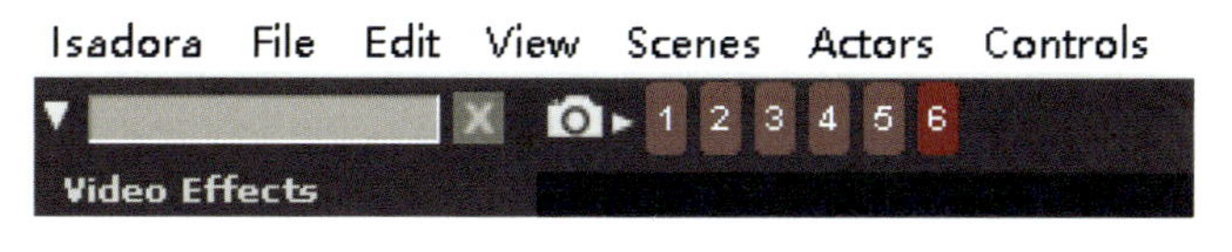

图 7-16　红色标识快照

如果您在此之后拍摄更多快照，它们将不会变成红色。您可以通过菜单选择“Scenes>Clear Invalid Snapshots”来删除所有无效快照。

1. 快照的常见操作

（1）拍摄场景快照。

单击场景编辑器左上方的相机图标，或选择“Scenes>Take Snapshot”，拍摄快照。完成后，带有数字标识号的指示器将出现在相机的右侧。如图 7-17 所示。

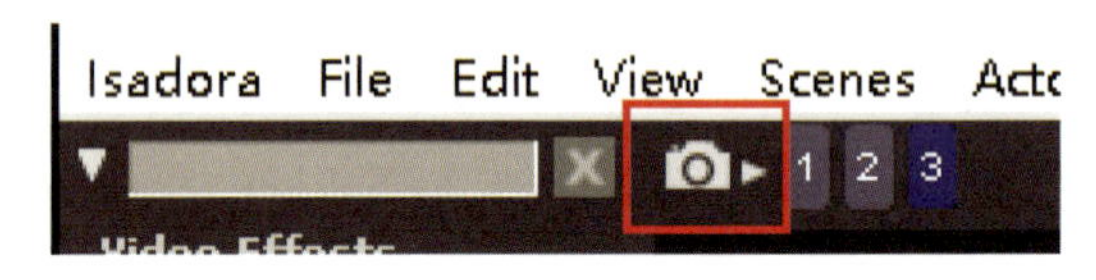

图 7-17　拍摄快照按钮

（2）调用场景快照。

单击要调用的快照（数字方块）。

（3）更新快照的内容。

单击要更新的快照以将其激活。

选择“Scenes>Update Selected Snapshot”或按住 Alt 键（Windows），单击快照。当前场景的新快照将替换旧快照。如图 7-18 所示。

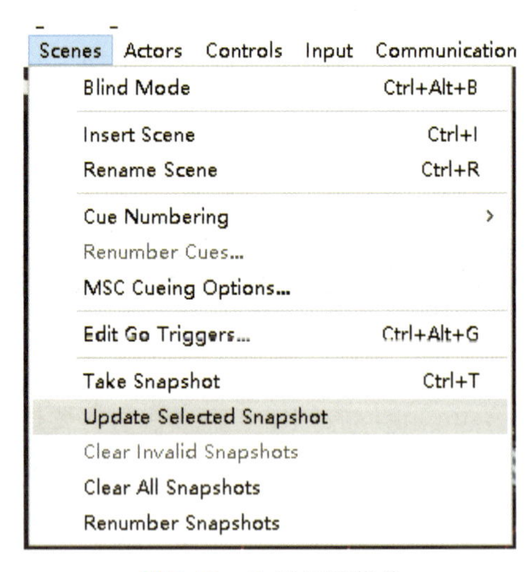

图 7-18　快照相关菜单

（4）删除快照。

单击要删除的快照，将其拖动到快照区域之外，此时，光标将变为垃圾箱，释放鼠标，即可删除该快照。

（5）删除无效快照。

选择“Scenes>Clear Invalid Snapshots”，所有红色标识的快照将被删除。

(6) 删除所有快照。

选择"Scenes>Clear All Snapshots"，当前场景的所有快照将被删除。

(7) 重新排列快照。

鼠标单击选择一个快照，或者使用 Ctrl 键配合鼠标单击选择任意个快照，或者使用 Shift 键配合鼠标单击选择多个快照，然后拖动选择的快照到需要的位置，释放鼠标即可。

(8) 快照重新编号。

选择"Scenes>Renumber Snapshots"，所有快照将从"1"开始重新编号。

2. 禁用特定 Actors 的快照调用

您可以通过菜单"Actors>Disable Actor Snapshot"或"Enable Actor Snapshot"。控制哪些 Actors 在调用快照时作出响应，以控制某些特定的 Actor 的输入属性值在调用快照时被更改，那些有禁用快照的 Actors 将不受影响。

如果您选择一个或多个 Actors，然后选择"Actors>Disable Actor Snapshot"，一个特殊的图标将被添加到 Actor 的标题中，表明它在调用快照时不会作出响应。如图 7-19 所示。

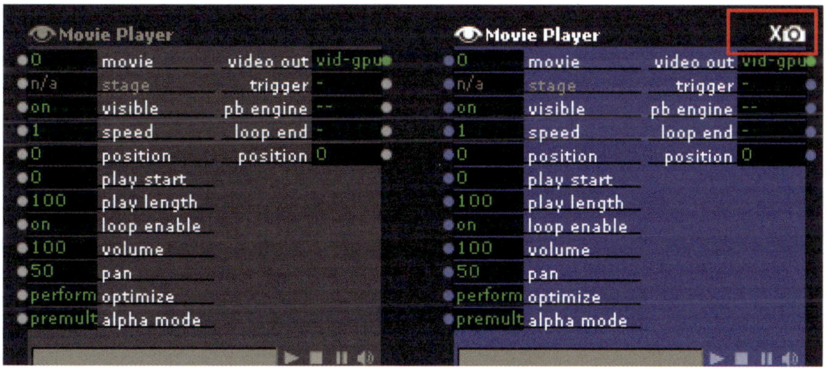

图 7-19　禁用 Actor 被快照

此设置不会更改拍摄快照的方式。在拍摄快照时，始终记录所有 Actors 的输入属性的值。而被禁用快照功能的 Actors 在快照被调用时，不会读取出拍摄快照时存储的输入属性的值。

(1) 禁用特定 Actor 的快照调用。

在场景编辑器中选择要禁用的 Actors(可以 1 个或多个)，然后选择"Actors>Disable Actor Snapshot"。如果 Actor 名称可见，则禁用图标会出现在 Actor 标题的右侧，表明它在调用时不响应。

(2) 在特定 Actor 上启用快照调用。

在场景编辑器中选择要启用的 Actors(可以 1 个或多个)，然后选择"Actors>Enable

Actor Snapshot”。如果 Actor 名称可见，Actor 标题右侧显示的“禁用快照”图标将消失，表示此 Actor 在下一次调用快照时再次响应。如图 7-20 所示。

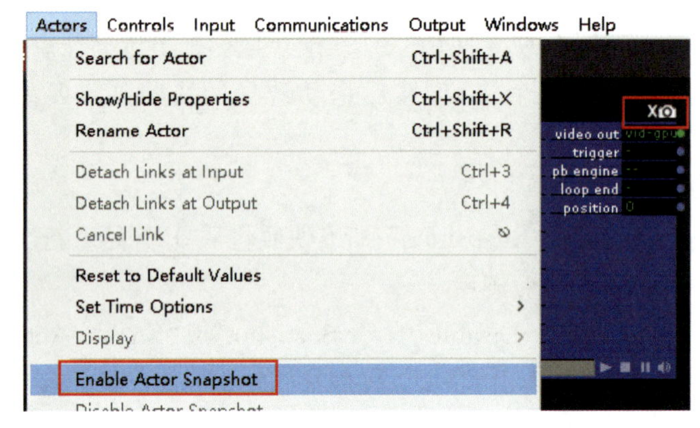

图 7-20　启用 Actor 快照

第八章

交互逻辑与控制

前面学习了 Isadora 的视觉特效的基本知识。利用这些知识随意组合和重复一些视觉特效 Actor，您已经可以创作出奇妙的视觉艺术效果。

如果希望按照事先构思的主题和想法创作一件好的交互艺术作品，您必须进一步学习相关的交互逻辑与控制的基本知识和应用技能。交互艺术的设计过程也是一个数据处理与变化的过程。处理数据的过程就是按照一定的创作需求，设计好解决问题的逻辑与思路，进行数据的计算、变换与处理的过程。

本章讲述在 Isadora 中可以利用哪些 Actors 实现交互艺术作品的逻辑设计与控制。

一、交互逻辑

为了便于您对照学习，本章按照 Actor 可能使用的场合，将 Isadora 的 Calculation（计算）类 Actor 分类介绍如下：

1. 速度和角度计算

常用于根据对象的 2D/3D 位置坐标进行变化速度和方向角度的计算。如图 8-1 所示。

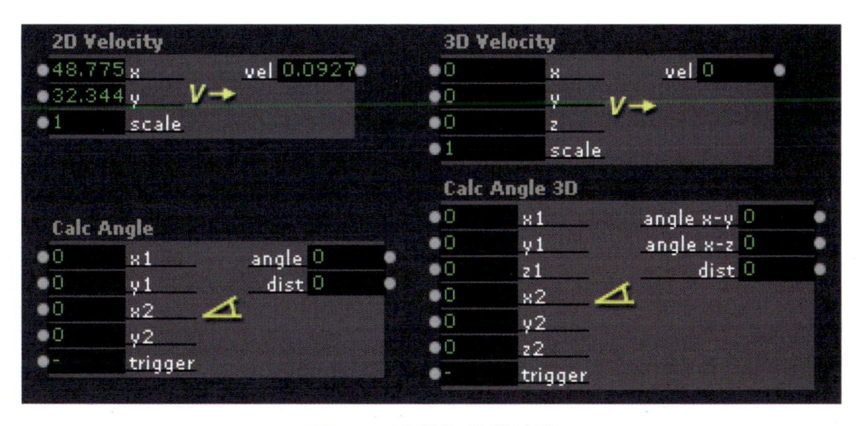

图 8-1　速度与角度计算

(1) 2D Velocity 和 3D Velocity。根据其输入属性前后帧获取的 2D 或 3D 坐标位置来计算位置变化的速度;

(2) Calc Angle 和 Calc Angle 3D。当其 trigger 属性接收到触发信号时,就根据给定 2D 或 3D 的两个点的坐标值来计算角度和距离。

2. 数值计算

这类 Actor 常用数值的直接计算,如数字的加、减、乘、除运算和逻辑值的运算等。如图 8-2 所示.

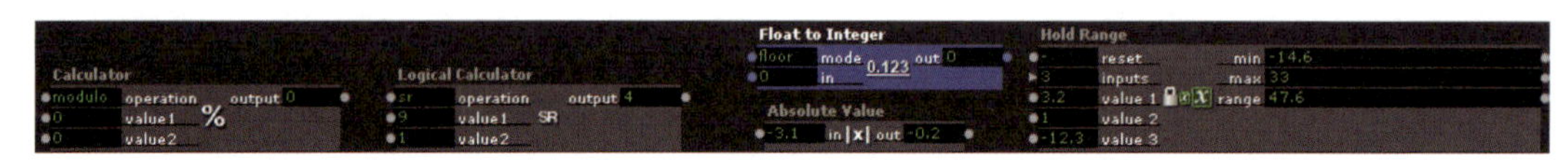

图 8-2　直接计算 Actor

(1) Calculator。它是实现两个数值的加、减、乘、除和求余运算,通过改变的 operation 的属性值来改变运算方式,同时,Actor 的中间部分会显示操作运算符号,非常直观。其中,求余运算(%)是指求两个值相除之后得到的余数。例如,8%3 = 2,也就是说,当您需要将一系列的数据限制在一定数值范围内的循环时,就可以对这些数值做求余运算。

(2) Absolute Value。该 Actor 的功能是输出其输入数值求绝对值。即当输入属性值为负数时,将其变为正数;当输入值本来就为正数时,直接输出。

(3) Hold Range。当 Actor 从输入端收到一系列数据后,会实时计算出截至当前收到的所有数据中的 min(最小值)、max(最大值)和 range(数据范围)。您还可以修改 inputs 的输入属性值,则实时计算多个输入端口接收到的数据的最小值、最大值和数值区间。当输入属性 reset 收到触发信号后,则重新计算。

(4) Logical Calculator。它是实现两个值的"and"(与)、"or"(或)、"xor"(异或)、"sl"(左移位)和"sr"(右移位)的运算。

3. 数值映射

用于数值变换与映射的 Actor 应用频率很高,但这些 Actors 的计算过程比较复杂,Isadora 屏蔽了很多计算细节,让您使用起来非常方便,实现"所见即所得"。您只要知道原始数据(处理前)是什么样的(可能的最小值或最大值等),您希望得到什么样的结果数据(处理后),复杂的计算过程由该类 Actors 来处理。如图 8-3 所示。

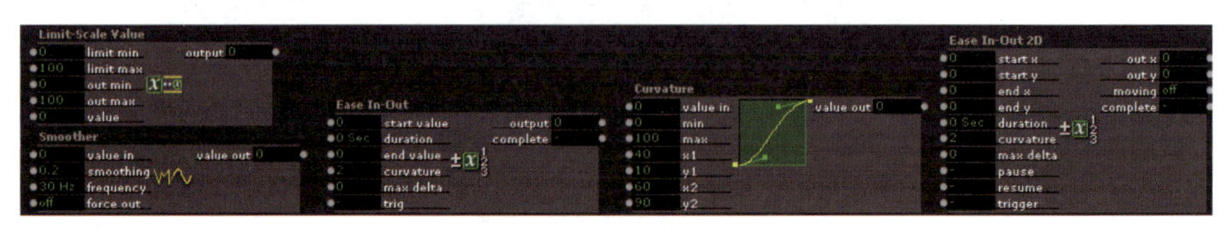

图 8-3　数值映射类 Actor

(1) Limit-Scale Value。该 Actor 是将输入数据从一个范围映射到另一个范围内的数据进行输出。输入数据可能的取值范围由 limit min(最小值)和 limit max(最大值)指定;映射输出的数值范围由 out min(输出最小值)和 out max(输出最大值)指定;当 Actor 的输入属性 value 接收到数值后,将根据输入与输出映射表进行映射计算。例如,当您想将鼠标的水平与垂直位置数据换算成颜色的 green 和 blue 分量时,首先您要知道鼠标位置的最小值和最大值(可以通过系统帮助查询其参数取值范围,或通过实验进行观察获取其可能取值的范围),其数值范围为 0～100;然后,再了解颜色分量的最小值和最大值,其数值范围为 0～255。如图 8-4 所示,当您移动鼠标时,Limit-Scale Value 实时地将“0～100”之间的位置数据映射为“0～255”之间的颜色分量。

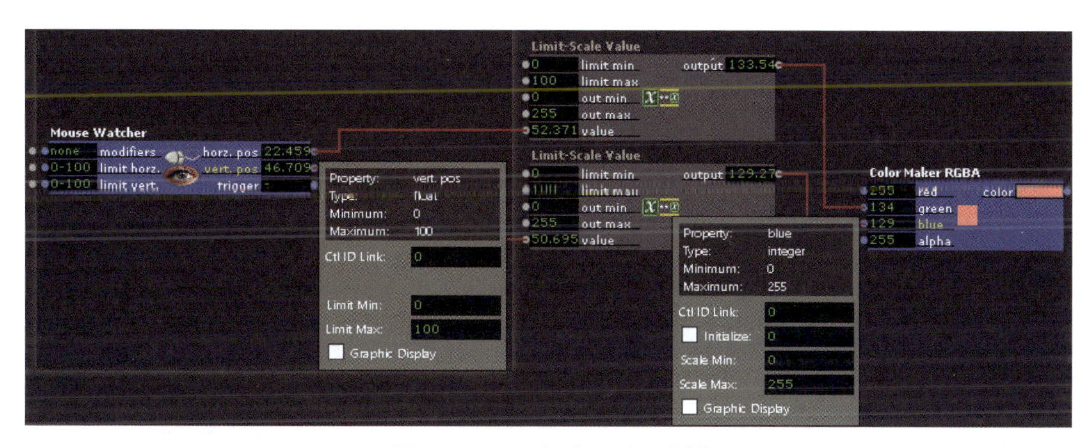

图 8-4　Limit-Scale Value 应用

(2) Smoother。该 Actor 的功能是对其 value in 输入属性数据进行平滑处理后输出。它经常用于数据“防抖动”的场合。当它的 value in 前后接受到两个差值很大的数据时,该 Actor 会按照 frequency 值指定的频率进行插值运算,在两个数据之间以 smoothing 值为步长插入补间数据,使输出数据相对平滑,不会出现大的“抖动”现象。在实际应用中,一些位置跟踪或位置动画等应用场合常常需要 Smoother Actor 获得平滑的输出数据。

(3) Ease In-Out。该 Actor 的功能是当 trigger 收到触发信号时,在由 duration 指定的时间段内,基于时间线(如图 8-5 的 Time 轴)按照“Ease In-Out”曲线映射产生连续变换的输出数据。该输出数据从 start value 开始,到 end value 结束,curvature 指定曲线的斜率,其值若为 1,表示是线性映射,得到的输出数据是匀速变化;若大于 1,表示是非线性数据映射,得到的输出数据加速或降速变化,若将该值赋值给球的水平位置,您会看到球的运动轨迹是开始慢,慢慢加速,中间快,然后又慢慢减速,后面又变慢。如图 8-6 所示。

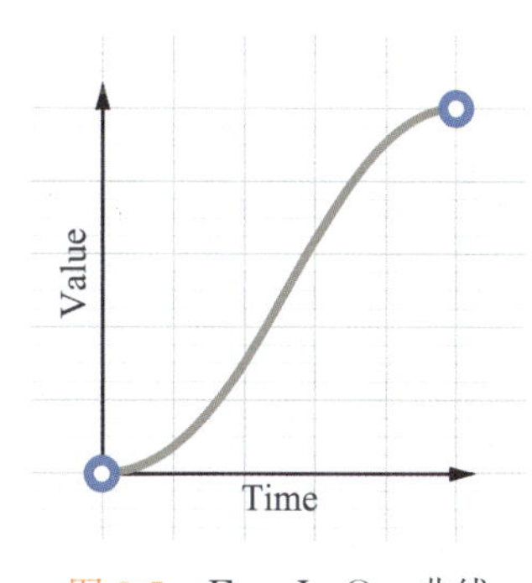

图 8-5　Ease In-Out 曲线

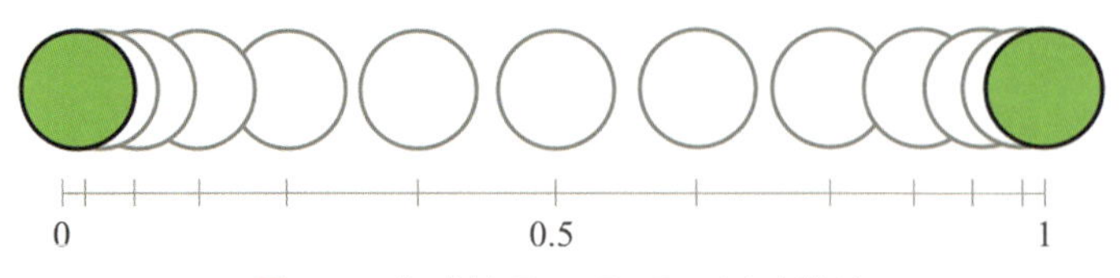

图 8-6　小球的 Ease In-Out 运动轨迹

“Ease In-Out 2D”与“Ease In-Out”的工作原理基本一样，它们常用于模拟与实现动画的场合。“Ease In-Out 2D”还可以指定 2D 平面上的坐标，并且可以实现暂停和恢复数据映射(变化)。为了让您有更直观的认识和理解，您可以按照下面给出的示例在 Isadora 中实验一下，并尝试修改相关的数值，观察圆圈的运动变化规律。如图 8-7 所示。

图 8-7　Ease In-Out 和 Ease In-Out 2D 应用示例

(4) Curvature。该 Actor 是使用您定义的曲线映射输入值 value in。该 Actor 中间有个预览图，可以看到两个绿色的操作句柄，您可以用鼠标点击句柄末端的绿色点并拖到鼠标修改黄色曲线的形状和曲率；另外，您还可以用鼠标点击黄色曲线两端的黄色点并上下移动，改变点的位置，其曲线形状也会发生变化。如图 8-8 所示。

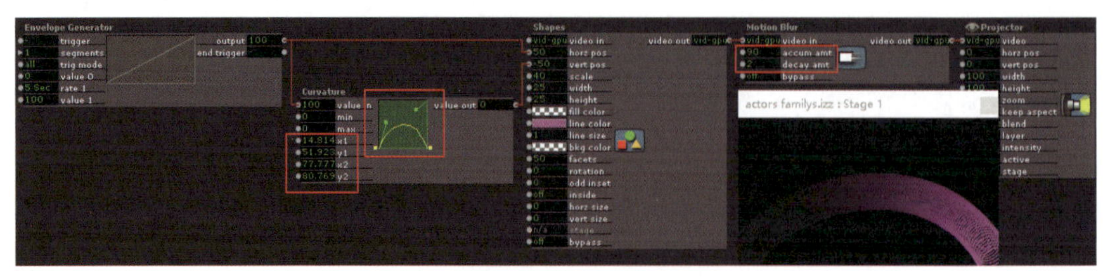

图 8-8　Curvature Actor 及应用示例

若您边操控中间的图形边细心观察，应该会发现：当您操纵句柄时，x1 与 y1 或 x2 与 y2 的值同时发生对应的变化，也就意味着您修改这四个输入属性值也可以改变曲线形状。同样，Actor 的输入属性 min 和 max 的值也对应中间图形中两个黄色点的位置。

若您已经按照图 8-8 的示例创建一个 Isadora 文档，当点击 Envelope Generator Actor 的 trigger 属性值时，您应该看到一个粉色的小圆圈从输出舞台的左下角沿着一个弧线划过舞台直到其右下角。舞台上的圆圈的运动轨迹与 Curvature Actor 中间的曲线形状完全一样。舞台上的粉色圆圈的“拖尾”效果是利用 Motion Blur Actor 实现的，其输入属性的设置 accum amt 为 90，decay amt 为 2。在此基础上，您可以大胆尝试修改曲线的形状和其他 Actor 的相关参数，也许会有很多意外的收获。由此可知，只要充分发挥您的创意，您可以利用该 Actor 与其他 Actor 组合，创作出有个性的动画作品。

4. 累计器与选择器

这类 Actor 的处理原理虽然非常简单，但在实际应用中非常广泛和灵活。比如，在一些需要按序处理的场合，可以使用计数器 Counter Actor 来获取有序的数据变化；计数器也经常与数值选择 Table 和 Value Select Actor 结合，实现顺序选择不同的输入数据发送到输出端。

（1）Counter。在 minimum 和 maximum 指定的范围内，通过给其输入属性 add 或 sub 发送触发信号，实现整数数据的顺序递增或递减。由 amount 设定递增或递减的步长。输入属性 mode 有 limit 和 wrap 两个模式，limit 表示递增到最大值为止或递减到最小值为止；wrap 表示最小值和最大值首尾对接循环，递增到最大值后，再递增时又回到最小值重新开始；反之亦然。Float Counter Actor 的工作原理与 Counter 完全类似。如图 8-9 左所示。

（2）Value Select。其输入属性 inputs 值决定输入端可供选择的数值个数，当您设置输入属性 select 值，其输出值也产生相应的变化。例如，select 为 1，则 value 1 发送到输出端；select 为 2，则 value 2 发送到输出端，依此类推。您还可以看到被选择的输入端与 output 之间有一条绿线连接，如图 8-9 右所示。

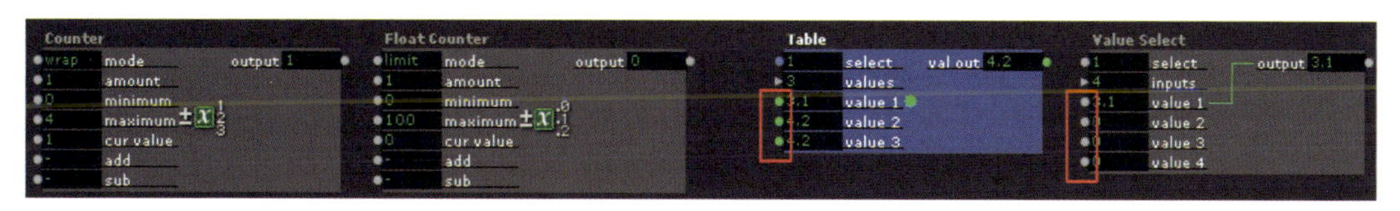

图 8-9　计数器（左）和选择器（右）

为了便于理解，您可以按照图 8-10 示例建立一个文档，并进一步做实验。已知在该示例中有 9 个视频文件，当您每次按下“N”键时，cur value 进行递增计数，然后将计数后的值赋值给 Value Select 的 select，其值在 1～3 之间循环变化，则顺序地将“2”（value 1）、“5”（value 2）和“9”（value 3）发送到 output，这样也就顺序设置 Movie Player 的视频编号为“2”“5”和“9”，从而实现了每次按下“N”键则顺序选择播放三个视频。

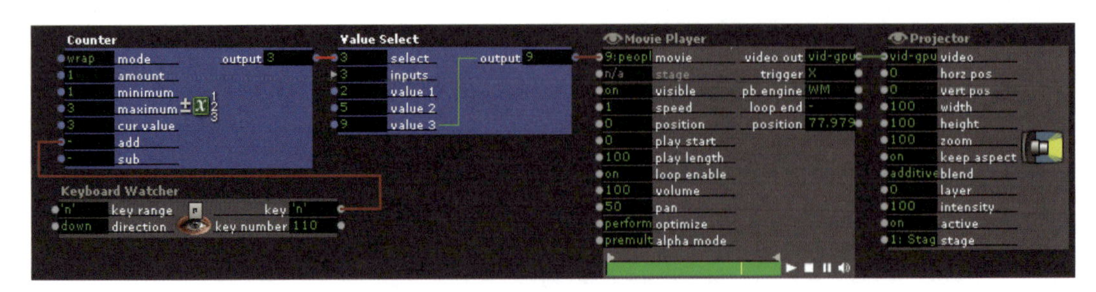

图 8-10　顺序选择播放三个视频

（3）Table。它可以存储一个数值列表，通过发送一个编号给 select 属性，将从列表中以该编号对应的数值发送到输出端。输入属性 values 的值决定了列表中的数值个数。

有两点需要注意：

① Table Actor 与后面介绍的 Selector Actor 不一样，Table Actor 仅仅是在 select 变化的那一刻，将输入端的数值发送到输出端，之后输入端的数值发生变化，其变化值不会传送到输出端。Value Select Actor 与 Table Actor 的工作原理是一样的。

② Table Actor 的 value 1 等输入端的小圆点是绿色的，表示它能接受不同数据类型的数据；Value Select Actor 的 value 1 等输入端的小圆点是灰色的，表示它只能接收数字（整数或小数）。如图 8-9 中的红色标识。

5. 生成随机数

在交互艺术创作中，巧妙地运用随机数常常能让您获得意想不到的艺术效果，这也是利用计算机进行数字艺术创作的魅力之一。在充满理性的交互逻辑的世界里，让不可控的随机性数值出现，这也与艺术充满感性、偶然性相一致。有时候，在艺术创作中，模拟自然界中的很多现象也需要使用到随机数。比如使用“3D Particles”模拟烟、火焰、下雨或下雪等特效时，必须要大量地、巧妙地使用生成随时数。

（1）Random。当该 Actor 的 trigger 属性收到一个触发信号时，都会产生一个随机数送到输出属性 value out。如图 8-11 所示，Pluse Generator Actor 以 1 Hz 的频率产生触发信号，发送给 3 个 Random Actor，它们分别产生一个不同的随机数，并赋值给 Color Maker RGBA Actor，这样就实现了 1 秒钟变换一次颜色。

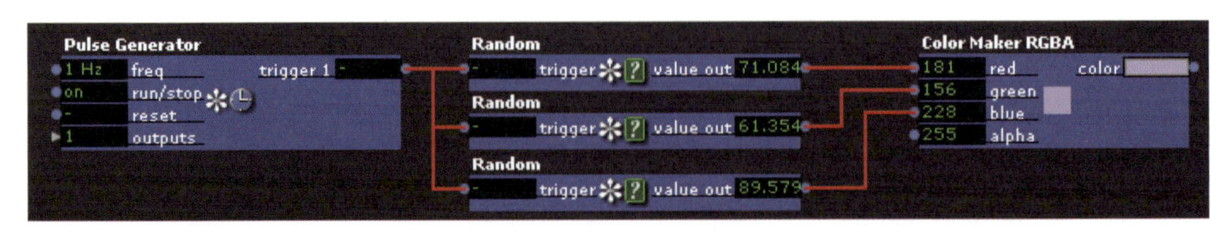

图 8-11　以给定的频率变换颜色

(2) Shuffle。它模仿将一副纸牌洗牌并分发出去的行为。每次触发 shuffle 输入时，都会对指定的 min(最小值)和 max(最大值)之间的数字(自然整数)列表进行“洗牌”(随机打乱列表中元素的顺序)。然后，每次向 next 输入发送触发信号时，就将“洗牌”后列表中的下一个数字发送到输出属性“value”。输出属性 remaining 显示当前列表中还有多少个数字没有被发送。如图 8-12 所示，按下“R”键，将 1～9 的 9 个数进行“洗牌”，每次按下“N”键，则 Shuffle Actor 依次将未使用的数字赋值给 Movie Play 的 movie 属性，Movie Play Actor 就开始播放以该数字为资源编号的视频。当 Shuffle Actor 的 remaining 属性值变为 0 时，发送一个触发信号，通过 Trigger Delay 延迟 2 秒后发送给 Shuffle 的 shuffle 属性，重新“洗牌”。

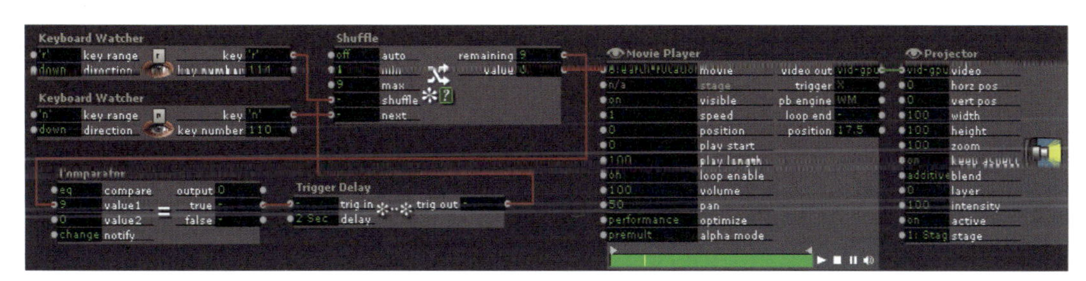

图 8-12　按“洗牌”后的顺序播放视频

6. 比较运算

在日常生活中，很多事情不是按顺序发生的，是在符合某个条件的前提下主动选择或被动地选择不同分支进行发展的。在交互艺术创作中，同样需要建立很多不同的分支，在满足某个条件的情况下，选择不同的分支运行程序，从而创作出丰富多彩的交互艺术作品。Isadora 提供的常用的比较运算的 Actor 有 Comparator、Compare Guarded、Text Comparator、Indside Range 和 Pass Value 等。

(1) Comparator。当其 value 1 和 value 2 中任意一个属性收到一个新值时，Actor 都会用 compare 指定的方式比较两个属性值，其比较输出结果 output 是 0 或 1(false 或 true)，当为 true 时，其 true 属性会发送一个触发信号，否则，其 false 属性会发送一个触发信号。Value 1 一直位于比较式的左边，例如，value 1 lt value 2 (value 1 小于 value 2)。compare 属性有 eq(等于)、ne(不等于)、lt(小于)、le(小于等于)、gt(大于)和 ge(大于等于)等比较操作运算符。

(2) Compare Guarded。用于判断一个数值(value 属性值)何时超过阈值。它通过设置 low 和 high 两个属性值指定的数值区间来判定：当 value 高于 high 时，is above 的输出将变为 1，而 go above 将发送触发信号；当 value 低于 low 时，is above 的输出将变为 0，而 go blow 的输出将发送触发信号；当 value 介于 low 与 high 之间时，将不会发生任何事情。

(3) Text Comparator。它用于比较字符串，而 Comparator 用于比较数值(整数或实数)，二者比较运算的原理类似。如图 8-13 所示。

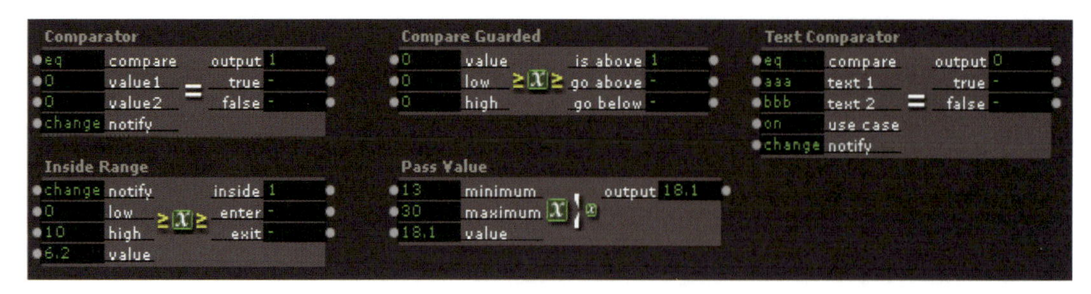

图 8-13　用于比较运算 Actor

(4) Inside Range。它用于判断 value 属性值是否在 low 和 high 两个属性指定的范围内,若在范围内,则 inside 的输出值为 1,否则为 0。它还会比较 value 属性前后收到值的变化,若这个数值的变化从范围外进入范围内,enter 属性输出一个触发信号,反之,exit 属性输出一个触发信号。

(5) Pass Value。当 value 属性接收到的数值在 minimum 和 maximum 两个属性值指定的范围内,则数据通行,由输入端发送到输出端 output。也就是说,当 value 接收到一个新的数值后,就与 minimum 和 maximum 进行比较运算,若它大于等于 minimum,并且小于等于 maximum,则将该新的数值发送给 output,否则,output 的数值不发生变化。

二、交互控制

顾名思义,交互控制就是控制某一行为何时发生,或某一数据在某一条件下有效等。为了便于您记忆和理解这些用于交互控制的 Actor,下面将常用的控制 Actor 分两类进行介绍:一类是在某种条件满足的前提下发生触发信号;另一类是在收到触发信号或情况发生改变时输出数据,如图 8-14 所示。由此可见,在交互控制中,触发信号出现的频率非常高,非常有用。请您在使用 Isadora 的过程中多加留心和积累相关的知识和使用经验。

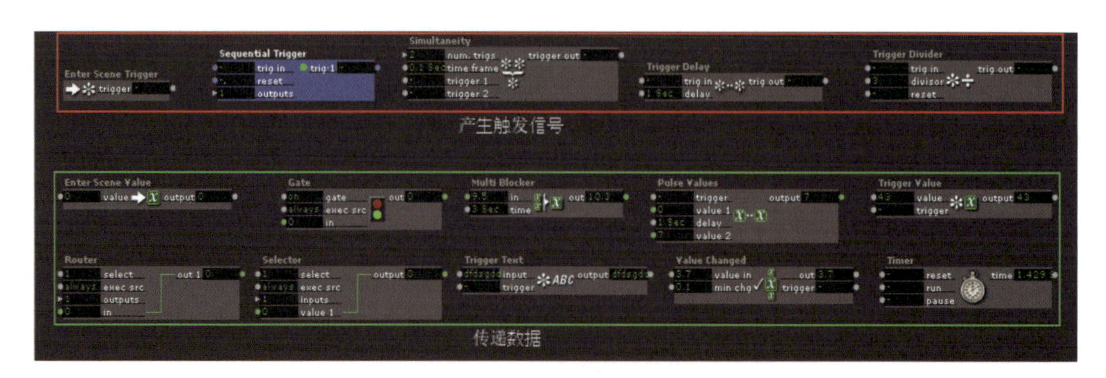

图 8-14　常用的控制类 Actor

1. 触发信号

(1) Enter Scene Trigger。当这个 Actor 所在的场景被激活时，就输出一个触发信号。

(2) Sequential Trigger。每当其 trigger in 接收到一次触发信号后，按照它的触发端口(trig 1, trig 2…trig n)将该触发信号依次发送给下一个输出端口。例如，当接收到第一个触发信号后，则发送给 trig 1；接收到第二个触发信号后，则发送个 trig 2；依次类推。由 outputs 属性值指定输出端口数量。当最后一个输出被触发后，又从第一个输出开始；当 reset 接收到触发信号时，则重置为从第一个输出开始。

(3) Simultaneity。它用于多个触发信号协同的场合。当多个接收触发信号的输入端口在指定的时间内都接收到了触发信号，则其输出端 trigger out 会发送一个触发信号。其 num. trigs 属性值指定接收触发信息端口的数量，time frame 属性值指定间隔的时间区间。

(4) Trigger Delay。将其 trigger in 输入属性的触发信号延迟发送到输出端 trigger out。延迟时间由 delay 属性值(秒)指定。

(5) Trigger Divider。每当它的 trigger in 属性接收到指定数量的触发信号后，就向输出端 trigger out 发送一个触发信号。其 divisor 输入属性值指定触发信号的数量。输出触发信号次数 = 接收到的触发信号次数/divisor 属性值。例如，您若将 divisor 设置为 3，则当 trigger in 接收到第 3 个、第 6 个、第 9 个等触发信号后，分别向 trigger out 输出一个触发信号。

2. 传递数据

(1) Enter Scene Value。当该 Actor 所在的场景被激活时，将输入端 value 值传递到输出端 output。

(2) Gate。它是一个通行或阻塞数据的“门”。当 gate 为 on 时，输入端 in 的数据可以实时传送到输出端 out，否则，输入端 in 的数据被阻塞。

(3) Multi Blocker。用于过滤输入值。当在 in 输入端口上接收到多个值时，它始终传递第一个值给输出端 out，在 time 输入属性指定的时间过去之前，后续值将被丢弃，以实现输入与输出端口数据传递总是间隔一段时间(由 time 输入属性指定)。

(4) Pulse Values。当 trigger 接收到一个触发信号后，相隔一段时间先后向输出端 output 传递两个数值。时间间隔由 delay 的输入属性指定。

(5) Trigger Value。每当 trigger 接收到触发信号后，就将输入端 value 属性的当前值发送到输出端 output。

(6) Router。由 select 属性值指定该 Actor 将输入端 in 接收到的数值传递到哪一个输出口。比如，outputs 设置为 3，则表示有 3 个输出口，当 select 为 1 时，输入端 in 的值路由到 out 1，in 与 out 1 之间有一条绿色的连接线。如图 8-15 所示。

(7) Selector。从多个输入口选择一个输入属性值路由到输出端 output。inputs 属性

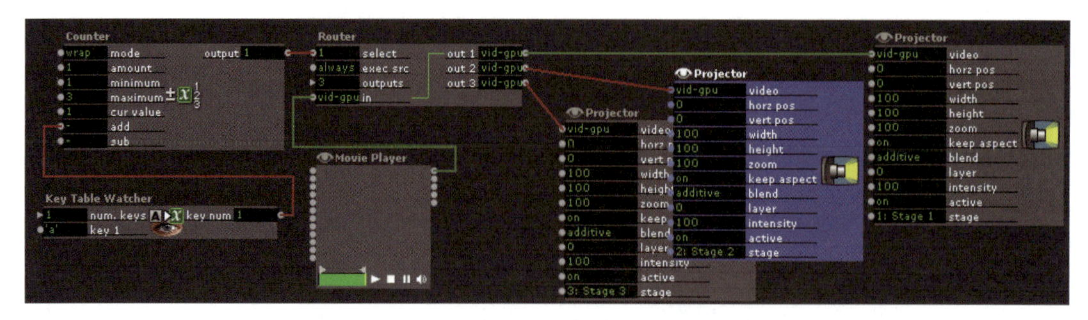

图 8-15 一个视频在 3 个舞台中选择一个输出

值决定数据输入口的个数；select 属性值决定选择哪个输入口的数据路由到输出端。比如，select 的属性值为 4，表示有 4 个数据输入口；当您设置 select 的属性值为 2 时，则该 Actor 选择第二个输入口 value 2 的数据路由到输出口，value 2 与 output 之间有一条绿色连接线。Router Actor 是实现一个输入可以在多个输出中选择一个进行输出；而 Selector Actor 是多个输入，只有一个输出。参考图 8-15 的示例，您可以设计一个程序实现：当您每次按下“A”键，则依次从三个视频中选择一个视频从舞台上输出。

请注意，Router 的输入属性 in 和 Selector 的输入属性 value 都是 mutable 的，表示是可变的，可接收不同类型的数据。其意思是：当您第一次给其赋值为整数时，它就是整数类型，能接收整数；当您再次给其赋值为视频类型时，它就是视频类型，能接收视频（不同输入口不能同时接受不同的数据类型）。

(8) Trigger Text。每当 trigger 接收到触发信号后，就将输入端 input 属性的当前文本发送到输出端 output。

(9) Value Changed。每当 value in 接收到一个新的数值，就将其与上一次输出值进行比较，若两者之间的差值大于等于 min chg 的属性值，则将新接收到的数值传递到输出端 out，同时，trigger 输出属性发出一个触发信号。若两者之间的差值太小，则不传递该新的数值。

(10) Timer。当 run 属性接收到触发信号后，则开始计算逝去的时间值并实时输出到 time。在开始运行后，pause 属性接收到一个触发信号，则暂停计算逝去的时间值，当 run 属性再次接收到触发信号后，在暂停时的时间基础上继续累加。仅当 reset 属性接收到触发信号后，将 time 值清零。

第九章

自动生成艺术

生成艺术通常指的是算法艺术(由算法决定的计算机生成的艺术作品)和合成媒介(任何算法生成的媒介的通称),但艺术家也可以使用化学、生物学、力学和机器人学、智能材料、手工随机化、数学、数据映射、对称性、拼贴等系统来创作生成艺术作品。

按照纽约大学菲利普·加兰特尔(Philip Galanter)教授的解释,自动生成艺术是"艺术家应用计算机程序,或一系列自然语言规则,或一台机器,或其他发明物,产生出一个具有一定自控性的过程,该过程的直接或间接结果是一件完整的艺术品"。他还总结了自动生成艺术的四大特征:

(1) 自动生成艺术涉及使用"随机化"来打造组合;

(2) 自动生成艺术包含利用"遗传系统"来产生形式上的进化;

(3) 自动生成艺术是一种随着时间而变化的不间断变化的艺术;

(4) 自动生成艺术由电脑上运行的代码创建。

Isadora 提供很多相关的 Actors,您可以按照一定的规则组织和连接这些 Actors,以可视化的方式创建您的生成艺术作品。

一、自动数据发生器

Isadoa 的 Actors 工具集中提供了 Generator Actors 类,它们能够自动生成随着时间的变化而不断变化的数据。如图 9-1 所示。

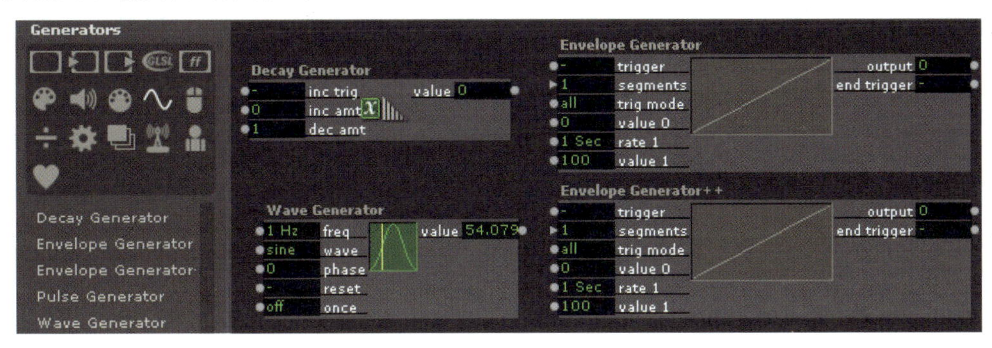

图 9-1 生成类 Actors

（1）Decay Generator Actor。当输出 value 值不为零时，其数值一直会按照每秒衰减 dec amt 数值的速度递减；每当 inc trig 接收到触发信号后，输出 value 值递增一个 inc amt 数值。例如，inc amt 为 6，dec amt 为 3，表示每当接收到触发信号，输出值递增 6，输出一直以每秒衰减数量为 3 的速度递减，直到为 0。

（2）Envelope Generator Actor。包络发生器使您可以在指定的时间段内从起始值平稳地过渡到结束值。触发后，此生成器将从 value 0 中显示的值开始，并在 rate 1 中显示的秒数内移动到 value 1 中显示的值。您可以通过调整输入属性 segments 来更改其线段数。您将看到每个细分线段都有一个与之关联的起始值、速率和结束值，您可以在 Actor 的内部看到渐变的示意图形。与其工作原理类似的 Actor 还有 Envelope Generator ++ Actor。

（3）Plus Generator Actor。以 freq 指定的频率不断产生触发信号。修改 outputs 的属性值，可以使它同时产生多个触发信号。为了便于理解，您可以将频率 freq 换算成时间长度"秒"，秒数 = 1/freq。

（4）Wave Generator Actor。波发生器会以指定的速度以正弦波、三角波、锯齿波、方波或随机波方式循环生成数据。使用 frequency 输入属性设置波循环的速率（以每秒循环数为单位）。

二、生成基本图形

Isadora 提供了 Shapes、Lines 等 Actors，您可以利用它们生成点、线、面等基本图形。其中，3D Line 和 3D Rope 等 Actors 可让您在三维空间中绘制直线或任意柔性的线条。另外，它还提供了 3D Particles 和 3D Model Particles 生成大量的粒子，可以实现粒子艺术效果。如图 9-2 所示。

图 9-2　生成图形 Actors

(1) Shapes Actor。它可以设置边框线条的大小和颜色以及中间的填充颜色，还允许您控制它的大小、位置、旋转和颜色等。

——video in：设置背景图片或视频。绘制的图形将显示在背景上。

——horz pos 和 vert pos：分别设置绘制图形的中心点的水平位置和垂直位置。

——scale：设置绘制图形显示的缩放大小。

——width 和 height：分别设置绘制图形的宽度和高度。

——fill color 和 line color：分别设置绘制图形的内部填充颜色和边框线条颜色，当 line size（线条大小）不为 0 时，边框线条颜色才能显示。

——facets：设置几何形状的边数。例如，facets 属性值为 40，绘制一个圆形。

——rotation：设置图形的旋转角度。

——horz size 和 vert size：分别设置视频输出（video out）的水平分辨率和垂直分辨率。

您可以使用 Wave Generator 和 Envelope Generator 等 Actors，按照一定时序和速率自动产生数据，赋值给 Shapes 的相关输入属性，即可生成动态图形。创作示例如图 9-3 所示，每一张图都是一个单独的示例。您可以先逐个创建好这些案例文件，观察舞台输出效果。

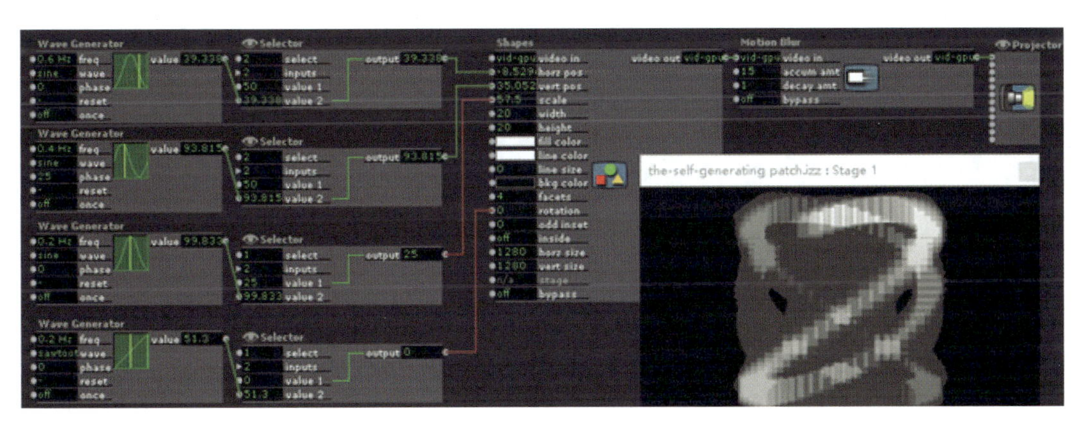

飞舞的小方块

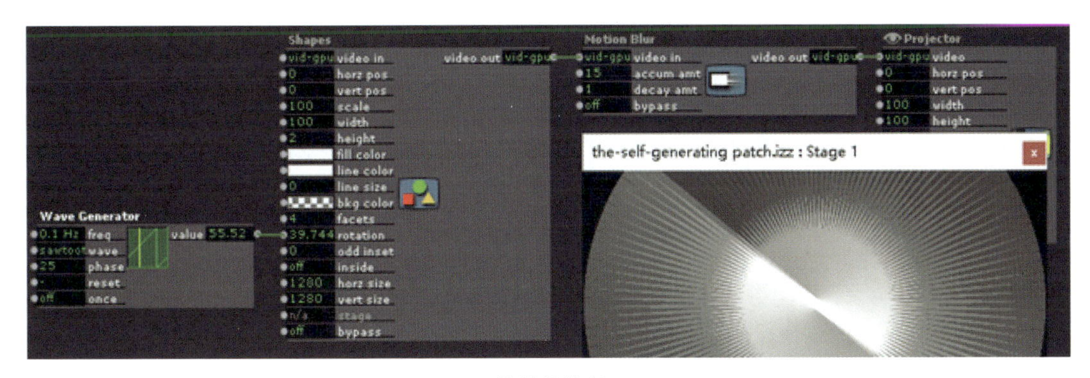

旋转的线条

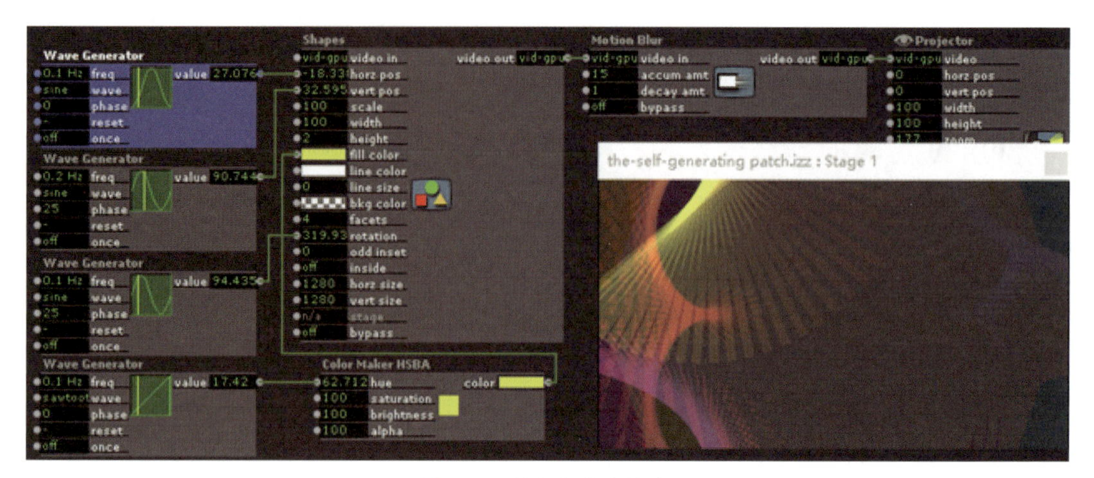

图 9-3　飘逸的多彩线条

当您完成了上述所有案例后，就基本上掌握了生成基本图形或线条的方法。同时，您还会遇到一个如何生成颜色的 Color Maker HSB Actor。在生成艺术创作中经常要用到颜色的变化，才能让生成艺术五彩缤纷，所以，Isadora 还提供了很多这样的 Actors，如图 9-4 所示。

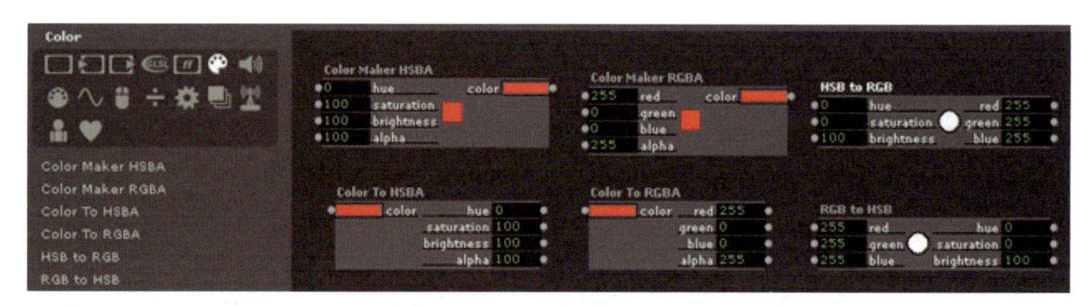

图 9-4　Color 类 Actors

建议您尝试逐个修改 Wave Generator 的 freq、Selector 的 select、Shapes 的 facets 等属性值，边修改边观察舞台的输出效果，肯定非常有意思。

(2) Line Actor。从开始点(由 start horz 和 start vert 指定)到结束点(由 end horz 和 end vert 指定)绘制一条直线。还允许您控制线条的宽度和颜色。

您可以利用相关章节中学习到的 Calculation 和 Control 类 Actors 进行进一步尝试，可以快速地创作出简单却非常有意思的生成动画艺术作品。如图 9-5 所示。每当您按下键盘“A”键，即可在舞台输出上看到一个生成图形的动画播放。

(3) 3D Ropes Actor。该 Actor 用于绘制如“绳子”一样的曲线。其一些常用的属性描述如下：

——texture map：设置绘制“绳子”的贴图。

——lighting：设置绘制三维空间里灯的开与关。

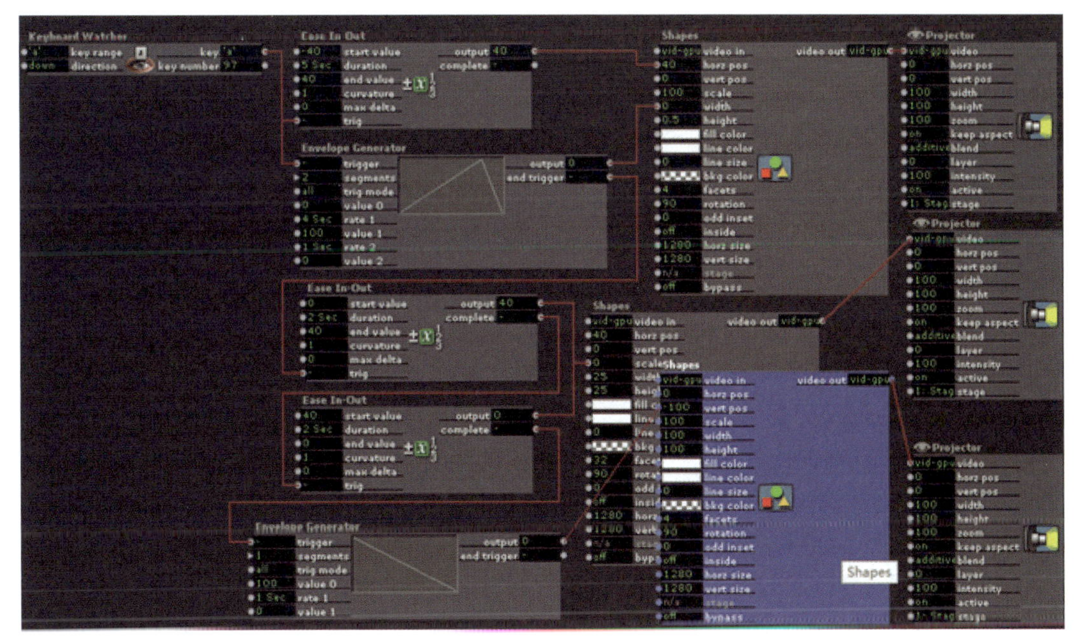

图 9-5　简单的生成图形动画

——draw mode：设置绘制模式，常见的有 lines、raw、join、round 这 4 种模式。raw 模式耗费 cpu 资源最少；round 模式耗费 cpu 资源最多，但曲线分段连接更圆滑美观。您可以根据实际情况，选择适合您需要的绘制模式。

——size：设置绘制“绳子”的粗细。

——segments：设置绘制“绳子”的分段数。分段数越多，“绳子”越长。

——seg weight、seg length、seg spring、seg friction、seg min len 和 seg max len：用于分别设置分段的权重、长度、弹性、阻尼、最小长度和最大长度。

——gravity x、gravity y 和 gravity z：用于分别设置 x、y 和 z 坐标方向的重力大小。

——start pt x、start pt y 和 start pt z：用于分别设置绘制“绳子”的起始点的 x，y 和 z 坐标值。

您可以参照图 9-6 建立一个文档。其左边是控制面板，主要用于调节 3D Ropes Actor 的相关参数值，实时改变绘制“绳子”的形态。您可以根据控件右上角的编号和 Actor 的属性左边的编号，了解它们之间的关联关系。您可以设置 draw mode、size、segments 等属性的不同值的组合，并通过快照存储下来，以便用于随时调用不同形态的“绳子”，如图 9-6 的左上角所示。

其中，3D Stage Orientation Actor 用于三维舞台的摄像机的参数设置，这里仅设置了 z translate（z 轴坐标）的属性值，一般情况下，该数值为负数时，才能看到舞台上的绘制内容。3D Light Orientation Actor 用于设置三维舞台的环境灯光。图 9-6 所示的案例是基于 Isadora 的创作者 Mark 先生的“Isadora Guru Session ＃7：Generative Visuals with

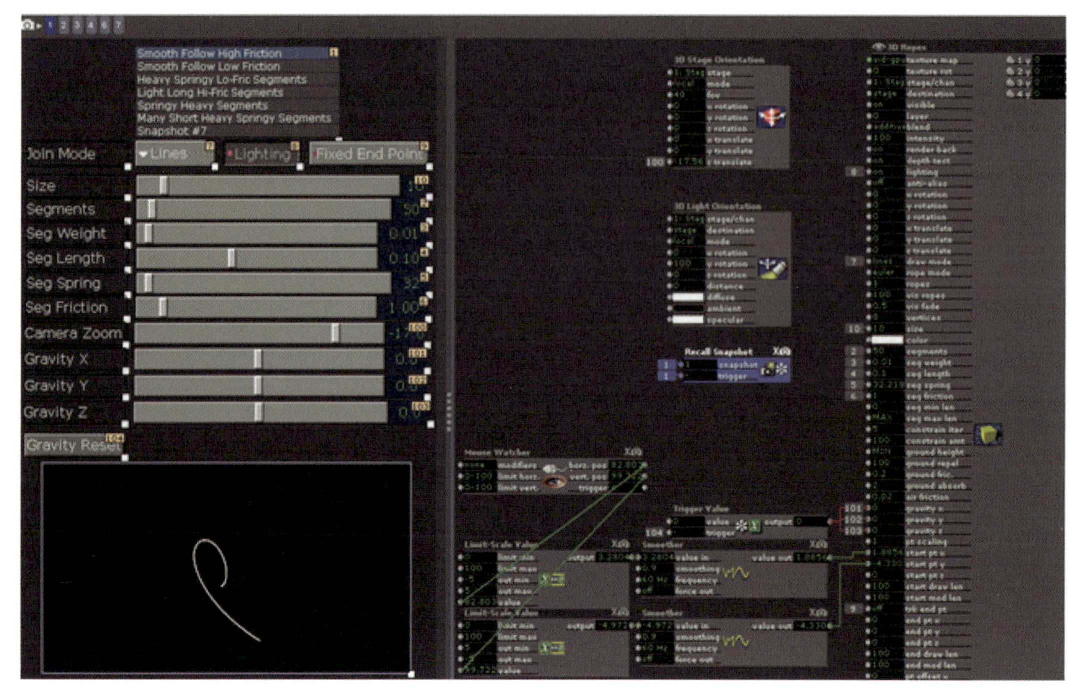

图 9-6　3D Ropes 绘制案例(设计者:Bonemap)

the 3D Ropes Actor”教程中的文档修改的。

(4) 3D Particales Actor。用于在三维空间里实时生成大量的粒子图形效果。如图 9-7 所示。其基本属性描述如下:

——textrue map:用于设置将输入图像映射到每个粒子上。若没有设置该属性值,渲染器使用其 color 属性值指定的颜色进行渲染。

——destination:用于设置粒子的渲染图像是通过舞台输出还是通过 3D Renderer Actor 输出。

——particle count:用于设置任意时刻最多可能存在的粒子数量。

——vertex rot:设置粒子的渲染角度。每个粒子产生时间有先后,其渲染出来的角度也有不同。

——start size、mid size 和 end size:每个粒子都有一个生命周期,该属性分别用于设置其在生命周期开始时的大小、生命周期中间时的大小和生命周期结束时的大小。

——start color、mid color 和 end color:与上面描述的生命周期内的粒子大小类似,该属性分别用于设置粒子在其生命周期内 3 个阶段的颜色。

——fade-in time、hold time 和 fade-out time:分别设置粒子诞生后的淡入时长、保持时长和消亡前的淡出时长。

——x、y 和 z:设置粒子产生时的空间位置坐标(x, y, z)。

——x rotation、y rotation 和 z rotation, x translate、y translate 和 z translate, x

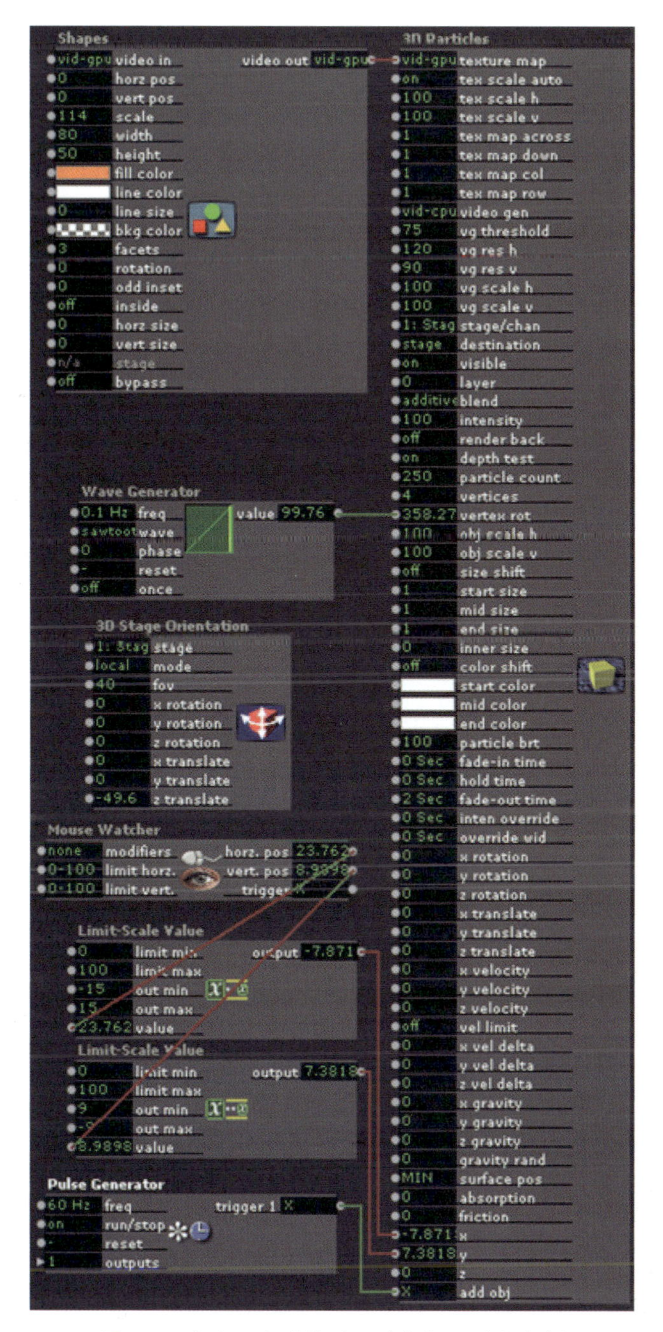

图 9-7　产生三角形粒子跟随鼠标运动的案例

velocity、y velocity 和 z velocity 以及 x gravity、y gravity 和 z gravity：分别用于设置粒子的旋转、位移、速度和重力属性值。

——add obj：当该属性接收到一个触发信号时，就在(x，y，z)坐标点处，以 velocity 指定的速率产生一个粒子。通常在该属性之前连接一个以一定频率产生触发信号的 Actor，如 Plus Generator Actor。如图 9-7 所示。

如图 9-7 所示，当 3D Particles Actor 的 destination 属性值设置为 stage 时，则粒子图像在 stage/chan 属性指定的舞台（如 stage1）上渲染出来；当该属性值设置为 renderer 时，则粒子图像由 3D Renderer Actor 渲染出来，同样，其渲染通道由 stage/chan 属性值（如 stage/chan 为 1）决定。若需要观察生成的粒子图像，请在编辑器中添加一个 3D Renderer Actor，并将其 channel 属性值设置为与 3D Particles Actor 的 stage/chan 属性值相同，然后连接一个 Project Actor，即可在 Projector 指定的舞台上观察粒子效果。如图 9-8 所示。

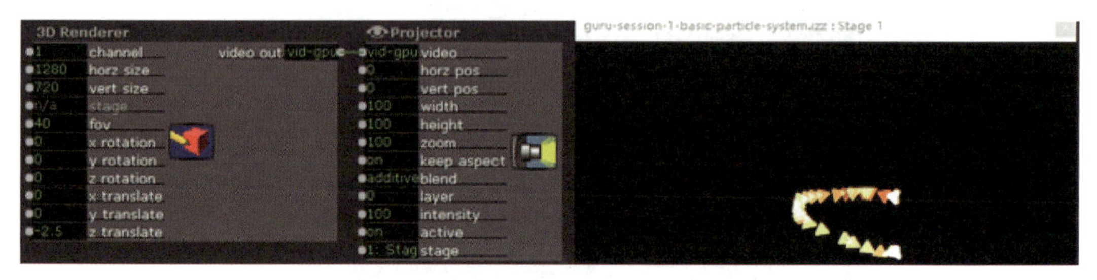

图 9-8　粒子通过 3D Render Actor 渲染出来

上述案例中没有用到 3D Particles Actors 的 tex map across、tex map down、tex map col 和 tex map row 等属性。在实际创作应用中，结合由 texture map 属性指定贴图的精心设计，若能巧妙地改变上述属性值，就可以创作出很多奇幻的生成艺术效果。下面结合 Isadora 官网上一位网名为“Bonemap”的艺术家分享的“如何利用 3D Particles Actors 创作粒子艺术作品”的教程，来简单阐述一下创作思路。

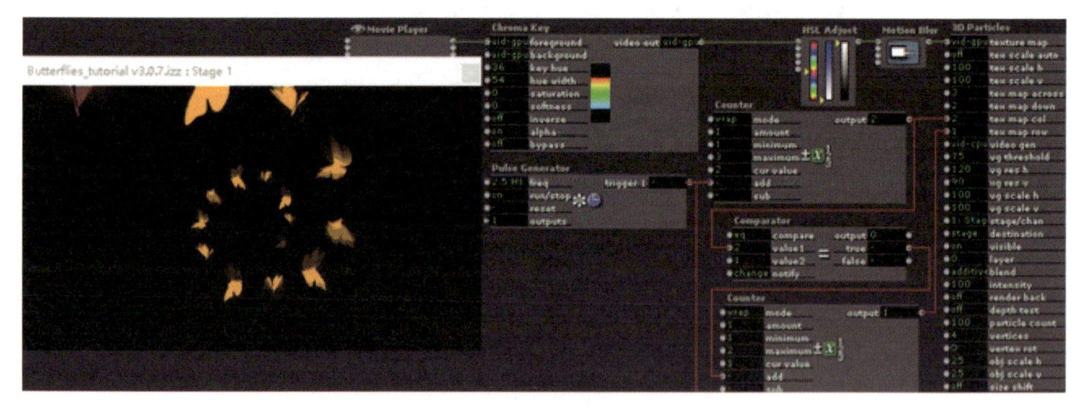

图 9-9　纷飞的彩色蝴蝶（设计者：Bonemap）

用图 9-9 中的 Movie Player Actor 播放图 9-10 所示的视频。该视频是由创作者 Bonemap 将 6 只形态各异的纷飞蝴蝶按照 3 列 2 行合成到一个背景为绿色的视频文件中。在 Movie Player 之后添加 Chroma Key Actor，抠掉视频的绿色背景，再添加 HSL Adjust Actor，对视频进行调色，即可得到一段满意的透明背景的 6 只形态各异的蝴蝶飞舞的视频，再利用 Motion Blur Actor 进行动感模糊处理，增强蝴蝶飞舞的动感效果。然后，将其连接到 3D Particles Actor 的 texture map 属性，将其作为产生粒子的映射贴图。参照图 9-9，对应地将其 tex map across 和 tex map down 的属性值分别设置为 3 和 2，对应视频的 3 列 2 行。

图 9-10 用作粒子贴图的蝴蝶视频（设计者：Bonemap）

接下来的任务就是设计交互程序的逻辑。Bonemap 是这样设计的：添加一个 Pulse Generator，按照一定的频率产生触发信号，用该触发信号触发 Counter 进行循环计数，图 9-9 中上面的 Counter 设计为 1～3 的循环，用于改变 tex map col 的值；同时，用 Comparator Actor 作比较运算，当 tex map col 等于 1 时，触发图 9-9 中下面的 Counter 进行 1～2 的循环计数，用于改变 tex map row 的值。这样，就实现了自动从贴图中按从左到右、由上到下依次读取不同形态的蝴蝶作为生成粒子的贴图。

然后，参照 9-11 添加两个 Wave Generator Actors 和 Limit-Scale Value Actors，为每一个粒子设置合适的坐标(x, y)，并将图 9-9 中的 Plus Generator 产生的触发信号也赋值给 add obj 属性，保持产生粒子和获取新的蝴蝶贴图同步。这样，每产生一个粒子，即是一个蝴蝶。

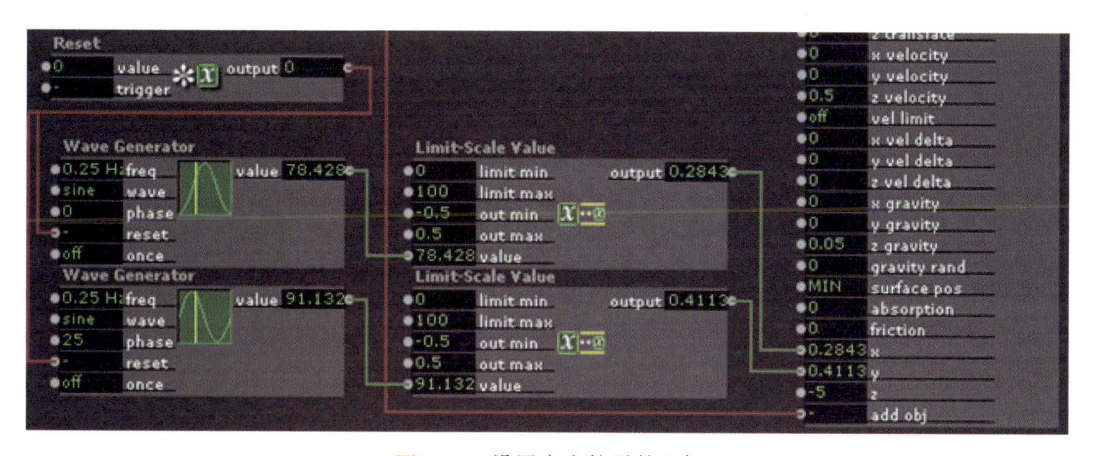

图 9-11 设置产生粒子的坐标

您还可以设计不同的贴图，如 9-12 所示，10 行 10 列的火焰贴图，按照上述思路，设计不同的逻辑随机读取该贴图中的部分，组合成不同的动态火焰效果。如图 9-13 所示。

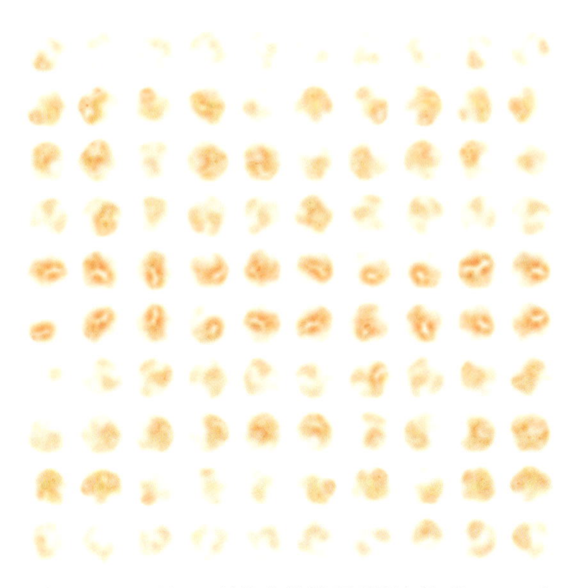

图 9-12　10 行 10 列的火焰贴图（设计者：Bonemap）

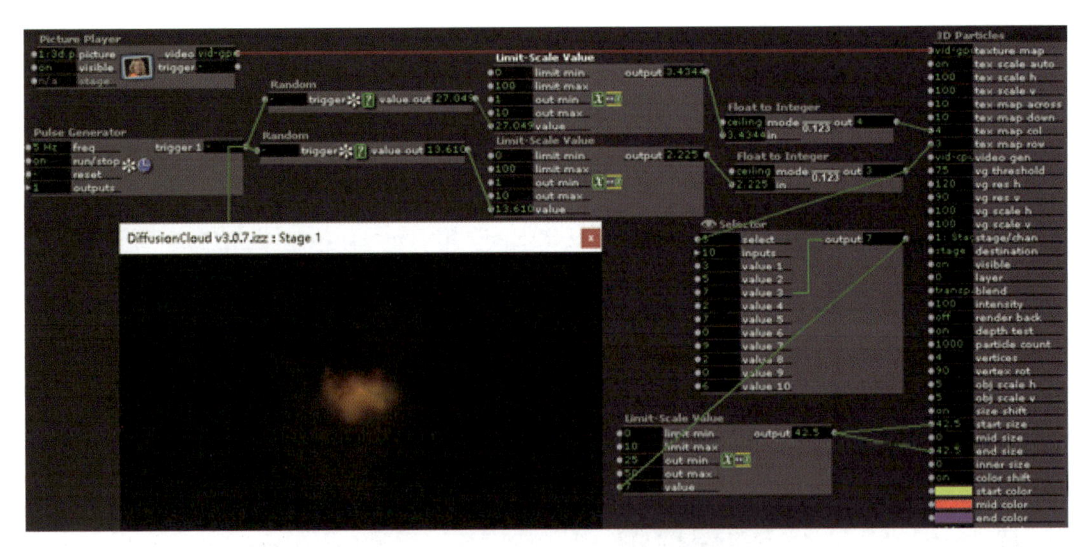

图 9-13　随机生成不同的动态火焰效果

（5）3D Model Particales Actor。基于一个三维模型实时生成粒子图形效果。如图 9-14 所示。其很多属性与 3D Particales Actor 基本相同，其中两个不同的属性需要进一步描述一下：

——3D object：该属性用于指定三维模型文件的编号，设置不同的三维模型产生不同的视觉效果。

——group index：该属性用于指定渲染的三维模型中组的序号。该输入属性仅当 3D object 属性指定的三维模型中包含 2 组或更多的组时才有意义。当该属性值不为零时，渲染器仅仅渲染指定的组的模型。当其值为 1 时，仅渲染第一组；其值为 2 时，仅渲染第二组，依次类推。如果指定的组的序号不存在，则什么也不渲染。

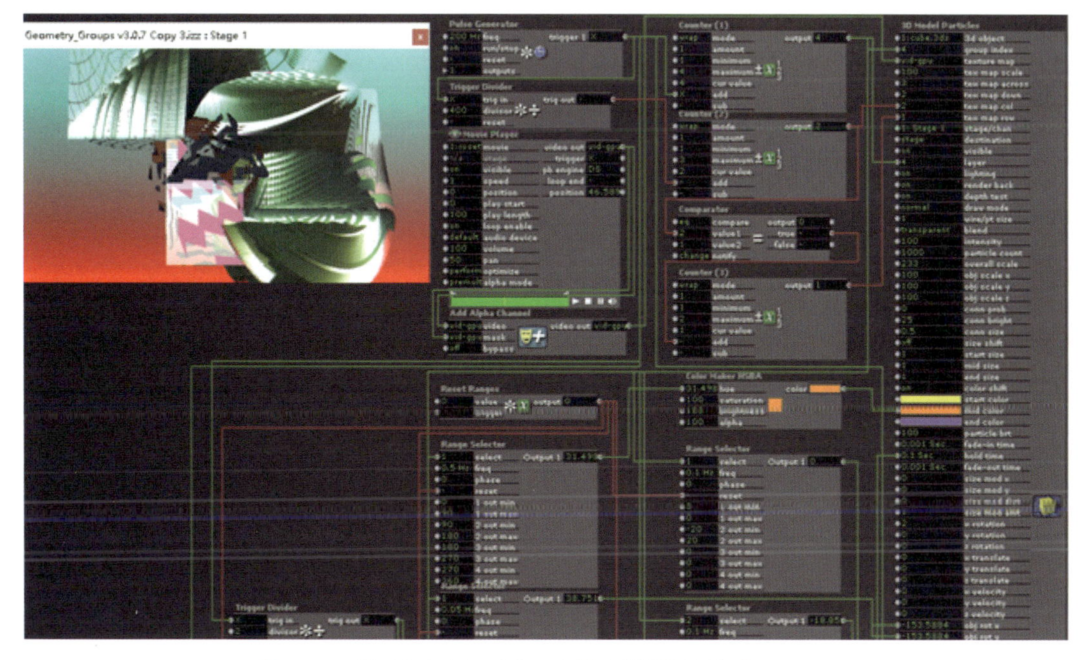

图 9-14 3D Model Particles 应用实例（设计者：Bonemap）

在图 9-14 所示的案例中，三维模型为官方提供的素材文件“cube. 3ds”，您可以根据您的需要使用程序原作者提供的三维模型文件，或者自己创作一个三维模型文件，并设计多个不同的模型分组放在该文件中。通过动态设置 group index 的属性值，实现动态变换渲染三维模型文件中不同组的模型，实现外形轮廓的变化；再根据行列变化动态读取贴图中不同位置的内容，实现三维模型表面贴图的变化。其使用的贴图视频文件如图 9-15 所示。

图 9-15 三维模型的视频贴图（设计者：Bonemap）

本小节仅介绍了 Bonemap 的粒子作品的设计思路，若您想详细了解他的作品以及学习他的教程，可以在 Isadora 的官网论坛版块找到他。找到该作者的主页后，可以下载该教程的 PDF 文件和对应的案例源文件等。

第十章

控制面板设计

您可以使用 Isadora 的控制面板(Using Control Panels),为您的项目设计一个非常漂亮整洁的 UI 界面。该界面由滑块、按钮、转盘等元素组成,每一个 UI 元素与场景中对应的 Actor 的输入属性建立关联(可以一对一,也可以一对多)。这样,您就可以通过 UI 界面控制场景中 Actor 的输入属性值,从而实时控制最终输出的视频效果。如图 10-1 所示。

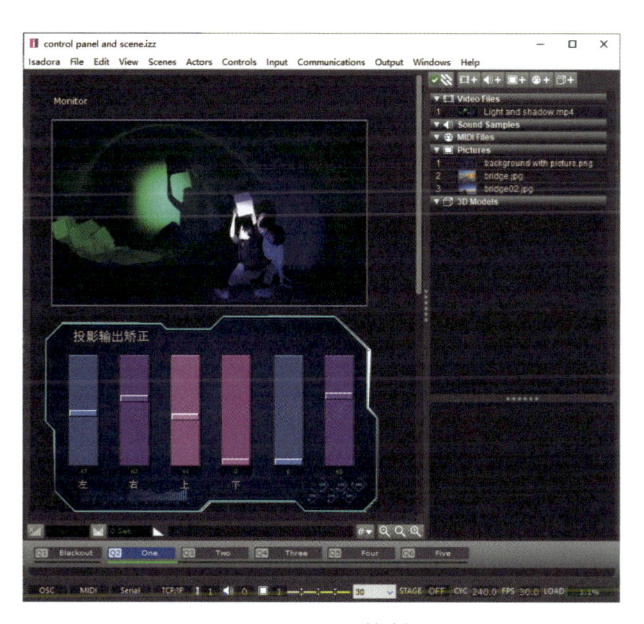

图 10-1　Isadora 控制面板

一、控制面板与场景的关系

通常,一个 Isadora 文档由若干个场景组成。不同的场景可以完成不同的任务,输出不同的视觉艺术效果,由不同的一组 Actor 构成。在实际应用中,同一个项目可能需要多个不同的控制面板,设计为不同的 UI,进行不同的实时操控 Actor 等。因此,Isadora 的控制面板可以关联一个或多个场景。既可以是多个场景共享一个控制面板，也可以是不同的场景各自拥有自己的控制面板，进行个性化控制，依据您的创作应用需要进行规划设计。如图 10-2 所示。

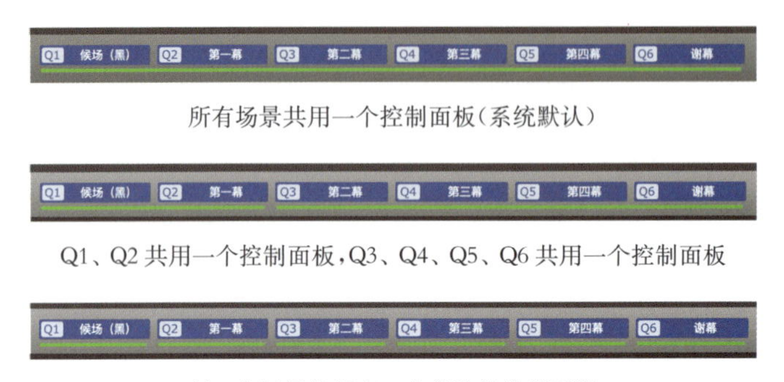

所有场景共用一个控制面板（系统默认）

Q1、Q2 共用一个控制面板，Q3、Q4、Q5、Q6 共用一个控制面板

每一个场景各拥有一个单独的控制面板

图 10-2　控制面板与场景的关联关系

在场景列表中的“场景”下方绘制的水平线条直观地表示了控制面板与场景的关联关系，它指示一个控制面板关联的一个或多个场景。如果一个控制面板与两个或更多个场景相关联，则这些场景下方的线条将保持不间断。默认情况下，一个控制面板关联所有场景，即所有场景共同拥有一个控制面板。

如需将相邻两个场景的控制面板分开，用鼠标左键单击该相邻两个场景名称中间的空白处，当您看到一个竖线光标在中间闪烁时，再移动鼠标去点击菜单“Control>Split Control Panel”，如图 10-3 所示。当您执行此命令时，左侧场景的控制面板保持不变，右侧场景则使用一个新的控制面板。

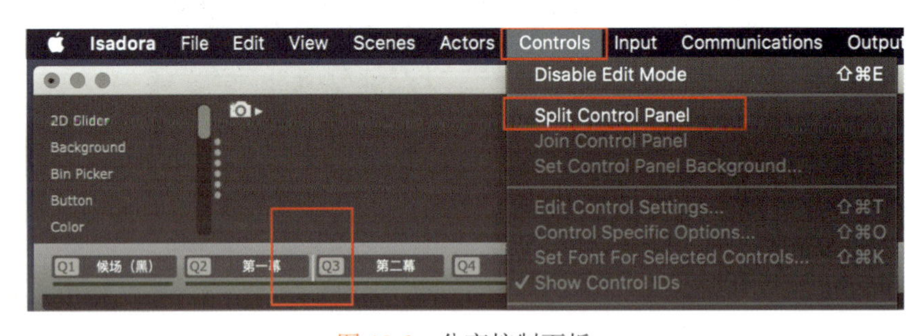

图 10-3　分离控制面板

若相邻的两个场景是使用不同的控制面板（下面的线是断开的），用鼠标左键单击两个场景名称中间的空白处，当您看到一个竖线光标在中间闪烁时，再移动鼠标去点击菜单“Control>Join Control Panel”，两个场景则重新连接起来，共用一个控制面板。如图 10-4 所示。当您执行此命令时，将丢弃右侧场景的控制面板，左侧场景的控制面板将扩展控制到下一个控制面板之前的所有场景。

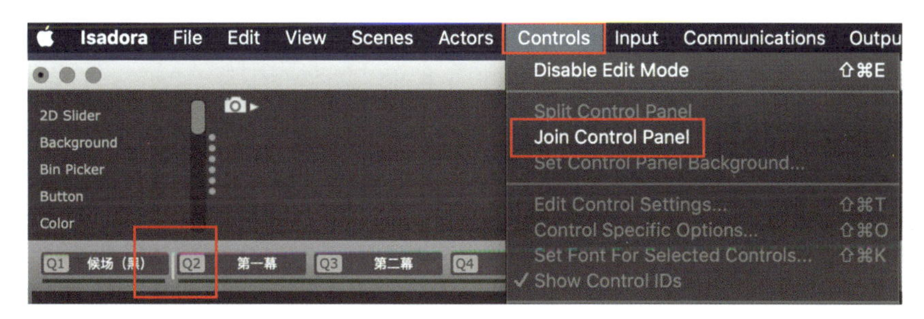

图 10-4　合并控制面板

二、控制面板的基本操作

1. 显示/隐藏控制面板

要查看当前活动的控制面板，在当前场景编辑界面下（如图 10-5 左边所示），选择菜单“View>Show Control”。将出现控制面板界面（如图 10-5 右所示），与 Actor 工具箱和场景编辑器占据相同的区域。

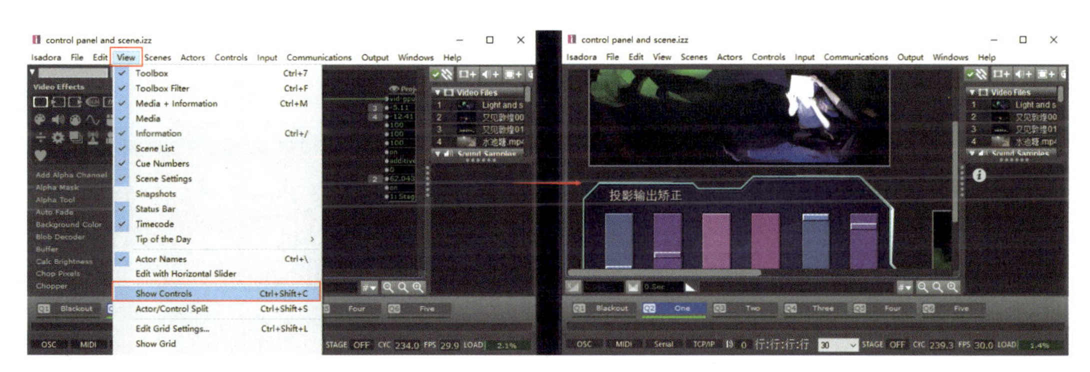

图 10-5　场景编辑界面（图左）→控制面板界面（图右）

当您选择菜单“View>Hide Control”后，控件面板将隐藏，仅显示 Actor 工具箱和当前场景编辑器界面。

2. 非编辑/编辑模式切换

控制面板可以处于编辑模式或控制模式。您可以在控制面板可见的状态下，在控制面板的空白处点击右键，在弹出菜单上选择“Disable Edit Mode/Enable Edit Mode”菜单项来实现非编辑/编辑两种模式之间的切换。

当您切换到控制模式时，控制工具箱将消失，控制面板将展开，以填充整个 Isadora 文档。控件处于活动状态并响应鼠标单击，单击“Slider”控件会导致指示器移动，从而更改控件的值。如图 10-5 右所示。

当您切换到控件的编辑模式时，控制面板将向右移动，为控制工具箱留出足够的空间，该控件工具箱将再次出现在左侧。您可以移动控件，更改控件的大小并编辑其设置。

如图 10-6 所示。

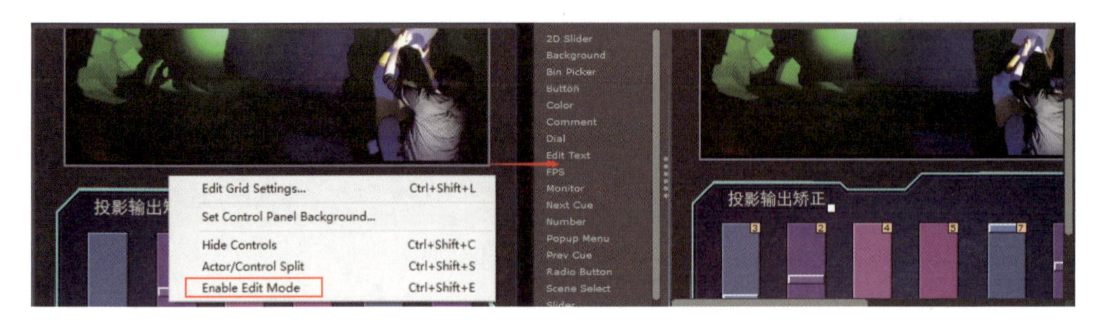

图 10-6 左边为控制模式/右边为编辑模式

3. 控制面板/场景编辑器共存

上述操作给您的印象也许是，控制面板和当前场景编辑器是互斥的，要么控制面板可见，要么当前场景编辑器可见。其实，控制面板和当前场景编辑器是可以共存的。当您点击“View>Actor/Control Split”时，“Actor/Control Split”菜单选项前有个勾号，控制面板和当前场景编辑器左右分离并同时显示出来。在该状态下，您可以方便地建立控件与 Actor 间的关联。如图 10-7 所示。

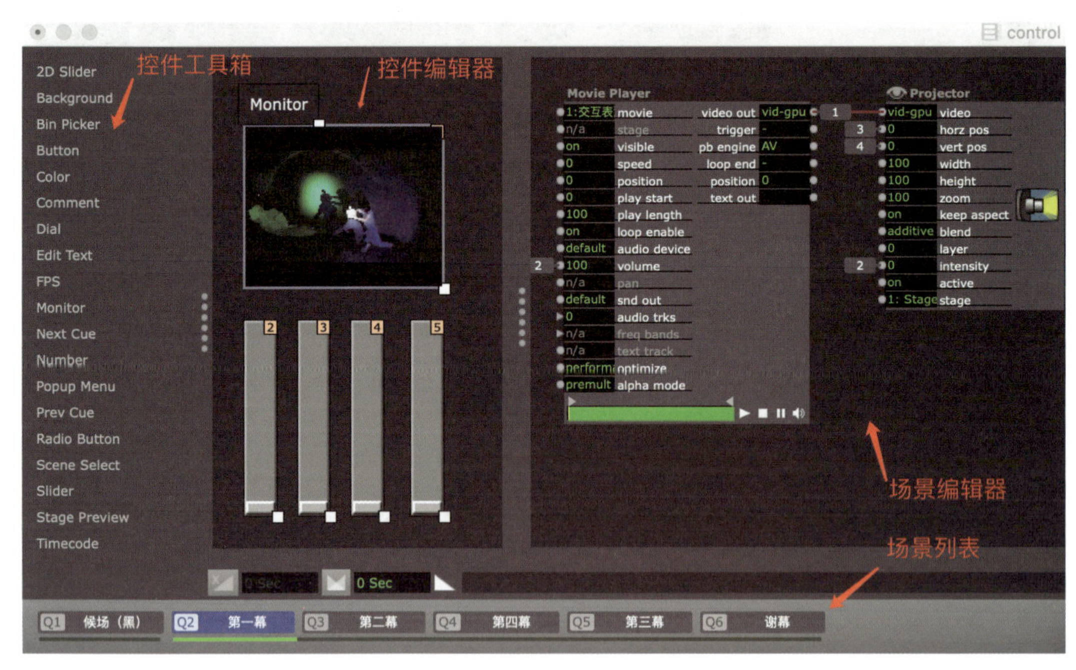

图 10-7 控制面板和场景编辑器同时显示

很多常见的操作都可以通过单击鼠标右键在对应的弹出菜单上选择对应的菜单选项命令来实现。如上述的“Show Control/Hide Control”、“Disable Edit Mode/Enable Edit Mode”和“Actor/Control Split”等操作。如图 10-8 所示。

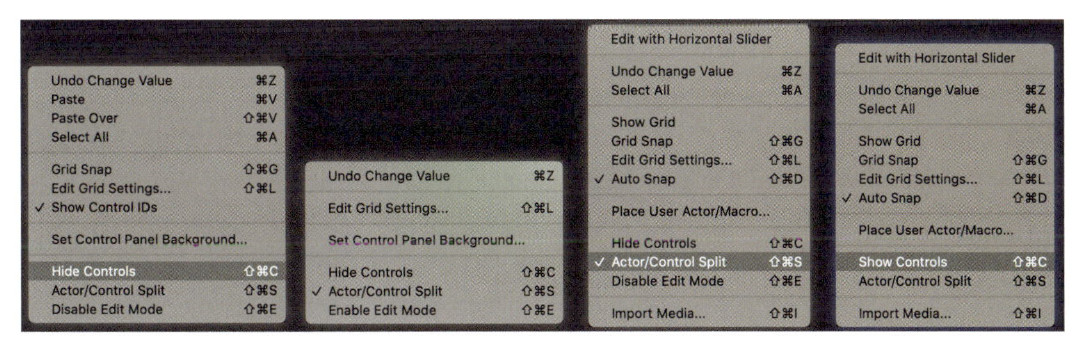

图 10-8　不同状态下显示的不同右键弹出菜单

三、控件与 Actor 的关系

每当激活场景时，也会激活其关联的控制面板，该面板的控件可见。在控制面板的编辑状态下，每当您在控制面板上建立一个新的控件时，系统都会自动分配给它一个唯一的ID，当然，您也可以通过双击该控件，在其弹出窗口中修改“Control ID”字段的值，并保证该数值是唯一的。这时在该控件的右上角，您将看到它的数字 ID。若您没有看到 ID 号，您可以点击“Control>Show Control ID”，显示控件的 ID 号，或者在控制面板的空白处点击鼠标右键，选择“Show Control ID”命令。

控制面板中的控件与场景中的 Actor 的属性进行通信的方式是通过其控件 ID。每当控件的值更改时，它将向当前活动的场景广播其控件 ID 和其新值。连接到该控件的任何输入属性都将基于控件的新值来更改其值。相反，每当将输出属性连接到控件且其值发生更改时，连接的控件将根据输出属性的新值来更改其值。这样，您就可以将控件用作输出，显示输出属性的当前值。

1. 向控制面板添加新控件

若您已经按照上述操作显示控制面板后，您可以在 Isadora 文档左侧的“控制工具箱”中找到可用的控件。如图 10-9 所示。

按照如下操作即可将新控件添加到控制面板：

（1）在工具箱中单击要添加的控件，光标将变为加号，告知您已选择控件；

（2）将鼠标移到“控制面板编辑器”中，这时，您将看到所选控件随鼠标而移动；

（3）将控件放置在所需位置后，单击鼠标以确认将其添加到“控制面板”中。

在未放置控件之前，您可以再次单击工具箱以取消添加该控件。

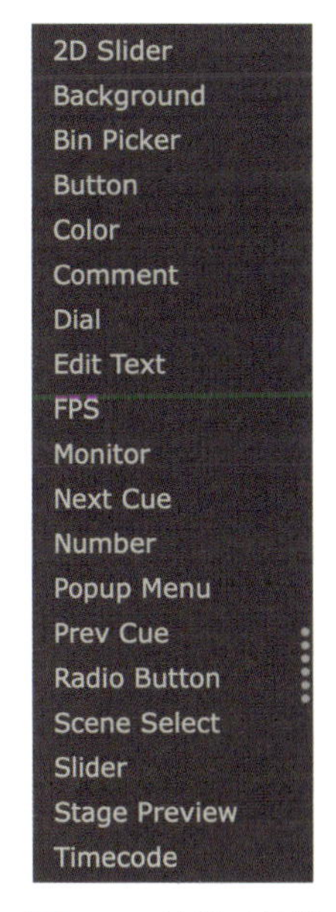

图 10-9　控件工具箱

2. 连接控件与 Actor

要让 Actor 输入“收听”特定的控件，您需要将控制面板和当前场景的内容都变为可见，如图 10-5 所示。然后设置该控件与 Actor 的连接。有两种建立连接的方式：

（1）鼠标左键点击控件 ID 号，不要松开左键，移动鼠标，您将看到一条红色连接线，然后将该连接线连接到“收听”信息的 Actor 的输入属性参数前面的小圆点，如图 10-10 所示。若连接成功，则该 Actor 的输入属性的小圆点左边有同样的 ID 号，显示为连接到该 Actor 输入的控件 ID。如图 10-10 右所示。此时，当您将控制面板修改为“Disable Edit Mode”后，调整控件时，连接到该控件的 Actor 的输入属性将“听到”来自该控制变化的数值。您还可以在控制面板的编辑状态下，按下 Ctrl 键（Win）或 Commad（MacOS）的同时，直接修改控件的状态，实现前面同样的结果。如果您想监视 Actor 输出属性的变化值，您可以采用同样的连线方法，将 Actor 输出连接到控件。

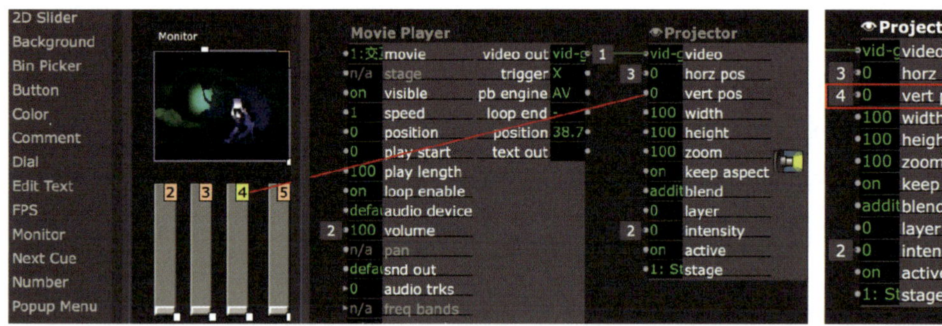

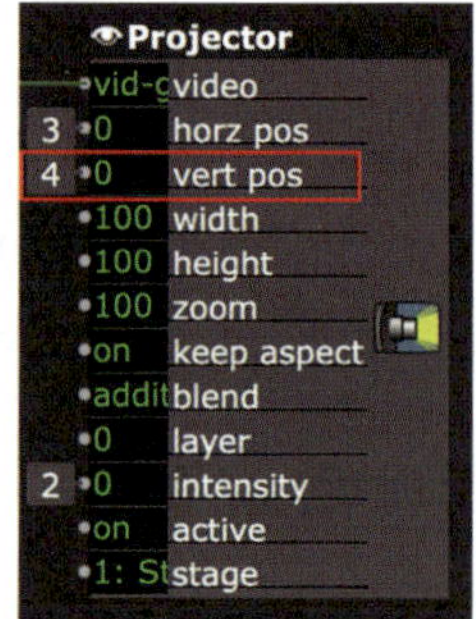

图 10-10 控件与 Actor 的连接及 ID 显示

（2）先记住您要连接的控件的 ID，然后在 Actor 编辑窗口中找到要连接的 Actor，在需要连接的输入属性名称上单击鼠标左键，即出现一个弹出窗口，在弹出窗口的 Ctrl ID Link 后面的编辑框中填写对应的 ID，然后按 Enter 键确认，即可建立连接。如图 10-11 所示（注意：ID 为“0”表示没有和任何控件连接）。同样，若监听 Actor 的输出属性值，也是在输出属性名称上单击鼠标左键，重复上述操作即可。

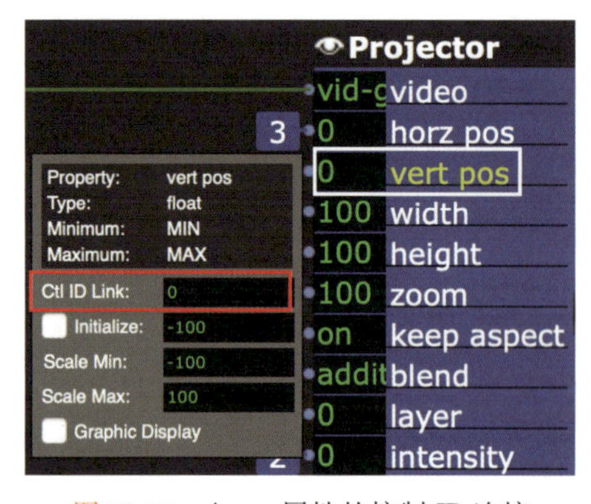

图 10-11 Actor 属性的控制 ID 连接

3. 删除连接

若要删除控件和 Actor 直接的连接，您只需要在 Actor 的输入属性或输出属性名称上单击鼠标左键，然后在弹出窗口中，在 Ctrl ID Link 后面的编辑框中输入“0”，然后按 Enter 键确认，即可删除已有的连接。

4. 信息同步

您可以选择让某个控件“监听”其连接 Actor 属性的值，以便控件始终显示该属性的当前值，从而实现控件与 Actor 属性间同步显示相同数值。这样的设置在该属性已被其他参与者发送的消息更改时非常有用。如图 10-12 所示，在您鼠标双击左边的控件后，弹出右边的窗口，然后在“Show Value of Linked Properties”（显示已连接的属性的值）前面勾选该选项，即可实现上述功能。

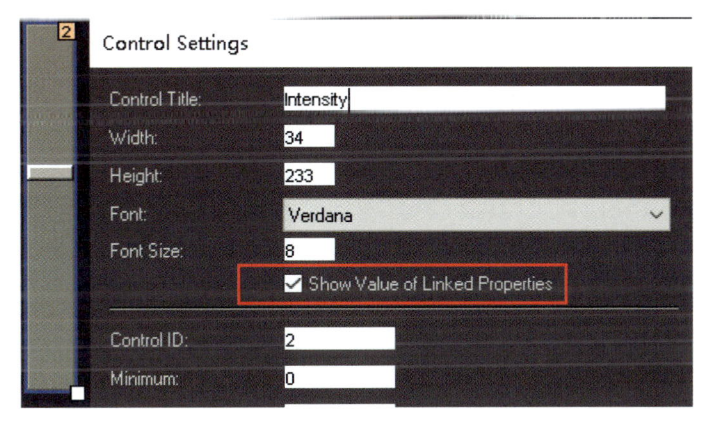

图 10-12 勾选“Show Value of Linked Properties”

5. 连接到控件

虽然控件通常连接到 Actor 的输入，但有时您可能希望将控件连接到输出，以便可以在控制面板中监视某些变化的值。要将控件连接到 Actor 的输出，请执行以下操作：

（1）如果“控制面板”当前不可见，请选择“Ctrol>Show Control”；

（2）确保“Control>Split Actor/Control”已打开（带有复选标记），如果没有打开，请立即选择它；

（3）单击控件右上角显示的控件 ID，然后拖动鼠标。一条红线将跟踪您的鼠标；

（4）将鼠标移至要与其连接的 actor 的输出，然后释放鼠标；

（5）完成此操作后，输出右侧将出现一个小的“连接指示器”，显示连接到该输出的控件 ID。

如图 10-13 所示，左边是连接前的状态，右边是连接后的状态。上面监视器 Monitor 显示 Movie Player Actor 的视频输出，下面滑块控件 Slider（ID 为 6）显示 Movie Player Actor 的当前播放位置的值。

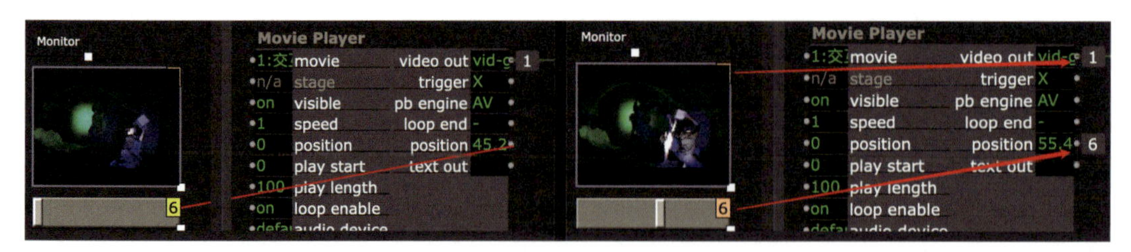

图 10-13　控件连接 Actor 的输出属性

四、控制面板的布局与设计

Isadora 提供了几种控件的布局与设计美化控制面板的方法。可以为控制面板设计精美的背景图片，可以拖动控件进行 UI 布置设计。您还可以使用箭头键精确地移动或调整控件大小；使用对齐命令来对齐或分发控件；将控件锁定到位，以免在编辑过程中意外移动控件。您可以根据项目需要，按照下面描述的方法设计、布局和美化您的控制面板。

1. 使用图片作为背景

您可以选择将媒体面板中的图片设置为控制面板的背景。您可以按原样绘制图片，将其平铺以使小图像充满整个控制面板，或者缩放图像以适合控制面板。

为控制面板选择背景：

（1）选择“Control>Setup Control Panel Background...”，将显示图 10-14 所示的对话框，如图 10-14 所示；

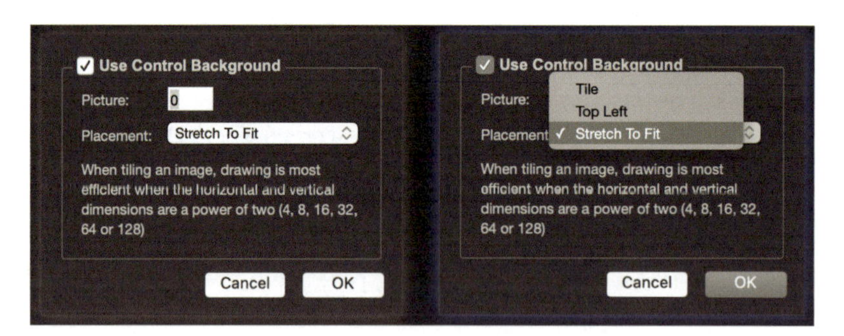

图 10-14　设置控制面板背景图

（2）勾选“Use Control Background”（使用控件背景），可以将图片用作背景；

（3）在“Picture”字段中键入图片在 Media Panel（媒体面板）中的媒体索引编号。如果图片不存在，将使用纯灰色背景；

（4）单击“Placement”弹出窗口，选择如何绘制图片。选择“Tile”（平铺）一遍又一遍地重复图像以创建连续的背景；或选择“Top Left”（左上角）一次绘制图像，并与控制面板的左上角对齐；或选择“Stretch To Fit”（缩放适配），可以缩放图像以匹配控制面板的大小。

如果选择“Tile”选项，一定要保证图像的水平和垂直尺寸为2的n次方，如4、8、16、32、64或128等(水平和垂直尺寸不必相等)。若图像尺寸满足上述要求，则使用优化的方式来平铺背景。如果任一尺寸不是这些值之一，绘制可能会非常慢，特别是小图像！

2. 选择控件

有单选、多选和框选3种选择控件的方式：

(1) 单选，用鼠标单击控件，即可选择一个控件。

(2) 多选，若您在要选择控件时，单击的同时按住Shift键，可以选择多个控件。

(3) 框选，您还可以单击控制面板编辑器的背景，然后拖动鼠标，出现一个选择矩形，直到您释放鼠标时，将选择矩形下的所有控件。如果在单击之前按住Shift键，矩形下方的控件将被添加到当前选择中。

3. 编辑控件

(1) 删除：选择一个或多个控件，然后选择“Edit>Clear”或按Delete键，Isadora将删除所选的控件。

(2) 剪切：选择一个或多个控件，然后选择“Edit>Cut”(Win下Ctrl+X或MacOS下Command+X)，Isadora将剪切选定的控件。

(3) 复制：选择“Edit>Copy”(Win下Ctrl+C或MacOS下Command+C)，Isadora将复制选定的控件。

(4) 粘贴：单击背景，确保控制面板编辑器处于活动状态。选择“Edit>Paste”(Win下Ctrl+V或MacOS下Command+V)。Isadora将粘贴您之前剪切或复制的控件。

(5) 克隆：选择一个或多个控件，然后选择“Edit>Duplicate”(Win下Ctrl+D或MacOS下Command+D)，Isadora将克隆您所选择的控件。

4. 定位控件

您可以根据控制面板的UI布局设计，通过以下方式移动控件，可以实现各控件的定位：

(1) 单击所选控件之一并拖动。控件将跟随鼠标的移动，直到您释放鼠标按钮。

(2) 您还可以使用计算机键盘上的向上、向下、向左或向右箭头键移动控件。如果启用了网格捕捉，它们将移动一个网格单位；否则，它们将移动一个像素。

(3) 若在按住箭头键的同时按住Ctrl键(MacOS下Command键)，则每按下一次箭头键，控件移动五个单元。

(4) 选择一个或多个控件，然后选择“Control>Bring to Front”或“Send to Back”，以实现将所有选定控件置于面板中其他控件的上面或下面，这一方式适用于控件上下叠加放置。比如，Background控件往往是放在其他控件的下面。

5. 更改控件的大小

(1) 移动鼠标到控件右下角的白色小矩形，当鼠标变成“+”号时，按下鼠标左键并拖动，拖动鼠标时，控件将随着拖动而调整大小。

（2）如果按住 Shift 键并按下任意方向键（箭头），所有选定控件的大小也会随之调整。右移箭头使控件宽度变长，左移箭头使控件宽度变短。下移箭头使其高度变大，上移箭头使其高度变小。如果启用了网格捕捉，则每次按箭头键时，它们将按一个网格单位调整大小；否则，它们将以一个像素为单位调整大小。

（3）如果用鼠标双击该控件，则弹出一个“Control Setting”（控件设置）属性对话窗口，您可以精确设定控件 Width 和 Height 的值。如图 10-15 所示。通常情况下，可以使用鼠标拖动控件，适当改变控件的大小，并进行 UI 的控件布局。一旦 UI 布局大致确定后，就可以用这种方法，将一组控件设置为同样的高度和宽度，使 UI 更加美观。

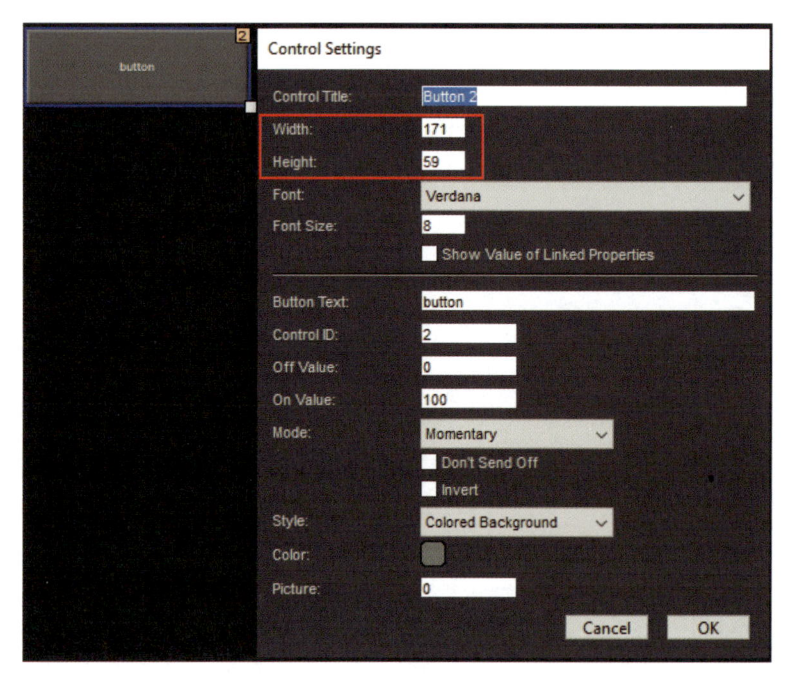

图 10-15　控件设置窗口

6. 对齐或均匀分配一组控件

（1）选择两个或更多控件，然后选择“Control > Align Left”，“Align Horizontal Center”，“Align Right”，“Align Top ”，“Align Vertical Center”或“Align Bottom”，以实现所有选定控件的指定边缘对齐。

（2）选择两个或更多控件，然后选择“Control > Distribute Horizontally”或“Distribute Vertically”，以实现所选控件沿指定方向均匀分布。

7. 设置控件的字体

（1）选择一个或一组控件，选择“Control > Set Font For Selected Controls...”。将出现一个对话框。如图 10-16 所示。

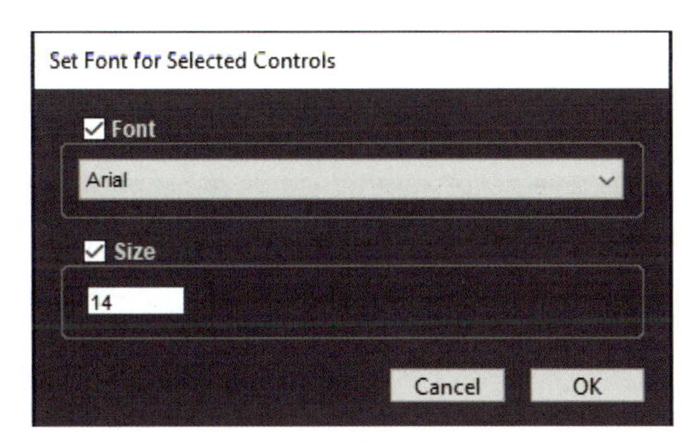

图 10-16 设置控件字体和大小

(2) 勾选“Font”(字体)复选框,然后在字体下方弹出菜单中选择一种字体。

(3) 勾选“Size”(字体大小)复选框,在“Size”下方的文本框中输入数字。

(4) 单击“OK”。所选控件的字体和大小将根据指定进行更改。如果您决定不想更改字体或大小,则单击“Cancel”。

8. 锁定控制

您也可以将控件锁定在适当的位置,以便不能移动它们。当将其应用于背景控件时,此功能特别有用,因为当您将其他控件放置在背景上方时,不会意外移动背景。但您仍然可以剪切、复制或粘贴锁定的控件。

要锁定控件以使其无法移动:

(1) 选择一个或多个控件;

(2) 选择“控件>锁定选定的控件”。所有锁定的控件的选择指示器(控件周围的蓝色边框)变为红色。您可以清楚地看到它们已被锁定。

解锁控件以便可以移动它们:

(1) 选择一个或多个控件;

(2) 选择“控件>解锁所选控件”。所有解锁控件的选择指示器(控件周围的蓝色边框)变为蓝色,您可以清楚地看到它们不再被锁定。

五、控件的功能与设置

每个控件都有确定的功能及其参数设置,包括其视觉操作、操作模式和控件 ID。当控件 ID 将新值广播到与其连接的 Actor 属性时,将使用该控件 ID 来标识控件。

为了便于您学习,下面按照控件工具中控件列表从上到下的顺序依次阐述几个常见控件的功能、属性以及重要的属性设置。

1. 2D Slider

当您想在可能的值范围内改变一个角色的属性时,滑块是最有用的。2D Slider 控件显示一个二维滑块,可以同时操作两个参数,在编辑状态下,您可以看到它的左上角有两个 ID。2D Slider 的水平和垂直输出可以连接到两个不同的属性，如果需要的话，可以显示其输出值。如图 10-17 所示。

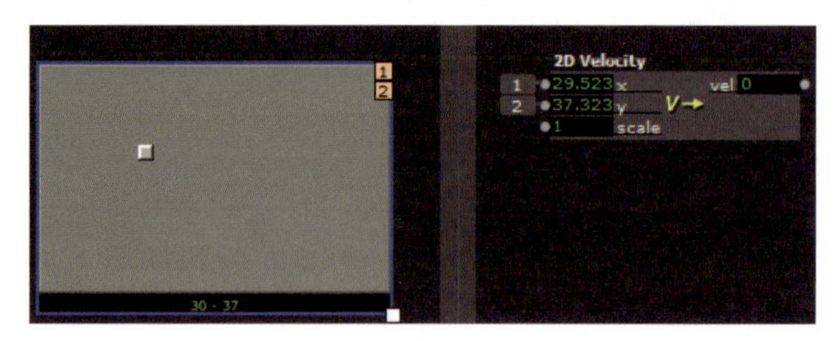

图 10-17　2D Slider 操作 2D Velocity 的 x 和 y

选择控件，然后选择“Control>Edit Control Setting...”或双击该控件，控件的设置对话框将会出现。如图 10-18 所示。

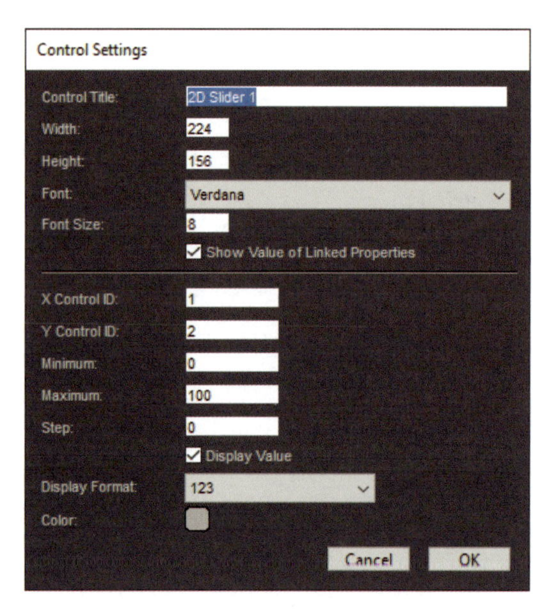

图 10-18　2D Slider 控件设置对话框

——Control Title(控件的标题)：用于标识此控件的标题。它不会显示在控制面板上，根据笔者的经验，该值保持默认即可，修改的意义不大。

——Width 和 Height(宽度和高度)：您可以在其右侧的编辑框中输入数值，精确设定控件的宽度和高度。

——Font 和 Size(字体和大小)：在其下拉式弹出菜单中选择用于绘制此控件的文字的字体，并在 Size 下方输入字体的大小。

——Show Value of Linked Properties(显示连接属性的值)：当一个角色输入属性被连接到此控件并且勾选此框时，控件的值将被设置为与该属性的值相匹配，该控件始终显示该属性的当前值。

——X Control ID 和 Y Control ID(X 和 Y 控制 ID)：该控件可以同时操作 Actor 的两个属性值，所以，它有两个控制 ID。当将控件连接到 actor 属性时，这个数字用于识别该控件。当该控件的值因为水平/垂直移动指示器而发生变化时，会向活动场景广播一条消息，给出控件 ID 和控件的值。任何连接到这个 Control ID 的 Actor 属性都会被适当地设置其值。

——Minimum 和 Maximum(最小值和最大值)：用于设置滑块的可能最小值或最大值。在编辑框中可以填写任意数字，当 Minimum 小于 Maximum 时，滑块值会随着从左到右或从上到下的移动而变大。Minimum 也可以大于 Maximum，在这种情况下，滑块值会随着从左到右或从上到下的移动而减小。这是 Isadora 的特别之处，其内部是一个数值映射机制，无所谓实质意义上的大与小。

Step(步长)：确定滑块数值变化时前后数值之间的最小步长。当步长设置为零时，此设置不会对其产生影响。当设置为大于零时，控制值从最小值到最大值时，控制值将以该值为跳跃值。例如，如果最小值设置为 1，最大值设置为 10，步长设置为 1，滑块将有 10 个不连续的步长(1、2、3……8、9、10)。将步长设置为 1 是最常见的设置，如果需要，它允许您只发送整数值。请注意，计数是从最小值设置时所给出的值开始的。如果您将最小值设置为 1. 5，最大值设置为 10. 5，那么 10 个阶数将是 1. 5、2. 5、3. 5……10. 5。

——Display Value(显示值)：当勾选此框时，滑块将以数字的形式显示其值。垂直滑块在底部显示这个数字；水平滑块显示右侧的数字。如图 10-19 所示，图左边的控件面板为非编辑模式；图右边的控件面板为编辑模式，且控制面板和 Actor 编辑器左右分列显示。滑块的 ID 都与 Actor 的属性建立了对应的连接。

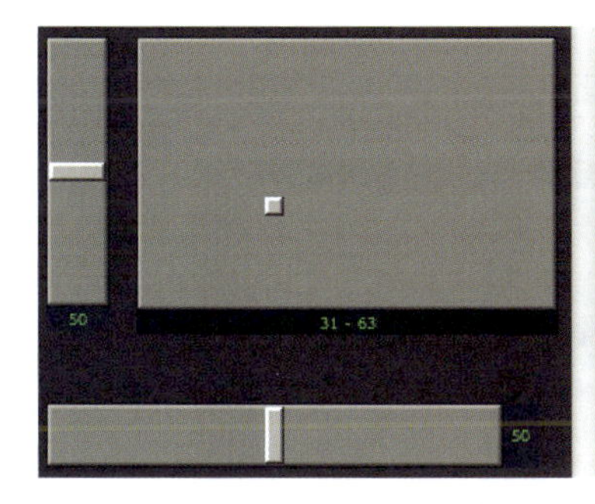

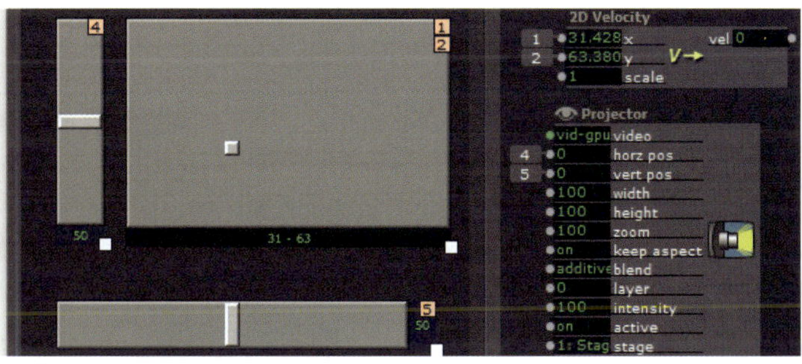

图 10-19　显示滑块数值

——Display Format(显示格式)：决定数字按照哪种格式化进行显示。有 123、123. 4 或 123. 45 三种选择。第一种不显示小数点，第二种在小数点后显示一个数字，第三种在小数点后显示两个数字。如果关闭了“显示值”，则此设置不起作用。

——Color(颜色)：用于指定控件的背景颜色。

以上很多属性将会在后续的控件中出现，其含义及设置方法相同，因此，在后续的控件介绍中将不再重复介绍。

2. Background

Background 控件常常用于设置一组控件的背景。可以绘制一个具有指定颜色和形状的纯色背景，也可选择使用图片来绘制背景。背景颜色是用来在视觉上组织 Isadora 控制面板。通过将其他 Isadora 控件放置在这些矩形或椭圆形的颜色区域上，您可以为您的 Isadora 控制面板创建一个吸引人的外观。如图 10-20 所示。

选择并双击 Background 控件，打开其控件设置窗口，如图 10-21 所示。您可以根据您的偏好或客户要求设置其属性值。

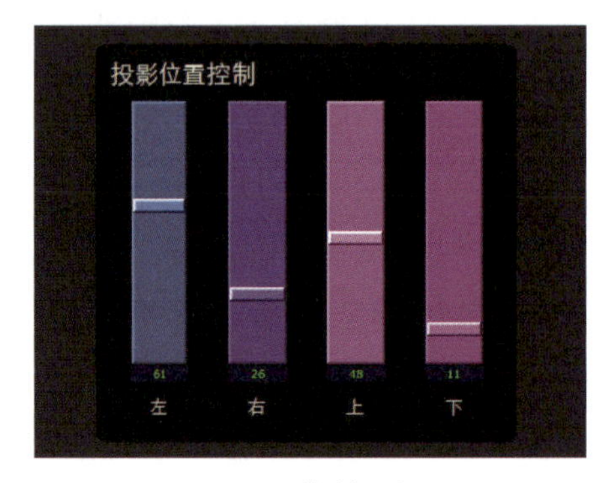

图 10-20　控制面板 UI

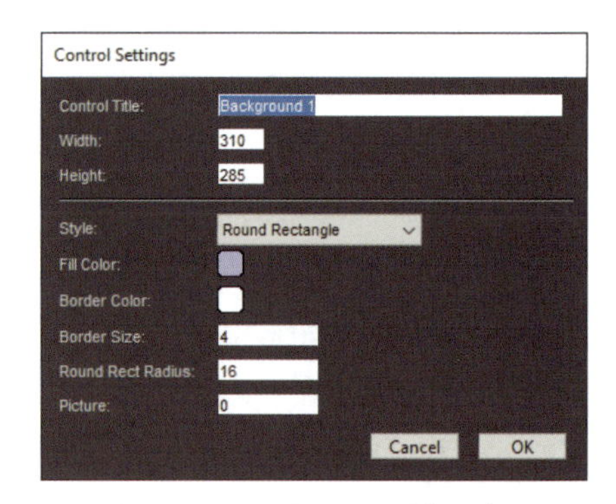

图 10-21　Background 设置窗口

——Style(外观样式)：点击其右侧的下拉列表弹出菜单，从七个可能的选项中指定背景的形状。有 Rect(矩形)、Rectangle(带边框矩形)、Round Rectangle(圆角矩形)、Border Round Rectangle(带边框圆角矩形)、Oval(椭圆形)、Border Oval(带边框椭圆形)和 Picture(图片)，选择"Picture"，允许您使用媒体面板中的图片来绘制背景。如图 10-22 所示。

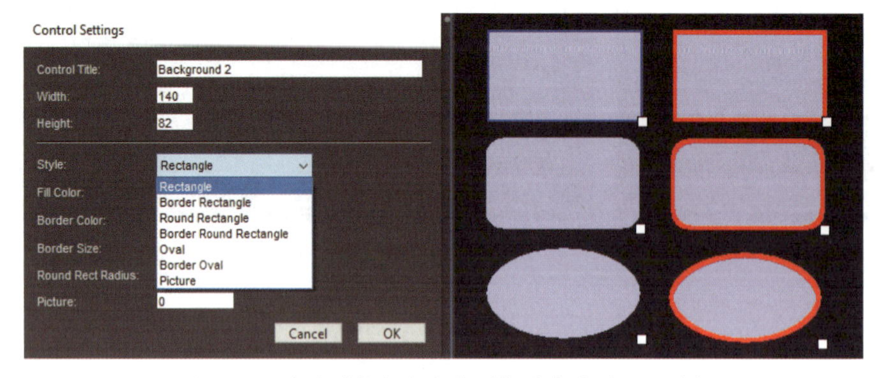

图 10-22　右边形状与左边的下拉列表选项一一对应

——Fill Color(填充颜色)：点击颜色框，将出现颜色选择器对话框。

——Border Color(边框颜色)：决定边框周围线条的颜色。只有当您选择了背景形状的边框变化之一时，才会使用此颜色。要改变颜色，请点击颜色方块，会出现一个颜色选择器对话框。

——Border Size(边框大小)：决定边框的大小(单位为像素)。只有当您选择了背景形状的边框变化之一时，才会使用边框。

——Round Rect Radius(圆形、矩形半径)：当形状为圆形、矩形或边框为圆形、矩形时，指定其圆角的半径，单位为像素。

——Picture(图片)：在媒体面板中设置为图片的媒体索引值，使用该图片绘制此背景。图片将被缩放，以适应包围背景的矩形。为了防止缩放，请将宽度和高度输入设置为与图片大小相匹配。在绘制图片时，编码到图片中的任何 alpha 通道信息都会被使用，允许您创建不寻常的形状、阴影等。如图 10-23 所示。当您选择 Style 为 Picture 时，上述的 Fill Color、Border Color、Border Size 和 Round Rect Radius 参数将都不起作用。

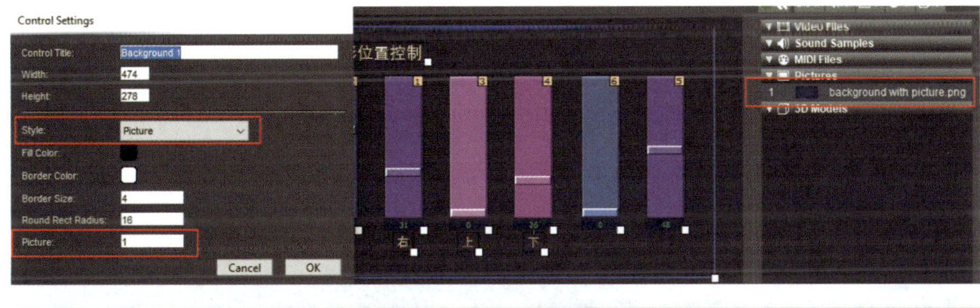

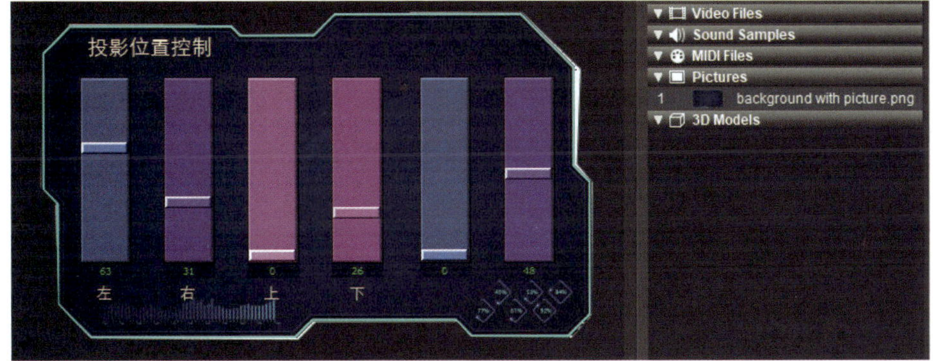

图 10-23　选择图片作为控制面板的背景

3. Bin Picker

如前面章节描述，Isadora 中的媒体文件分类放在不同的容器中，这些容器简称为 Bin。Isadora 有 Video Files、Sound Samples、MIDI Files、Pictures 和 3D Models 等 5 种类型媒体文件，在默认情况下，与它们对应的有 5 个容器(Bin)。如图 10-24 所示。

Bin Picker 是一个媒体选择器，用于选择按 Bin 分组的媒体文件。Bin Picker 与其类型对应的一个 Actor 一起工作，使您可以播放媒体文件(电影播放器、声音播放器、图片播

图 10-24　媒体面板的 5 个容器

放器、MIDI 播放器和 3D 模型播放器等）。当您单击选择器中的条目时，媒体面板中该文件的编号将发送到正在侦听此控件的任何输入。

在选择器中看到的文件是按 Bin 进行组织的。您可以通过编辑控件的设置来选择该控件显示哪种类型的 Bin。完成后，所选 Bin 的名称将以按钮的形式显示在控件的顶部。选择器仅显示所选 Bin 之一中的媒体文件。通过单击控件顶部的 Bin 按钮，可以快速地从一个 Bin 切换到另一个 Bin。对于电影和图片文件，在 Bin Picker 中显示缩略图或文件标题或两者同时显示；对于声音和 MIDI 文件，则只显示文件标题。如图 10-25 所示。

——Show Thumbnail（显示缩略图）：如果选中此复选框，将在控件中绘制媒体文件的缩略图。

——Show Name（显示名称）：如果选中此复选框，将在控件中绘制媒体文件的名称。

——Media Type（媒体类型）：确定选择器将显示媒体文件类型，如视频、音频、图片或 MIDI 文件。

图 10-25　Bin Picker 设置

——Scroll Option(滚动选项):当控制面板中的 Bin Picker 无法显示所有的媒体条目时,需要设置滚动选项。它有五个可能的选项:"None""Tabs/Top""Tabs/Bottom""Tabs + Scroll/Top"和"Tabs + Scroll/Bottom"。如图 10-26 所示。含有"Top"或"Bottom"的是确定 Tabs(选项卡)或 Scroll(滚动条)是否出现在控件的顶部或底部。仅含"Tabs"的是不显示左右滚动条,含有"Tabs + Scroll"的表示同时显示选项卡和滚动条。当您调整控件大小时,一次可以看到的电影数量和选项卡的数量将动态更新,可以调整选择器的尺寸,以适应您的最佳布局与设计。如果水平空间不足,或许不会显示所有可能的选项卡。

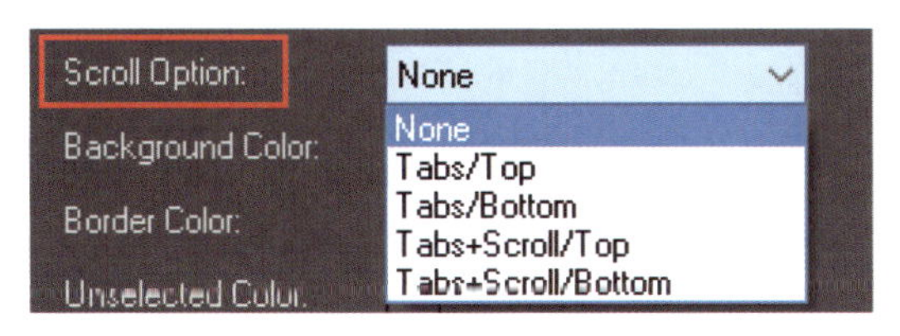

图 10-26　Bin Picker 控件的滚动选项

4. Button

Button 控件是显示一个打开/关闭按钮,该按钮在打开时发送一个值,在关闭时发送另一个值。当您需要触发 Actor 做某事或在两个值之间切换其状态时,按钮控件最有用。您可以选择以多种颜色和样式显示按钮,以帮助组织界面。如图 10-27 所示。

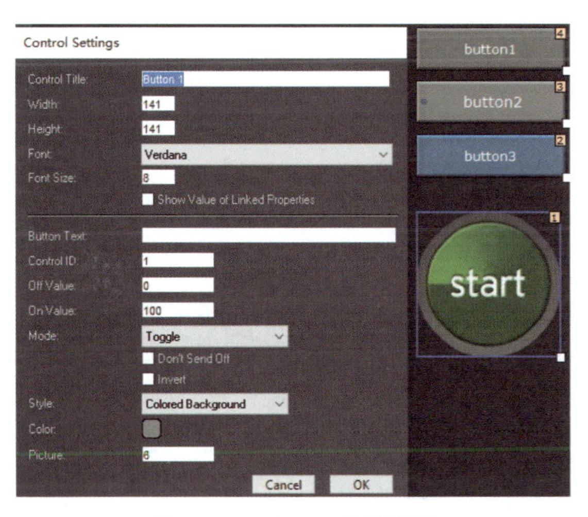

图 10-27　Button 控件设置

——Button Text(按钮文本):显示在按钮上的提示文本。

——Off Value/On Value(关/开状态值):在 Off Value 右边,可设置关闭按钮时广播到当前活动场景的值;在 On Value 右边,可设置打开按钮时广播到当前活动场景的值。这两个数值可以根据您的应用需要设定任何不同的数字。

——Mode(模式):设置为"Monentary"(瞬间)时,单击该按钮,将进入打开状态;释放鼠标时，该按钮将返回关闭状态。设置为“Toggle”（切换）时，每次单击该按钮时，它都会在打开和关闭之间切换。

——Don't Send Off（不发送关闭信号）：设置此框后，永远不会发送关闭信号值。当您希望将此按钮连接到需要触发器输入的 Actor 属性时，这很有用，因为当按钮关闭时，它可以防止触发。

——Style（样式）：设置为“Colored Background”（彩色背景）时，“Color”（颜色）设置菜单指定的颜色即为控件的背景颜色。当设置为“Colored Indicator”（彩色指示器）时，控件背景始终为灰色，并且“Color”菜单用于指定控件中开/关指示器的颜色。如图 10-27 右边“button 2”和“button 3”所示。

——Color（颜色）：要更改颜色，请单击彩色框。将出现“拾色器”控件，此时，您可以选择颜色。如果您使用图片绘制按钮，则此设置无效。

——Picture（图片）：将其设置为媒体面板中图片文件索引，则该按钮以该索引对应的图片定义自己的外观。绘制这张按钮图像时，应将图像分为上下对称的两部分：上半部分为按钮处于向上状态时的外观，下半部分为按钮处于向下状态时的外观。例如，考虑下面的图像，该图像宽 100 像素，高 100 像素。则在高度方向上，上 50 个像素用于在按钮处于向上状态时绘制按钮，下 50 个像素用于在按钮处于向下状态时绘制按钮。

为防止缩放变形，请将按钮控件的宽度设置为图片的宽度，并将其高度设置为图片高度的一半。在按钮背景上绘制图像时，会使用编码到图片中的任何 Alpha 通道信息，这意味着您可以创建带有阴影等形状各异的个性化按钮。如图 10-27 右边的“Start”按钮所示。

5. Dial

显示发送连续值范围的拨盘。当您想在一系列可能的值上改变 Actor 的属性时，转盘最有用。如图 10-28 所示。

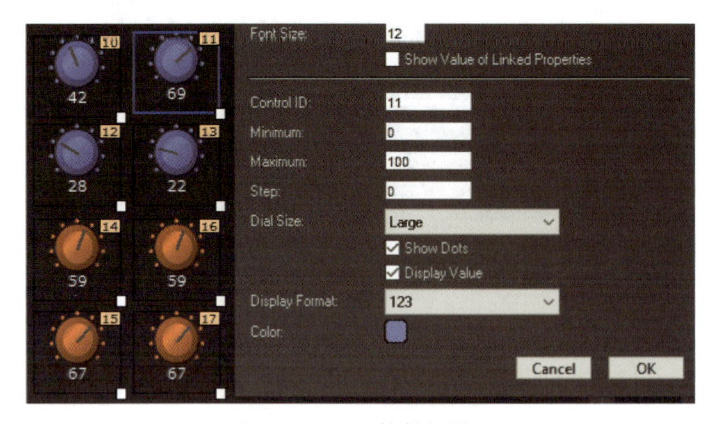

图 10-28　Dial 控件的设置

——Minimum（最小值）：指定此拨盘的最小可能值。可以是任何数字。允许最小值大于最大值。在这种情况下，滑块值从左到右或从下到上移动时会减小。

——Maximum(最大值)：指定此拨盘的最大可能值。可以是任何数字。允许最大值小于最小值。在这种情况下，滑块值会随着从左到右或从下到上的移动而减小。

——Step(步长)：见 2D Slider 控件的步长描述。

——Dial Size(刻度盘大小)：刻度盘的图形有极小、小、中和大这 4 种尺寸。

6. Monitor

Monitor(监视器)控件用于在控制面板中提供对视频流的监视。通过将此控件连接到 Actor 的视频输出端口，可以监视在当前场景中的某个 Actor 的视频处理结果。这个控件非常实用。

——Control ID(控件 ID)：要观看来自特定 Actor 的视频，请设置其控件连接以匹配此处指定的控件 ID。请注意，如果将一个 Actor 的视频输出连接到此监视器，则可能会出现无法预测的闪烁图像。

——Refresh FPS(刷新帧率)：确定监视器图像的更新速度。Monitor 控件的外观越大越消耗处理器资源，应根据需要适当缩放其视频图像的大小。要减少 Monitor 控件对处理器电量的消耗，请将此处的数字设置为小于 30 的值。如图 10-29 所示。

图 10-29 Monitor 控件监视 Movie Player Actor 输出

7. Slider

Slider(滑块)用于显示发送连续范围值。当您想在一系列可能的值上改变 Actor 的属性时，滑块最有用。滑块可以是水平的，也可以是垂直的，并且可以根据需要将其当前值显示为数字。

——Width(宽度)：如果滑块的宽度大于滑块的高度，则滑块是水平的，其指示器将从左向右移动。如果滑块的高度大于宽度，则滑块是垂直的，指示器会上下移动。

——Minimum、Maximum 和 Step：与上面的控件一样，请参考相关属性的描述。

——Display Value(显示值)：选中此框时，滑块将其值显示为数字。垂直滑块在底部显示此数字。水平滑块将数字显示在右侧。

——Color(颜色)：设置滑块的颜色。您选择的颜色将是指示器(滑块)的颜色，其背景将是比您选择的颜色更深的颜色。如果您使用图片绘制按钮，则颜色设置无效。

——Picture（背景图片）：将其设置为媒体面板中图片的媒体索引，自定义滑块的图片背景。为防止图片因缩放而变形，请设置其宽度和高度，以匹配图片的大小。在背景上绘制图像时，会使用编码到图片中的所有 Alpha 的通道信息，从而可以创建不寻常的形状、阴影等。

——Thumb Picture：将其设置为在媒体面板中图片的媒体索引，自定义滑块的移动指示器。如果滑块是水平的，Thumb Picture 将垂直缩放，以匹配滑块的高度，但是宽度将保持不变。如果滑块是垂直的，Thumb Picture 将水平缩放，以匹配滑块的宽度，但是高度不会改变。在背景上绘制图像时，会使用编码到图片中的任何 Alpha 通道信息，从而可以创建不寻常的形状、阴影等。如图 10-30 所示。

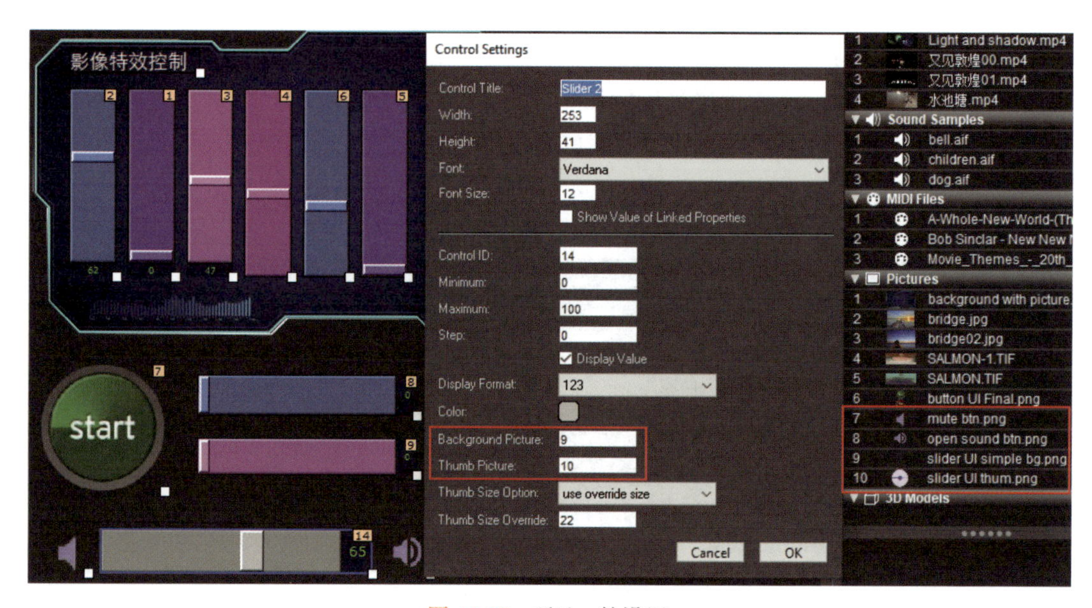

图 10-30 Slider 的设置

8. Stage Preview

Stage Preview（舞台预览）控件为您显示 Isadora 的任何舞台输出上显示的缩略图。如图 10-31 所示。使用该控件时，您需要了解以下几个因素：

（1）速度。舞台预览控件必须使用 Open GL 从图形卡读回数据，因此，它会因您的电脑所使用的显卡的不同而产生不同的性能影响。

（2）分辨率。选择“Output>Stage Setup...”，此时会弹出一个设置窗口，您可以设置 Stage Preview 的图像分辨率。默认情况下，其分辨率较低，以确保具有较旧图形卡的计算机也不会遇到性能问题。但是，在较新的计算机上，您可以将该值增加到 320×240 或更高，而不会显著降低性能。

（3）显卡。当您在使用 Windows 笔记本时，为了保证 Isadora 能在您的电脑上稳定地工作，请在显卡3D设置里添加Isadora程序，并为其选择高性能显卡处理图像。

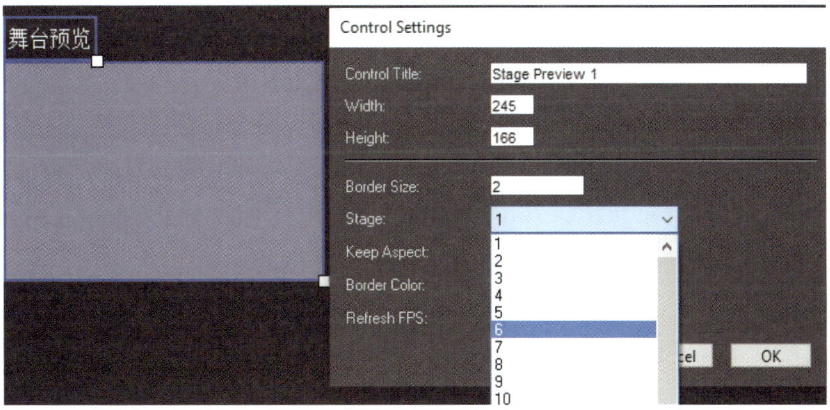

图10-31　Stage Preview设置

——Border Size（边框大小）：舞台预览周围边框的宽度，以像素为单位。

——Stage（舞台）：指定将在此控件中显示哪个Stage（Isadora最多可以有48个Stages）。如图10-31所示。

——Keep Aspect（保持纵横比）：选择“yes“，确保图像的纵横比不变。否则，图像将被缩放，以填满显示屏。

——Refresh FPS（刷新帧率）：确定舞台预览图像的更新速度。要减少此控件对处理器电量和性能的消耗，请将此数字设置为小于30的值。

9. 其他控件

除了上述控件外，Isadora还有一些设置相对简单的控件，如Scene Select、Color、Edit Text、Popup Menu、Radio Button、Next Cue、Pre Cue、Timecode、Number和FPS控件等。如图10-32所示。

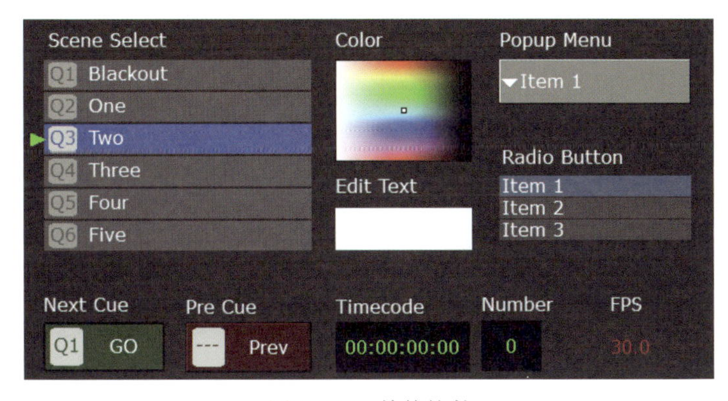

图10-32　其他控件

——Scene Select（场景选择）：用于显示Isadora文档的所有场景列表，当您点击每一个条目时，可以实现场景的切换。

——Color（颜色）：您可以用鼠标在二维颜色面板上选择颜色，则该控件向 Actor 发送 Hue、Saturation 和 Brightness 的值。

——Edit Text（编辑文本）：该控件可以让您编辑文本内容，并发送文本。

——Popup Menu（弹出菜单）：您可以通过该控件编辑菜单项。当您选择不同的菜单项时，则发送不同的数值给 Actor。您实际使用时，注意每一个条目对应的数值的变化。

——Radio Button（单选按钮）：该控件在形式和发送数值上，与 Popup Menu 有点类似，只是在外观上有些不同，您可以自己多多尝试与比较两者的异同。

——Next Cue（下一个场景）：用于切换场景的 Cue 的按钮，每次按下这个按钮，就从当前场景切换到下一个场景。

——Pre Cue（前一个场景）：与 Next Cue 一样，是切换场景的按钮，它是从当前场景切换到前一个场景。

——Timecode（时间码）：用于显示时间码。

——Number（数字）：用于显示一个数字。

——FPS（帧速率）：用于显示当前 Isadora 程序运行时的帧速率。

第十一章

视频与音乐输出

一、硬件设置

当您准备为一个演出使用 Isadora 时，您通常需要这样配置电脑：Isadora 软件界面显示在您的电脑主显示器上，将视频输出发送到一个或多个外接的显示设备上。

显示设备可以是任何数字视频投影仪、视频监视器、电视机、LED 大屏或其他连接到计算机的视频显示硬件。Isadora 3 最多可以处理 16 个已连接的显示器，这取决于您的电脑硬件配置。无论是在 Macintosh 上还是在 Windows 上，第一步都是打开视频投影仪的电源，并将其视频连接线安全地连接到电脑上。常见的连接线有 VGA 线、DVI 线或 HDMI 线等，它取决于您电脑提供的显示输出接口类型。您的电脑在识别新显示器时，屏幕通常会闪烁。

在演出时使用投影仪：有两个关键提示！

提示 1：将您的电脑桌面背景设为黑色！ Windows 和 MacOS 都允许您选择纯色作为桌面背景。可以肯定的是，如果电脑发生了不可预知的故障，一个彩色的电脑桌面背景出现了，观众会立刻知道出了问题！ 所以，建议背景使用纯黑色。

提示 2：设置默认的投影仪背景为黑色！ 在演出时，如果电脑和视频投影仪之间的电缆意外断开了，或者出现连接线信号传输故障，一个巨大的蓝色屏幕的出现也会提醒您的观众出问题了，如图 11-1 所示。大多数投影仪允许您设置其背景为黑色（在投影仪的设置菜单里找到如图 11-1 所示的界面，将背景由蓝色改为黑色即可）。

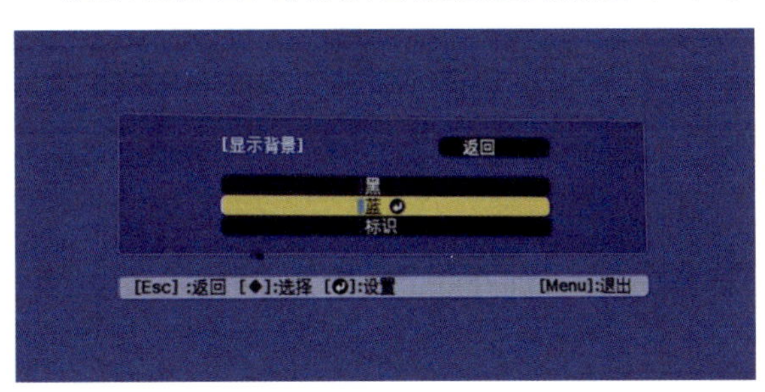

图 11-1　投影仪背景色设置

1. 配置 MacOS 系统的显示器

打开系统偏好设置，然后单击“显示”。在您的电脑上出现以下窗口，其中只有一个“排列”(Arrangement)的标签。在该窗口上点击该标签并进行相关设置。

如果您的电脑连接多个显示器，则每个显示器都会出现一个矩形。建议您并排排列每个显示器。如果“镜像显示”(Mirror Displays)复选框被勾选了，请单击它以使其不再启用。顶部有一个白色条块的矩形对应的显示器为主显示器(Main Display)，并在该显示器显示菜单栏。如果您想改变主显示器，您可以单击这个白色条块并拖动到其他显示器对应的蓝色矩形上。

您还需要在其他显示器(非主显示器)上隐藏 MacOS 的菜单栏。

Isadora 使用者应注意任务控制(Mission Control)设置中的一项重要默认功能，称为显示器具有单独的空间(Displays have separate Spaces)。通常，它确保 Apple 使用者在连接到电脑的每个显示器的顶部都能看到一个标准的 Apple 菜单栏。这样，在 Isadora 所有视频输出(Stage 1－6)的顶部，您都可以看到这个菜单栏，这个结果不是演出所期望的结果，因此，建议通过取消选中旁边的复选框来停用此默认功能。您也可以关闭 Mission Control 中的其他相关热键或触摸面板的一些快捷操作方式，以免在演出时出现一些误操作，导致出现不期望的画面。

2. 配置 Windows 系统的显示器

在 Windows 10 上，您可以按照以下步骤配置显示器：

(1) 点击桌面左下角“开始”，在弹出菜单中选择“设置”，然后选择“系统”，再从侧面菜单中选择“显示”；或者在桌面的空白处点击鼠标右键，在弹出菜单中选择“显示设置”。

(2) 在“多个显示器”部分下，使用下拉菜单将每个连接的显示器设置为“扩展”。如图 11-2 所示。

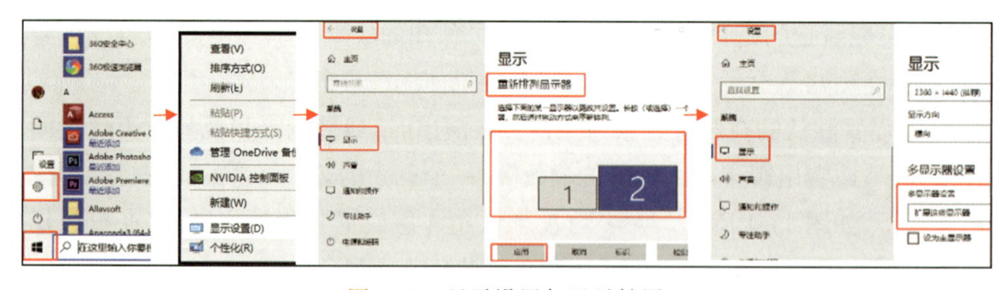

图 11-2　显示设置与显示扩展

(3) 在“重新排列显示器”部分下，建议您并排布置每个显示器。

二、视频输出

通常情况下，Isadora 的视频处理结果最后都是连接到“Projector”“3D Mesh

Projector”和“3D Projector”等 Actor(如图 11-3 所示),然后由“Projector”类 Actor 指定输出的舞台(或通道),舞台用于接收来自 Isadora Actor 的视频输入,并在其分配的显示设备上渲染显示视频。

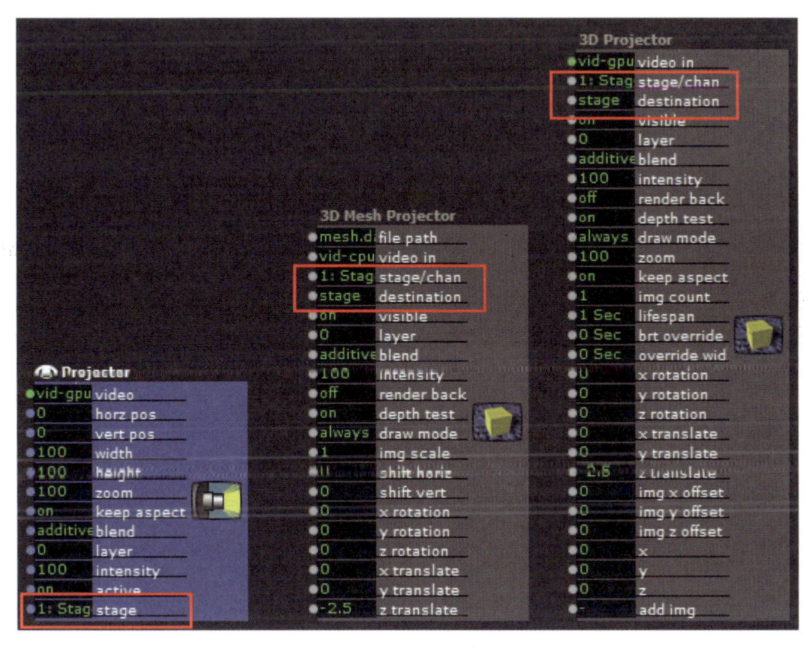

图 11-3　Projector 类 Actor

1. 舞台设置

您可以使用“Stage Step”将连接到计算机的显示设备分配到各个舞台;也可以通过将多个显示设备组合成一个舞台来跨多个显示设备的融合视频输出;还可以创建不需要分配给物理显示设备的虚拟舞台。

从菜单中选择“Output>Stage Setup...”,打开舞台设置。如图 11-4 所示。您可以随时关闭该窗口,所作的更改将被自动保存并应用。

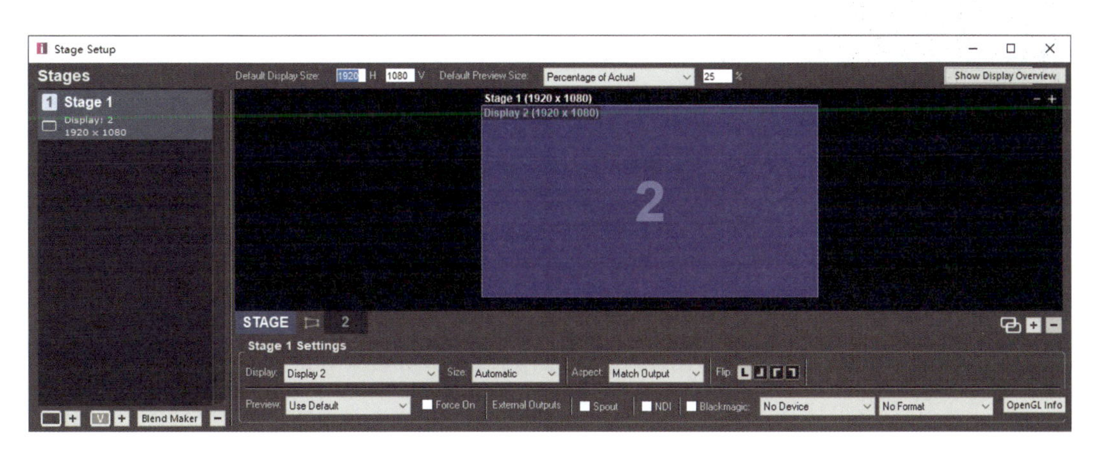

图 11-4　舞台设置

在该窗口的右上角，单击“Display Overview(/Hide Display Overview)”按钮，以查看如何配置计算机的显示设备，其显示设备编号、常规标识信息以及其刷新率。

Default Display Size：设置未连接任何显示设备时舞台的水平（H）和垂直（V）分辨率。

Default Preview Size：设置舞台(stage)预览时的显示大小。点击其右边的下拉弹出菜单列表进行选择。如图 11-5 所示。默认情况下，预览显示尺寸为实际大小的 1/4（25％）。

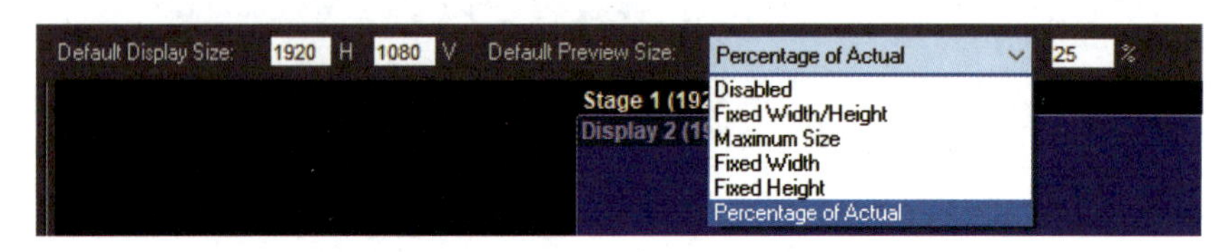

图 11-5　预览显示大小设置

在以下两种情况下，舞台输出显示在预览模式中：

首先，如果在选择“Output＞Show Stage”时，与舞台关联的显示设备不可用，则舞台将以指定的舞台预览分辨率显示在主显示屏上。

图 11-6　舞台列表

其次，当您选择“Output＞Force Stage Preview”时，它将切换到预览模式，移至主显示屏，并以预览舞台尺寸指定的分辨率显示出来。

接下来，您需要从两个方面了解舞台设置窗口的内容：一是舞台列表；二是舞台布局视图中“STAGE/DISP”（舞台/显示）两种选项设置模式切换及其相关参数设置。

2. 舞台列表

舞台列表显示当前 Isadora 文档中已配置的所有舞台。

每个条目都会显示舞台编号、分配的显示设备以及舞台的分辨率。如图 11-6 所示。舞台编号下面的图标提示该舞台的功能。

表示连接单个显示设备的典型舞台。

表示连接多个显示设备的融合显示舞台。

V 表示没有分配显示设备的虚拟舞台。

从舞台列表中单击一个舞台，以修改舞台设置，添加、更改或删除显示设备，或访问融合调整面板。

默认情况下，新的 Isadora 文档都包含一个分配给 Display 2 的单个舞台(Stage 1)。

第二个显示设备连接到计算机后，分辨率将根据第二个显示设备自动确定。如果没有连接第二个显示设备，则使用默认分辨率。

（1）添加一个新的舞台。

单击此按钮，可将一个新舞台添加到舞台列表。默认情况下，将从计算机所连接的显示设备上分配一个未使用的显示设备给该新舞台，并使用该显示设备的分辨率。如果所有连接的显示设备都在使用中，则使用默认分辨率创建显示。

（2）添加一个新的虚拟舞台。

单击此按钮，可将新的虚拟舞台添加到舞台列表。默认情况下，新创建的虚拟舞台不会关联任何显示设备。若您将一个显示设备分配给虚拟舞台，则该虚拟舞台会自动转换为典型舞台。

（3）多屏融合。

Blend Maker 启动 Blend Maker 工具，它是一种快速配置跨多个显示设备的常见边缘融合的方法（请参阅下面使用 Blend Maker 工具的部分）

（4）删除所选舞台。

如果从一个舞台删除了所有显示，则该舞台也将被删除。删除舞台后，随后的舞台将自动地按顺序更改其编号。

（5）更改舞台编号。

在舞台列表中显示舞台的顺序确定了每个舞台编号。从“Stage 1”开始，舞台将自动按顺序编号。单击并拖动舞台到列表中的所需位置，以更改其舞台编号。（注意：要拖动，请单击并按住鼠标按钮，直到光标变为闭合的手形图标；在整个 Isadora 中都使用了这种轻微的延迟来防止演出期间的意外操作失误。）

（6）复制/粘贴舞台。

在舞台列表中右键单击一个舞台并选择相应的菜单选项，或者通过选择一个舞台并使用相应的常用的键盘命令来剪切、复制或粘贴舞台。

复制舞台时，将保留融合、分辨率和其他配置选项。但是，将自动为复制的舞台分配可用的显示设备，而不是复制原始副本已在使用的显示设备。

3. 舞台布局编辑器视图

在布局编辑器视图中，整个舞台是深灰色的，舞台名称和分辨率在左上角列出。默认情况下，在舞台中只有单个显示设备，舞台和显示设备将完全重叠。

您也可以使用视图右上角的 + - 按钮缩放布局编辑器视图的大小。还可以点击视图右下角的新显示器添加/删除按钮，将附加显示设备添加到当前选定的舞台或从当前舞台中删除选定的显示设备。您可以通过在当前舞台上添加附加显示设备的方式在舞台中水平或垂直排列显示设备，以创建多屏融合。舞台上活动的每个显示设备都用一个浅蓝色框表示，中间的数字为显示设备的编号，显示设备的分辨率显示在其左上角。如图 11-7 所示。

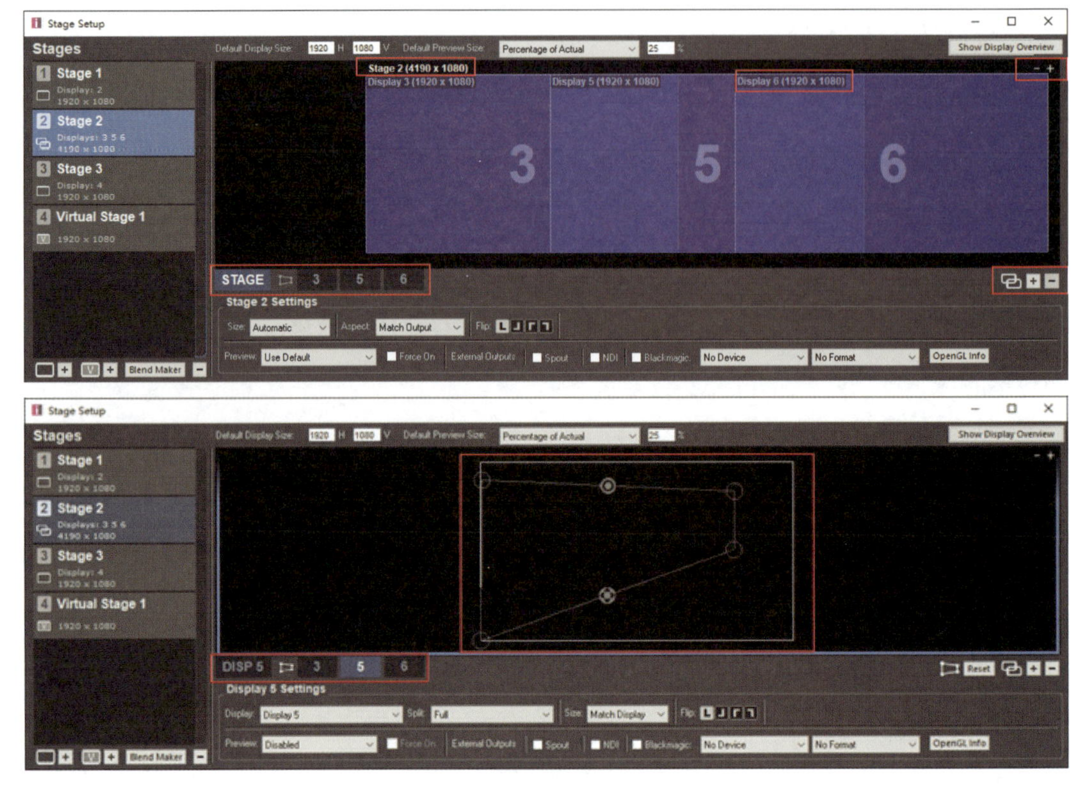

图 11-7　布局编辑器视图(两种模式)

在布局编辑器视图左下方,有舞台/显示("STAGE/DISP")两种选项设置模式(见图11-7中上下两个图片的左下方的红色方框标识部分)。不同的选项设置模式,相关属性参数有所不同。下面分别详细阐述。

(1) STAGE 选项设置模式。

当您点击舞台列表中的任意舞台时,布局编辑器视图自动切换为 STAGE 选项设置模式。当视图为 DISP 选项设置模式时,可以用鼠标左键单击"DISP"标签(DISP 5　3　5　6)区域,即可切换到 STAGE 选项设置模式。此时,当前选择的舞台设置参数将显示在布局编辑器视图的正下方。如图 11-8 所示。

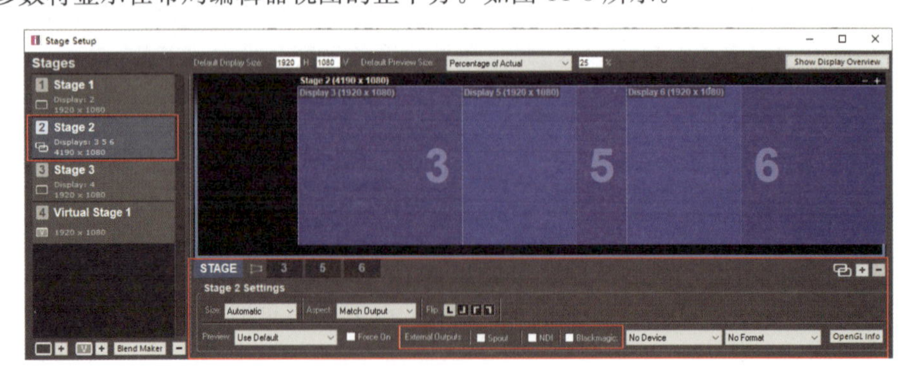

图 11-8　舞台选项设置模式

① Size(舞台分辨率大小):当设置为“Automatic”(自动化)时,布局编辑器会根据分配给它的显示设备自动确定舞台的整体分辨率。

将单个显示设备分配给一个舞台时,Isadora 会将舞台分辨率与显示设备分辨率进行匹配。

将两个或更多显示设备分配给一个舞台时,舞台分辨率是包含所有显示设备的最小分辨率。

另外,将两个或更多显示设备分配给一个舞台,同时水平或垂直排列显示设备,系统会根据显示设备的分辨率的大小和排列的位置,可以拼接与融合一个非标准分辨率和不规则的宽高比的融合舞台。

当设置为“Custom”(自定义)时,在相应字段中输入所需的显示宽度和高度(以像素为单位)。

② Aspect(长宽比):默认情况下,舞台输出与连接的显示设备的宽高比匹配,反之亦然。启用此选项,可将强制输出改为使用特定的宽高比。

③ Flip(舞台翻转):允许您通过水平、垂直或两者同时翻转来改变舞台的方向。

④ Preview(预览):确定舞台/显示设备预览窗口的大小。设置为“Disabled”(禁用)时,显示或舞台不显示预览。设置为“Use Default”(使用默认值)时,使用布局编辑器顶部定义的默认预览尺寸预览舞台内容。

当设置为“Fixed Width/Height”(固定宽度/高度)时,您可以根据需要以像素为单位指定舞台预览窗口的大小。

当设置为“Maximum Size”(最大尺寸)时,舞台预览窗口将以最大尺寸显示,即舞台的完整尺寸或显示设备的完整尺寸。

当设置为“Percentage of actual”(实际百分比)时,您可以指定原始分辨率的百分比来缩放预览窗口。

⑤ External Output(外部输出):除了将输出发送到显示设备之外,您还可以启用可选的外部输出,将舞台内容(Isadora 处理结果)输送给其他程序或网络上其他视频接收终端以及与电脑连接的其他视频流设备。

⑥ Spout:它是同一台电脑中不同程序之间进行视频流共享的技术。在 Windows 下,它成为 Spout;在 MacOS 下对应为 Syphon。启用该选项后,本机上任何支持 Spout/Syphon 的软件都可以接收 Isadora 输出的视频流。同时,Isadora 也提供了 Spout Receiver Actor 接收来自其他软件发出的 Spout/Syphon 视频流,如图 11-9 所示。

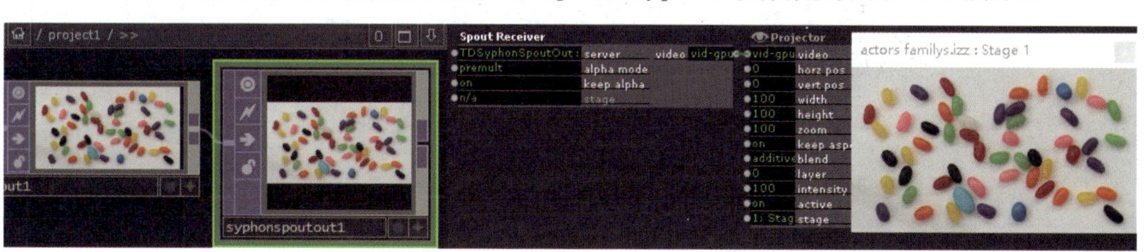

图 11-9　Isadora 接受来自 Touchdesigner 的 Spout 视频流

⑦ NDI：它是一个网络设备接口(Network Device Interface)，是由美国 NewTek 公司开发的版权免费的标准，可使兼容的视频产品以高质量、低延迟、精确到帧的方式通讯、传输和接收视频，非常适合网络上不同设备之间进行视频实时传输。简而言之，启用 NDI，Isadora 视频内容可以通过网络实时传送给另一台能够支持 NDI 的设备。同时，Isadora 官方也提供了 NDI 插件的 NDI 4 Watcher BETA Actor，可以接受来自网络上的 NDI 实时视频流。如图 11-10 所示。插件的安装和使用部分详见本书第十四章。

图 11-10 Isadora 接受来自 TouchDesigner 的 NDI 视频流

⑧ Blackmagic：Blackmagic 是一个世界著名的品牌。它拥有一系列高质量和高稳定性的采集卡或其他高质量、高效率的编解码器的设备。启用该功能，若运行 Isadora 的电脑上连接了相关的 Blackmagic 设备，则会出现在其右边的下拉弹出菜单列表上，您可以选择该设备。这样操作后，输出到舞台的内容也可以通过该设备传送到 Blackmagic 连接的另一端设备。

(2) DISP 选项设置模式。

当您在“STAGE”的右侧点击任意数字(显示设备编号) STAGE 3 5 6 时，舞台布局编辑器视图由 STAGE 选项设置模式切换为 DISP 选项设置模式。当前选择的显示设备(前面您点击的编号对应的设备)的相关参数将显示在布局编辑器视图的正下方。如图 11-11 所示。

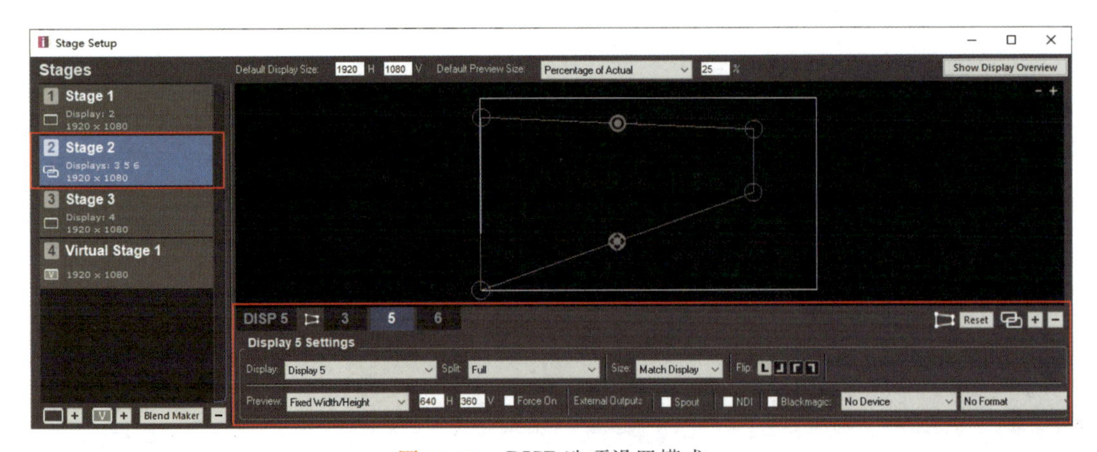

图 11-11 DISP 选项设置模式

这些设置仅在选择“DISP”时才会显示在图 11-11 所示的视图中，选择一个舞台时，这些设置不会出现。

① Display（显示设备）：确定用于视频输出的显示设备（物理设备）。当 Isadora 检测到已连接的显示设备时，该显示设备的分辨率将出现在下拉菜单中。如图 11-12 所示。

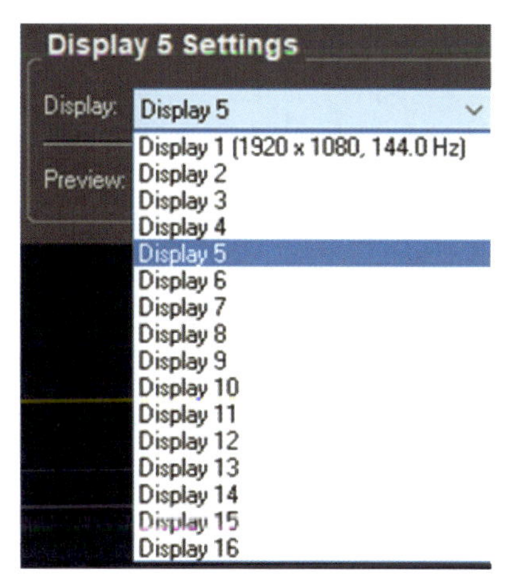

图 11-12　选择物理显示设备

② Split（切分）：Split 是专门为一分多的分屏设备（将电脑的一个显示输出接口分成两个或两个以上的显示输出接口的设备，也被称为“多屏宝”）一起使用而设计的。常见的分屏设备有 Matrox Dual Head (1 to 2)或 TripleHead2Go (1 to 3)或 DataPath f4 (1 to 4)。这些设备在您的系统中显示为单个超宽显示设备，而不是多个离散显示设备。这时，使用“Split”（显示输出拆分）下拉菜单，Isadora 可以将每个显示再次视为离散显示设备。如图 11-13 所示，有十种选择：Full（满屏）；Left Half（左半部分）；Right Half（右半部分）；Left Third（左三分之一）；Middle Third（中三分之一）；Right Third（右三分之一）；Top-Left Quarter（左上四分之一）；Top-Right Quarter（右上四分之一）；Bottom-Left Quarter（右下四分之一）；Bottom-Right Quarter（左下四分之一）。

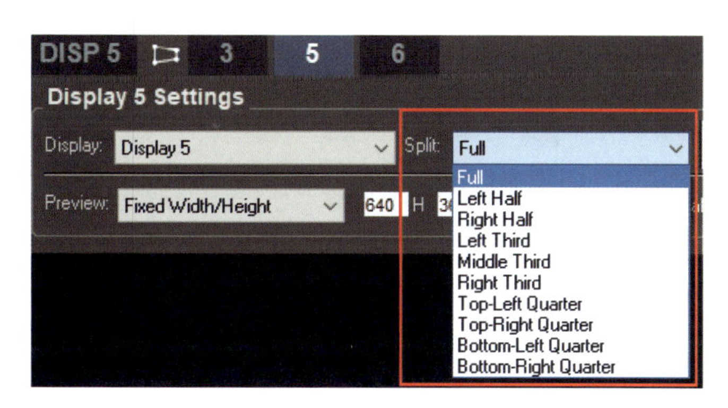

图 11-13　Split 选项

默认为“Full”。使用此选项时，舞台将填满整个显示。如果您不使用多屏设备，在典型的情况下，应将每个舞台设置为“Full”。

左半部分和右半部分分别将图像路由到第一或第二视频显示设备，常适用于 Matrox DualHead 这样的 1 分 2 的设备。

左三分之一、中三分之一和右三分之一分别将图像路由到链中的第一、第二或第三显示设备，常适用于 TripleHead2Go 这样的 1 分 3 的设备。

左上四分之一、右上四分之一、右下四分之一和左下四分之一分别将图像路由到第一、第二、第三和第四显示设备。

有关如何使用 Split 功能的更多信息，请参见官方的用户手册中关于使用多个显示设备的教程。

③ 梯形校正：在 DISP 选项设置模式下，此视图自动变为当前选择的显示设备的梯形校正视图，您可以通过该视图对当前显示设备的输出进行梯形校正。该调整将影响显示设备的最终输出。如图 11-14 所示（当前选中了编号为 5 的显示设备，并进行梯形校正演示）。

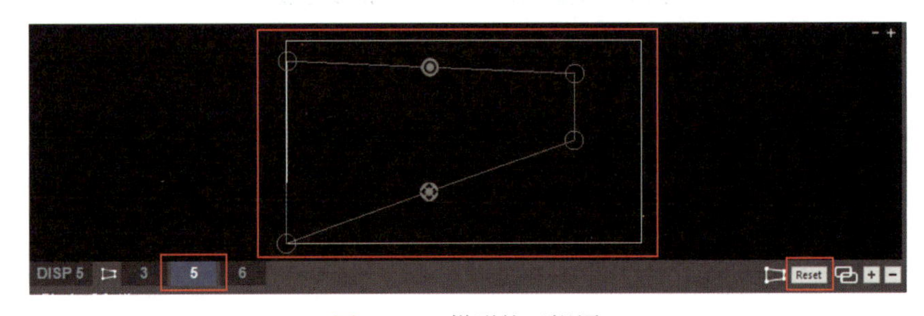

图 11-14　梯形校正视图

您可以通过以下几种方法来操作梯形校正：

A. 在切片内单击并拖动，以将其移动。

B. 单击并拖动边缘，以移动该边缘。

C. 单击并拖动点（矩形四个角上小圆圈），以移动该点。

D. 单击并拖动缩放手柄，以缩放整个矩形框。

E. 单击并拖动旋转手柄，以旋转整个矩形框。

F. 按住 Shift 并单击、选择多个点或边，然后同时移动所选择的点或边。

梯形失真校正调整仅限于显示屏的边界。使用“reset”按钮删除所选舞台的当前梯形失真校正所有设置。

④ 排列显示以创建边缘融合：将两个或更多显示分配给一个舞台后，单击并拖动舞台上的显示设备时，可以更改其在舞台上的位置，改变舞台上显示设备的布局。

当两个显示设备重叠（水平、垂直或两者都重叠）时，Isadora 会自动测量重叠的宽度，并在两个显示设备之间创建多屏融合。如果相应地安排了显示设备的物理输出，则该物理输出将产生边缘融合。该多屏融合宽度由绘制为突出显示的重叠箭头指示（黄色），该箭头显示了显示设备之间重叠的像素数。您可以使用电脑键盘上的方向键以一个像素为单位调整到显示设备位置，则相应的重叠像素值也会改变。如图 11-15 所示。

图 11-15　多显示器排列

请注意，这个箭头部分也是一个按钮。其黄色矩形显示融合带的大小（以像素为单位）。在该视图中单击“融合带宽度”部分（按钮），将打开“融合带调整”面板，您可以在其中调整左右边缘融合的曲线、伽马和拐点。如图 11-16 所示。

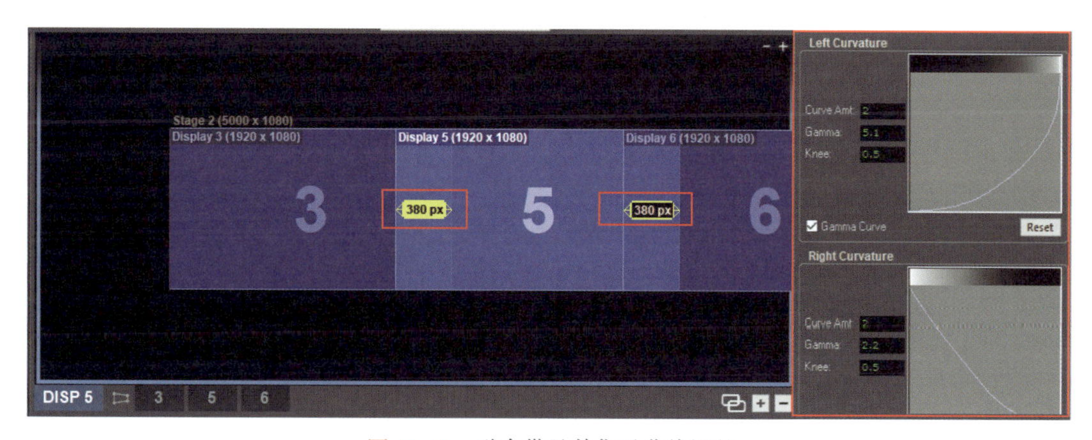

图 11-16　融合带及其伽马曲线调整

4. Blend Maker 工具

Blend Maker Tool 可非常方便地快速配置多屏融合。该工具最适合用于在具有相同分辨率的多个相同显示设备之间创建边缘融合。若显示设备硬件不同，其分辨率也不匹配，将会导致不良结果。

在舞台列表下方，点击“Blend Maker”按钮，出现“Blend Maker-Quick Setup”(多屏融合制作快速设置)窗口，如图11-17所示。

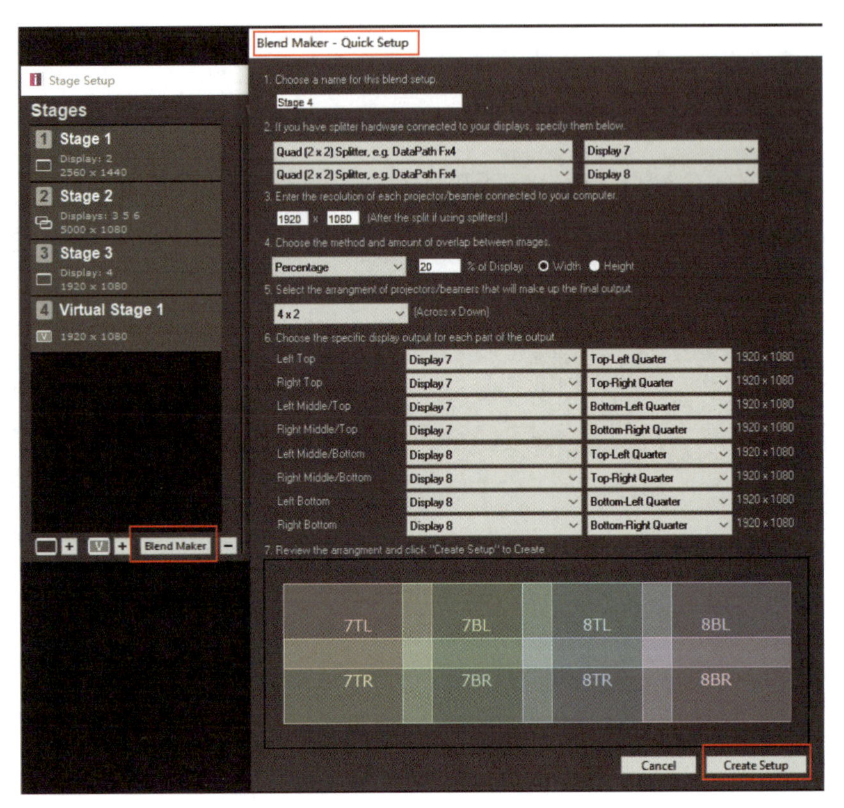

图11-17　多屏融合制作快速设置

Choose a name for this blend setup.(给本次多屏融合命名。)

If you have a spliter hardware connected to your displays, specify them below. [如果您使用分离器硬件(如Matrox Dual Head或Matrox TripleHead2Go或DataPath f4)，请在第二步中进行指定。]由于大多数计算机将这些设备视为一个显示设备，因此，请选择与计算机连接的显示设备与分配器关联。

Enter the resolution of each projector/beamer connected to your computer.(输入要显示设备的分辨率。)使用Blend Maker工具时，每个显示设备的分辨率应相同。

Choose the method and amount of overlap between images. [指定多屏融合的方法(Width/Height)和图像重叠的宽度(以像素或百分比为单位)。]20%的默认百分比是程序推荐的最佳百分比。

Select the arrangement of projectors/beamers that will make up the final output.(选择投影机的最终输出时的排列设置。)

1×1：一屏显示；

2×1：两个显示设备，并排；

1×2：两个显示设备，从上到下堆叠；

2×2：四个显示设备，排列在一个 2×2 网格中；

3×1：三个并排显示；

1×3：三个显示设备，从上到下堆叠；

2×3：六个显示设备，以三个显示设备并排，两行堆叠排列；

4×1：并排显示四个；

1×4：四个显示设备，从顶部至底部堆叠；

4×2：四个显示设备并排，两行堆叠排列；

……以此类推，根据需要配置任何特定的显示输出。

5. 多屏融合调整面板

如图 11-16 所示，点击布局编辑器视图中的融合带宽度，可以打开多屏融合调整面板。

Isadora 中的 Edge Blend（边缘融合）是通过将亮度蒙版叠加在重叠的边缘上，应用渐变来实现的。但是，由于不同的投影仪具有不同的亮度和像素值，因此，在大多数情况下需要某种伽马（gamma）校正措施，才能达到边缘融合的最佳效果。

如果要在完全相同的显示设备之间进行融合（强烈建议），左右或上下梯度（渐变曲线）将相互镜像。

伽马校正（简称为伽马）是一种非线性运算，用于对视频或静止图像系统中的亮度值进行编码和解码。通常情况下，视频投影仪或其他显示设备中产生光的系统不能提供线性响应。为了对此进行补偿，将伽马校正曲线与这些设备的重叠部分亮度值进行叠加应用，进一步编码和解码，以使得在眼睛看来其亮度值是呈线性响应的。

当您尝试两个图像边缘融合时，可能是您所使用的两个投影仪的伽马曲线不同。在 Isadora 中，调整伽马校正曲线可让您补偿这些差异。

边缘融合必须在投影输出现场进行。每种情况都是独特的，需要一定程度的试验，最后，只有您的眼睛才能判断出边缘融合是否达到最佳效果。

调整伽马的默认方法是使用伽马曲线。启用伽马曲线后，您会在曲线图上方看到一个各自边缘上的渐变的边缘融合蒙板的预览显示。如图 11-18 所示。您可以调整“Gamma”和“Knee”数值以改变此曲线，以实现最佳渐变过渡显示。这些值共同决定了融合带从全亮度缩放到零的比率。

单击“Curve Amt”或“Gamma”或“knee”右边的数值，并向上或向下拖动鼠标，预览值的变化，以找到正确的融合值。

当您禁用伽马曲线时（如图 11-18 右边所示，取消了“Gama Curve”前面的复选框），可以通过设置伽马调整曲线的最小最大值和曲线两个端点的 X/Y 值来手动调整曲线。

6. 分屏设备介绍

在行业内，常见的性能稳定的分屏设备品牌有 Matrox 和 DataPath。它们提供的产

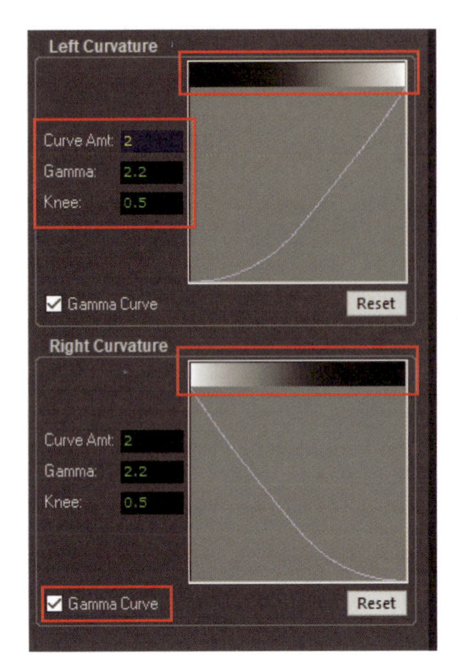

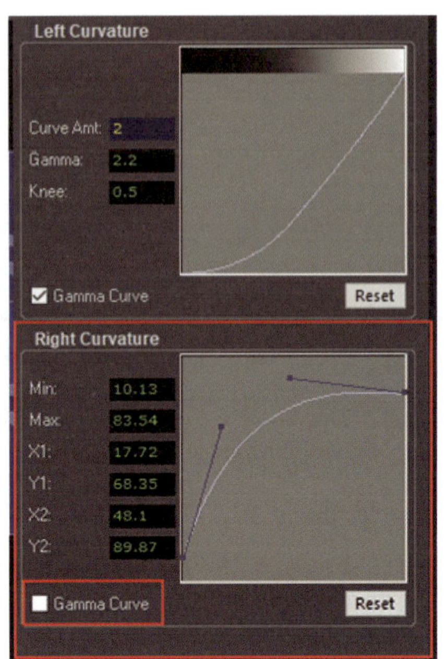

图 11-18　融合带融合调整曲线

品可以实现从电脑的一个显示输出接口扩展为两个或两个以上的显示输出接口，这样可以让一台计算机同时连接更多的显示设备。

Matrox 品牌的分屏设备有模拟信号显示接口和数字信号显示接口的拓展产品。每种信号扩展设备类中又有两种产品，分别是产品名称中包含“Dual”的产品(1 个输入端口扩展到两个输出端口，如 Matrox DualHead)和产品名称中包含“Triple”的产品(1 个输入端口扩展到 3 个输出端口，如 TripleHead2Go)。如图 11-19 所示。

图 11-19　TripleHead2Go 产品(数字信号)

对计算机来说，Matrox Dual Head/TripleHead2Go 是外部第三方设备，使您可以使用它将最多三台单独的投影仪或其他显示设备连接到计算机上的单个视频输出。

当您将这样的设备之一连接到计算机上的视频输出时，计算机会认为它连接的屏幕是正常屏幕宽度的两倍或三倍，以 3072×768 为例，其中，3072 = 1024×3。计算机将超宽图像分成两个或三个单独的视频输出，每个输出都可以连接到单独的投影仪或监视器。如图 11-20 所示。

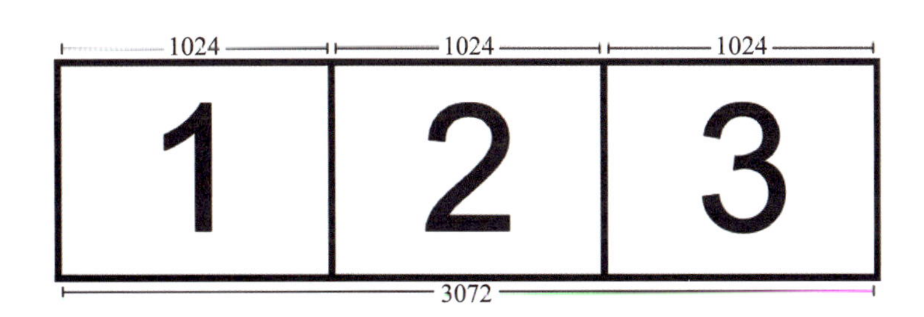

图 11-20　显示接口一分三（图片来自 Matrox 官方文档）

DataPath 也是一个多屏显示设备品牌。它的产品 DataPath X4 实现了将一个信号扩展为 4 路信号输出。它的最新产品 DataPath FX4 还可以实现将两个 DataPath 产品串联起来，连接 8 台投影仪或监视器。它的功能比 Matrox 的产品更加强大，应用也更加灵活。它是一款独立的显示控制器，输出的分辨率和帧率可任意设置。可选择性地单独放大每个裁剪区域并变换相应区域的帧率。如果 DataPath 产品检测到帧率匹配相同，则会自动帧锁定所有输出，并同步锁定输出与输入信号。此外，每个输出可单独镜像或旋转 90°、180°或 270°，以支持横向和纵向显示器的创意组合。若需要了解其详细功能，可以访问其产品官网（https://www.datapath.co.uk/），下载相关的使用说明书。如图 11-21 所示，左边为 1 个画面，通过 1 个 DataPath 产品将其分割成 4 个画面，分别从 4 个不同的显示设备上输出；右边是利用两个 DataPath FX4 串联，将 1 个画面分割成 8 个画面，分别可以连接到 8 个显示设备上进行单独输出。

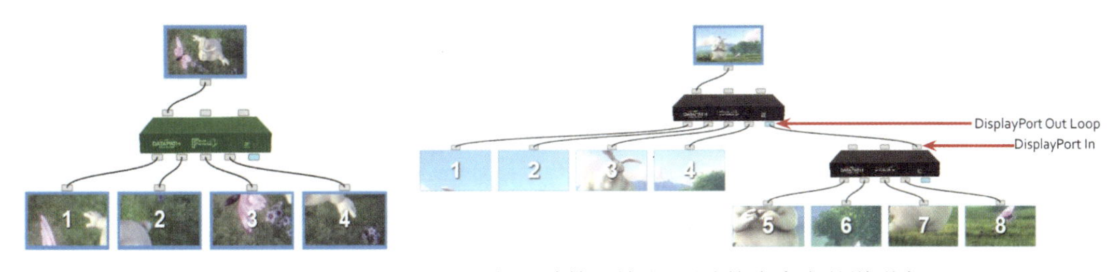

图 11-21　用 DataPath FX4 扩展计算机输出（图片摘自官方的说明书）

三、音频输出

Isadora 允许您将声音输出到各种外部多声道声音输出设备。这意味着您可以将 Movie Player 或 Sound Player Actor 的声音输出路由到单独的输出。当您希望各种声音出现在调音台的单独通道上的演出情况下非常有用。

要使用此功能，您必须将多声道音频设备连接到计算机。在 Windows 上，Isadora 使用 ASIO(音频流输入输出)驱动程序与外部硬件进行通信。在 MacOS 上，它使用 Core Audio。在尝试使用多通道输出之前，应确保已安装设备的驱动程序并正常工作。具体操作如下：

(1) 在 MacOS 上，使用设备随附的安装程序为您的设备安装 Core Audio 驱动程序。

(2) 在 Windows 上，使用设备随附的安装程序为您的设备安装 ASIO 驱动程序。

1. 多声道声音输出设置

安装驱动程序后，运行 Isadora。然后进行如下设置：

(1) 创建一个新文档或打开一个现有文档。因为 Isadora 会将声音路由与每个文档一起存储，所以，不同的文档可能需要不同的音频路由设置。

(2) 选择“Output>Sound Output Setup...”，显示“声音输出设置”对话框，如图 11-22 所示。

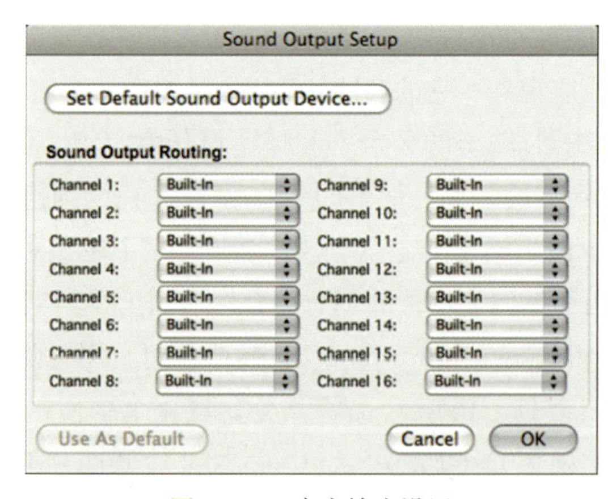

图 11-22　声音输出设置

在窗口的顶部，您将看到“Set Default Sound Output Device...”选项。选择要用于多通道输出的设备。如果弹出窗口中未列出您的设备，请退出 Isadora 并确保正确安装了驱动程序，然后重复上述过程。

如果您使用 Sound Player Actor 播放声音并将其输出路由到外部设备上的各个通道，则应为 Isadora 的 16 个声音通道设置路由。这些通道对应于 Sound Player Actor 的播放通道属性中可用的 16 个通道。

在您更改“Sound Output Routing”(声音输出路由)部分的设置时，应将特定声音通道发送到一对物理声道输出。例如，如果将声道 1 设置为 Ext 1—2，声道 2 设置为 Ext 3—4，则在 Isadora channel 1（声道 1）上播放的声音将出现在外部设备的声道 1 和 2 上，而在 channel 2 上播放的声音将出现在外部设备的声道 3 和 4 上。您不能将 Isadora 的声音通道仅路由到输出设备的一个通道，必须选择一对。但是，您可以设置 Pan 属性值为 0 或 1，将声音仅发送到其中的一个通道。

（3）如果您希望在下次创建新文档时将当前的声音输出设置设为默认设置，请单击“Use As Default”（用作默认设置）按钮。这会将当前路由设置存储在您的首选项中，以便新文档将来使用这些设置。

（4）单击“Ok”，确认您的设置，并关闭对话框。

2. 播放多通道声音的视频

Isadora 允许您将视频文件的声音输出到外部设备上的任何一对声道。您可以通过在 Movie Player Actor 的 snd out 属性中选择所需的输出完成此操作。默认情况下，snd out 的输入属性不可见，如图 11-23 左所示。您需要用鼠标双击 Actor 左上角的“眼睛”符号，即可出现图 11-23 中间的“Set Property Visibility”（设置属性可见）窗口。这时，您在其左边的“Input Properties”列表中找到 snd out，然后用鼠标左键单击其左边的小方块，小方块由灰色变成白色，即表示该属性可见。最后，点击“OK”确定。其结果如图 11-23 右所示，右边的 Movie Player Actor 相对于左边的 Movie Player Actor 多了 snd out、audio trks、freq bands 这 3 个输入属性。

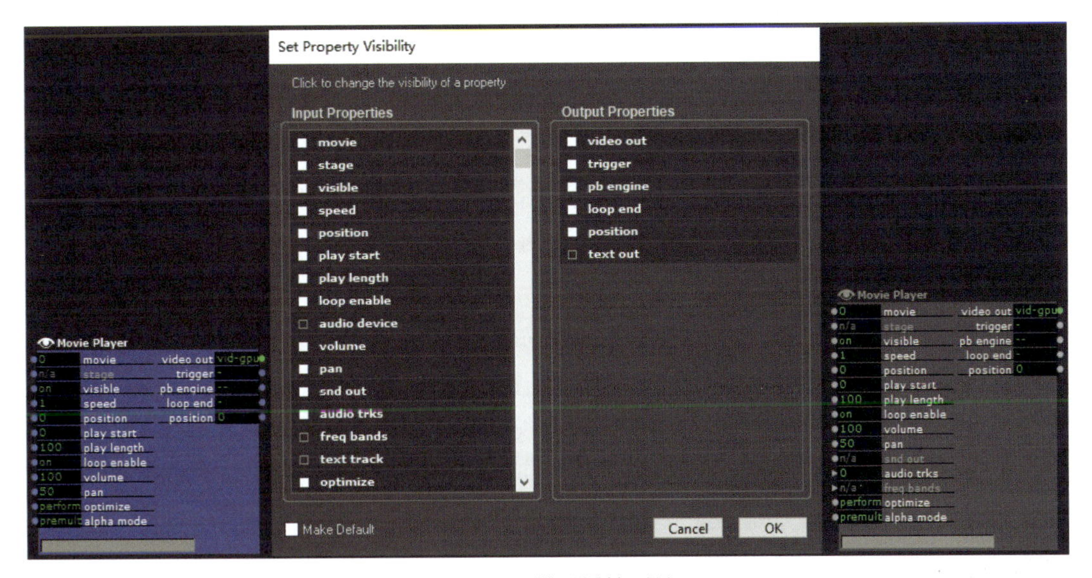

图 11-23　设置属性可见

将 snd out 的属性设置为 std 时，视频的声音将发送到默认的声音输出设备（通常是计算机的扬声器或声音输出插孔）。要将声音发送到多声道声音输出设备上的一对输出，请将 snd out 的属性值设置为以下值之一：

E1—2　Output 1 and 2
E3—4　Output 3 and 4
E5—6　Output 5 and 6
E7—8　Output 7 and 8
E9—10　Output 9 and 10
E11—12　Output 11 and 12
E13—14　Output 13 and 14
E15—16　Output 15 and 16
E17—18　Output 17 and 18
E19—20　Output 19 and 20
E21—22　Output 21 and 22
E23—24　Output 23 and 24
E25—26　Output 25 and 26
E27—28　Output 27 and 28
E29—30　Output 29 and 30
E31—32　Output 31 and 32

如果将 snd out 的属性值设置为外部设备上不存在的一对输出，或者当前未连接该设备，声音将发送到内置输出。

如果视频包含多个音轨，Movie Player Actor 将把所有声音路由到 snd out 属性指定的输出。

3. 播放多声道声音文件

声音文件将被发送到 Isadora 的 16 个声音通道之一。这些声音的每一个通道都将在计算机的内置声音输出（扬声器或声音输出插孔）上或在外部声音设备的一对输出上播放声音。

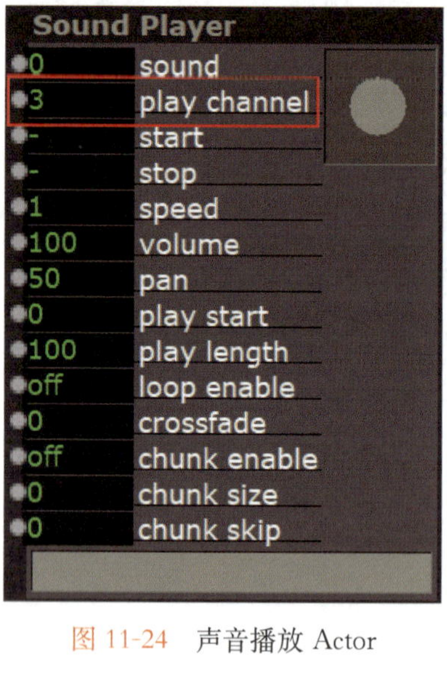

图 11-24　声音播放 Actor

您可以在“Sound Output Setup”对话框的“Sound Output Routing”部分中将声音通道与一对特定的输出关联，如图 11-22 所示。

使用 Sound Player Actor 播放声音时，可以使用 play channel 属性指定在其播放声音的声道。如图 11-24 所示，设置 play channel 为 3。

由于声音通道与给定的物理输出设备的一对输出关联，因此，设置播放通道将确定在哪里听到声音。假设您按图 11-25 所示设置“Sound Output Routing”（声音输出路由）的前三个通道。

使用了此设置，将在外部设备的通道 3 和 4 上听

到在声音通道 1(play channel 1)上播放的声音文件；在声道 3(play channel 3)上播放的声音将在声道 5 和 6 上听到；在声道 2(play channel 2)上播放的声音将在计算机的内置声音输出中听到。

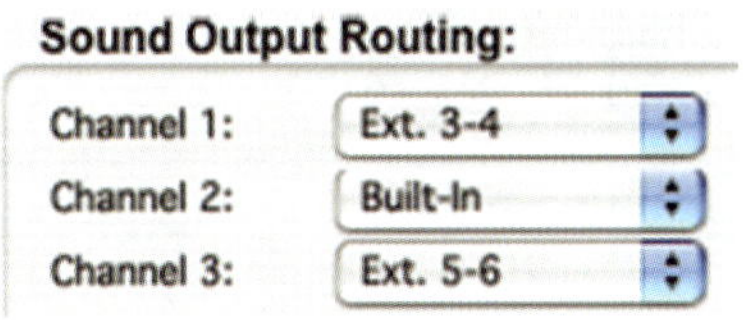

Sound Output Routing:

Channel 1:	Ext. 3-4
Channel 2:	Built-In
Channel 3:	Ext. 5-6

图 11-25　声音输出路由设置示例

第十二章

投影 Mapping

一、概述

投影映射(Projection Mapping)在交互媒体设计中是非常重要的环节,也是如何实现交互艺术作品完美呈现的重要创作过程。它不仅是艺术作品的投影输出,在很多情况下更是结合投影介质进行艺术创作与呈现的过程,投影内容与投影介质的完美结合,可以实现 1+1>2 的增值艺术效果。Isadora 开发者非常重视这个创作过程与内容呈现,为用户提供了功能强大的的集成投影映射工具——IzzyMap。

IzzyMap 不仅可以实现将输入图像中的 Slices(切片)在发送到投影仪之前重新定位,重塑形状和梯形校正等传统的投影映射功能,还提供了强大的交互功能,使您可以实时操作投影映射的每个参数,如输出切片的位置和定义这些切片的 Bezier 曲线的形状等。

投影映射的思想是:在输入图像内定义切片,这些切片可以在 OUTPUT 窗口中单独调整形状并重新定位到输出图像内。如图 12-1 所示。您看到的是两个三角形、1 个有点透视变形的四角形状图像以及 1 个较暗的四角矩形底图。

图 12-1 投影映射

若要输出如图 12-1 中标号为"1""2""3"的三个形状图像,您需要启动 IzzyMap,在 IzzyMap 的 INPUT 视图中定义两个三角形和 1 个矩形,并在底图上移动"1""2"和"3"以选取不同的图像内容，然后，在 IzzyMap 的 OUTPUT 视图中，您将对这些三角形或矩形进行重塑、变形和重新定位等。如图 12-2 所示。

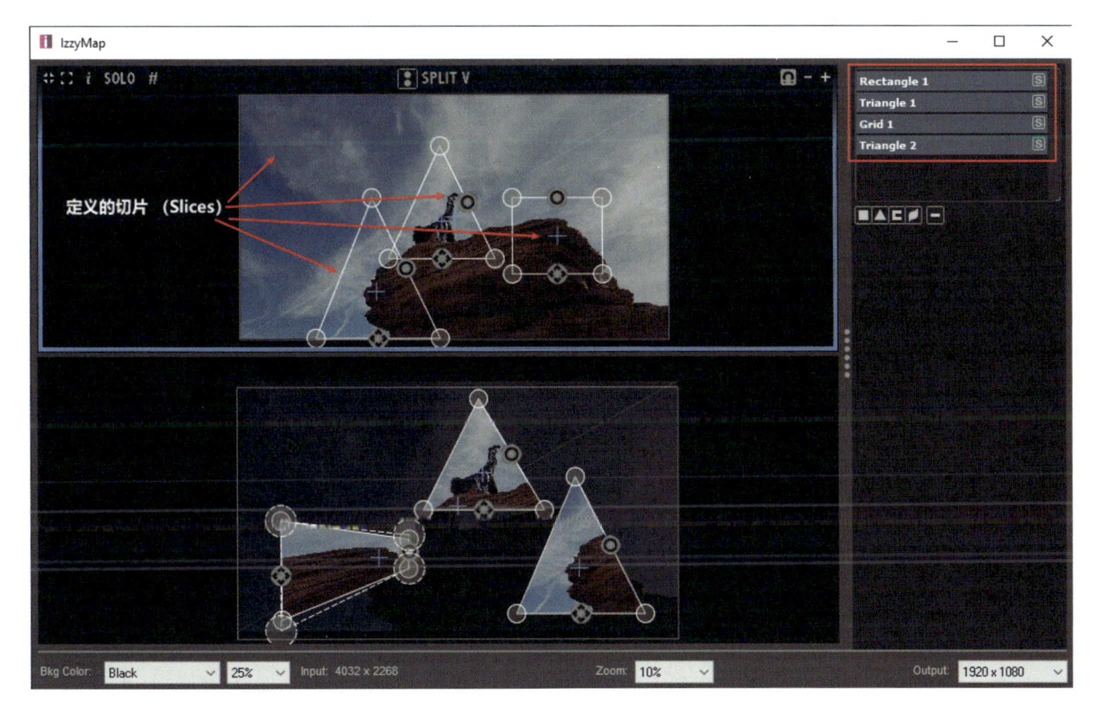

图 12-2　IzzyMap Setting

需要进一步说明的是，Projector Actor 是一个场景的视频处理的结果输出，但是本节内容探讨 IzzyMap 的内部投影映射的处理机制，它有 INPUT(输入)和 OUTPUT(输出)两个部分，它的 INPUT 的原始图像就是来自 Projector Actor 的 Video in 的输入。

二、映射初步

为了让您初步了解 IzzyMap 的基本功能，接下来将向您展示如何使用 IzzyMap 创建基本投影图的过程，并将 3 个三角形映射到四面体上。

1. IzzyMap 启动与基本操作

首先确保您已经建立好一个有输出内容的场景，然后选择"Output>Show Stage"。这时，您应该能看到视频的输出。

双击 Projector Actor，将出现图 12-3 所示的对话框，此警告是为了防止您意外创建投影图。单击"OK"继续。

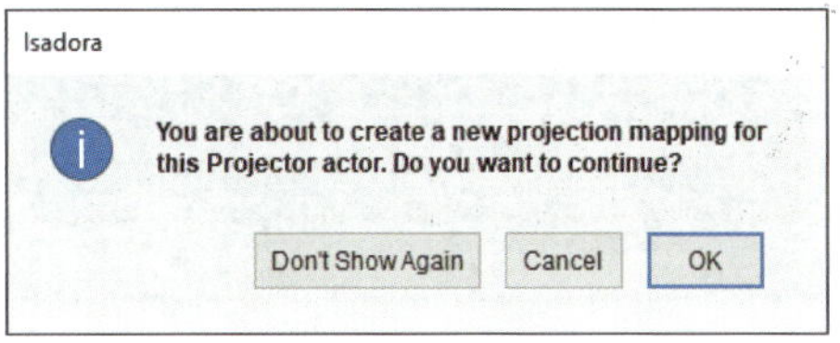

这时，IzzyMap 编辑器窗口将打开，如图 12-4 所示。

Isadora

You are about to create a new projection mapping for this Projector actor. Do you want to continue?

Don't Show Again　Cancel　OK

图 12-3　创建映射警示

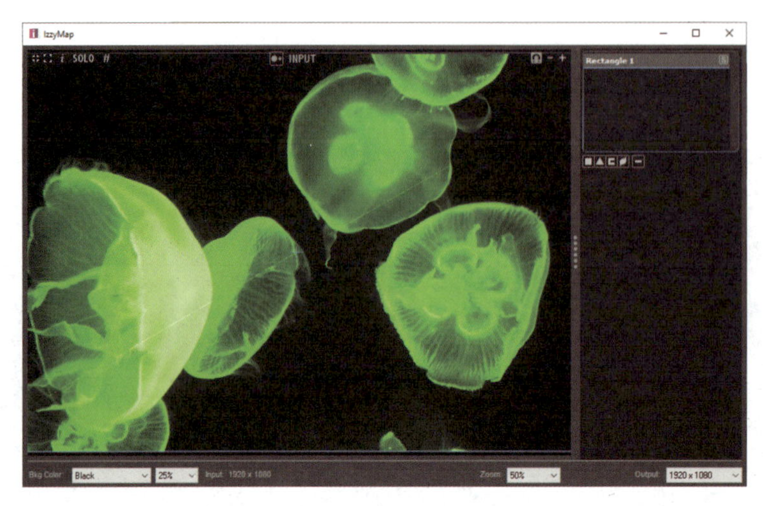

图 12-4 IzzyMap 编辑窗口

若您觉得输入图像对于窗口而言太大了，您可以简单地调整 IzzyMap 的窗口以使其更大；也可以单击其编辑器窗口右上方的“－”按钮，即可缩小中间“INPUT”窗口中的内容。

如果您的鼠标带有滚轮，则可以通过按住 Option 键（MacOS）或 Alt 键（Windows）并滚动滚轮来放大或缩小。在许多笔记本电脑上，您可以在触控板上使用两个手指来执行相同的操作。如图 12-5 所示。

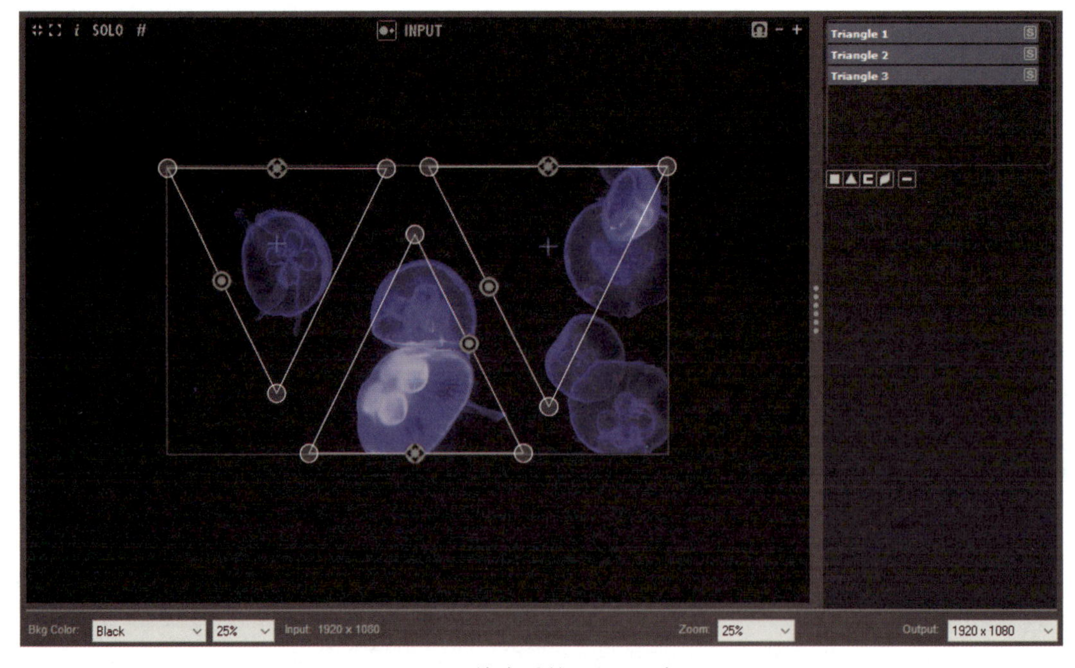

图 12-5 缩小后的 INPUT 窗口

在 IzzyMap 窗口顶部中间的预览模式按钮（INPUT）允许您循环浏览编辑器的四个可能视图。如果第一次单击此按钮，将切换到 OUTPUT 视图；第二次单击，将切换到 SPLIT H（左侧 INPUT 视图，右侧 OUTPUT 视图）；第三次单击，将切换到 SPLIT V（上面 INPUT 视图，下面 OUTPUT 视图）。若接着再次单击此按钮，则视图模式返回进入 INPUT 视图。您也可以按 Tab 快捷键实现 4 个视图之间的切换。

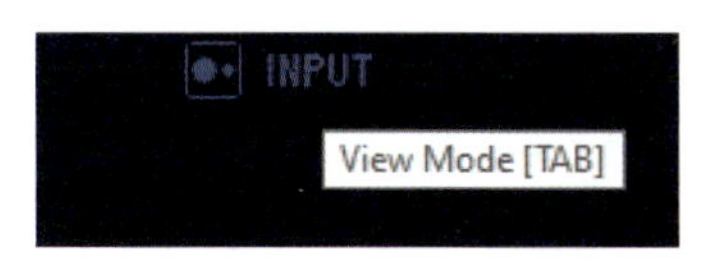

图 12-6　控件按钮提示

在 IzzyMap 窗口中有很多控件按钮，如果您将鼠标指针悬停在控件按钮上（如图 12-6 所示），则会显示该控件按钮的功能提示，其中显示控件按钮的名称和功能快捷键（如果有的话）。（快捷键显示在方括号中，在图 12-6 的示例中，快捷键是 TAB 键。）快捷键的大小写无关紧要；如果快捷键是“M”，按大写“M”键或小写“m”键都起作用。

2. 定义映射切片

您将在 IzzyMap 编辑器窗口的右上方找到映射切片列表，您可以在这里创建、删除和组织您的切片。

位于映射切片列表的左下方有 5 个新增映射切片的按钮。它们分别是添加“New Rectangle Mapper”按钮（矩形切片），“New Triangle Mapper”按钮（三角形切片），“New Composite Mapper”按钮（切片组合），“New Grid Mapper”按钮（网格切片，可建立贝塞尔曲线切片）和删除切片。您可以设定网格切片的网格细分精度，通过贝塞尔曲线的操作手柄调整网格每一个交叉点的位置和变形，从而建立任意形状的映射切片。

定义映射切片就是根据应用的需要新增若干个切片，然后在 INPUT 视图中修改切片的形状和大小，移动切片位置以在原始图像上选取不同区域的图像内容；再切换到 OUTPUT 视图中改变切片的位置、形状和大小，以匹配到投影介质表面。形状和大小改变越大，图像内容变形就越大。

首次双击 Projector Actor 后，IzzyMap 会默认为您提供一个矩形切片。在映射切片列表中单击“Rectangle 1”（矩形）以将其选中。然后，按 Delete 键将其删除，再单击“New Rectangle Mapper”按钮创建 3 个三角形切片。您还可以在右边的切片列表中双击某一个切片条目，即出现编辑状态，您可以为该切片取一个有意义的名称。

您可以通过以下多种方法来操纵这些切片，进一步确定其大小、位置和形状。

（1）在切片内单击并拖动鼠标，可以将其移动；

（2）单击切片的某个点或边缘并拖动鼠标，可以移动该点或边缘；

（3）按住 Shift 单击并选择多个点或边，可以同时移动它们。

选择一个或多个对象后，您可以使用箭头键（向左、向右、向上、向下）将选择对象以一个像素为单位进行精确移动。

(1) 单击并拖动缩放手柄,调整切片的大小;

(2) 单击并拖动旋转手柄,旋转切片。

笔者将左右两个三角形切片旋转了90度成为倒三角形,随意地调整了3个三角形的大小和形状,并让3个三角形映射切片选取源图像中不同的图像内容进行映射。如图12-7所示。

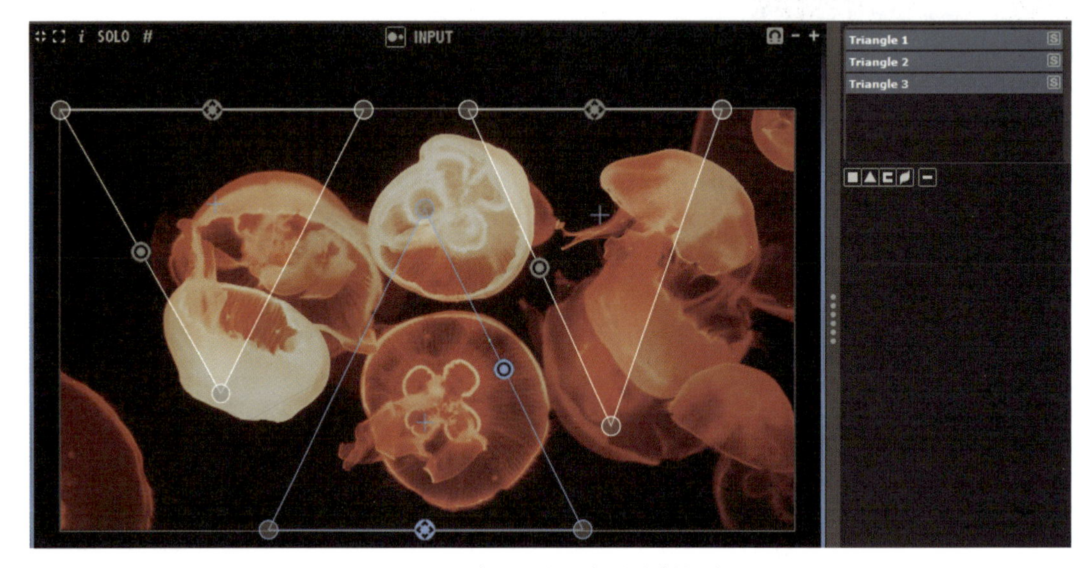

图12-7 建立3个三角形映射切片

如果您需要非常精确地选择定位源图像的内容和位置时,您可以这样操作以缩放视图:使用IzzyMap编辑器右上角的放大按钮,或者按住Option键(Mac)或Alt键(Windows)并使用鼠标的滚轮来放大图像。放大后,您可以轻松调整拐角点,使其与源图像中的拐角精确匹配。

编辑时会发现两个有用的按钮:"Center Selection[C]"(居中选择)和"Center & Expand Selection"(居中并扩展)。居中选择可移动当前选定的一个或多个对象到编辑器视图的居中位置,而不改其缩放比例。居中并扩展选择不但使对象居中,并且缩放其大小,以使所有选定项以最适合的尺寸显示在IzzyMap编辑器视图中。

有两点提示:

(1) 默认情况下,自动对齐功能的按钮处于启用状态。当您移动某个控制点时,系统会自动侦测它与其他点的相对位置关系,自动实现对齐,从而帮助您绘制水平或垂直直线。您可以单击按钮关闭自动对齐的功能。

(2) 在IzzyMap中为了使得映射切片更加醒目,您可以将源图像变暗。使用IzzyMap窗口左下方的下拉弹出菜单选择不同的颜色和强度,如图12-8左下方所示:第一个菜单

"Bkg Color"选择颜色;第二个菜单确定背景的暗化效果。若强度为 0%,背景完全没有淡化效果(如图 12-7 所示);若强度为 100%,背景图像的未映射部分完全隐藏(如图 12-8 所示)。

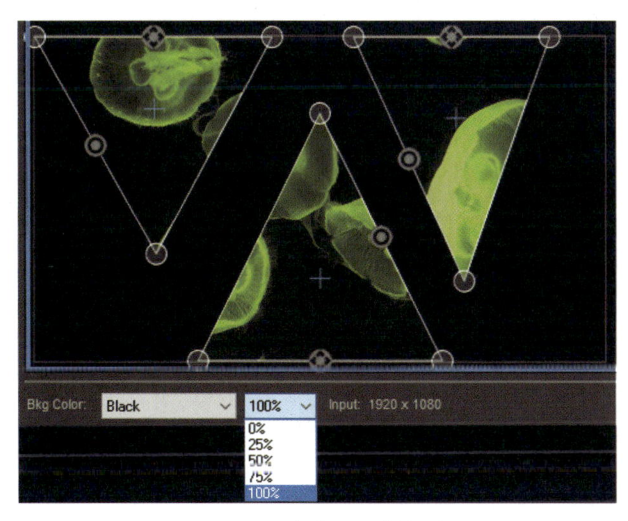

图 12-8 隐藏未映射部分

您可以重复练习建立切片、移动定位切片和改变切片的形状等基本操作来尝试各种可能性。在条件许可的情况下,当您边这样做时,边查看投影仪或第二台显示器上的舞台输出。在输出端,您看到的三角形并没有移动,而是该三角形内的图像正在变化。这是因为输入切片定义了您看到的源图像的那一部分,而它不会改变输出。稍后您将学习如何调整输出的形状。

点击编辑窗口顶部 C 位的视图模式按钮,从当前的 **INPUT** 视图切换到 **OUTPUT** 视图。这时,您可能已经注意到:在 Isadora 的舞台输出中的图像只是 1 个三角形,而不是 3 个。

请记住:调整输入切片对输出切片完全没有影响。输入和输出在位置、大小和方向方面完全独立。由于添加时将每个切片的输出设置为默认位置,因此,3 个三角形都位于同一位置,即 3 个切片完全重合,叠在一起,顶部的 1 个切片遮盖另外两个切片。

现在,移动 3 个输出切片,您可以清楚地看到它们。

(1) 若需要的话,您可以使用视窗顶部右边的缩小按钮(-),使视图显示更多内容。

(2) 将顶部三角形拖离原来的位置,露出下面的三角形。

(3) 对接下来的两个三角形重复上述操作,以便可以清楚地看到所有 3 个三角形。最终得到了如图 12-9 所示的视图内容。

若您的软件版本不同,可能看起来有所不同。重要的是 3 个三角形是分开的,您可以随意地选中整个三角形或某一边或某个顶点,然后拖动调整它们的位置和形状等。

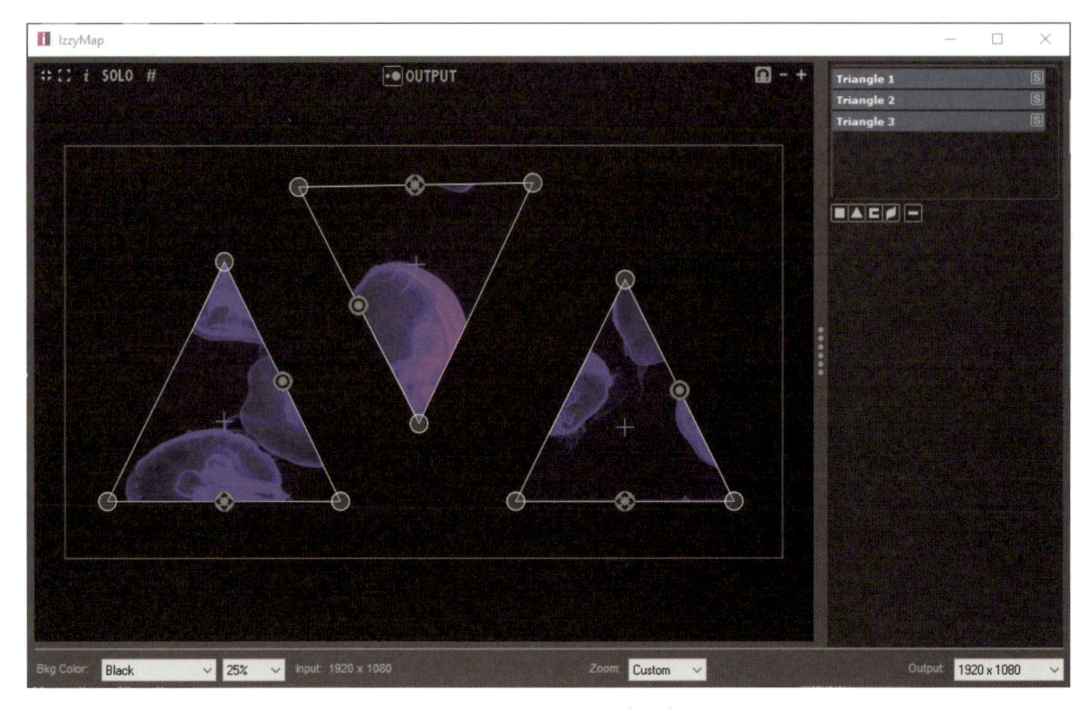

图 12-9　OUTPUT 视图

请注意：视图中最外边的灰色矩形框在输入视图中是不存在的，此矩形代表您的输出设备的大小。默认分辨率为 1920×1080 像素。如果您的高清投影仪或显示器还没有连接到计算机，现在您可以更改其输出分辨率适配显示设备。

(1) 单击 IzzyMap 窗口右下角标有"Output"的弹出菜单。

(2) 选择与投影机或显示器匹配的分辨率。

现在，您可以看到形状与所连接的输出设备的显示之间的关系。

3. 锁定编辑

假设编辑器中有很多切片，在某一时刻，您只想对其中的一个切片进行修改等操作，而其他切片可能会干扰到您的操作，或者您的当前操作可能会无意修改了其他切片。这些都是您不希望发生的事情。事实上，您可以使用 SOLO 功能，锁定对象进行编辑。

(1) 单击切片名称右侧的"S"按钮。它会由浅灰色变成白色，但这时视窗中没有发生任何变化。

(2) 在整个窗口的左上方找到"SOLO"按钮。点击该按钮，您将看到视窗中只有名称右边的"S"为白色的切片可见，而其他名称右边的"S"为浅灰色的切片都消失了。

您单击的第一个"S"按钮(Solo Enable[S])，设置它为待编辑的对象。就其本身而言，它什么也不做。而较大的"SOLO"按钮(Solo Master[M])是 Solo 主操控按钮。当您单击此按钮时，它变成了红色，表示启用了 Solo 功能，则视图中只显示已设置了待编辑（SOLO）对象，反之，“SOLO”按钮为浅灰色，表示关闭了 Solo 功能。如图 12-10 所示，“Left”和“Right”切片为 Solo Enable 状态，“SOLO”为红色表示启用了锁定编辑功能。

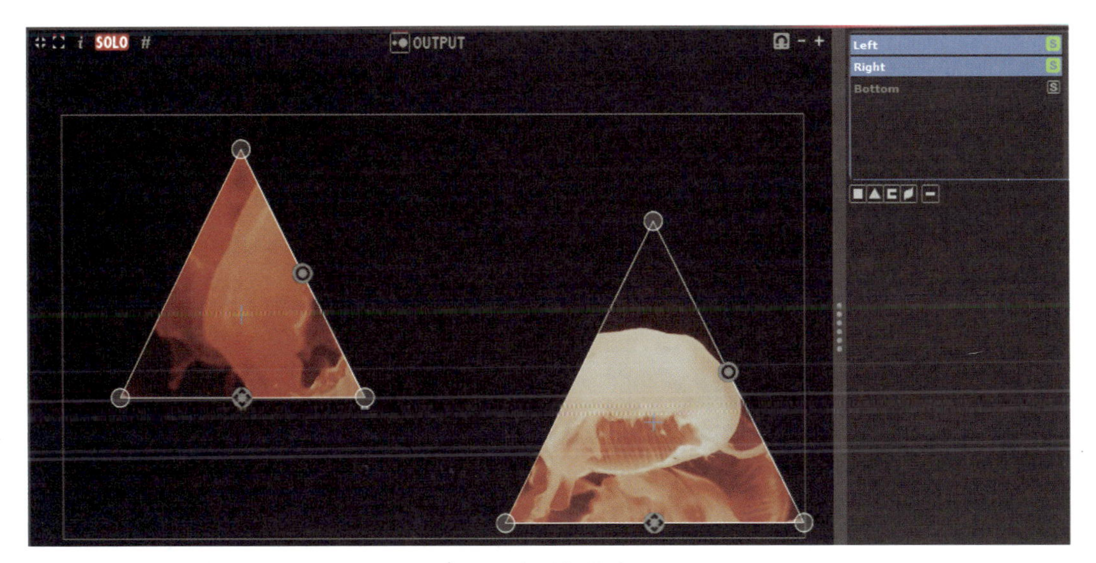

图 12-10 锁定编辑状态（SOLO）

当图像映射变得越来越复杂后，您将经常使用此功能。和 IzzyMap 窗口中的所有按钮一样，“Solo Enable”和“Solo Master”按钮都有快捷方式，分别是 S 和 M。多使用快捷键，可以提高您的操作效率。

4. 映射到投影介质

您已经到了最后一步了。请将您已经做好的四面体固定在一个合适的位置。再准备好一个投影仪，将其连接到您的电脑，然后打开投影仪，并将投影仪射出的光线对准四面体。如图 12-11 所示。

用于接受投影的四面体

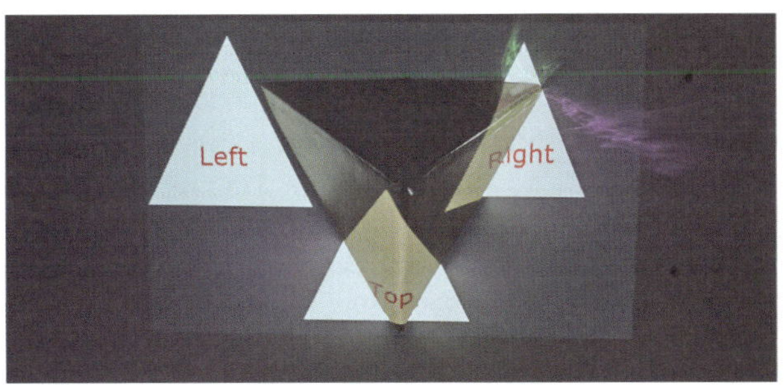

三个切片和四面体的对应关系

图 12-11

为了便于您更容易理解3个切片和四面体上的3个投影介质表面的对应关系，我在3个三角形切片的输出图像上分别叠加提示文本为“Left”“Right”和”Top”。

接下来，将“Left”“Right”和”Top”这3个映射切片分别对应地投影到图12-11的四面体的左边介质面、右边介质面和顶部介质面上。

利用上述SOLO功能，使得“OUTPUT”视图仅仅显示“Left”切片，然后在视图中移动“Left”切片到适当的位置，如图12-12所示。

逐一选择该切片的3个顶点，用鼠标拖动该顶点使其与四面体的左边三角面的顶点一一对齐。然后，您可以再逐一选择切片顶点，使用键盘的4个方向键进行精确对位，直到您满意为止。重复上述步骤，分别将“Right”和“Top”切片与四面体的右三角面和顶部三角面进行映射对齐。这样，3个切片图像内容映射到四面体表面的过程就成功地完成了。如图12-13所示。

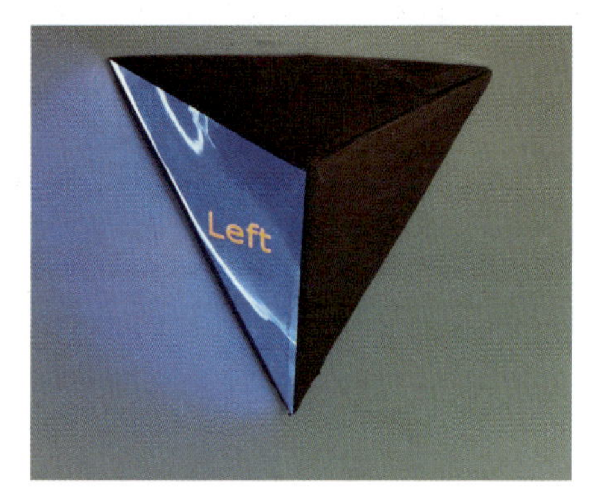

图12-12　锁定单个待映射的切片

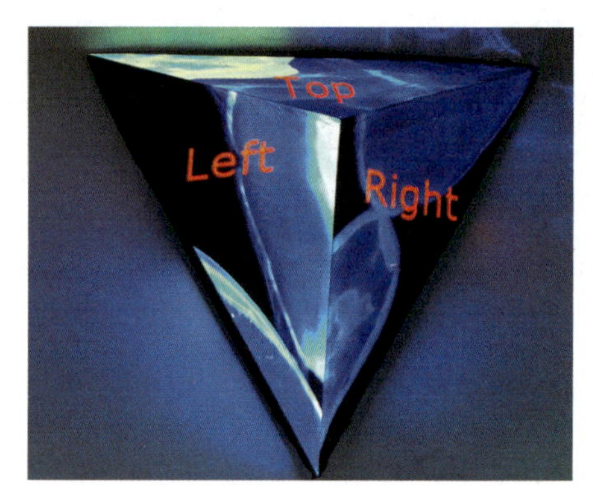

图12-13　切片图像到四面体表面映射的结果

三、复合映射进阶[①]

前面以三角形切片为例讲述了如何建立映射切片，进行四面体投影实验。复合映射方法则是将多个输入子切片组合为单个复杂的输入切片。这是IzzyMap提供的最复杂的映射方法，在处理非直线输入图像方面也是最强大的。

使用一张具有挑战性的轮廓的雕塑照片作为素材，先将其导入Isadora。然后添加Picture Player和Projector Actors以显示该图像。双击Projector Actor以打开IzzyMap。如图12-14所示。

默认情况下，已添加矩形映射方法。由于要使用合成蒙版，您需要删除默认映射并创建新的复合映射。

(1) 在切片列表中单击名为“retangle 1”的项目；

① “Isadora Manual”, https://troikatronix.com.

图 12-14　一张具有挑战性轮廓的雕塑照片

(2) 点击退格键或 Delete 键，以删除映射；

(3) 单击按钮(如图 12-15 中被红色矩形框住的按钮)创建一个新的复合映射“Composite 1”；

(4) 将创建一个默认的子切片，称为“Rectangle 1”。如图 12-15 所示。

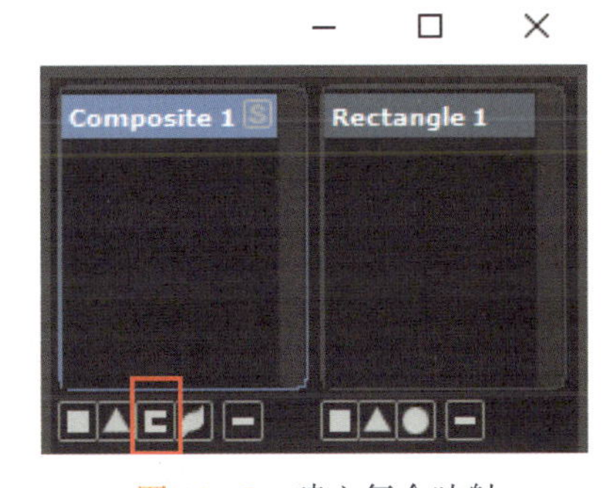

图 12-15　建立复合映射

在此示例中，我们的目标是创建一个切片，以追踪此奇特雕塑的边缘。显然，4 个控制点不足以实现该目标。于是，您需要在任意子切片中添加任意数量的控制点。让我们使用此功能来追踪雕塑的轮廓。

(1) 首先，请确保“Auto Align”(自动对齐)按钮已关闭，并且已选择“INPUT”(输入)作为当前视图。

(2) 将四个角之一拖到雕塑的某个边缘。如图 12-16 所示。按住 Ctrl(Win)或 Option(MacOS)键，并在 IzzyMap 编辑器窗口中移动光标。您会看到一个新点，鼠标沿着现有矩形的边缘移动。

(3) 移动光标，使其靠近刚移到雕塑肘部的位置，然后单击。新点将出现在四边形的边缘。

(4) 如果需要，您可以单击新点以微调其位置。

要勾勒出整个对象的轮廓，只需单击 Ctrl(Win)或 Option(MacOS)键和单击并拖动点即可。尝试跟踪复杂的轮廓时，请不要忘记以下两个重要提示：

（1）缩放提示。要缩放视图，请在该视图上单击，按住 Command 键（MacOS）或 Alt 键（Windows）并转动鼠标的滚轮。如果触控板将两个手指的动作解释为鼠标滚轮的转动，则也可以使用该手势。

（2）滚动提示。要上下左右滚动视图，请按住 Apple 键（MacOS）或 Control 键（Windows），然后单击视图并拖动。

按照上述操作，即可获得勾勒雕塑边缘的结果。如图 12-17 所示。

图 12-16　初调四个角

图 12-17　被勾勒的雕塑

一旦找到满意的轮廓：

（1）单击编辑器窗口中央顶部的查看按钮，以切换到"输出"视图并查看输出切片。

（2）将背景更改为红色，以便您可以更清晰地看到切片轮廓。您现在看到的轮廓应该和图 12-18 所示的类似。

图 12-18　外轮廓勾勒结果

这时，我们可以看到一个瑕疵：雕塑后面和手臂内部的草。要解决此问题，您必须了解复合模式和其他映射模式之间的另一个关键区别。

在右边的子切片列表下方，单击"三角形"按钮以添加一个新的"Triangle 1"子切片来填充框架。如图 12-19 所示。

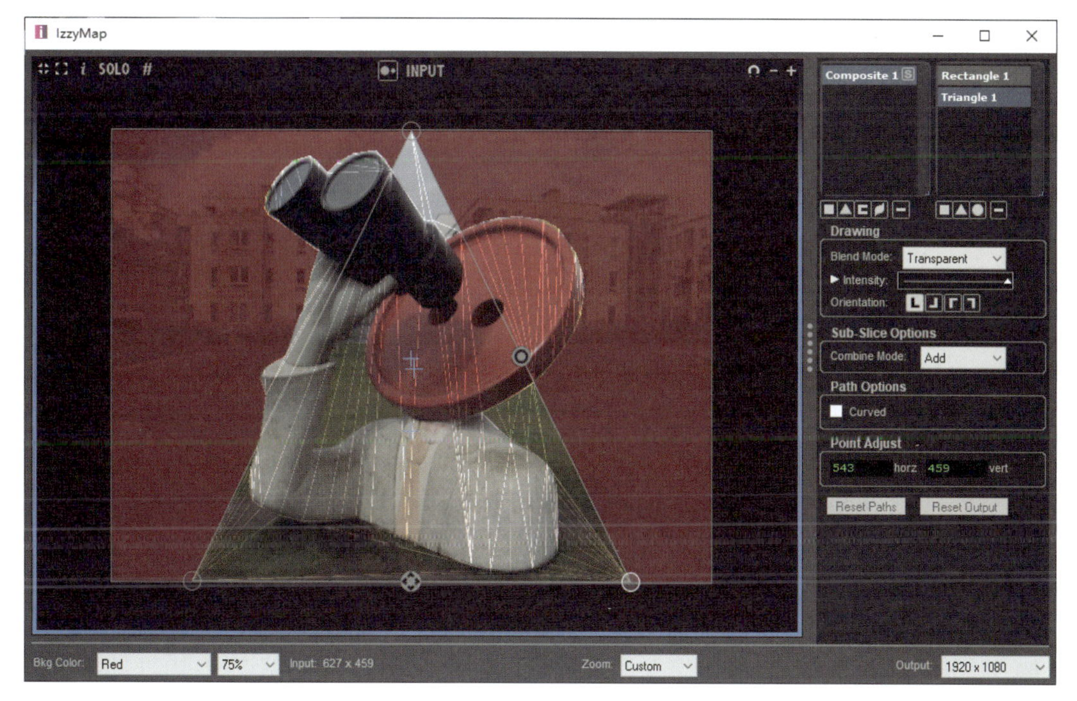

图 12-19　添加一个三角形切片

拖动三角形的 3 个顶点，对应到手背内部。再按照上述方法放大视图，勾选"Curved"以添加更多的控制点，使用贝塞尔曲线控制点来调整点的位置和线条曲率，使其更加贴合手背内部的边缘。如图 12-20 所示。

图 12-20　勾勒手背内部边缘

单击右边切片列表中的“Triangle 1”，在“Sub-Slice Options”区域中选择 Combine Mode(合成模式)为“Subtract”。表示从输出图中减去 Triangle 1 切片中的内容。其中，Combine Mode 有“Add”(叠加)、“Subtract”(减去)和“Invert”(反选)三种模式，这说明有关复合映射的第二个关键点。如图 12-21 所示。

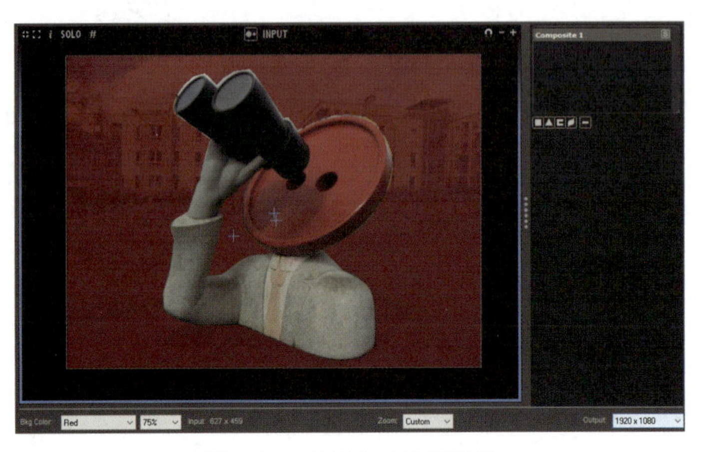

图 12-21　最终复合映射结果

如您所见，现在有了一个非常紧密的遮罩，可以紧贴输入切片的边缘，而且可以轻松地移动、缩放、旋转和重塑映射结果并输出四边形切片，以便将其精确地放置在目标对象上。如图 12-22 所示。

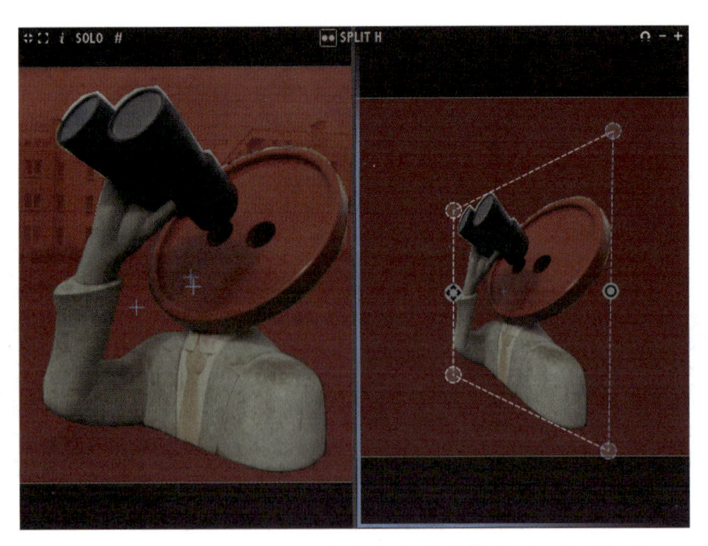

图 12-22　在 OUTPUT 视图中复合映射输出可以任意调整

第十三章

通过协议与外部设备通信

一、MIDI 协议

1. MIDI 简介

MIDI(Musical Instrument Digital Interface 的缩写)是一个技术标准,它描述了一个通信协议、数字接口等,用于连接各种电子乐器、计算机和相关的音频设备,以演奏、编辑和记录音乐[①],该规范是在 1981 年 10 月于纽约市举行的音频工程协会会议上由 Sequential Circuits 公司的 Dave Smith 和 Chet Wood 发表的一篇论文《通用合成器接口》[②]提出的。

MIDI 传输的不是声音信号,而是音符、控制参数等指令,它指示 MIDI 设备要做什么、怎么做,如演奏哪个音符、多大音量等。它们被统一表示成 MIDI 消息(MIDI Message)。它包括一个音符的记号、音高、速度(通常听到的是音量的响度)等。当音乐家演奏 MIDI 乐器时,所有的按键、旋钮的转动和滑块的变化都被转换成 MIDI 数据。一个常见的 MIDI 应用是弹奏 MIDI 键盘或其他控制器,用它来触发数字声音模块(包含合成的音乐声音)产生声音,MIDI 数据可以通过 MIDI 或 USB 电缆传输,也可以录制到音序器或数字音频工作站中进行编辑或播放[③]。

MIDI 控制器是指能够生成并向支持 MIDI 的设备传输 MIDI 消息的任何硬件或软件,通常用于触发声音和控制电子音乐表演的参数。

MIDI 控制器通常不会自己创造或产生音乐声音。MIDI 控制器有某种类型的接口,表演者可以按下、敲击、吹打或触摸。这些动作会产生 MIDI 数据(如演奏的音符及其强度),然后可以用 MIDI 电缆将这些数据传送到 MIDI 兼容的声音模块或合成器(也可以是电脑软件合成器)。声音模块或合成器又会产生声音,并通过扬声器放大。

最常用的 MIDI 控制器是电子音乐键盘 MIDI 控制器,如图 13-1 所示。当琴键被弹奏

① Andrew Swift (May 1997), "A Brief Introduction to MIDI", *SURPRISE*, *Imperial College of Science Technology and Medicine*, Archived from the original on 30 August 2012, Retrieved 22 August 2012.

② *MIDI History*, Chapter 6, "MIDI Is Born 1980 - 1983", www.midi.org, Retrieved 18 January 2020.

③ David Miles Huber (1991), *The MIDI Manual*, Carmel, Indiana: SAMS, 1991.

时，MIDI 控制器会发送有关音符的音高、弹奏的力度和持续时间的 MIDI 数据。其他常见的 MIDI 控制器还有吹管控制器(乐手对着吹管和按键来传输 MIDI 数据)以及电子鼓。

图 13-1　带键盘的 MIDI 控制器(图片来自网络)

MIDI 控制器还可以是拥有任何数量的滑块、旋钮、按钮、踏板和其他传感器。如图 13-2 所示。

图 13-2　MIDI 控制器(APC40，Nano CONTROL2 和 NanoPad2)

虽然 MIDI 控制器最常见的用途是触发乐音和演奏乐器，但 MIDI 控制器也可用于控制其他 MIDI 兼容设备，如舞台灯光、数字音频混音器和复杂的吉他效果器等。

2. Isaodra 的 MIDI 输入和输出

Isadora 有一个完整的 MIDI Actor 类，允许通过 MIDI 消息进行交互式控制。但在使用这些 Actor 之前，您必须将 Isadora 配置成 MIDI 输入和输出。

首先，您必须有一个 MIDI 接口硬件，并将 MIDI 设备连接到电脑上。若操作系统不能自动识别该硬件设备，您还必须按照要求安装此设备对应的驱动程序，才能在 Isadora 中看到此设备。

目前，MacOS 和 Windows 10 系统提供了常见的 MIDI 控制设备的驱动程序，不需要安装驱动程序，即可识别这些设备。若是比较特别的设备，您可以从接口制造商的网站上下载，并按照提供的说明安装驱动程序。在安装这些驱动程序后，可能需要再次重启计算机。

确保 MIDI 接口已经连接到电脑上。然后启动 Isadora，选择“Communications>Midi Setup...”。将出现一个对话框，如图 13-3 所示。输入输出 MIDI 端口会自动显示在

Isadora 的 MIDI 设置对话框中。在这个窗口中，您可以决定您的 MIDI 接口上的物理输入和输出将如何与 Isadora 的 MIDI 输入和输出端口相关联。

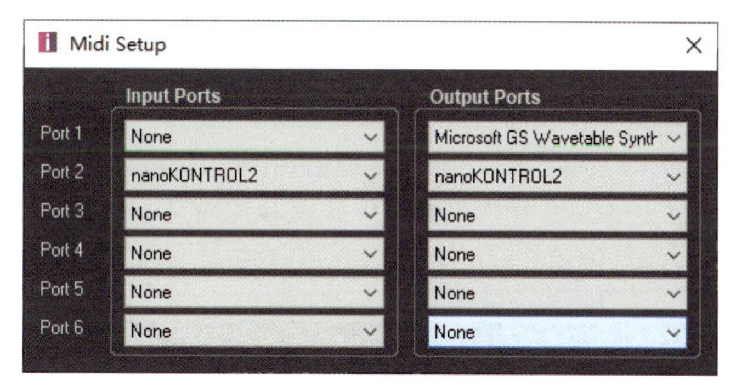

图 13-3　Midi Setup

(1) 关联物理输入与 Isadora MIDI 输入。

如果您想从 MIDI 接口上的某个端口接收 MIDI 输入，请执行以下操作步骤：

① 选择一个未使用的 Isadora MIDI "Input Ports"(输入端口)来接收 MIDI 数据——Port 1 到 Port 6。

② 单击该端口名称右侧的弹出菜单(在"Input Ports"标题下)。

③ 在弹出的菜单中，您将看到一个可用的物理输入端口的列表。选择您的 MIDI 接口需要连接的物理输入，并释放鼠标。

④ 选择"Windows>Show Status"来显示状态窗口。让您的 MIDI 设备发送数据到输入端口(如果您有一个 MIDI 键盘，按键盘上的键)。如果一切正常，您应该会看到其中的一个与您在步骤 1 中选择的端口相关联的指示器在 MIDI 数据进来时闪烁。

如果您没有收到任何 MIDI 数据，请检查以下内容：

① 确保您已经将设备的 MIDI 输出连接到您的物理接口 MIDI 输入，检查您的 MIDI 电缆是否正常工作。

② 如果您的 MIDI 接口上有一个能显示 MIDI 数据正在被传送的指示器。请确保当您的设备在发送 MIDI 数据时，这个指示器在闪烁。

③ 请检查您在 MIDI 设置对话框中选择的物理输入是否与您的设备相匹配。

(2) 关联 Isadora MIDI 输出与物理输出。

如果您想把 Isadora MIDI 输出送到物理接口的某个输出端口，请执行以下操作：

① 选择一个未使用的 Isadora MIDI 输出端口——Port 1 到 Port 6(Isadora 的 MIDI 输出 Actor 将向这个端口输出 MIDI 数据)。

② 单击该端口名称右侧的弹出式菜单(在"Output Ports"标题下)。

③ 在弹出的菜单中，您将看到可用的物理输出端口列表。选择您的 MIDI 接口需要连接的物理输出，并释放鼠标。

(3) MIDI 时间码(Timecode)。

Isadora 3 支持 MIDI Timecode(MTC)的输入,以实现同步和准确的时间。

一旦您通过“Communications>MIDI Setup...”,并选择您的 MTC 信号源,您就可以使用“MTC Reader”Actor 读取从 MTC 信号源传入的 MTC 的数据,“MTC Movie Locker”Actor 可以将电影文件的播放锁定到传入的 Timecode 上。

当您处理 Timecode 数据时,您还可以使用“Timecode Comparator”“Timecode Calculator”和“MTC Compare”等 Actor 进行计算和比较 Timecode 数据等任务。如图 13-4 所示。

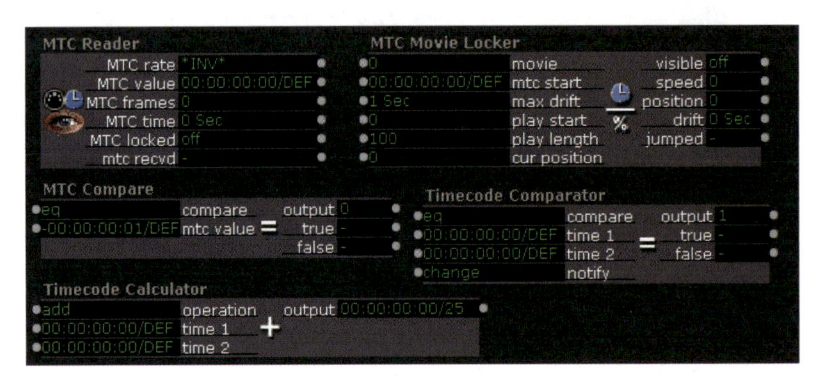

图 13-4　MTC 相关的 Actor

① 时间码显示。

时间码将显示在 Isadora 主窗口右下方的状态栏中。如果没有接收到时间码,或者接收到无效的时间码时,显示“--:--:--:--”;若接收到有效的时间码,则显示当前的时间码。

如果接收到有效的 MTC,则显示当前的时间码输入。

时间码除了以“小时:分钟:秒:帧”格式显示外,时间码值还有一个内部字段,表示时间码率。对于一个新的 Actor 来说,所有时间码值的速率设置为“文档默认”,这个速率可以在显示时间码状态栏的右侧的弹出菜单中选择不同的速率。

② 时间码数据类型

时间码是一种数据类型,类似浮点数、整数、字符串等。它是一种工业标准格式 HH:MM:SS:FF(小时:分钟:秒:帧)。Isadora 支持 8 种时间码帧率,分别为:23.976、24、25、30 Drop Frame (29.97)、30、50、59.94 和 60。

时间码数据类型可以方便地转换成其他数据类型:

如果您把一个时间码输出连接到一个浮点数输入,该值就会被转换为秒;

如果您把它连接到一个整数输入,该值就会被转换为帧;

如果您把它连接到一个字符串输入,它将被转换为“HH:MM:SS:FF”字符串。

③ 输入时间码值

输入时间码值时,逗号或分号可以作为分隔符使用。输入举例如下:

30，0＝00:00:30:00

，1，30，＝00:01:30:00

1，1，30，0＝01:01:30:00

30，15＝00:00:30:15

2，45，7＝00:02:45:07

2，，0＝00:02:00:00

2，，15＝00:02:00:15

添加一个正向斜杠来指定帧率。

30，0/3＝00:00:30:00/30

45，0/6＝00:00:45:00/60

④ 时间码同步

若使用时间进行同步，最好确保所有的视频媒体都使用与输入 MIDI 时间码相同的帧率。

如果您使用不匹配的帧率，时间码比较器应该可以胜任这项任务。例如，00:00:00:05/30（以每秒 30 帧运行的电影中的 5 帧）等于 00:00:00:10/60（以每秒 60 帧运行的电影中的 10 帧），所以，这个时间码比较器将在正确的时间触发。只要记住，30 fps 的电影的 30 秒 15 帧和 60 fps 的电影的 30 秒 15 帧是不一样的！

（4）MIDI 控制器。

在舞台演出项目或者 VJ 演出中，您可能会经常使用 MIDI Controller（控制器），如前面所示的 Nano Control 2 或者 APC40，它可以用于演出现场实时控制声音的大小、输出屏幕的淡入淡出控制、不同场景切换、不同音视频效果切换等。物理键盘使用起来非常方便，也非常符合演出现场的一些操控习惯。

首先，对照图 13-3 所示，确保在 Input Ports 的某一个端口（如图 13-3 中 Port 2）选择 Nano Control 2（具体步骤详见前面章节的描述）。然后，您可以在 Actor 编辑器中添加"Control Watcher"Actor，设置其"port""channel"等输入属性值，用于指定该 Actor 监听某一个端口的某一个指定通道的数值，否则，它将监听来自 port 1—16 的 1～16 个 channel 的数值。如图 13-5 所示。

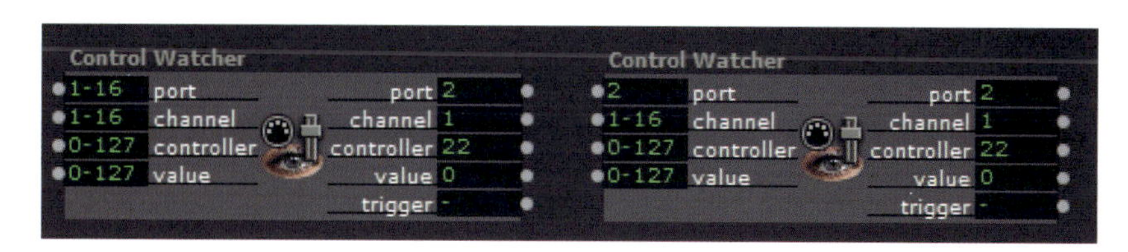

图 13-5 MIDI 控制器监控 Actor

Isadora 网站上提供了 DX-Korg nanoKontrol 2（User Actor），该 Actor 预先建立好了 Nano Control 2 上所有滑块和按钮等的映射，让您在 Isadora 中使用它时非常简单。

首先，您需要从官网上下载它，并将它放入指定的目录下（User Actor 的使用方法详见第十四章)。重启 Isadora,打开 MIDI 设置,设置好它的"port IN"和"port OUT"(如图 13-3)。然后,将它放置到您的 Actor 编辑器中,您可以通过该 User Actor 读取控制器上的任意一个旋钮、滑块和按钮。其输出属性 knob(旋钮)和 slide(滑块)的值是介于 0～127 的整数值,其他输出属性值皆为 on/off(1/0)。如图 13-6 所示。

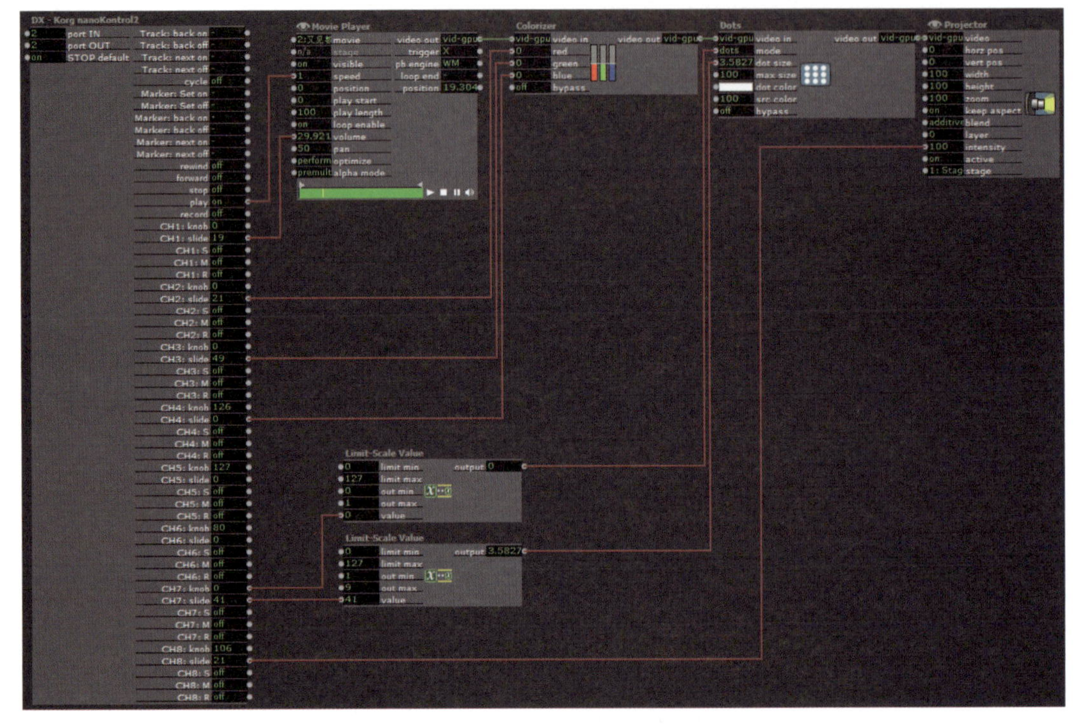

图 13-6　Nano Control 2 User Actor 及应用

根据创作需要,您可以将该 User Actor 的输出直接连接到其他 Actor 的输入属性上,或者先进行数值的缩放映射后再连接到其他 Actor 的输入属性上。从而实现通过 Nano Control 2 实时控制 Actor 的参数值,带来视频特效的实时变化。例如,将其 play 属性值映射成 Movie Player 的 speed 值 0/1,控制视频播放与暂停;将其"CH7:knob"属性值通过 limit-scale Value Actor 将 0～127 映射成 Dots Actor 的 mode 的值 dots/boxes,用第 7 通道的旋钮控制圆点/方块效果间的切换;将其"CH7:slide"属性值通过 limit-scale Value Actor 将 0～127 映射成 Dots Actor 的 dot size 的值为 1～9 之间,用第 7 通道的滑块控制圆点或方块效果的大小。

二、OSC 协议

1. OSC 的概述

OSC(Open Sound Control,开放式声音控制)是一种用于将声音合成器、计算机和其他多媒体设备联网的协议，用于音乐表演或节目控制等目的。OSC 的优点包括互操作性、准确性、灵活性及增强的组织和文档[①]。它允许两个软件之间相互通信，也可以在同一个软件上进行。

OSC 是由 Adrian Freed 和 Matt Wright 在 CNMAT 开发的一种内容格式，可与 XML 或 JSON 相媲美[②]。它最初的目的是为了在乐器(特别是电子乐器如合成器)、计算机和其他多媒体设备之间共享音乐表现数据(手势、参数和音符序列)。OSC 有时被用来替代 1983 年的 MIDI 标准，因为它有更丰富的参数空间等优势。OSC 信息在互联网上和本地子网内使用 UDP/IP 和以太网进行传输。手势控制器之间的 OSC 消息通常通过 SLIP 协议包装的 USB 串行端点传输。

既然 OSC 是一种网络协议，要向另一台计算机上的应用程序发送数据，您需要知道目标的 IP 地址。此外，OSC 应用程序还“监听”特定端口上的消息。端口号的范围是 1～65535。因此，您必须知道这两个号码，才能向远程计算机上的另一个应用程序发送 OSC 数据包。

如果您要在同一台计算机上运行的两个程序之间传输数据，可以使用特殊的地址 localhost(IP 地址为 127. 0. 0. 1)来表示数据将在本地传输。

如果您打算在两台电脑之间发送 OSC 数据包，就要确保两台电脑都被分配了一个有效的 TCP/IP 地址。

Isadora 支持解析和发送 OSC 消息。当从另一台电脑发送 OSC 消息时，您需要使用目标机器的 IP 地址(例如：192. 168. 1. 121)、UDP 端口号以及 OSC 地址(例如：/isadora/1)来定义 OSC 消息的去向；类型标签必须与数据一起发送，这样 Isadora 才能接收数据包并正确解释它们。

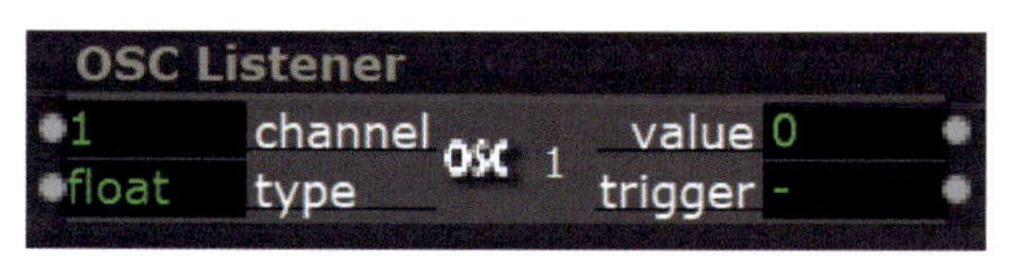

图 13-7　OSC 监听(接收)Actor

一个地址对应一个频道(channel)，Isadora 的 OSC Listener Actor 将监听这些频道，根据地址的设置选择接收信息或忽略该信息。如图 13-7 所示。

在图 13-7 中，如果通道被设置为 1，那么发送到“/isadora/1”OSC 通道上的消息将被该监听者看到。“type”为消息的类型，当它被设置为 float 时，输出类型为浮点数。当设置为整数时，输出的将是一个整数。当它被设置为文本时，输出的将是文本。请注意，如果您将选择一个整数，而另一个应用程序发送一个浮点数，该部分小数点后的数字将被丢弃。输出属性“value”表示：当在输入指定的通道上收到一个值时，它将从这个输出中发送出来。“trigger”表示：每当一个值被输出时，就会发送一个触发器。

---

① “Introduction to OSC”, http://opensoundcontrol. org, Retrieved 22 December 2019.

② “Open Sound Control|CNMAT”, https://cnmat. berkeley. edu, Retrieved 22 December 2019.

Isadora 还有 OSC Multi Listener Actor，可以同时监听多重输入，例如地址为/isadora-multi/1 到/isadora-multi/4。在这四个端口上，您可以发送一个包含多个浮点数或整数的消息。同样地，类型标签必须与这些消息一起发送，否则，会导致消息被忽略。单个值将被依次发送到一定范围内的 OSC 输入端口。例如，如果一个由 4 个浮点数组成的消息：

5. 0 525. 2 1. 234 5. 869(类型标签 = ffff)

它被发送到/isadora-multi/1，OSC 监听 Actor 的通道设置为 1、2、3、4 分别会收到 5. 0、525. 2、1. 234、5. 869。如图 13-8 所示，如图左设置起始地址“basechan”为 1，“type”为 float，则 4 个浮点数依次发送到通道 1～4；如图右设置起始地址“basechan”为 100，“type”为 interger，则 4 个整数依次发送到通道 100～103。

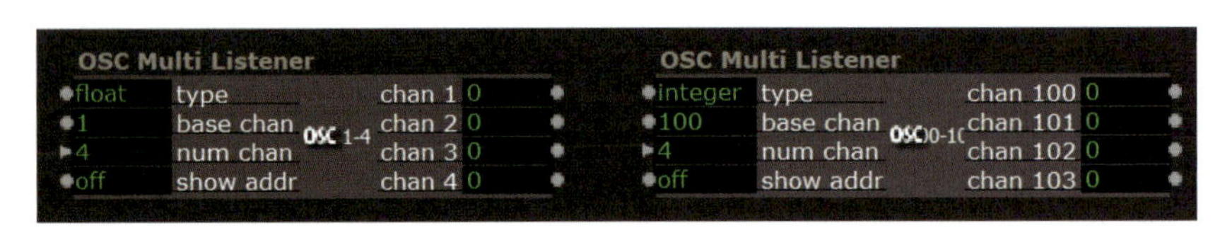

图 13-8　OSC 多重数据监听 Actor

2. Isadora 中 OSC 偏好设置

若让 Isadora 与其他软件进行通信，需要知道运行 Isadora 的主机的 IP 地址和 OSC 端口号。您可以打开 Isadora 的偏好设置，查看本机的 IP 地址和当前的 OSC 端口号，您也可以修改 OSC 的端口号。如图 13-9 所示，在“Midi/Net”面板中，当前 OSC 的 IP Port

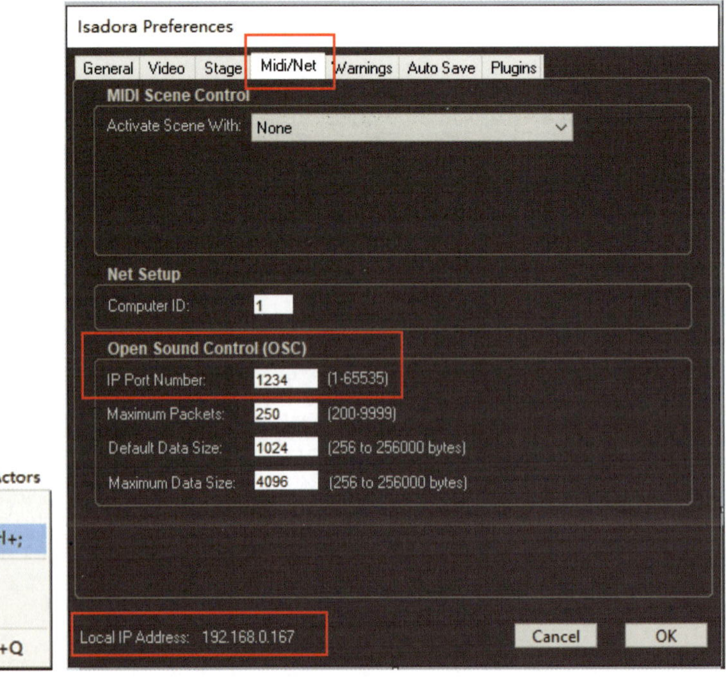

图 13-9　Isadora 的 OSC 偏好设置

Number(端口号)为1234,您可以根据您的需要修改为1～65535的任意数值;在面板的底部,您可以看到本机的IP地址(Local IP Address)为192.168.0.167。

3. OSC通信

OSC通信有三种常见的应用情况:一是两个电脑中支持OSC通信的软件之间通信;二是同一个电脑的不同软件之间通信;三是智能终端安装相关的OSC App(TouchOSC或ZIG SIM等)与电脑支持OSC通信的电脑软件(Isadora、Touchdesigner和VVVV等)进行通信。下面以TouchOSC和Isadora之间的通信为例,介绍如何进行相关设置和操作。

(1)安装TouchOSC App。

TouchOSC是一个非常好的跨平台移动终端App,它是用于OSC和MIDI(通过TouchOSC Bridge桥接OSC转换MIDI信号实现,若需要了解,请详见其官网说明)全模块化触摸控制界面,可以实时控制任何能接收OSC信息的设备。它还可以定制化移动终端的控制界面(UI)。如图13-10所示。

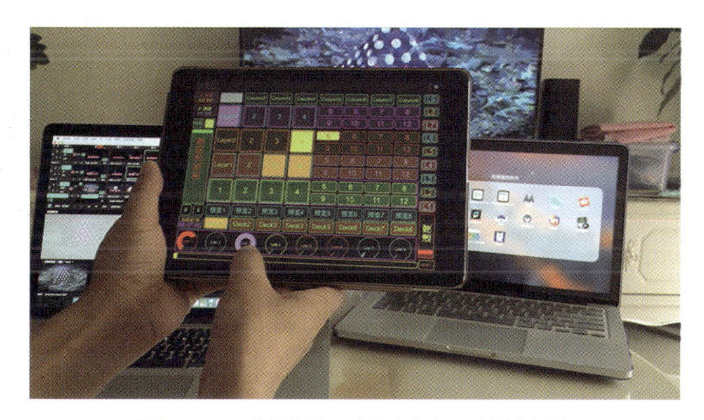

图13-10　通过TouchOSC App控制电脑

您可以访问TouchOSC的官网(https://hexler.net/products/touchosc)下载TouchOSC Editor,设计自己的控制界面(Layout)。如图13-11所示。

(2)设置TouchOSC App。

为了实现移动终端与电脑OSC通信,假定您已经按照上面的步骤安装好了TouchOSC App。首先运行App,App启动后,出现设置界面,如图13-12(左边)所示。

点击图13-12中"OSC"(上面的红色框标识部分),即可进入图13-12(右边)所示的界面。正确理解和设置该界面中的几个参数非常重要,这直接关系到您后面是否能正确接收或发送OSC信息。对照图13-12(右边)进一步解释如下:

① Host:指移动终端发送目标设备的主机IP地址(本案例中是指运行Isadora软件的机器的IP地址,如192.168.0.167,如图13-9右所示)。

② Port(outgoing):指移动终端发送OSC信息端口号(该端口号与前面Isadora接收

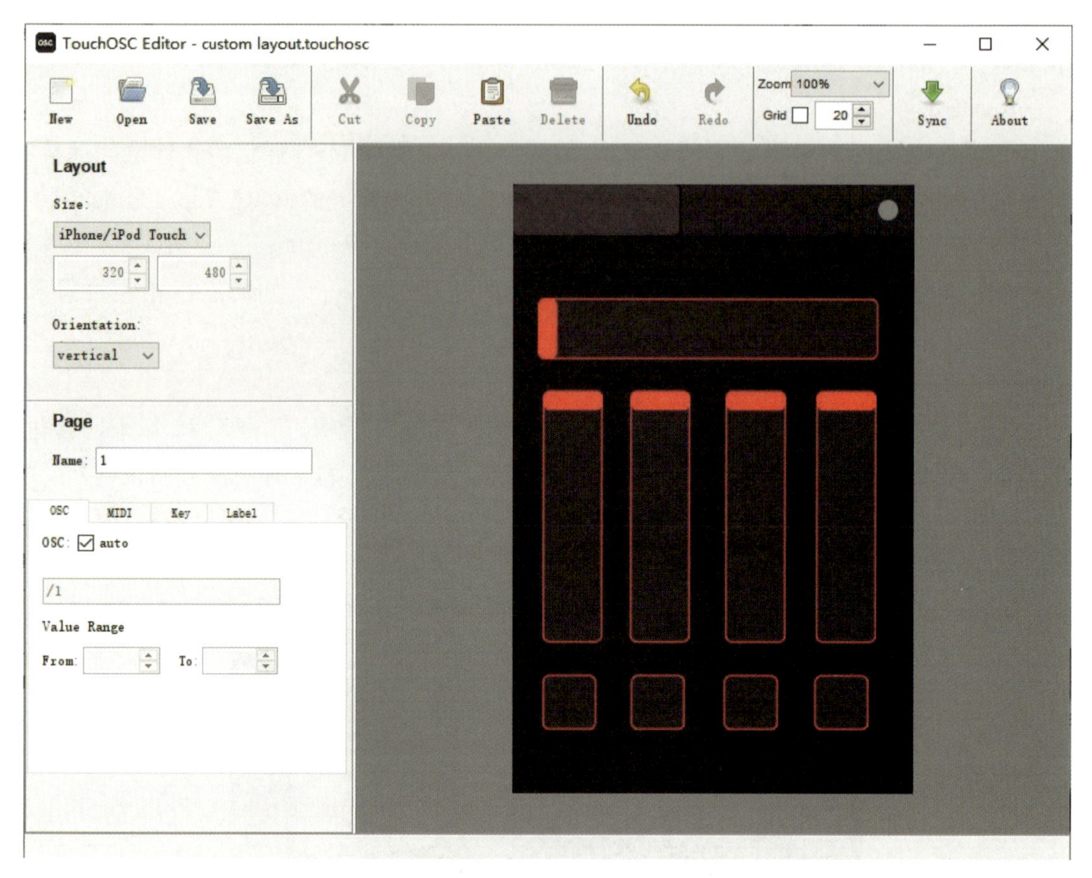

图 13-11　定制您的 Layout

OSC 信息端口号一致，如图 13-9 右所示。目前端口号为 1234，您可以修改它，但必须保证两者的数值一样）。

③ Port(incoming)：指移动终端接收 OSC 信息端口号(TouchOSC App 既可以发送 OSC 信息，也可以接收 OSC 信息反馈。若 Isadora 将反馈给 TouchOSC App 时，则可以将 OSC 信息发送到指定端口号 9000）

④ Local IP Address：指移动终端的 IP 地址(需要注意两点：一是您必须确保运行 Isadora 软件的电脑和运行 TouchOSC App 的移动终端连接到同一个网络上，笔者测试的两者都是连接在“192. 168. 0. X”网段上。在您实际使用中，只要保证两者的网络地址的前 3 个数字相同即可；二是当您在电脑端通过 Isadora 将 OSC 信息发送给移动终端时，需要填写移动终端的 IP 地址，如：192. 168. 0. 145)。

从图 13-12 右边界面返回到图 13-12 左边界面，点击“Layout”(下面的红色框标识)，即显示如图 13-13 所示的界面。

在图 13-13 所示的界面中，您可以点击“Add from Editor”，与上述运行 TouchOSC Editor 软件的电脑网络同步，将 TouchOSC Editor 定制的 Layout 同步到移动终端的

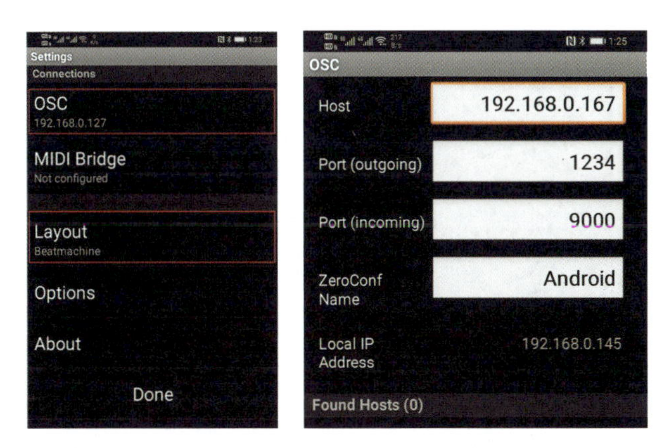

图 13-12　TouchOSC App 设置

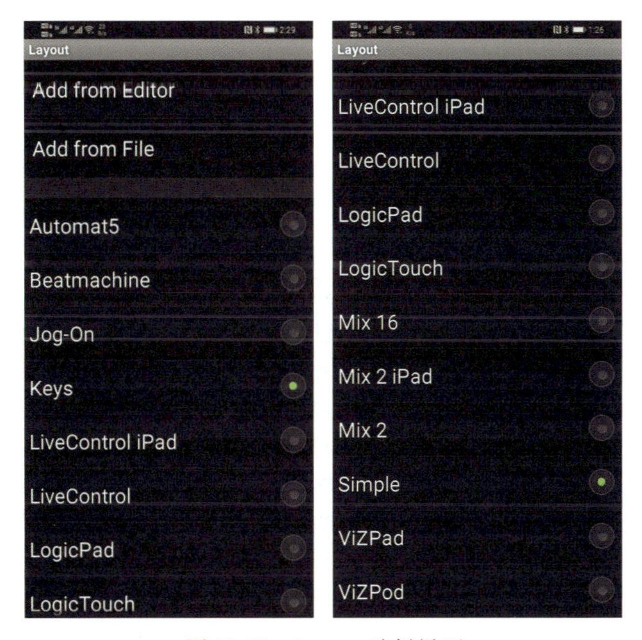

图 13-13　Layout 选择界面

Layout 列表中，若同步成功，您将在图 13-13 下面的列表中找到您自己定制化的 Layout 名称。为了简便起见，我们直接从 App 预先提供的 Layouts 列表中选择"Simple"，然后逐层返回到图 13-12(左边)所示的界面，并点击"Done"按钮，如图 13-14 所示(图中的红色框是为了讲述方便在截图时额外添加的)。

您看到的图 13-14 的左右分别为 Simple Layout 的两个不同的控制页面(page)，该 Simple Layout 一共有 4 个 pages，您可以点击图 13-14 左边红色框内的四个暗灰色方块选择当前的页面。点击图 13-14 的左边一个小的红色标识框内部有个灰白色圆点部分，您可以进入 TouchOSC App 的设置界面进行设置。

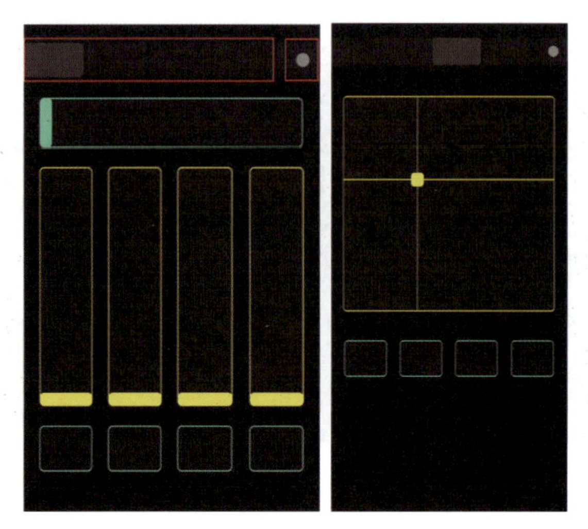

图 13-14　TouchOSC App 控制 UI

（3）Isadora 与 TouchOSC 通信。

运行 Isadora，并点击菜单“Communications＞Stream Settings...”，将出现一个数据流的设置窗口，如图 13-15 所示。

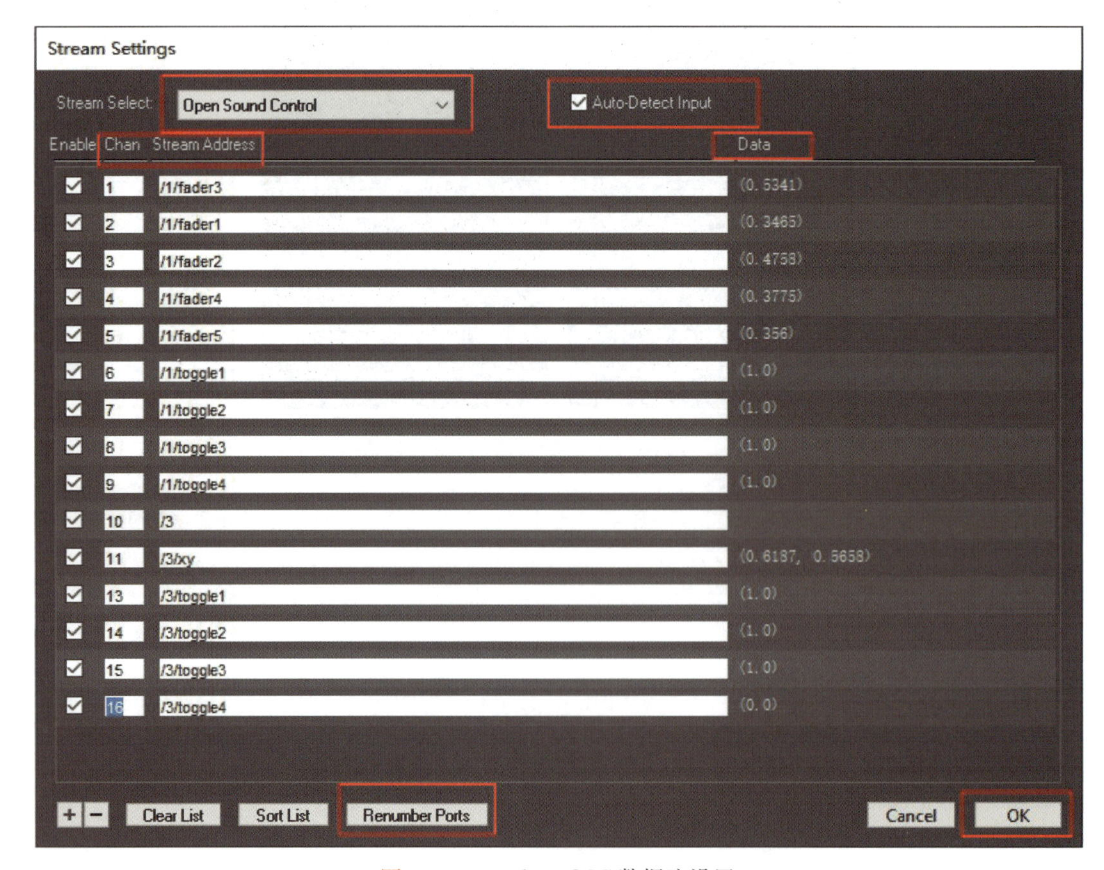

图 13-15　Isadora OSC 数据流设置

首先，确保选择“Stream Select”为“Open Sound Control”，然后勾选“Auto-Detect Input”。这时，您在打开的移动终端的 TouchOSC App 界面上，任意滑动某个滑杆或触摸某一个按钮，设置切换到另一个页面进行触摸相应的 UI 元素。在触摸按钮或滑动推杆时，您可以观察到图 13-15 中可能会增加一行，并可以看到该行最后边的“Data”列的数据实时变化。点击窗口下面的“Renumber Ports”按钮，对已检测到的数据进行编号，如图 13-15 中的“Chan”列。为了便于在后续的 Isadora 代码中使用这些数据，下面对照图 13-15，就窗口中的一些信息进一步解释如下：

① Auto-Detect Input：勾选该复选框，Isadora 将自动解析发送给它的 OSC 信息，将 OSC 地址和数据分开；

② Enable：Enable 的勾选决定在 Isadora 中 Actor 是否可以接收到该行 OSC 信息。

③ Chan：指该 OSC 信息所在的频道(Channel)，Isadora 的“OSC Listener” Actor 是从指定的频道中侦听 OSC 数据的。若该 OSC 信息包含多个数据，则这里的 Chan 数值为“OSC Multi Listener” Actor 的起始频道(Base Channel)。

④ Stream Address：指接收到的 OSC 信号的地址，与移动终端的 TouchOSC App 的 Layout 的元素的 OSC 地址相对应。如“/1/fader3”，其中的“/1”表示第 1 个页面，“/fader3”表示第 3 个滑杆；OSC 地址都是以“/”开始。又如，“/3/xy”表示第 3 页面中的 2D 滑块，同时发送滑块的 x，y 坐标值。

⑤ Data：指从 OSC 信息中解析出来的数值，视情况不同，有 1 个数值、2 个数值或 3 个数值等。需要注意的是，一个数值对应一个不同的“Chan”，也就是说，若 Data 列中出现了 3 个数值，则这 3 个数值分别对应一个不同数值的 Chan。如图 13-15 所示，“Chan”列为 11 的 OSC 信息中有两个数值，占用了“11”和“12”两个频道，因此，下一个数据的频道是“13”。通常情况下，这些 Chan 编号可以通过点击“Renumber Ports”按钮自动完成，您只要知道 Chan 列的编号规律就好，以便于在后续的 Isadora 编程中更容易理解和正确操作。

细心的您可能注意到了，当移动终端的 TouchOSC App 与电脑的 Isadora 软件间进行 OSC 信息传递时，TouchOSC App 向 Isadora 发送数据，则您会看到 TouchOSC App 界面的上方右边(如图 13-14 所示的两个用于标识的红色方框中间部分有两个上下排列的小矩形方块)有个小方块显示为绿色，并且在不停地闪烁；当 Isadora 向 TouchOSC App 反馈数据时，下面的小方块显示为红色，也不停地闪烁。这种提示信号，也可以用于您观测两者间 OSC 信息传送是否工作正常。

(4) Isadora Actor 接收和发送数据 Actor。

Isadora 与 OSC 相关的 Actor 有 4 个，分别是 OSC Listener、OSC Multi Listener 两个监听接收 OSC 信息的 Actor 和 OSC Transmit、OSC Multi Transmit 两个向其他对象发送 OSC 信息的 Actor。如图 13-16 所示。

使用监听 OSC 信息的 Actor 时，一定要注意对照图 13-15 Chan 列中的频道编号。想

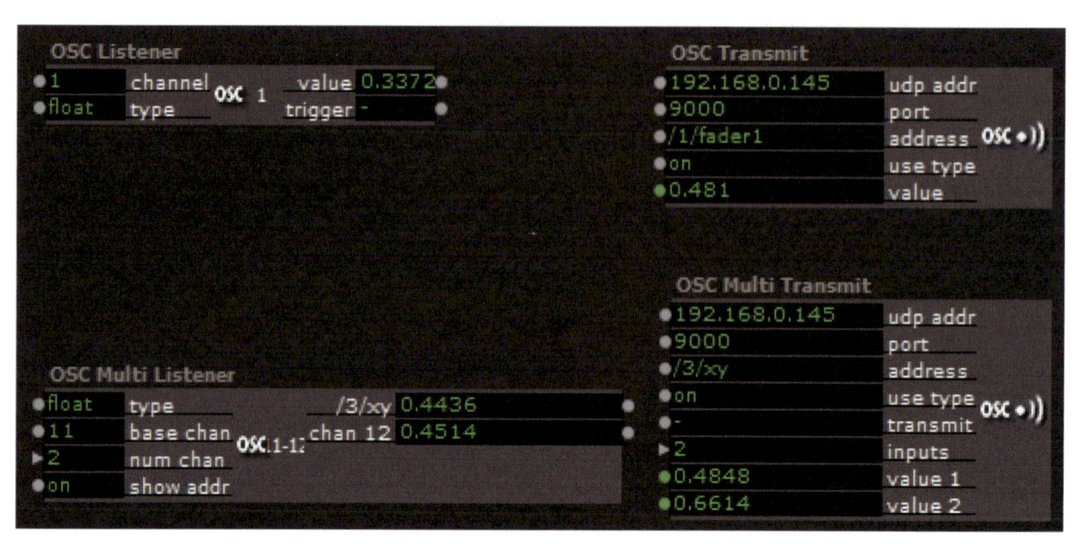

图 13-16　Isadora 的 4 个 OSC Actors

监听一个频道数据，则将频道的编号填写到 OSC Listener Actor 的 channel 属性中；想同时监听多个频道数据，则将起始频道的编号填写到 OSC Multi Listener Actor 的 base chan 属性中，例如，图 13-16 中 OSC Multi Listener 的 base chan 为 11，对应图 13-15 中的“/3/xy”。另外，若要使用 Isadora 发送 OSC，则需要在 udp addr 属性中填写目标对象（移动终端）的 IP 地址和接收 OSC 信息的端口号，如图 13-16（右边）所示，移动终端的 local IP Address 为 192. 168. 0. 145 和 incoming port 为 9000。

三、人机界面设备输入

人机界面设备通常是通过 USB 连接到电脑的硬件设备。Isadora 支持来自人机界面设备（HID）的输入。常见的 HID 包括键盘、鼠标、操纵杆、触控板、图形显示器等。

您在使用之前，请将 HID 设备连接到您的电脑上。每当收到来自 HID 输入列表的消息时，Isadora 就会将项目添加到 HID 输入列表中。具体操作如下：

① 选择“Communications>Stream Settings...”。

② 单击“Stream Select”弹出式菜单，选择“Human Interface Device（HID）”（HID 选项）。

③ 大多数情况下，请保持“Ignore Mouse”（忽略鼠标选项）的开启。否则，鼠标的移动会将项目添加到列表中。如果您需要鼠标输入，请关闭此选项。

④ 打开“Auto-Detect Input”（自动检测输入）选项。

⑤ 当您触摸传感器或点击 HID 设备上的开关时，列表中会出现一个新的项目，您将可以看到每一个设备上的输入。所有的输入端口号都默认为 0。如图 13-17 所示。

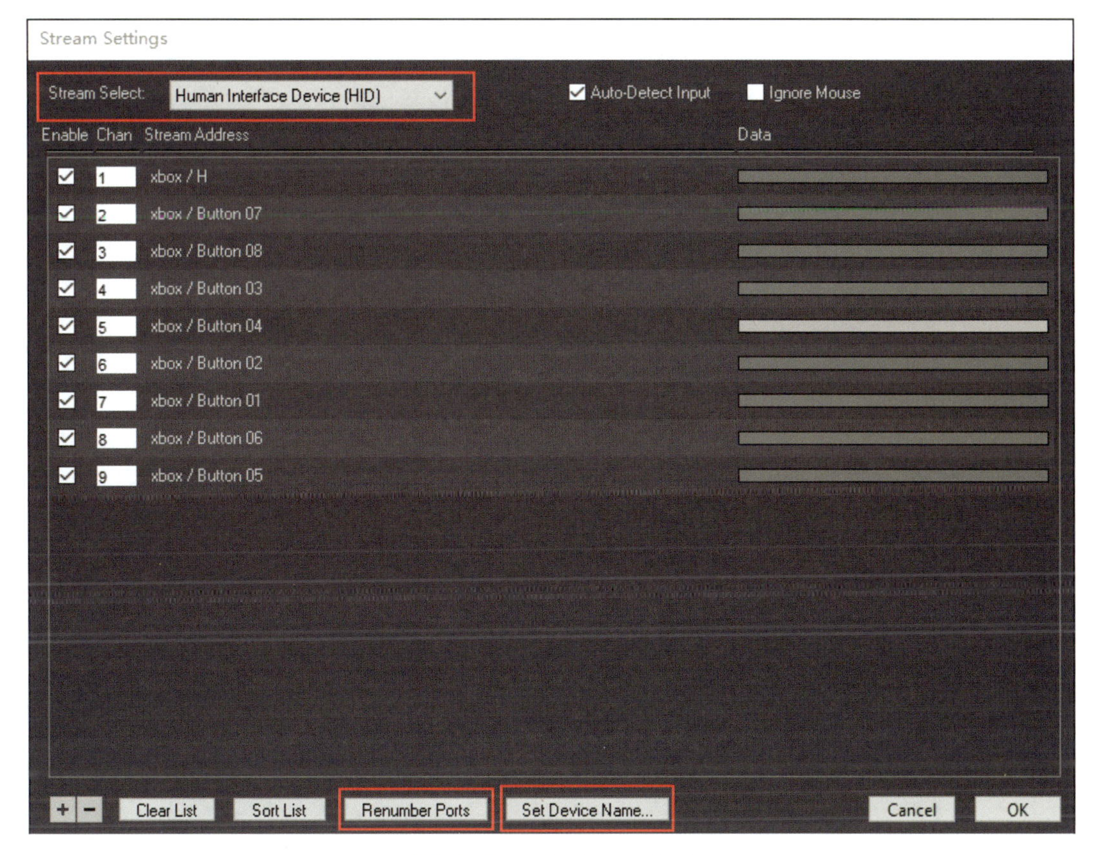

图 13-17　HID Stream 设置

您可以点击“Renumber Ports”按钮，对 HID 输入进行排序，并对端口重新编号。Isadora 允许您对 HID 输入列表进行排序和重新编号。有时，HID 设备的名称可能相当长。为方便起见，您可以将设备重命名为您选择的任何文本。

四、串行输入/输出

Isadora 可以使用“Serial In Watcher-Binary”（二进制的串口观察器）、“Serial In Watcher-Text”（文本的串口观察器）和“Send Raw Serial Data”（发送原始串口数据）、“Send Serial Data”（发送格式化串口数据）等 4 个 Actor，通过标准串行（RS-232、RS-485）传输和接收（Serial Input/Output）数据。如图 13-18 所示。

1. 硬件接口和驱动程序

在您开始之前，您必须有一个硬件串行接口，允许您将串行设备连接到计算机。您必须按照官方安装说明书安装其驱动程序，否则，该接口可能无法识别。在安装了所需的驱动程序后，您应该将硬件通过串口连接到您的电脑上。有时候，电脑系统自带某些硬件接

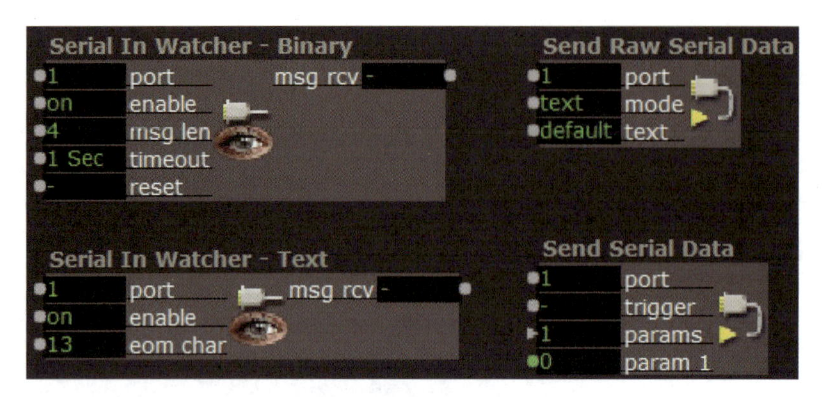

图 13-18　发送和接收串口数据的 Actor

口的驱动程序，当您将其插入到电脑时，电脑会自动识别它。这种情况下，您不需要安装驱动程序。

2. 串行端口设置

首先，确保您的串行输入/输出接口已连接在您的电脑上。启动 Isadora，选择“Communications>Serial Port Setup...”。将出现类似如图 13-19 所示的对话框。

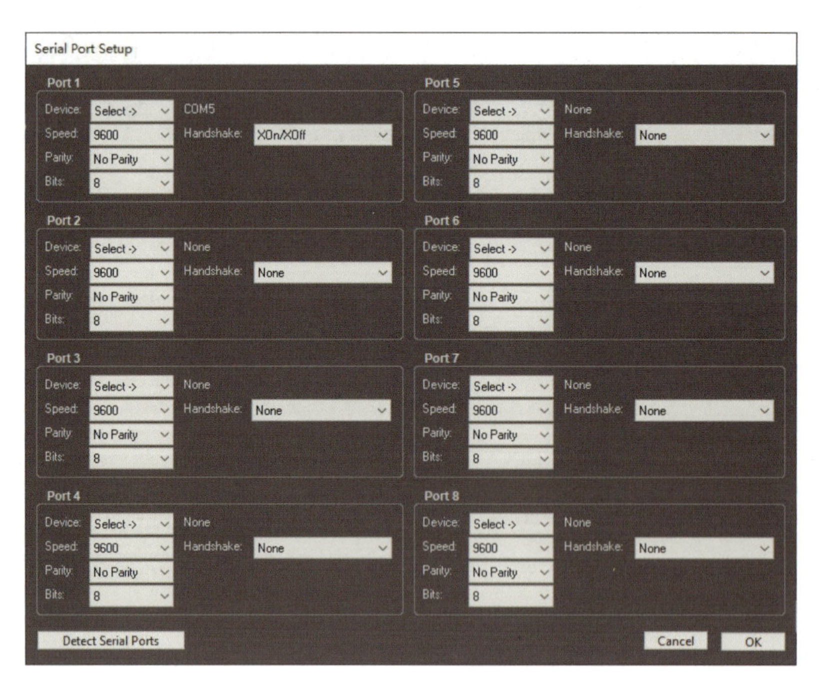

图 13-19　Serial Port Setup

这个窗口决定了 Isadora 的 8 个端口的通信设置，并可设置端口是否启用。为了串行通信，需要进行如下端口设置，以 Port 1 为例：

① 从“Device”右侧的弹出式菜单中选择串口设备。本案例中串口设备连接到

“COM5”，当选择“COM5”后，设备的名称会出现在 Device 弹出菜单的右边；

② 设置 Speed(波特率速度)、奇偶校验和位数，这些参数必须与串口硬件设置完全相同。

③ 如有必要，将“Handshake”(握手)弹出式菜单设置为“Hardware”或“Xon/Xoff”，来启用硬件握手，或启用软件握手；

④ 如果需要，请对该端口重复上述②、③或④的操作。

⑤ 单击“确定”，以确认您的设置。

3. 启用/禁用串行通信

要启用串行通信，请选择“Communications>Enable Serial Ports”(启用串行端口)。如果初始化串行端口有任何问题，Isadora 将报告一个错误。否则，您可以认为串行通信已被启用(注意，此设置与 Isadora 文档一起保存)。如果您在保存文档时使用启用的串行端口，Isadora 下一次打开文档时，将自动尝试打开串行端口。在上述设置的前提下，再次点击“Enable Serial Ports”菜单，即可禁用串行端口。

4. 发送和接受串口数据

(1) 发送原始串口数据。

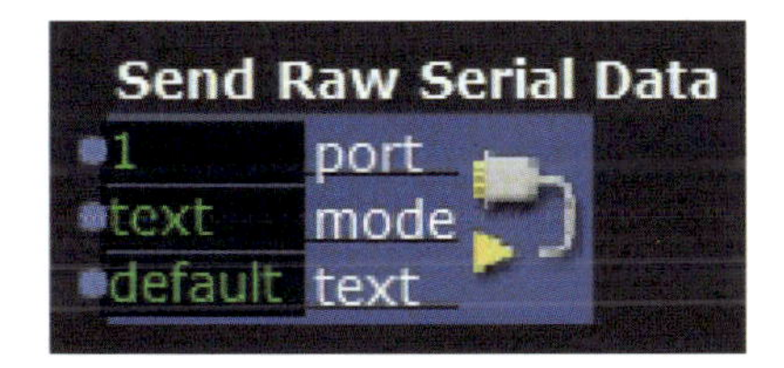

图 13-20　发送原始串口数据 Actor

该 Actor 是将原始数据发送到指定的串口。该执行器有两种模式：“text”(文本)和“hex”(十六进制)。如图 13-20 所示。

① port：指定触发时发送数据的串口，从 1 至 8。此端口是使用“Serial Port Setup”(串行端口设置)对话框配置的，该对话框位于“Communications”菜单。

② mode：当设置为“文本”时，在“text”属性接收到的文本将直接发送至串行端口。当设置为“hex”时，文本必须由十六进制字符(0～9，A～F)组成。发送数据时，数据块最后一个元素必须加上值 0，因为这是您发送文本结束的标志。

③ text：要发送到串口的文本，它是根据“mode”的设置来解析的。

(2) 发送格式化串口数据。

该 Actor 是将数据格式化并发送至指定的串口。如图 13-21 所示。

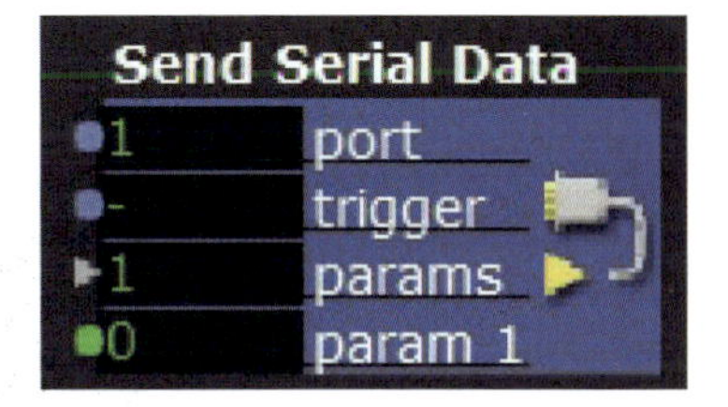

图 13-21　发送串口数据

要指定发送到串口的数据的精确格式，必须双击此 Actor 并更改其格式指定器。要了解更多有关如何使用控制格式，请参见 Isadora 官方文档。

① port：指定发送数据的串行端口。

② trigger：当此端口收到触发时，数据将被发送到指定的端口。

③ params：输入变量参数的数量。增加这个数字会增加参数输入，递减这个数字则删除它们。

④ param 1、param 2 等:可变值参数,将插入输出数据。有关这方面的详细信息,请参见 Isadora 官方文档。

这个 Actor 的 param 输入是可以改变的。每个输入都会改变它的数据类型,以匹配第一个连接的类型。

(3) 二进制的串口观察器。

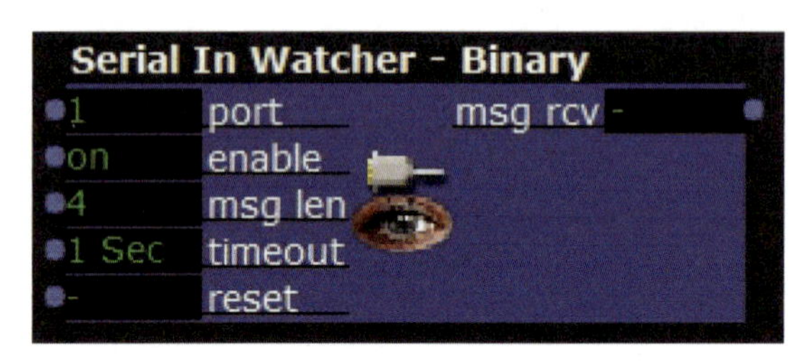

图 13-22　二进制串口观察器 Actor

该 Actor 使用您指定的匹配模式从指定的串口读取固定长度的二进制数据块,如图 13-22 所示。读取由定界符标记的可变长度信息组成的数据。数据中的值将根据您指定的模式匹配指定器进行解析并从该角色输出。要编辑该指定器,请双击该角色的图标,编辑器就会打开。关于解析输入流的文档,请参见 Isadora 官方手册。

① port:指定接收数据的串口。

② enable:指定接收数据的串口。当开启时,从串口读取所有数据,并尝试按指定的模式匹配。当关闭时,忽略来自串口的数据。

③ msg len:指定该监视器要接收的数据块的长度。每次在指定的串行端口上达到指定数量的字节时,将尝试使用模式匹配器来解码输入的数据。

④ timeout:指定输入缓冲区的超时时间。如果超过这个时间,输入缓冲区将被清空。

⑤ reset:触发时,清除输入缓冲区并重置输入信息的长度。

(4) 文本的串口观察器。

该 Actor 使用您指定的匹配模式从指定的串口读取可变长度的数据块,如图 13-23 所示。若要读取由固定长度的无定界符的信息组成的数据,请使用 Serial In Watcher-Binary Actor。

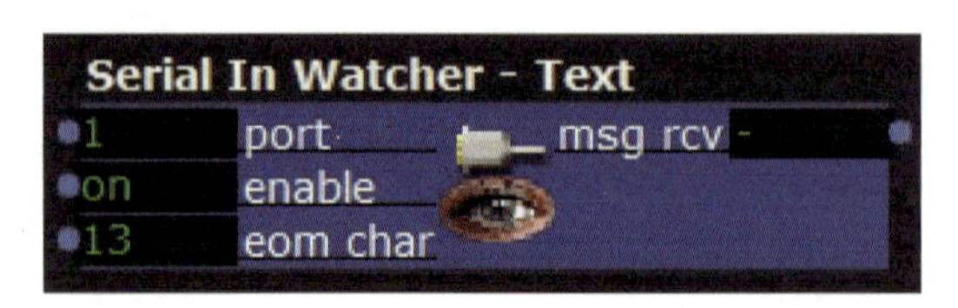

图 13-23　文本串口监视器

数据中的值将根据您指定的匹配模式进行解析并从该 Actor 输出。要编辑该指定器,双击该 Actor 的图标,编辑器将打开。有关解析输入流的文档,请参见 Isadora 官方手册。

① port:指定接收数据的串口。

② enable:指定接收数据的串口。当开启时,从串口读取所有数据,并尝试按指定的模式匹配。当关闭时,忽略来自串口的数据。

③ eom char:表示信息结束的字符(eom = end of message)。每当接收到这个字符时,缓冲区中积累的数据就会使用匹配模式进行解析,如果匹配成功,就会向输出端发送值。

掌握了一些应用技巧后,使用 Serial In Watcher-Text 实现电脑与 Arduino 之间的信息通信将非常方便。下面通过实例介绍 Isadora 如何读取 Arduino 数据。

① Arduino 端程序设计。

该程序要求 Arduino 控制器从数字端口 2 和模拟端口 A0 实时读取数据,然后分别向串口输出其数值。代码如下:

```
int a0val = 0;            //设置模拟引脚 0 读取压力传感器的电压值
int d2val = 0;            //设置数字引脚 2 读取拨号盘的变化
const int buttonPin = 2;
void setup(){
    pinMode(LED,OUTPUT);            //LED 为输出模式
    Serial. begin(9600);            //串口波特率设置为 9600
    pinMode(ledPin, OUTPUT);
    pinMode(buttonPin, INPUT);
}
    void loop(){
    d2val = digitalRead(2);
    Serial. print("D2:");            //串口标识 D2
    Serial. println(d2val);          //串口查看拨号盘的变化
    a0val = analogRead(0);           //读取压力的值 0～1023
    Serial. print("A0:");            //串口标识 A0
    Serial. println(a0val);          //串口查看电压值的变化
    delay(10);   //延时 10ms
}
```

在上述代码中,您一定要注意两条语句:

Serial. print("D2:");//,该语句是在输出数字端口 2 之前加上一个“头”标识,区别于其他数据;

Serial. println(d2val);//,每输出一个有效数据,必须用换行结束,这样,数据接收者能辨别数据何时结束;

② Isadora 代码设计。

该代码是从串口读取数据，然后分析数据，用压力的大小（模拟口 A0 的数据）来决定视频是否播放或显示；当拨号盘有拨号（数字口 2 就用了数据）时，就产生随机数从而随机旋转一个视频播放。如图 13-24 所示。

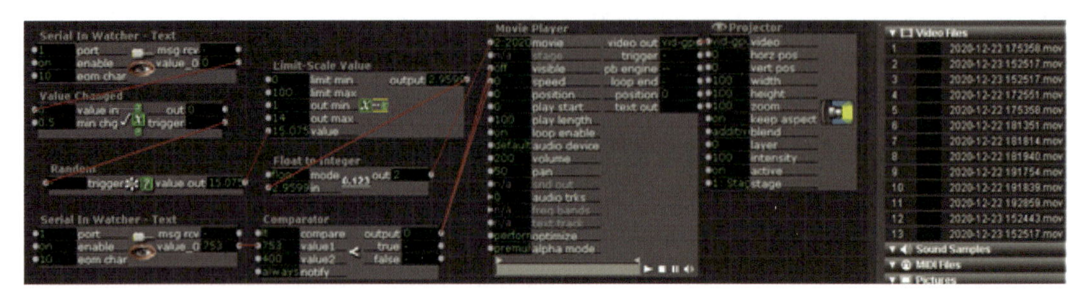

图 13-24

上面的代码中，关键是要区分数据是来自模拟端口还是数字端口。

用鼠标点击 Serial In Watcher-Text Actor，会出现下面图 13-25 所示的文本编辑器，并输入数据分析格式串。

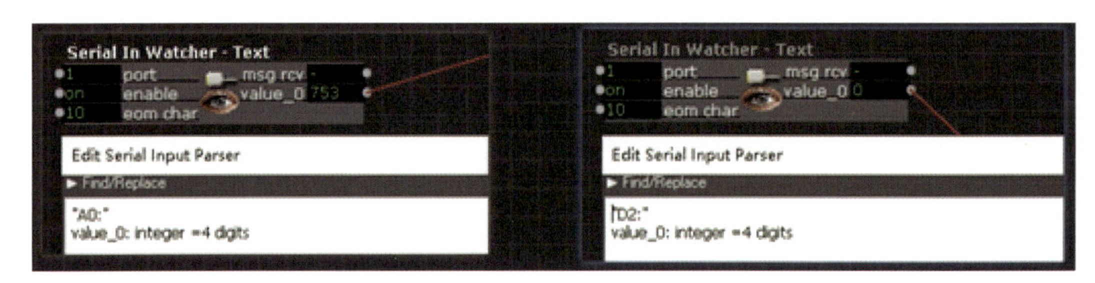

图 13-25

图 13-25 中的"A0："与上述 Arduino 代码中的“Serial. print("A0：")；”对应，“value_0：integer = 4 digits”是给 Serial In Watcher-Text Actor 定义一个输出属性 value_0，它的属性值为整数，用于接收来自 Arduino 的模拟端口 A0 的数据；图 13-25 中的"D2："与上述 Arduino 代码中的“Serial. print("D2：")；”对应，“value_0：integer = 4 digits”是给 Serial In Watcher-Text Actor 定义一个输出属性 value_0，它的属性值为整数，用于接收来自 Arduino 的数字端口 2 的数据；同时，您还需要注意修改该 Actor 的 eom char 的属性值为 10，该数值表示以换行为数据结束标志，其与 Arduino 代码中的“println( )”语句对应。

若需要将更多的数字端口和模拟端口的数据传递给 Isadora，可以按照上述思路和方法，举一反三，为不同的端口数据定义不同数据的头部标识，以便于 Isadora 区分不同的数据。

第十四章

功能扩充——插件

一、插件概述

Isadora 具有一个开放的软件架构。可以通过安装插件或 User Actor 的方式扩充自己的功能。其官网上也提供了开发包“Isadora Software Development Kit”供您下载，用开发功能插件。也提供了 GLSL Shader Actor（模板），您可以利用它编写和编译 GLSL 代码，利用 GPU 处理图像；还提供了 User Actor 和 Macro（宏）模板，方便使用者将某些具有通用功能的 Isadora 程序模块打包后重复使用。

如图 14-1 所示，您可以在 Actor 工具箱中分别点击“GlSL”“ff”和“User Actors”对应的分类图标，看看该分类下是否安装过相应的插件。图 14-1 中，GLSL Shaders 分类下只有一个 GLSL Shader Actor，它是一个空的模板，供您去编写和创造自己的 Shader Actor（后面章节将会详细讲解）；FreeFrame Effects 分类下为空；User Actors 分类下有 User Actor 和 Macro 两个 Actor，可用于定义您自己的 User Actor 和宏的模板。

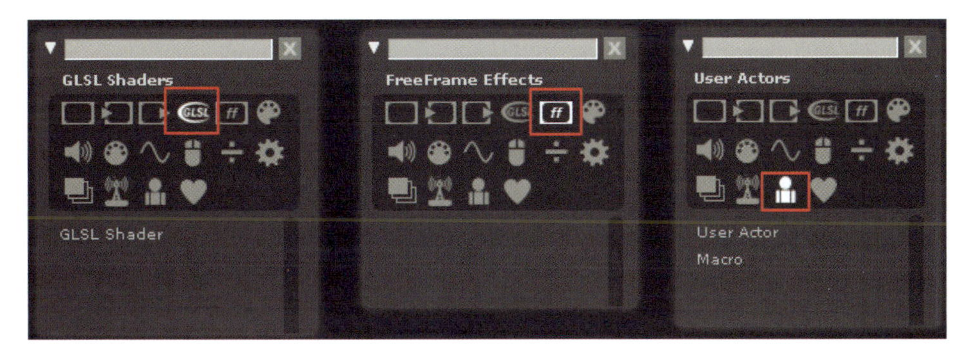

图 14-1　Actor 工具箱中的插件分类

Isadora 官方将 FreeFrame，GLSL Shader 和 User Actor 等统一归为插件（plugin）。并提供一个网络平台（https://troikatronix.com/plugin/），供所有用户自由下载插件或分享插件。如图 14-2 所示。

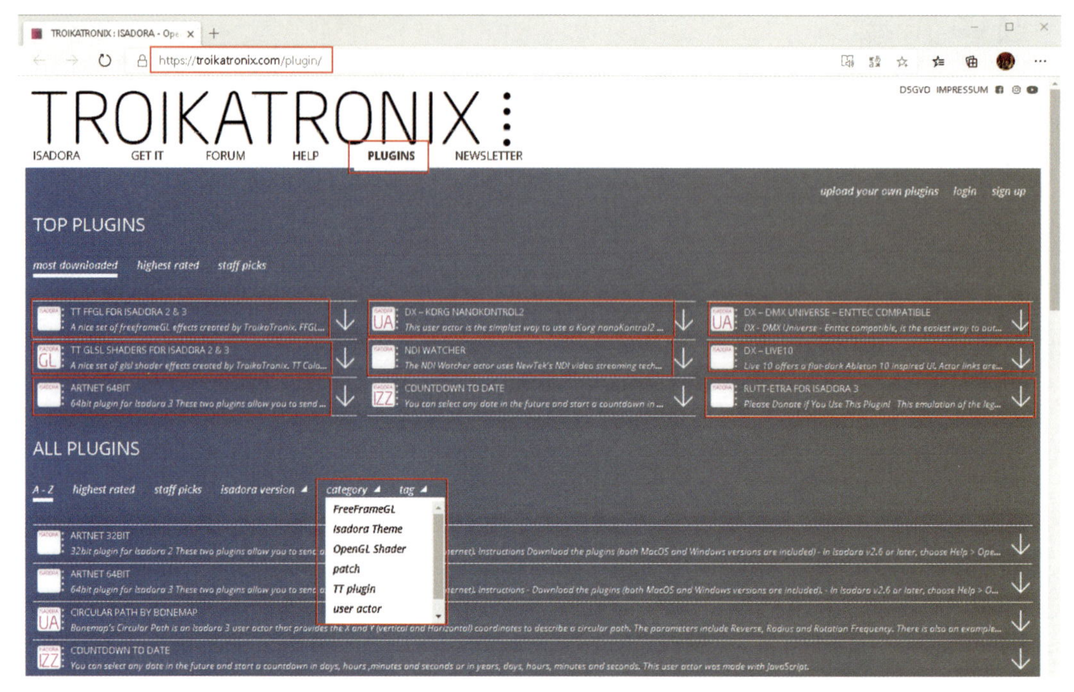

图 14-2　Isadora 官网的插件平台

下面介绍上述标识的几个常用插件：

① TT FFGL FOR ISADORA 2&3：它是 Isadora 官方开发的包含一套 FreeframeGL 特效的 Actor 集合的插件。Freeframe 是一个基于 OpenGL 的开源的跨平台的实时视频特效插件系统，若需要详细了解相关情况，可以访问网址：http://freeframe.sourceforge.net。

② TT GLSL SHADERS FOR ISADORA 2&3：它是 Isadora 官方开发的包含一套 glsl shader 特效的 Actor 集合的插件。

③ ARTNET 64BIT：它是 Isadora 官方开发的允许 Isadora 与支持 ArtNet 协议的灯光等设备间进行发送或接受 ArtNet 信号，从而支持您的 Isadora 程序访问或控制灯光设备等，甚至您也可以控制 LED 灯带等。

④ DX-KORG NANOKONTROL2：它是 DusX 开发的 User Actor。您可以使用它非常方便地访问 NANOKONTROL2 的任何一个按钮、旋钮和滑块等（详见本书第十三章）。

⑤ NDI WATCHER：它是 Isadora 官方开发的插件。该插件提供的 NDI Watcher Actor 使用了 NewTek 的 NDI 视频流技术，使您可以接收来自其他计算机或设备的 NDI 视频流广播。NewTek 的 NDI 视频流技术是基于网络在不同设备之间低延迟地实时传递视频的技术。关于 NewTek 技术，可以访问其官网 https://www.newtek.com。

⑥ RUTT-ETRA FOR ISADORA 3：该插件是由 Bill Etra 和 Steve Rutt 创建的，它

是仿真传奇的 Rutt/Etra 硬件视频合成器，创建其类似的视觉特效。它根据源视频或另一个视频流的亮度来调制视频流的扫描线或点，其原理就像原始的 Rutt Etra 硬件合成器一样复杂。通过进行精心调试它的相关参数，可以获得一个让您惊奇的视觉效果。

下面以 User Actor、FreeFrame 和 GLSL Shader 三类插件为例来介绍如何安装插件。在安装时，您要注意两点：一是插件常常有 Windows 和 Macintosh 两个操作系统版本；二是目前常用的 Isadora 有 V2 和 V3 两个版本，V2 版本是 32 位的，V3 版本是 64 位的，因此，需要注意插件适用于哪一个 Isadora 版本。

二、User Actor

这里所说的 User Actor，可以是您自己定制的 User Actor，也可以是其他人定制好的 User Actor。

为了重复使用 User Actor，通常情况下，需要建立一个用于存放所有 User Actor 的文件夹，如在电脑的“文档”文件夹下建立一个“User Actors”文件夹，如图 14-3(左)所示。然后，选择菜单“Actors>Set Global User Actors Folder...”，这时出现一个弹出窗口，如图 14-3(右)所示，再选择前面建立的文件夹“User Actors”，点击“选择文件夹”按钮确定选择。

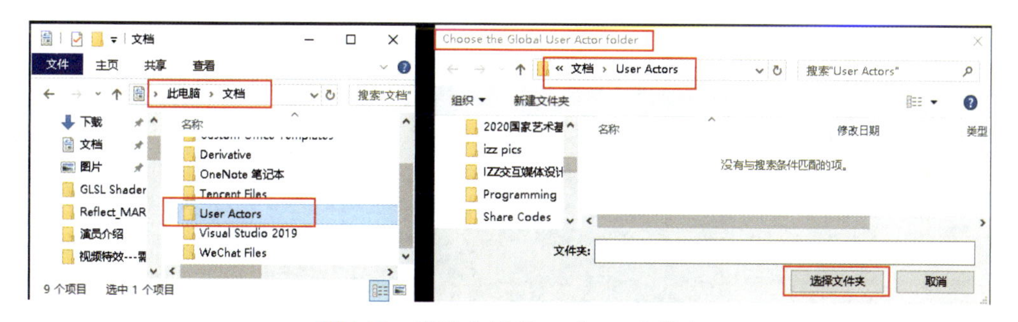

图 14-3 设置全局 User Actor 文件夹

访问 Isadora 官网的插件平台，找到您感兴趣的 User Actor，如 CIRCULAR PATH BY BONEMAP，如图 14-4(上)所示。然后下载，并解压它。如图 14-4(下)所示，您会看到“Circular-Path-1. iua3”文件，文件扩展名“. iua3”表示该 User Actor 适用于 Isadora 3 版本。然后，将该文件拖入到“User Actors”文件夹中，再关闭 Isadora，重新启动 Isadora（否则，只有下一次再打开 Isadora 时，才能看到刚刚安装的 User Actor），即可在 Isadora 的 Actor 工具箱的 User Actors 分类中显示出您加入的 User Actor，如图 14-5 所示。您可以像使用其他任何 Actor 一样，将 User Actor 拖入 Actor 编辑器中并使用它。

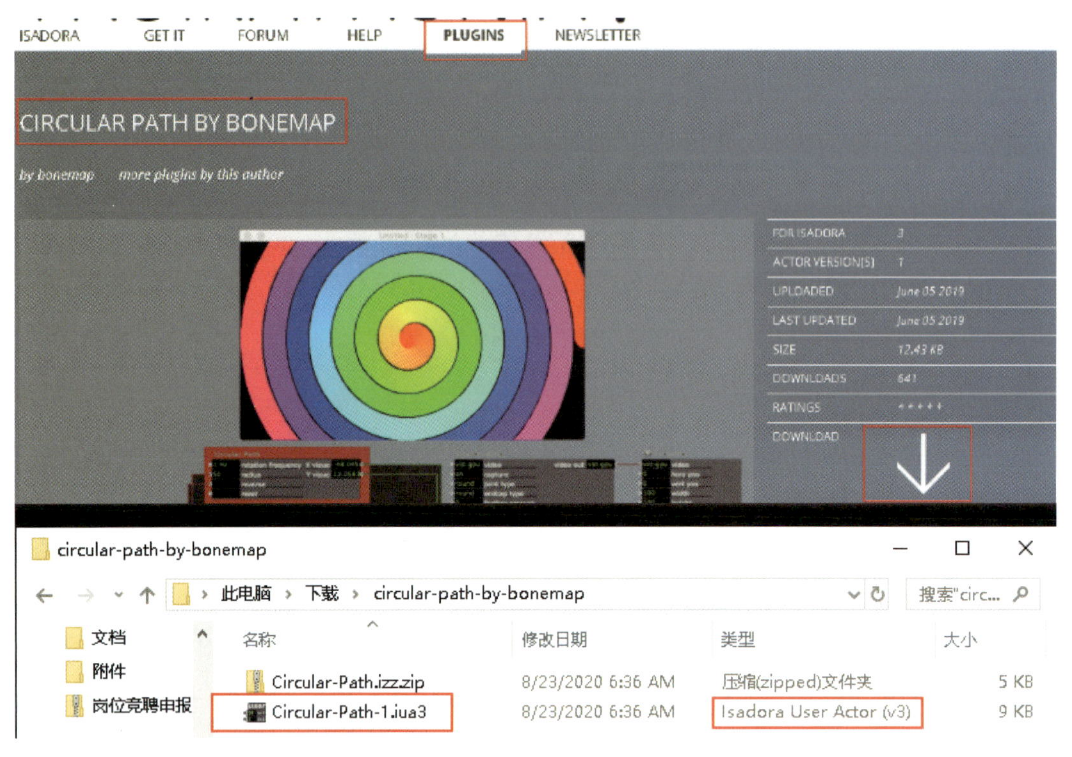

图 14-4　下载 User Actor

图 14-5　User Actor 安装与应用

三、FreeFrame插件

FreeFrame是一个基于OpenGL的开源的跨平台的实时视频特效插件系统。很多流行的VJ软件都支持FreeFrame视频特效，Adobe公司的After Effects和Premiere也支持FreeFrame。Isadora官方也开发了基于开源的FreeFrame 1.5视频特效系统的一套FreeframeGL特效的Actor集合的插件。您可以访问官网平台进行下载，如图14-6所示。

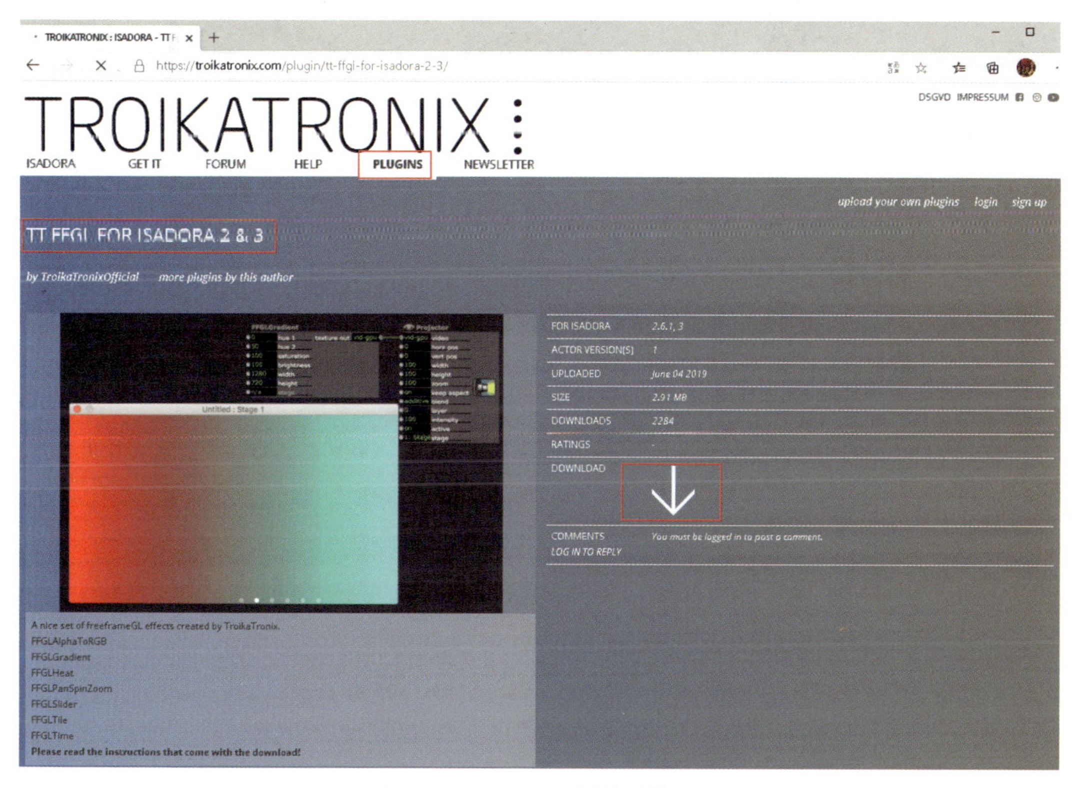

图14-6　FreeFrame插件下载界面

将下载文件解压后，您将看到主文件夹下有“Not Recommended”和“Recommended”两个子文件夹，两个子文件夹里还有“Macintosh”“Windows_32bit”和“Windows_64bit”3个子文件夹。在“Not Recommended”文件夹中的插件是一些旧插件，官方不推荐您安装。下面以Isadora 3为例来介绍插件的安装过程：

1. Windows系统

① 退出Isadora。

② 在Windows资源管理器中打开启动驱动器，然后导航至：C:\Program Files\Common Files。

③ 查找一个名为“Free Frame”的文件夹。如果不存在，请使用该名称创建一个新文件夹。

④ 将文件夹“Recommended”内标有“Windows_64bit”的子文件夹中的所有. dll 文件复制到“C:\Program Files\Common Files\FreeFrame”文件夹中。

⑤ 重启 Isadora。

⑥ FFGL 插件现在应该存在于 Isadora 中，如图 14-7 所示。

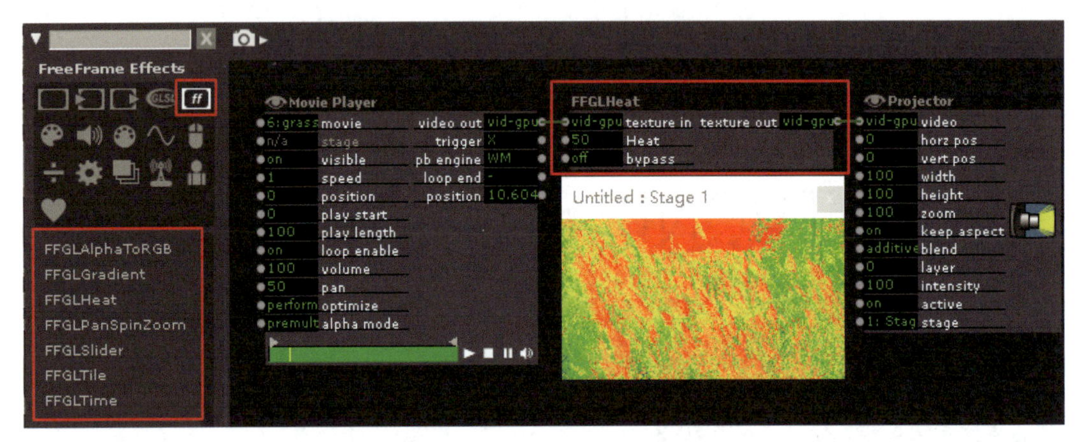

图 14-7　FreeFrame 插件及应用

您应该能够在“工具箱”和“工具箱过滤器”的 FFGL Actors 中找到它们；也可以在“场景编辑器”中双击鼠标左键并键入 Actor 的名字进行搜索。

2. Mac 系统

① 退出 Isadora。

② 在 Finder 中，选择“Go>Go To Folder...”。

③ 输入“/Library/Application Support”，然后点击“确定”。

④ 若在“Application Support”文件夹下没有子文件夹“FreeFrame_x64”，则先建立文件夹“FreeFrame_x64”。

⑤ 将所有“. bundle”文件从“Recommended”文件夹中标有“Macintosh”的子文件夹复制到“FreeFrame_x64”文件夹。

⑥ 重启 Isadora 即可。

——FFGLAlphaToRGB：将视频流的 alpha 通道转换为黑白视频流。

——FFGLGradient：创建从一种颜色到另一种颜色的水平颜色渐变。

——FFGLHeat：模拟红外摄像机输出的视觉效果。

——FFGLPanSpinZoom：允许您水平或垂直平移图像，同时可以放大和缩小图像。

——FFGLSlider：允许您水平或垂直移动图像，并在边缘周围包裹图像。

——FFGLTile：缩小并水平或垂直重复图像。

——FFGLTime：以大块数字显示自激活该插件以来经过的时间。

若您在安装过程中出现了问题，可以在安装包中找到其安装说明文件，它将给您详细的安装指导，从而帮助您解决相关的安装问题。

四、GLSL Shader

GLSL 是一种以 C 语言为基础的高阶着色语言。它由 OpenGL ARB 建立，对绘图管线提供更多的直接控制，而无需使用汇编语言或硬件规格语言。它告诉您的计算机的图形卡(GPU)如何操作或生成图像。有别于计算机主处理器(CPU)的运算方式，运行在 GPU 上的 GLSL 着色器程序的强大之处在于：它们对图像的每个像素都是并行运行的。这意味着它能以令人难以置信的速度处理高分辨率的图像。

对于一个艺术家或设计师来说，第一眼看上去，GLSL 程序的源代码可能有点吓人。为此，Isadora 提供了两种途径使用强大的 GLSL Shader：一是访问 Isadora 官网，下载已经编写好的 GLSL 插件包，安装并使用它；二是利用 Isadora 提供的 GLSL Shader Actor，进行 GLSL 代码编写、编译，然后使用它。

1. GLSL 插件

(1) 下载插件。

请访问官网的插件平台(https://troikatronix.com/plugin/)，找到名为"TT GLSL SHADERS FOR ISADORA 2&3"的插件，下载该插件文件，并解压该文件。如图 14-8 所示。

图 14-8　GLSL 插件集合(26 个 txt 文件)

(2) 安装插件。

选择菜单"Help>Open Plugin Folder>TroikaTronix GLSL Shaders"，打开系统存放 GLSL 插件的文件夹，如图 14-9 所示。

然后，将上述下载并解压的文件夹"TT GLSL Plugins"中的所有文件拷贝到该系统存放 GLSL 插件的文件夹"GLSL Plugins"(位于 C:\Program Files\Common Files\TroikaTronix\GLSL Plugins)中。

(3) 插件应用。

安装好 GLSL 插件后，重新启动 Isadora。您将在 Actor 工具箱的 GLSL 类别下看到

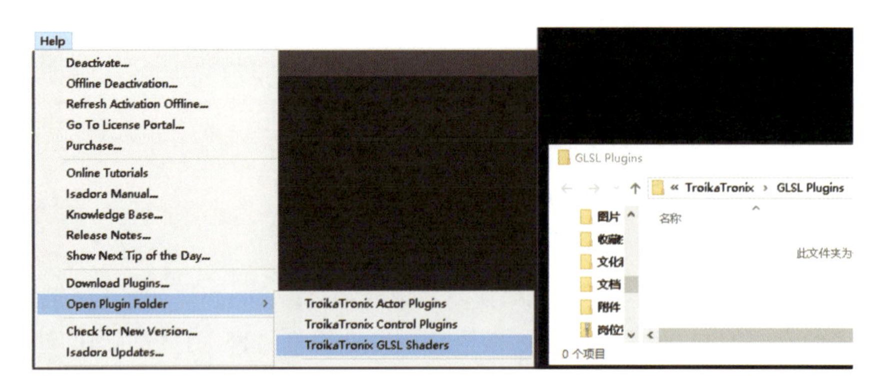

图 14-9　存放 GLSL 插件的文件夹

这些新安装的 GLSL Actor。您可以像使用其他 Actor 一样，将任意一个 GLSL Actor 拖入场景编辑器中并使用它。如图 14-10 所示，将 GLSL 插件中的 TT Edge Detect Actor 的前后分别连接上 Movie Player 和 Porjector 两个 Actor，您将可以在舞台上看到舞蹈 Actor 边缘轮廓的视觉效果。

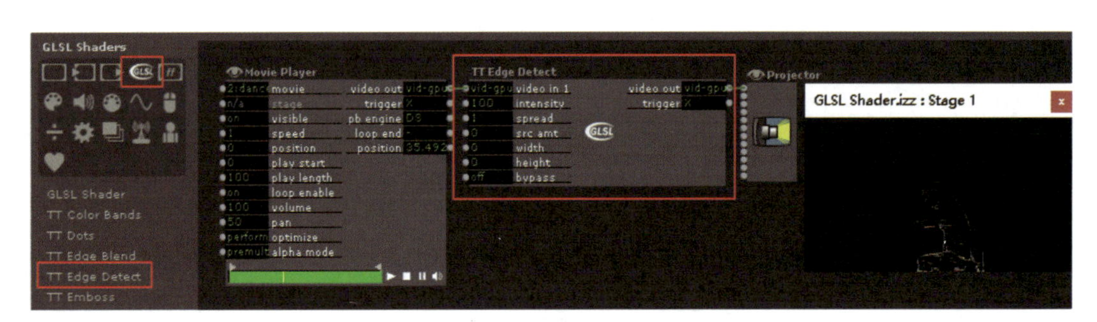

图 14-10　边缘检测 GLSL 应用

2. 定制自己的 Shader

Isadora 提供了一个 GLSL Shader Actor，您可以在其 GLSL 编辑器中编写 GLSL 代码，也可以从互联网上找到 GLSL 代码并拷贝到编辑器中，然后编译和运行它，从而获得个性化的 Shader 效果。

但对于一个艺术家或设计师来说，GLSL 程序的源代码可能看起来像“天书”，从头学习与编写 GLSL 代码不是一件容易的事情。

下面为您介绍一种使用 GLSL Shader 的简易方法，让您了解如何将互联网上分享的 GLSL 代码移植到 Isadora 中，从而大大降低使用 GLSL 的门槛。这一方法不仅允许您在 Isadora 编译和运行 GLSL 程序，还允许添加自定义参数，以实时交互操作或调整这些图像。只要您保持学习热情，并且可以花一点时间进行实验，即可掌握如何在 Isadora 中使用这个非常强大的图像处理技术。如图 14-11 所示。

shadertoy. com 网站是拥有大量的 GLSL 着色器代码的存储库之一，并允许您在任

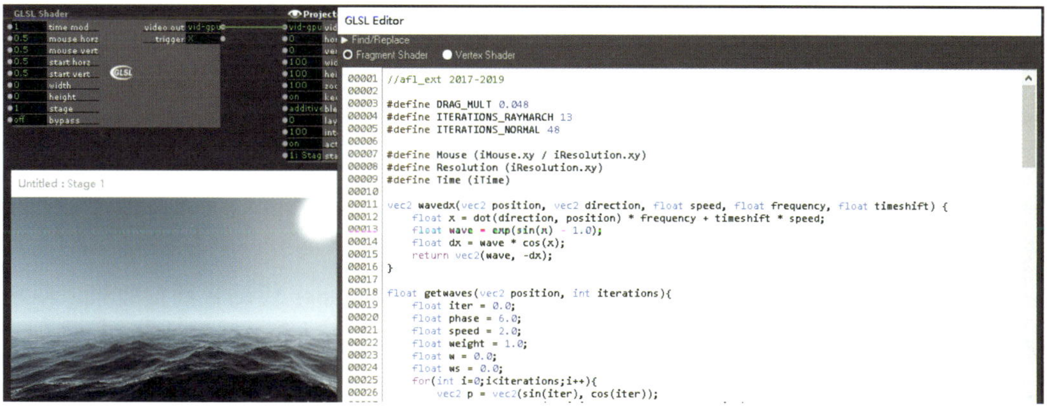

图 14-11　GLSL Shader Actor

何启用 WebGL 的浏览器中预览代码的 Shader 效果输出。Isadora 的 GLSL 编译器是专门为识别 ShaderToy 网站上的代码而设计的，因此，在大多数情况下，在 Isadora 中使用 ShaderToy 上找到的代码，就像您平时处理文字一样简单：复制代码和粘贴代码。

（1）不带纹理的 Shader 移植。

首先，您需要访问 shadertoy. com 网站（http://www. shadertoy. com），您可以尝试在搜索框中输入“Very fast procedural ocean”，找到 afl_ext 提供的名为“Very fast procedural ocean”着色器。如图 14-12 所示。

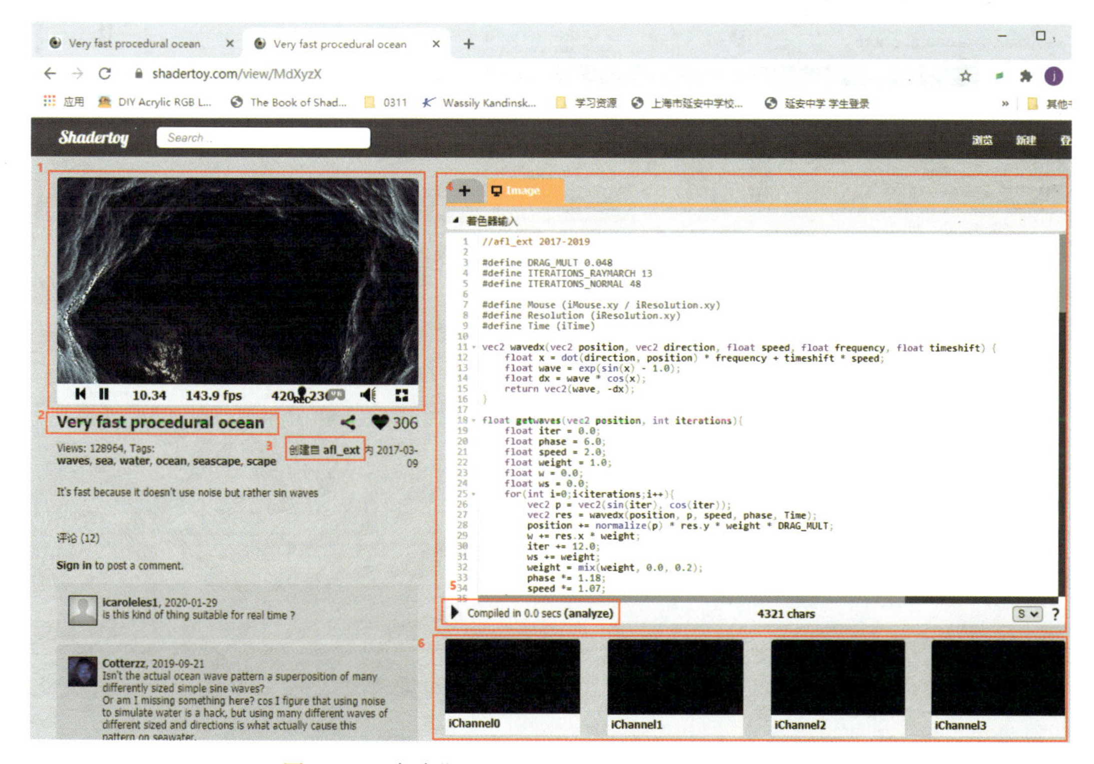

图 14-12　名为“Very fast procedural ocean”的着色器

在如图 14-12 所示的网页上，您将看到左侧显示该 Shader 的效果实时预览，右侧显示对应的 GLSL Shader 源代码。ShaderToy 网站的一个优点就是：您可以轻松地修改右侧的源代码，并立即在浏览器中（左侧）实时显示修改后的 Shader 效果。即使您不是程序员，甚至完全不懂右侧每一行代码的具体含义，也不妨碍您大胆尝试去修改代码中的一些数值。修改后点击代码窗口下面的黑色三角图标（如图 14-12 的标号 5 处），编译一下修改后的代码，看看左边的预览效果会有什么变化。若您不满意修改后的效果，又不记得修改之前的数值，您可以重新刷新该页面，即可恢复为原始 Shader 代码和预览效果。不断重复上述过程，将是一个非常有意思的欣赏 GLSL 视觉效果和令人惊奇的探索体验过程。如图 14-13 所示，修改了 phase、weight 两个变量的初始值，以及将代码中的 phase 变量的累乘值由 1.18 修改为 1.38。重新编译代码后，左侧的 Shader 的预览效果也发生了变化。您可以对照图 14-12 和图 14-13，观察其前后的变化。这里的变量和数值也是笔者随意选择和任意修改的，供您参考。

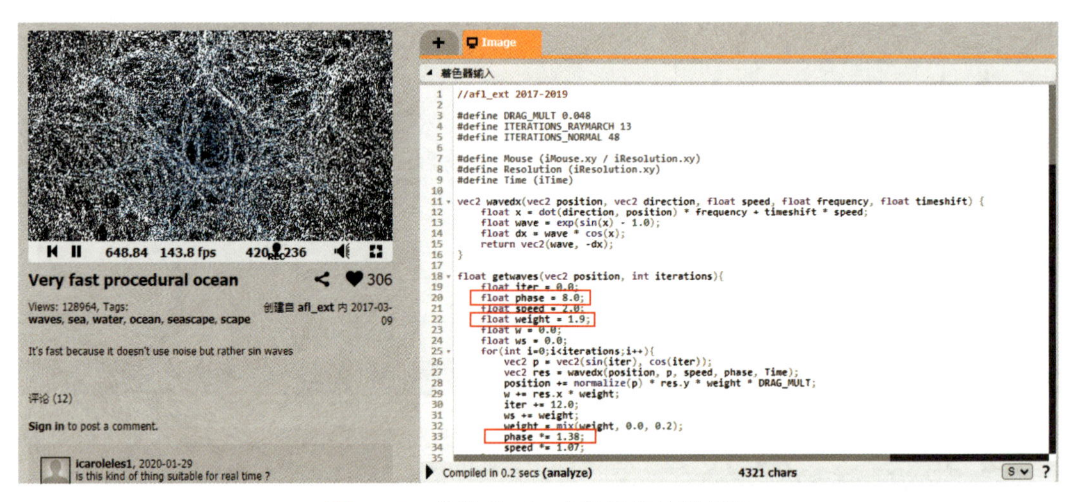

图 14-13　编辑 Shader 参数后的效果预览

要将上述 GLSL Shader 代码移植到 Isadora，请执行以下操作：

① 点击网页右边的源代码编辑器，使用键盘快捷命令 Command + a（MacOS）或 Control + a（Windows）选择整个源代码的文本。然后，从菜单中选择“编辑>复制”或者使用快捷的键盘命令 Command + c（MacOS）或 Control + c（Windows）。

② 切换到 Isadora。选择“Output > Show Stages”或者“Output > Force Stage Preview”，确保舞台效果实时可见。

③ 在 Isadora 的场景编辑器中双击，以显示弹出的 Actor 工具箱，并键入“glsl”，您将看到 GLSL Shader Actor 列在弹出的工具箱中。单击 GLSL Shader，将该 Actor 放入当前场景中，然后在其后连接一个 Projector Actor。如图 14-14 所示。

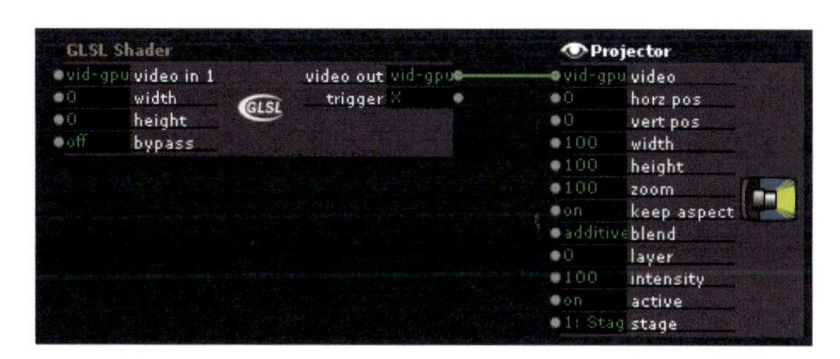

图 14-14　GLSL Shader 连接到 Projector

④ 双击 Isadora 场景编辑器中的 GLSL Shader Actor。当您第一次执行此操作时，您将看到一个关于使用 GLSL 代码的警告对话框。如果看到此警告，请单击“OK”，即会出现如图 14-15 所示的 GLSL 代码编辑器窗口，窗口中的代码为该 Actor 默认的一个最简单的 GLSL Shader 基本框架代码。

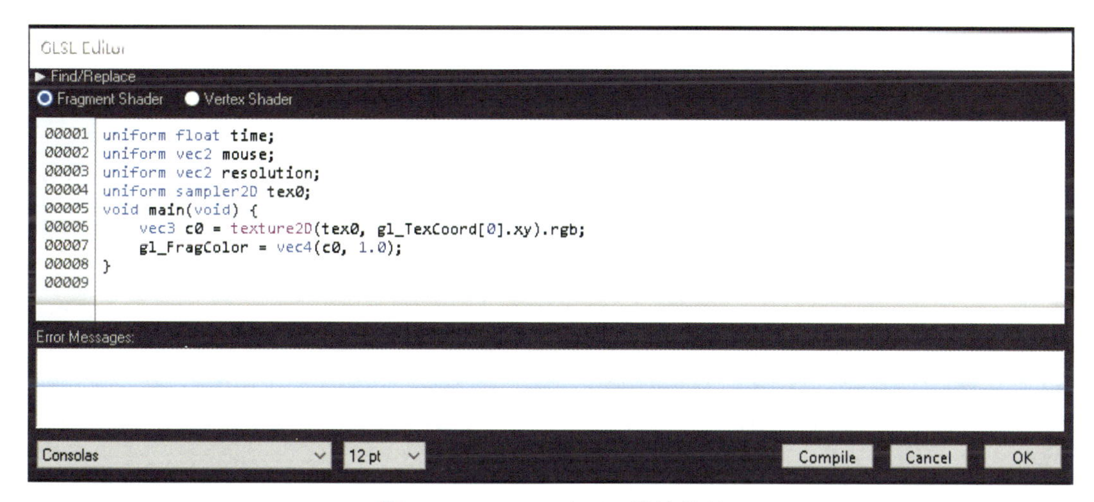

图 14-15　GLSL Shader 默认代码

⑤ 选择该代码编辑器中默认的初始代码并删除。然后，选择“Edit>Paste”，或者使用键盘快捷键 Command + v（MacOS）或 Control + v（Windows），将前面复制的 ShaderToy 中的源代码粘贴到 GLSL 着色器代码编辑器中。

⑥ 单击“Compile”（编译）按钮编译代码。（请注意，您不需要关闭编辑器窗口来查看结果；只要您按下编译按钮，您的更改结果将在 GLSL Shader Actor 的输出中可见。）如果一切顺利，在该编辑器的下面“Error Messages”提示框中应该看不到任何错误提示信息，您会在 Isadora 的舞台输出窗口中看到如在 ShaderToy 网站的预览窗口中同样的图像。如图 14-16 所示。

这时，您已经成功地将 shadertoy. com 网站上的 Shader 移植到 Isadora 上。若您细心对比图 14-14 和图 14-17 中的两个 GLSL Shader Actor，您会发现二者的不同：后者少

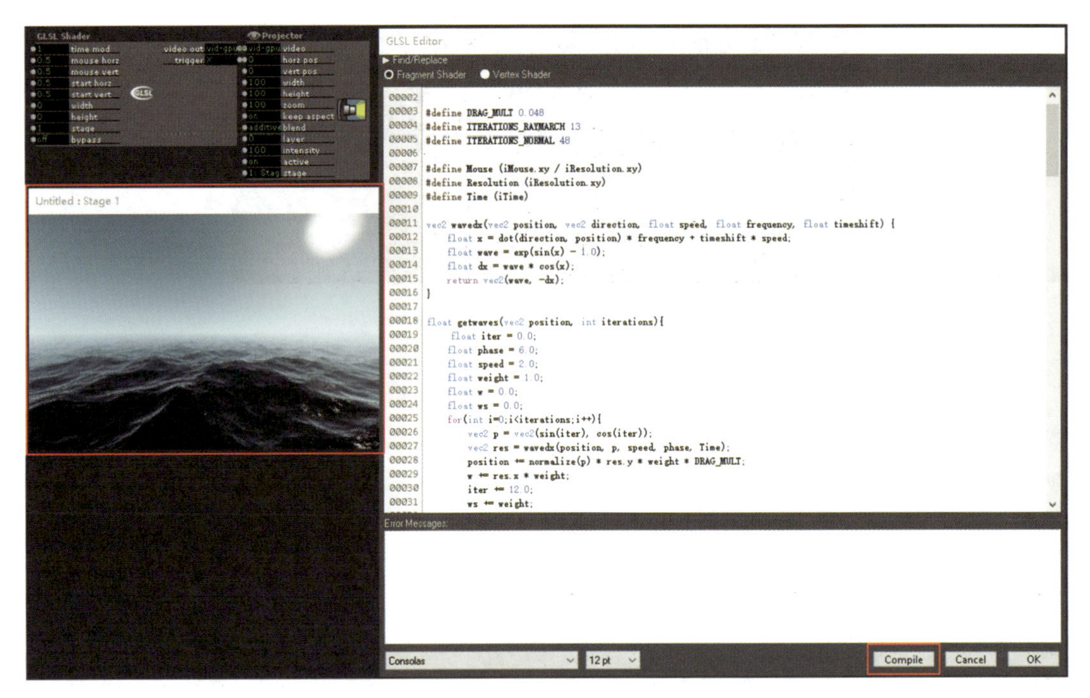

图 14-16　新的 GLSL Shader 代码编译窗口及效果实时预览

了 1 个"videoin1"输入属性,多了 time mod、mouse horz、mouse vert、start horz 和 start vert 这 5 个输入属性。为了方便您对照观察,特意截取了一个对比图,如图 14-17 所示。

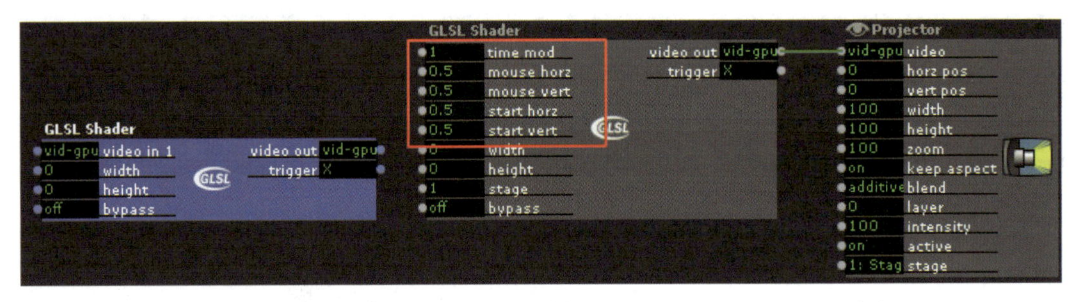

图 14-17　默认的 GLSL Shader 与编辑后的 GLSL Shader Actor 对比

您可以尝试手动修改这些属性的数值,边修改边观察 Isaodra 的舞台输出窗口的实时效果的变化。您还可以在场景编辑器中添加一个"Mouse Watcher"Actor,如图 14-18 所示。并按照该图示进行连接,这样,您就可以通过鼠标移动来控制舞台输出画面的视角。

(2) 带纹理的 Shader 移植。

对于 shadertoy. com 上的很多 GLSL Shader 来说,将其移植到 Isadora 中的方法亦如上述操作那样简单:复制 GLSL 代码并将其粘贴到 Isadora 的 GLSL Shader 的代码编辑器中。

图 14-18　鼠标实时控制 Shader 画面的视角

但也有例外，按照上述的操作流程移植代码并编译后，GLSL Shader Actor 要么不能渲染出图像，要么不能渲染出如 ShaderToy 网站预览中出现的一样的图像。通常，这是因为着色器需要一个输入纹理来生成正确的图像。接下来，将处理 ShaderToy 着色器需要输入纹理的特殊情况。

访问 http://www.shadertoy.com，在搜索框中输入“Clouds”，找到 iq 提供的名为“Clouds”的着色器。如图 14-19 所示。

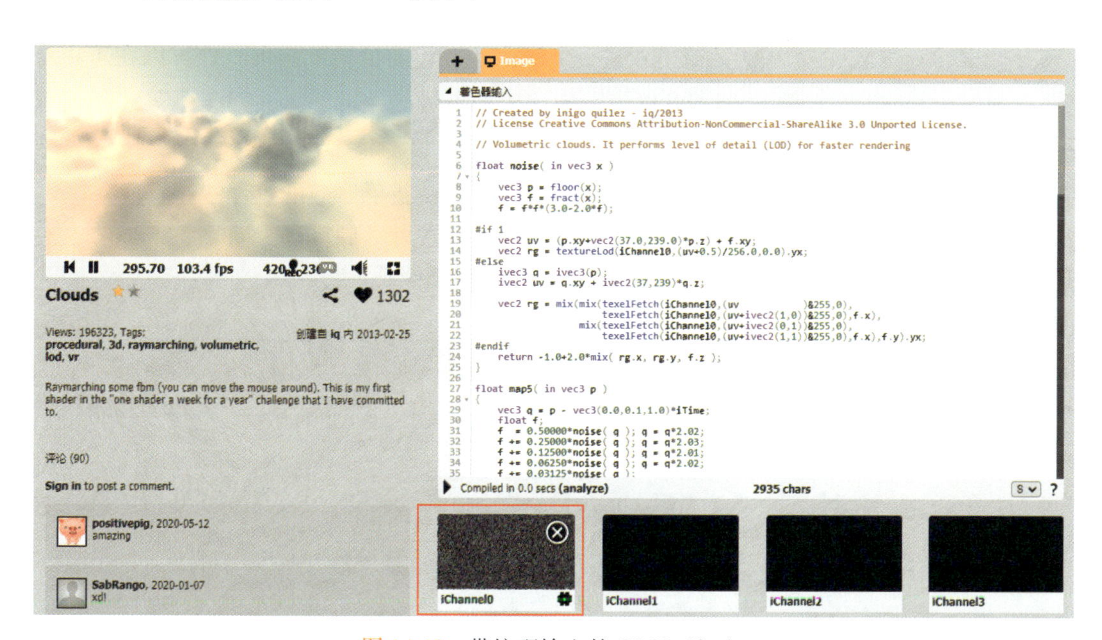

图 14-19　带纹理输入的 GLSL Shader

请您重复上述案例中描述的整个过程，将该网页中“Clouds”的 Shader 源代码复制并粘贴到 Isadora 的 GLSL 编辑器中，然后点击“Compile”按钮并关闭编辑器对话框。结果如图 14-20 所示。

您将看到 Isadora 的舞台输出画面与 Shadertoy 网站的画面有很多区别。如果您再仔细看看图 14-20 中“GLSL Shader”Actor，您会发现它有一个“video in 1”输入属性。这意味着该着色器需要某种视频或静态图片作为输入才能正常工作。这时，您可以回到

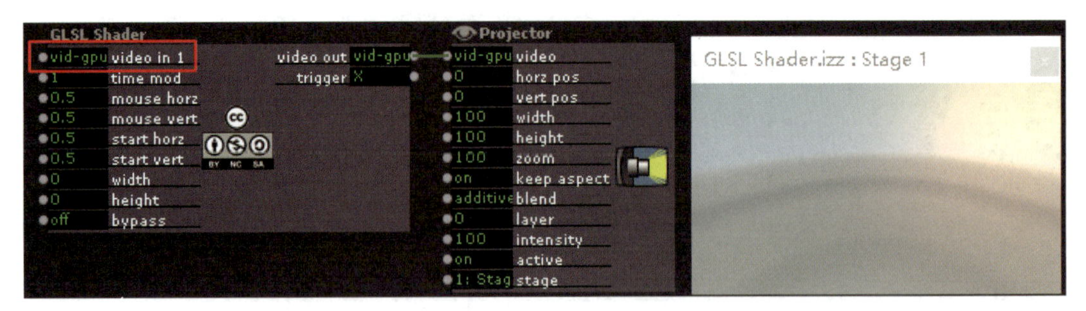

图 14-20　未提供纹理输入源的 Clouds Shader 效果

ShaderToy 页面上找原因。在代码编辑器下方您将看到如下内容，如图 14-21 所示。

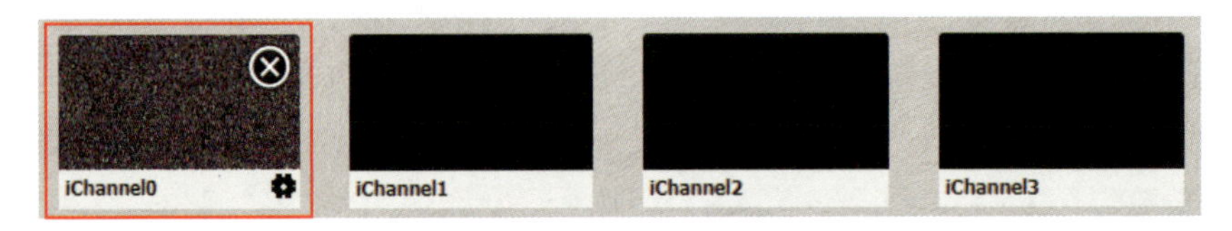

图 14-21　Shader 纹理通道

ShaderToy 提供了输入预定义的纹理(图片)作为着色器的输入选项。您可以在这里看到，在 ShaderToy 网站上的 Shader 可以接受多达 4 种不同的纹理输入。对于不需要任何纹理输入的着色器，iChannel0 到 iChannel3 将为黑色，表示该通道上不需要输入。但是，如果您确实在这些预览窗格中看到一个图像，您需要在 Isadora 提供等效的纹理图片或视频。

在上面的示例中，iChannel0 不是黑色的，它被设置为不同的源。要查看它，请单击 iChannel0 的预览，将会出现对话框，如图 14-22 所示。

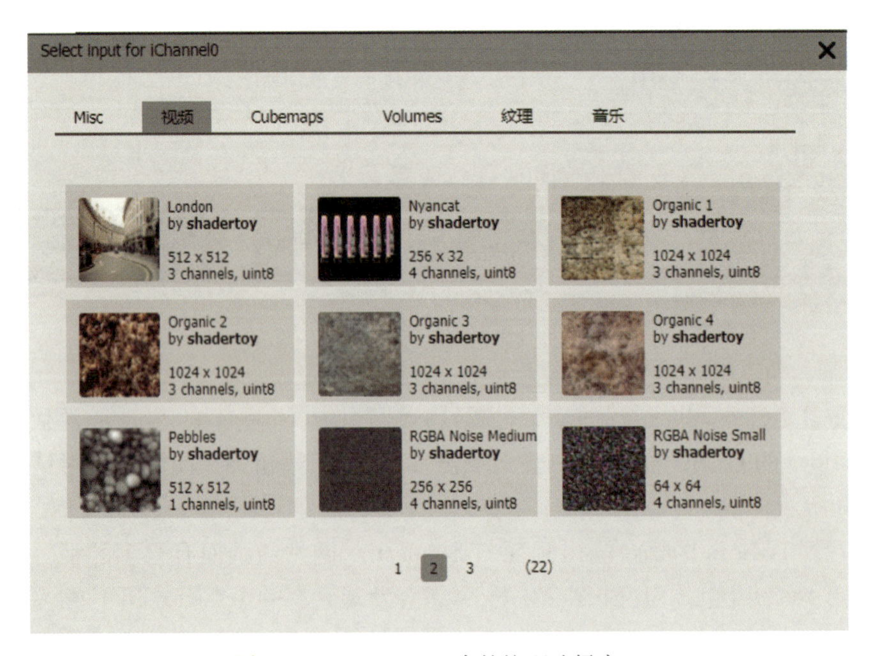

图 14-22　ShaderToy 中的纹理选择窗口

遗憾的是，在该对话框中没有明示该通道选择了哪一幅具体的纹理图片。网站上也没有提供纹理的下载连接。根据笔者的使用经验，在 ShaderToy 上大多数着色器的输入纹理都是一个噪声源。当您以任何方式找到与某个通道的纹理预览图相似的图片作为 Isadora 的 GLSL Shader Actor 的输入时，通常会得到近似的视觉效果。如图 14-23 所示。

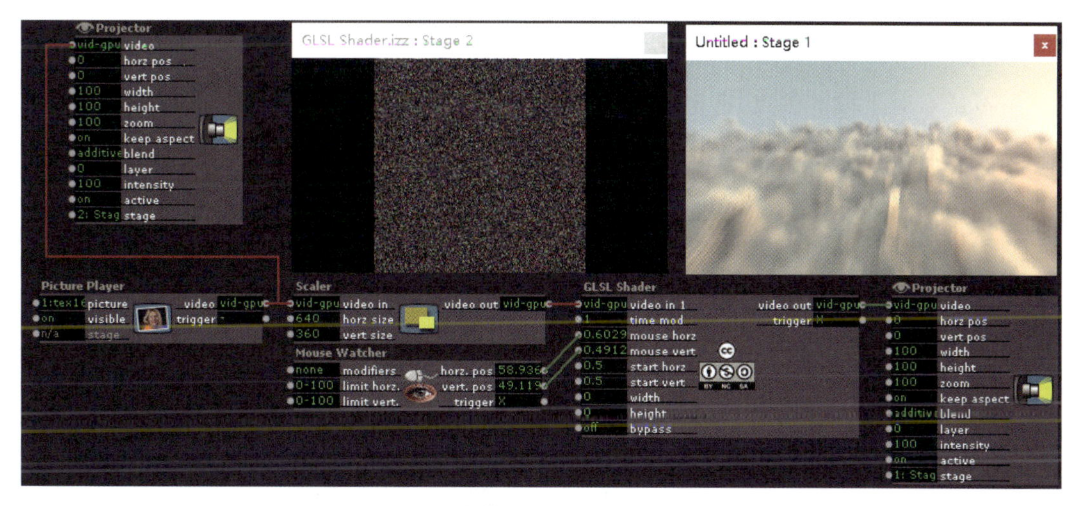

图 14-23　Isadora 中带纹理输入的 GLSL Shader 示例

ShaderToy 网站最近添加了一项新功能，称为 Multipass Rendering（多通道渲染）。如果您在网站的源代码编辑器的顶部看到标签为“Buf A”或“Buf B”的标签（如图 14-24 所示），在目前的 Isadora 版本中还不能使用这个着色器代码。期待未来更新的 Isadora 版本能使用多通道渲染。

图 14-24　多通道渲染 Shader

（3）给 Shader 添加实时参数。

GLSL Shader Actor 提供的真正令人兴奋的机会是实时改变着色器参数的能力。Shader 通过一个称为 uniform variables（统一变量）的机制接受实时输入。例如，您希望 Shader 接收浮点数（float），则可以添加下面的代码：

```
uniform float  myVariableName;
```

这定义了一个名为 myVariableName 的浮点数作为输入。然后，您可以根据需要在代码中使用该变量。若您想将该变量变成 Isadora 的 GLSL Shader Actoractor 的输入参数，则需要在 GLSL 代码中添加“特殊注释”来实现，如下所示：

```
//ISADORA_FLOAT_PARAM(name,id,min,max,default,"helptext");
```

在 OpenGL Shader Language 中，任何以“//”开头的行都被视为注释；换句话说，GLSL 编译器将忽略它。但是，Isadora 并没有忽略它。使用上面的注释，您可以为 GLSL Shader Actor 创建输入参数，并将其值发送到 GLSL 代码中的 uniform variables。

//ISADORA_FLOAT_PARAM：此部分仅标识正在定义的参数，在这种情况下是单个浮点数。

Name：在此处定义变量的名称。此名称必须与着色器代码中的统一变量即语句中给定的变量名称完全对应。该名称不能包含空格，如果需要空格，请改用下划线（_）字符。

id：此标识符的长度为 1～4 个字符，用于唯一标识输入。对于每个着色器程序，此标识符必须唯一。

min：对于数字参数，它定义了输入参数的最小可能值。

max：对于数字参数，它定义了输入的最大可能值。

default：对于数字参数，它定义了将 Actor 添加到场景时此输入的默认值。仅当将此着色器的源代码添加到 Isadora 的 GLSL 插件文件中时，此输入才有意义。

help text：将在此输入的信息定义为 Isadora 视图中显示的帮助文本。如果共享着色器代码，则可以通过此输入的功能性描述性信息来帮助使用它的人。

如何将所有这些付诸实践呢？请在 Isadora 场景编辑器中添加一个 GLSL Shader Actor，然后，双击它，并在代码框中输入下面的代码，并编译它。如图 14-25 所示。

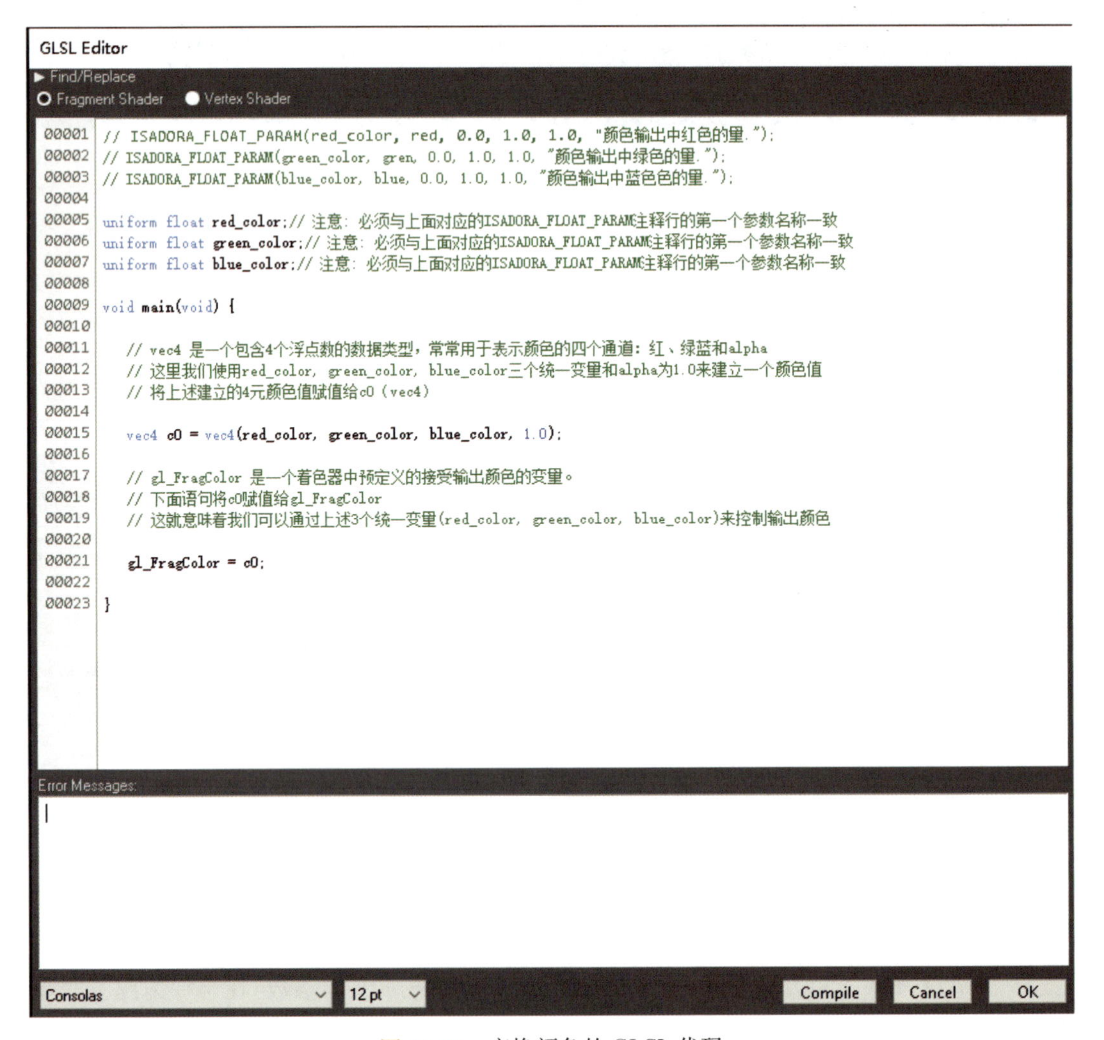

图 14-25　变换颜色的 GLSL 代码

若您的代码框中出现编译错误，请仔细对照检查代码，注意大小写，还要注意在英文输入状态下输入代码。

接下来，将该 GLSL Shader Actor 和 Projector Actor 添加到场景并将它们连接在一起。另外，请确保选择“Output>Show Stage”来显示舞台。这时，舞台输出应完全为白色。现在开始更改 GLSL Shader Actor 的 red_color，green_color 和 blue_color 输入的值。您将看到输出颜色相应地改变。如图 14-26 所示。

图 14-26　RGB GLSL Shader 应用
（上面为默认情况，下面为修改 3 个参数后的结果）

因此，ISADORA_FLOAT_PARAM 注释的目的是在 Isadora 工作环境和着色器的内部值之间建立连接，从而允许实时交互地修改着色器值。尽管此示例的输出并不十分令人兴奋，但它有助于说明如何建立此连接。

在 Internet 上找到的大多数 GLSL Shader 代码都是生成图像性的，它们不操纵视频流。其实，GLSL Shader 代码还允许您调制视频流。由于着色器的运行速度非常快，即使您处理高清视频流，对性能的影响也很小。

您可能还记得 Isadora 的 MultiMix Actor，它最多接收 8 个视频流，并将它们加在一起以产生 1 个输出。接着，将在上述基础上再添加一个操作视频流的功能，实现 Isadora 的 MultiMix Actor 的一种变体，该变体将能够独立调节每个视频流的亮度。

要指定着色器具有视频输入，您需要这样的语句：

```
uniform sampler2D tex0;
```

接下来，将 GLSL Shader Actor 添加到您的场景中，然后双击以打开编辑器。将以下代码粘贴到编辑器中，再点击“确定”按钮以编译代码并关闭编辑器。如图 14-27 所示。

```
1  //添加视频输入参数 video in 1
2  uniform sampler2D tex0;
3  void main(void)
4  {
5      gl_FragColor = texture2D(tex0, gl_TexCoord[0].xy);
6  }
```

图 14-27　实现视频输入参数的代码

您将看到标记为 video in 1 的新视频输入已添加到 GLSL Shader Actor。将视频源连接到此输入,然后将“视频输出”连接到 Projector Actor。

这是一个非常简单的着色器,只是将输入传递到输出,其输出与输入相同。接下来再添加一个参数来控制亮度。更新 GLSL Shader 内部的源代码,如图 14-28 所示。

```
1   uniform sampler2D tex0;
2
3   // ISADORA_FLOAT_PARAM(intensity_1, v1br, 0.0, 100.0, 100.0, "输入视频流的输出亮度.");
4
5   uniform float intensity_1;
6
7   void main(void)
8   {
9       float intensity = intensity_1 / 100.0);
10      // texture2D -> 表示从输入源中采样一个像素
11      // tex0 -> 指定采样的对象
12      // gl_TexCoord[0].xy -> 决定哪一个像素被采样
13      // 然后, 将采样的像素的颜色的4个分量乘以变量“Intersity”,
14      //这样就实现了通过统一变量控制每一个采样点的亮度
15
16      gl_FragColor =  texture2D(tex0, gl_TexCoord[0].xy) * intensity;
17  }
```

图 14-28　GLSL 实现一个输入视频亮度调整的代码

如您所见,又添加了一个名为“intensity_1”的新浮点输入参数。在代码中,将该值除以 100.0,以得到 0.0 到 1.0 的范围,并将结果存储在一个称为“intensity”的变量中。然后,将这个值乘以 texture2D 语句检索到的 ARGB 像素。如果强度为 0.0,则颜色为黑色,因为所有分量(ARGB)均为 0.0。如果强度值为 0.5,则视频将处于一半强度,因为所有颜色分量都已乘以一半。如果强度为 1.0,则输入颜色不变。

为了不让您一开始看到太多的代码而生畏,上述仅用较少代码实现了一个输入视频的亮度调整。其实,若您已经理解了上述代码的含义,添加更多的输入是相对简单的事情,其处理逻辑是完全一样的,只需要定义不同的名称而已。

将着色器中的代码替换为以下代码,如图 14-29 所示。

单击“确定”按钮以编译代码并关闭编辑器。将三个视频源连接到三个视频输入,然后尝试更改三个强度输入的值。您会看到可以独立改变每个图像的亮度。如图 14-30 所示。

Isadora 最多为 GLSL Shader Actor 提供 8 个纹理输入。因此,只需进行复制、粘贴和编辑,即可扩展上面的代码以处理多达 8 个视频输入。

```
uniform sampler2D tex0; // video in 1
uniform sampler2D tex1; // video in 2
uniform sampler2D tex2; // video in 3

// 调整输入视频亮度的输入参数定义
// ISADORA_FLOAT_PARAM(intensity_1, v1br, 0.0, 100.0, 100.0, "'video in 1' 视频流的亮度.");
// ISADORA_FLOAT_PARAM(intensity_2, v2br, 0.0, 100.0, 100.0, "'video in 2' 视频流的亮度.");
// ISADORA_FLOAT_PARAM(intensity_3, v3br, 0.0, 100.0, 100.0, "'video in 3' 视频流的亮度.");

uniform float intensity_1;// 定义视频流1的亮度值的统一变量为intensity_1, from 0 to 100
uniform float intensity_2;// 定义视频流2的亮度值的统一变量为intensity_2, from 0 to 100
uniform float intensity_3;// 定义视频流3的亮度值的统一变量为intensity_3, from 0 to 100

void main(void)
{
    vec4 outputColor;

    // 通过intensity_1调整video in 1的像素亮度, 并将结果存储到变量outputColor中
    outputColor = texture2D(tex0, gl_TexCoord[0].xy) * (intensity_1/100.0);
    // 通过intensity_2调整video in 2的像素亮度, 并将结果存储到变量outputColor中
    outputColor += texture2D(tex1, gl_TexCoord[0].xy) * (intensity_2/100.0);
    // 通过intensity_3调整video in 3的像素亮度, 并将结果存储到变量outputColor中
    outputColor += texture2D(tex2, gl_TexCoord[0].xy) * (intensity_3/100.0);

    // 将存储在outputColor中的调整结果赋值给Shader输出变量(gl_FragColor)
    gl_FragColor = outputColor;
}
```

图 14-29　三个输入视频的亮度调整的 Shader 代码

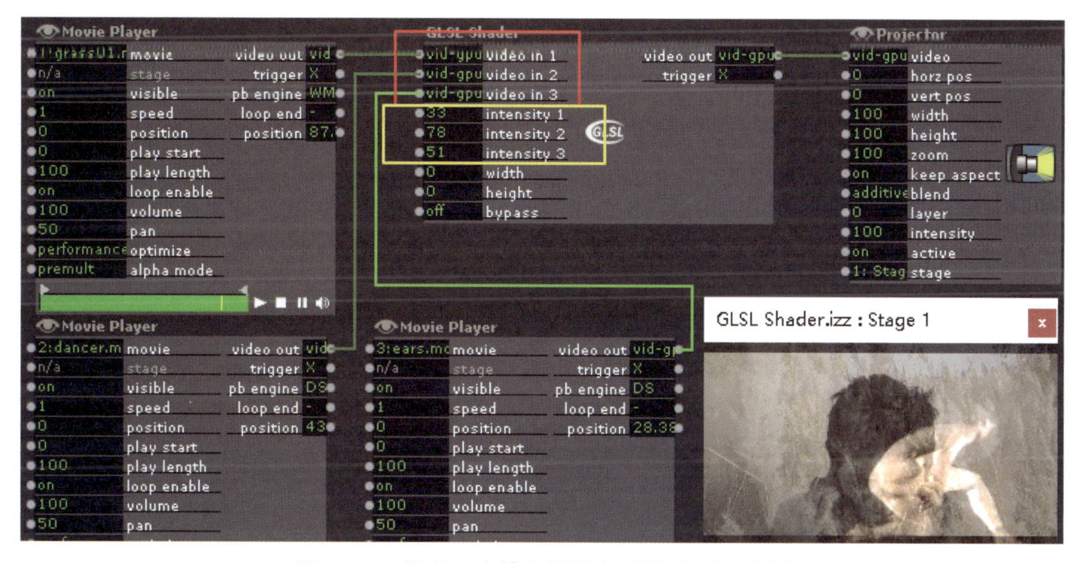

图 14-30　调整三个输入视频亮度的 Shader 应用

（4）实时操作互联网分享 Shader。

假如您已经顺利地读完了以上所有内容，并成功做完了所有实验，我相信您肯定很有收获，并且也感受到了 GLSL 语言的复杂性。

下面尝试如何实现实时操控互联网上分享的 Shader。

首先，您可以从另一个非常有名的 GLSL Shader 分享网站上获取 Shader 代码。该网站的主页是 http://glslsandbox.com。为了方便起见，您可以直接访问连接：http://glslsandbox.com/e#22343.0，即可看到下面的内容，如图 14-31 所示。

和以前一样，您需要将 GLSL Shader Actor 连接到 Projector Actor。双击 GLSL Shader 并将此网页中的代码全部复制并粘贴（ctrl + a/ctrl + c/ctrl + v）到编辑器中，然后

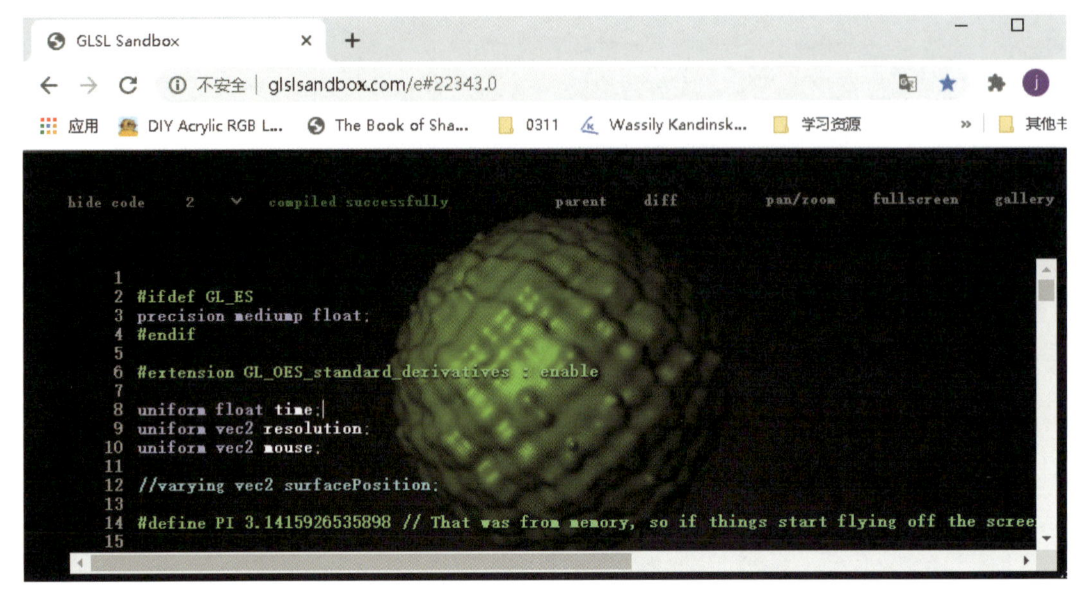

图 14-31　GLSL Sandbox 案例

单击“Compile”，您会在 Isadora 的输出舞台上看到一个稍微凹凸的绿色球体。

接下来要做的就是在此代码中寻找常量值。对于初学者而言，向下滚动鼠标直到找到下面这行代码：

```
void main(void){
```

main( )函数是完成渲染图像工作的主要函数，每一个 Shader 都有该函数。通常在代码中还可能有其他函数，如 float sphere( )和 float sinusoidBumps( )。由这些函数名猜测它们可能与“渲染球体”和“渲染凸点”有关。这些函数的名称为您提供了一个线索，因为函数名称和变量名称是按照见名知义的原则命名的，了解其名称的含义有助于您找到相应的内容。

您可以寻找一些常数值，如 0.04 或 2.5。然后尝试更改其数值，建议您一次只修改一个数值，再单击“编译”。刚开始时，请勿大量更改值，例如，如果该值为 3，则将其更改为 4 或 5。看看是否会发生有趣的事情？如果不是，则按快捷键恢复原来的数值(windows 下 ctrl+z/MacOS 下 command+z)。然后尝试更大的更改，例如，如果该值为 3，则将其设置为 300。

请大胆地尝试修改不同的数值，它会对生成的图像产生有趣的作用。例如，在上面给出的源代码中，您发现将函数 scene( )中 sinusoidBumps(p)前面倍乘值由 0.04 改为 0.1，会导致很酷的效果——使球体表面呈现更大变化的凹凸效果。

```
float scene (in vec3 p) {
    return sphere (p, vec3(0., 0., 2.), 1.) + 0.04 * sinusoidBumps(p);
}
```

修改为：

```
float scene (in vec3 p) {
    return sphere (p, vec3(0., 0., 2.), 1.) + 0.1 * sinusoidBumps(p);
}
```

按照以上的方式，依次逐个修改某个常量数值。您肯定能找到几个类似的有趣值。接着，您应该进一步尝试找到有用的最小值和最大值。这仅需要一些实验和猜测工作。在此示例中，您发现最小值为 0.0，最大值为 1.0，产生了良好的结果。当然，只要您愿意尝试，您可以超过 1.0，结果可能会有点疯狂，但也许您会喜欢那样的疯狂效果。

假设您找到了一个要实时调整的参数。您需要添加一些语句，以便在 GLSL Shader 上为您提供输入参数端口，这将使您能够通过输入参数访问此值（上面代码中的红色数值）。

接下来，您将光标移动到代码的最上面，找到“uniform vec2 mouse;”这一行代码，在其下面插入一行。按照上述方法，创建一个能为您提供一个输入端口的 ISADORA_FLOAT_PARAM 语句，如下所示：

//ISADORA_FLOAT_PARAM(bumpiness, bump, 0.0, 1.0, 0.04,“球表面的凹凸大小”);

再在 ISADORA_FLOAT_PARAM 语句的下面添加一个统一浮点变量声明，以便着色器可以识别此参数：

```
uniform float bumpiness;
```

最后，修改 float scene (in vec3 p)函数内部的内容如下：

```
float scene (in vec3 p) {
    return sphere (p, vec3(0., 0., 2.), 1.) + bumpiness * sinusoidBumps(p);
}
```

现在点击“Compile”按钮并关闭编辑器。您会看到一个新参数出现在 GLSL Shader Actor 的输入端口，称为 bumpiness。应用一些实时输入（如 Sound Level Watcher 或 Sound Frequency Watcher 的输出）来观看有趣的变化。如图 14-32 所示。

（5）把定制的 Shader 添加到工具箱中。

如果找到或创建了特别有用的或者您特别喜欢的着色器，可以将其添加到 Isadora 的工具箱中，以便将来重复使用。此时，Isaodra 也为您提供了解决方法。下面的内容将告诉您如何实现它，并介绍一些进一步的注释语句，使您的着色器更加个性化。

要将着色器添加到 Isadora 的工具箱中，请执行以下操作：

将文本从 GLSL Shader Actor 的编辑器复制到任何文本编辑器（如 sublime text 3 软件）中。然后保存为纯文本文件，为其赋予一个有意义的名称，后缀为.txt，例如“Bumping Sphere by stajimmy.txt”。

导航到以下文件夹：

图 14-32　实时控制球表面的凹凸

MacOS:/Library/Application\Support/TroikaTronix

Windows:C:\Program Files\Common Files\TroikaTronix\

如果您在 TroikaTronix 目录中找不到名为“GLSL Plugins”的文件夹，请创建它。然后，将您创建的文本文件放在 GLSL Plugins 文件夹中。退出并重新启动 Isadora。如图 14-33 所示。

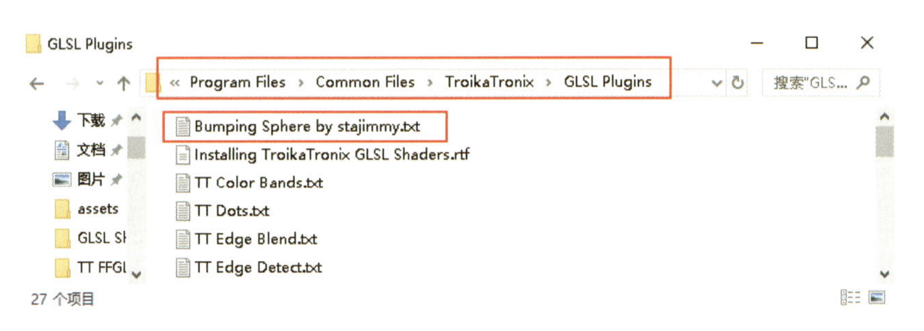

图 14-33　将 Shader 文件存储到 GLSL Plugins 文件夹中

在工具箱中，单击“GLSL”分类标签。您将在此处看到新的插件，该名称将与. txt 文件的文件名相同。单击插件将其添加到场景中，就像添加任何 Isadora Actor 一样。

将着色器源代码保存到 GLSL Plugins 文件夹后，以后任何时候使用自己定制的 GLSL Actor 就像使用 Isadora 的其他 Actor 一样简单，只要在工具箱中单击它或使用弹出工具箱搜索它。

您还可以通过添加 Isadora 识别的其他注释语句来进一步自定义着色器。这些注释语句的语法格式如下：

//ISADORA_PLUGIN_NAME(插件名称)：指定将在此着色器的 Isadora 工具箱中显示的名称。(若您在代码中没有用该注释行定义插件的名称，则工具箱中以代码的文件名为插件名称进行显示。如图 14-33 中的文件名“Bumping Sphere by stajimmy”。)

//ISADORA_PLUGIN_DESC(插件说明信息)：这是帮助文本，如果将鼠标悬停在此 GLSL Shader Actor 上，它将显示在信息窗口中。如图 14-34 所示。

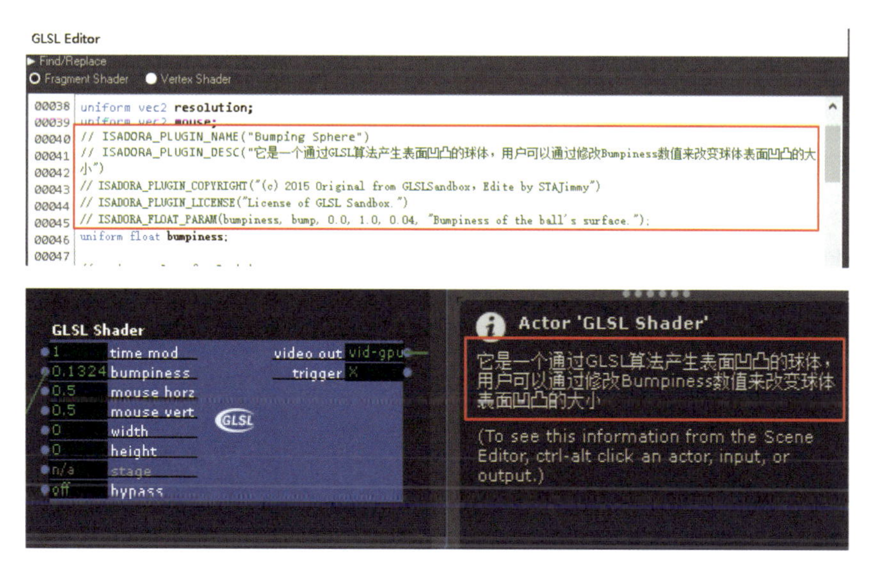

图 14-34　定义 GLSL Shader Actor 的个性化的帮助信息

//ISADORA_PLUGIN_COPYRIGHT(版权署名)：允许您向插件添加版权声明。

//ISADORA_PLUGIN_LICENSE(许可信息)：如果您想向该插件添加知识共享或其他许可信息，请在此处提供许可信息。

//ISADORA_INT_PARAM(name, id, min, max, default, "help text")：此注释与 ISADORA_FLOAT_PARAM 注释的作用相同，它用来添加整数输入。其对应的统一变量声明为：uniform int variable NameHere;

为了使您的插件易于使用，希望您至少添加 ISADORA_PLUGIN_NAME 和 ISADORA_PLUGIN_DESC 语句。

目前，Isadora 注释语句只适用于浮点数和整数。其他类型的数据，您可以尝试采用变通的方式解决它。例如，假设您要向 mat2 实时输入(mat2 实际上是一个由 4 个浮点数组成的二维矩阵：两行，两列)，您需要定义 4 个单独的输入，同时给出 Isadora Param 语句和对应的统一变量声明，如图 14-35 所示。

```C++
// ISADORA_FLOAT_PARAM(complexity00, cp00, 9.0, 900.0, 10.0, "mat[0][0]");
// ISADORA_FLOAT_PARAM(complexity01, cp01, 9.0, 900.0, 10.0, "mat[0][1]");
// ISADORA_FLOAT_PARAM(complexity10, cp10, 9.0, 900.0, 10.0, "mat[1][0]");
// ISADORA_FLOAT_PARAM(complexity11, cp11, 9.0, 900.0, 10.0, "mat[1][1]");
uniform float complexity00;
uniform float complexity01;
uniform float complexity10;
uniform float complexity11;
```

图 14-35　二维矩阵的 4 个变量声明

当您需要在函数中使用 mat2 时，您可以如图 14-36 所示赋值。

```C++
mat2 complexity;
complexity[0][0] = complexity00;
complexity[0][1] = complexity01;
complexity[1][0] = complexity10;
complexity[1][1] = complexity11;
```

图 14-36 给二维矩阵变量 mat2 赋值

尽管着色器的速度非常快，但它们并不是无限制的资源。请记住，您将在编辑器中看到的程序将针对图像中的每个像素执行。对于 1920×1080 的图像，GLSL 着色器程序将执行超过 200 万次！

如果遇到低帧速率等性能问题，请查看着色器代码。如果您看到以 for 开头的语句，则着色器具有 for/next 循环，并且效率可能很低。导致效率低下的，还有 if 或 else 的语句。如果您不是程序员，则可能无法修改 if 或 else 语句的内容以提高性能。在这种情况下，您唯一的选择是降低图像的分辨率，以减少图形卡上的负载。

如果要尝试调整代码，最简单的方法是减少"for"语句中的重复次数。该语句通常采用以下形式：

for(x=0; x<256; x++);

在这种情况下，称为 x 的变量将从 0～255 递增，每次重复后，x 都会增加 1。总共进行 256 次重复，对于 1920×1080 图像进行超过 5.3 亿次的计算。

要减少重复次数，请将 for/next 循环的上限更改为较小的值(如上面的代码行中以红色粗体显示的数字"256")。这将会更改图像的外观，您可以确定结果是否可接受。在现实的项目中，有时候您需要在性能和视觉效果上作平衡和取舍。

第十五章

交互媒体设计与创作

一、*Human to Sea*①

在视觉设计中，经常会使用到遮罩效果，在 Isadora 中同样可以实现它。本案例是在文字上模拟海波的视觉效果。2020 年世界气象日的主题是“气候与水”，本作品主要利用 Alpha Mask Actor 与文字生成，结合声音交互，以体现出人类与水之间的互动性。如图 15-1 所示。

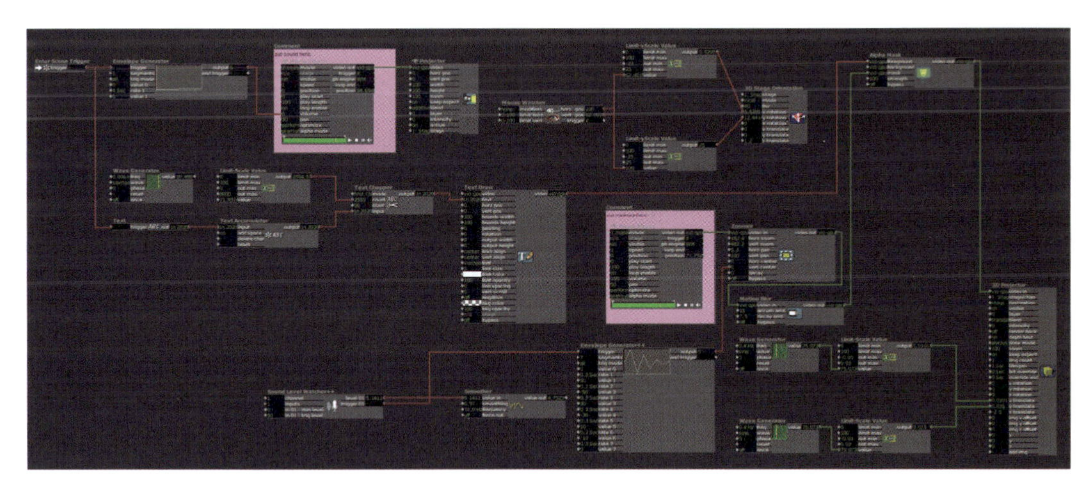

图 15-1 *Human to Sea*

1. 水波特效遮罩创作

首先，创建一个 Isadora 文档并保存。接着，添加一个 Text Actor，双击 Actor 上的 ABC，添加一段关于气候的文字。

连接 Text 和 Text Accumulator，如图 15-2 所示。

连接 Text Accumulator 和 Text Chopper，如图 15-3 所示。Text Chopper Actor 可

---

① 该作品的创作者是贾慷诚。

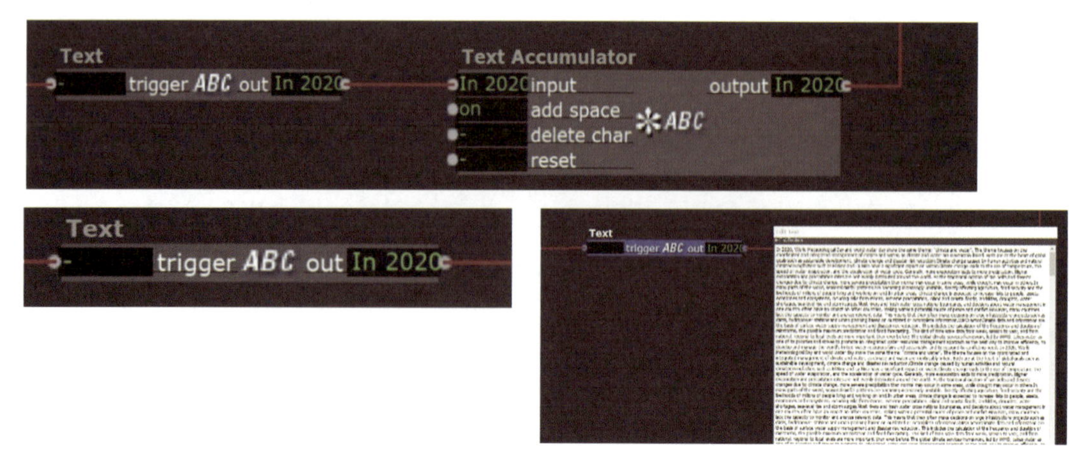

图 15-2　Text Accumulator 与 Text 连接

以实现文字的逐个出现，目的是让文字从头到尾出现，所以，mode 设置为 first char。Wave Generator 的 wave 设置为 sawtooth，freq 设置为 0.006 Hz（本示例中字符数量很大，速度根据实际情况调节）。

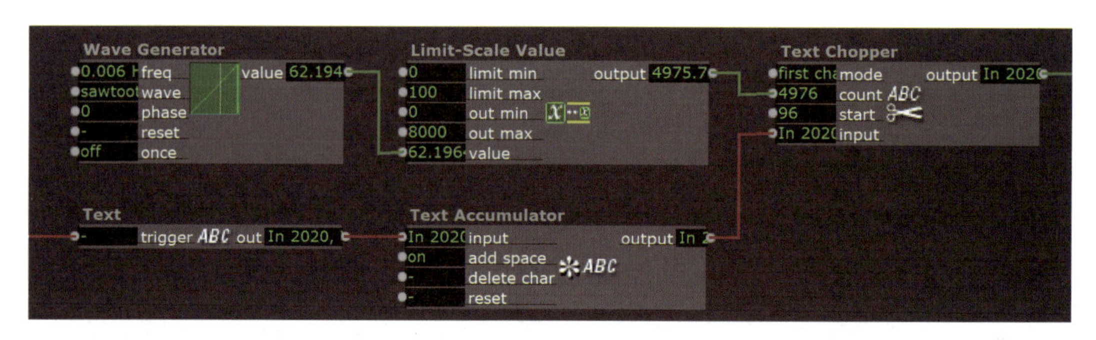

图 15-3　实现文本逐字出现

连接到 Limit-Scale Value，为了让文字展示时间更长，将范围映射到 0～8000，然后将 output 连接到 Text Chopper 的 count。

添加一个 Text Draw Actor，将 Text Chopper 的结果连接到 Text Draw 的 text 上。如图 15-4 所示。

添加 Alpha Mask Actor，将 Text Draw 的 video 连接到 Alpha Mask 的 foreground。

① foreground——视频可见部分为 mask 白色的部分。

② background——视频可见部分为 mask 黑色的部分。

③ mask——遮罩决定了您是否可以看见 foreground 或者 background 视图，遮罩的白色部分可见 foreground 连接的视图，遮罩的黑色部分可见 background 连接的视图。灰色则取 foreground 和 background 的混合。

strength——遮罩视图的强度，0 为最弱，100 为最强。

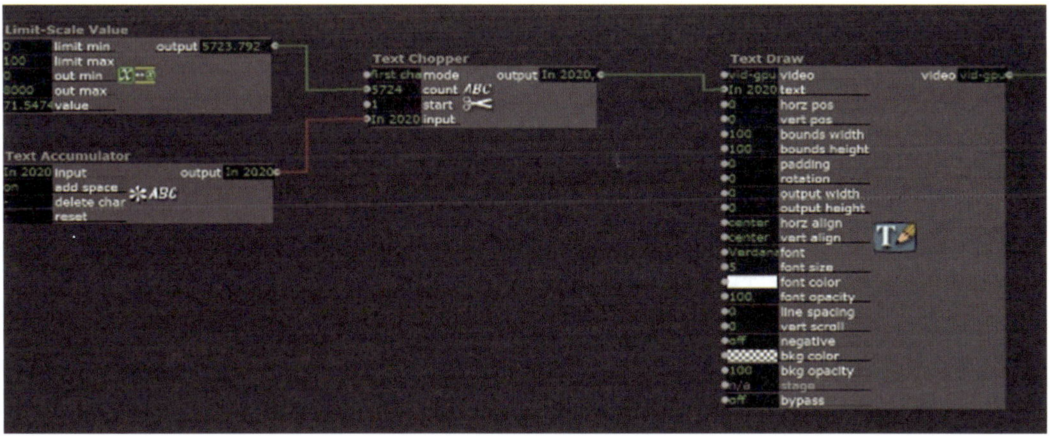

图 15-4　用 Text Draw 显示文本

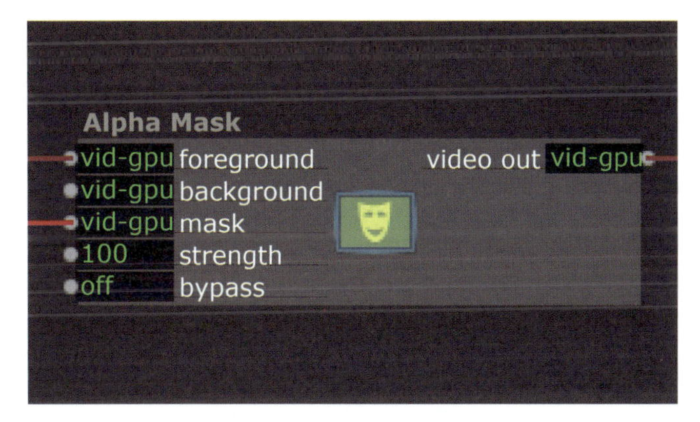

图 15-5　Alpha Mask Actor

到这里，作品已经完成了一半，连接到 foreground 或者是 background 的视频部分。本案例连接的是 foreground，因为我想让海水的波光的地方显示文字。接下来要做的是连接到 mask 的遮罩部分。

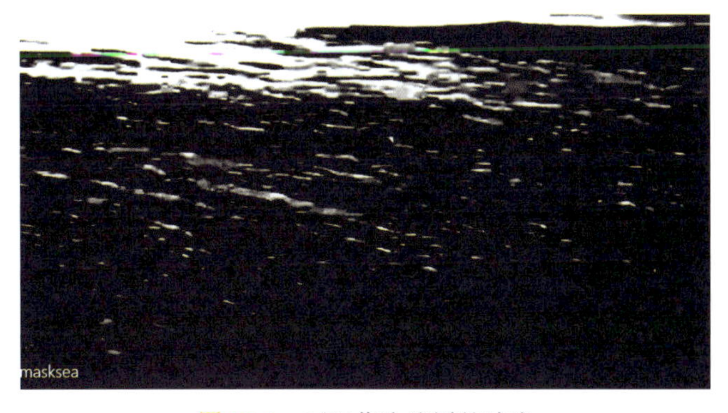

图 15-6　可以作为遮罩的波光

您有很多方法得到这样的一个遮罩图片或视频，在特效软件中制作一个，或对现成的视频进行处理等，如图 15-6 所示。本案例中海浪的视频是从网上下载的。如图 15-7 所示。

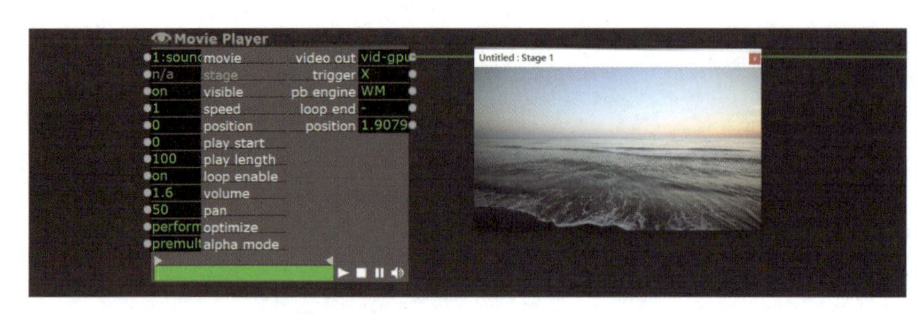

图 15-7　播放海浪视频

（作品：*Mare*，创作者：Vartan Mercadanti，版权：CC0 1.0）

添加 Desaturate 和 Threshold Actor，并将其按照图 15-8 的方式连接起来，saturation 的值设为 0，实现视频的去色，Threshold 的 bright color 设为白色，使视频黑的更黑，白的更白，threshold 的值根据您的需求设置，这里设置为 30。

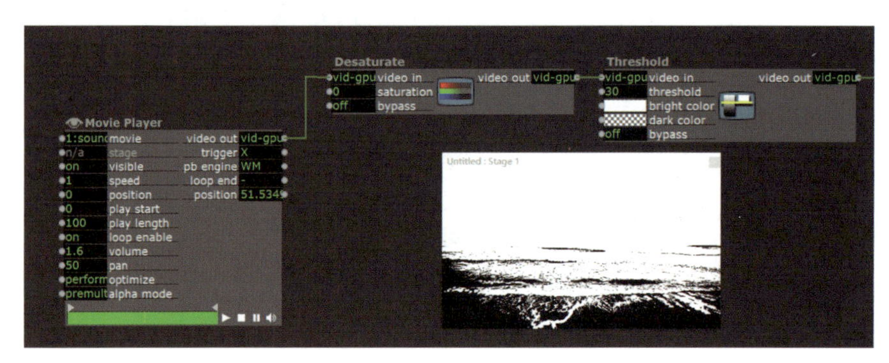

图 15-8　视频的去色处理

连接 Zoomer Actor，让视频的截取位置更合适。调整的数值根据您的需求设定，如图 15-9 所示。

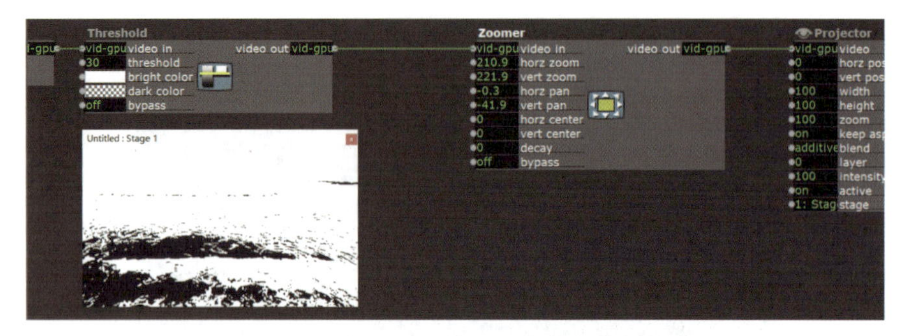

图 15-9　通过 Zoomer 调整截取位置

添加 Motion Blur 使黑白过渡更柔和后，将 video out 连接到 Alpha Mask 的 mask。

如图 15-10 所示。

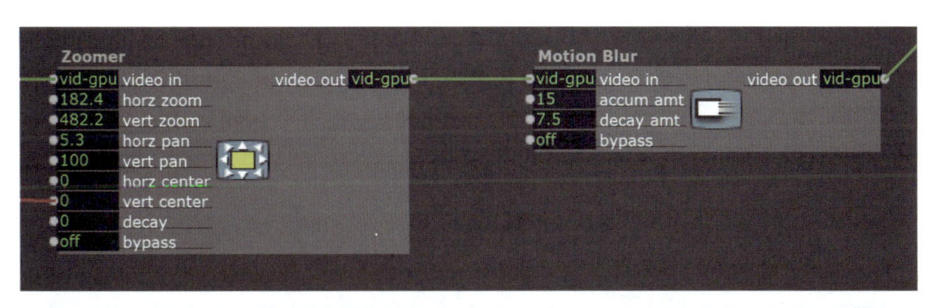

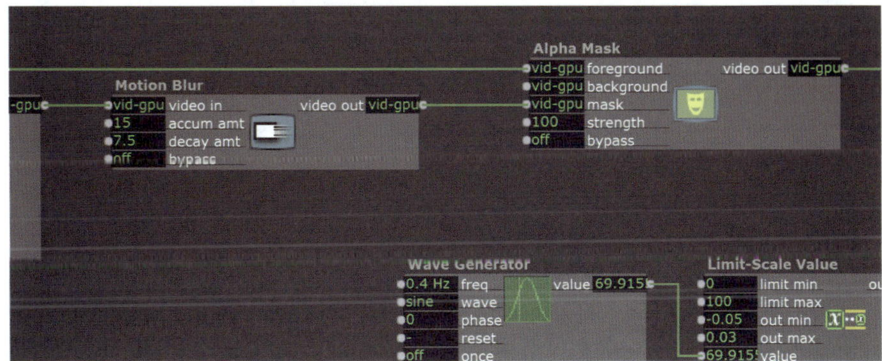

图 15-10 遮罩的柔化处理

添加一个 3D Projector，将 Alpha Mask 的 video out 和 3D Projector 的 video in 连接。到这里，案例的主体部分就全部完成了。

2. 交互设计

（1）声音交互。

在菜单栏找到“Input>Live Capture Settings”后点击进入面板，在 Sound Input 中设置声音输入设备后，点击“Start Live Capture”。

添加 Sound Level Watcher ++ Actor 和 Envelope Generator ++ Actor，连接 trigger 01 和 trigger，当声音响度超过 Sound Level Watcher ++ 中的 in 01：trig level 后，其输出端口 trigger 01 发送一个触发信号（trigger），触发设置好的 Envelope Generator ++ Actor 中的数值。如图 15-11 所示。

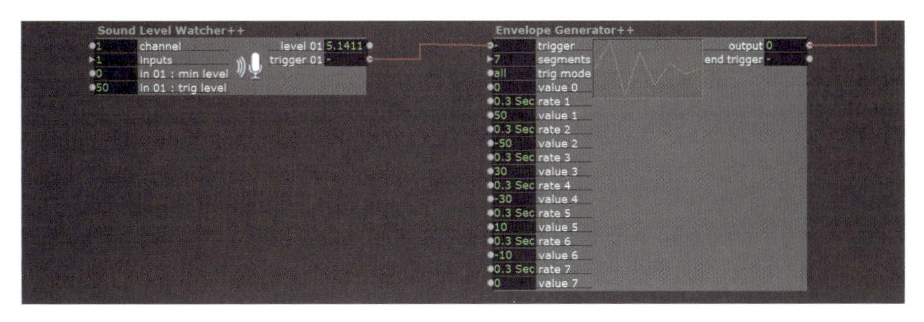

图 15-11 Sound Level Watcher ++ 和 Envelope Generator ++ 设置

将 Envelope Generator++ 的 output 和 Zoomer Actor 的 vert center 连接，用声音激活的数值控制画面的上下抖动。如图 15-12 所示。

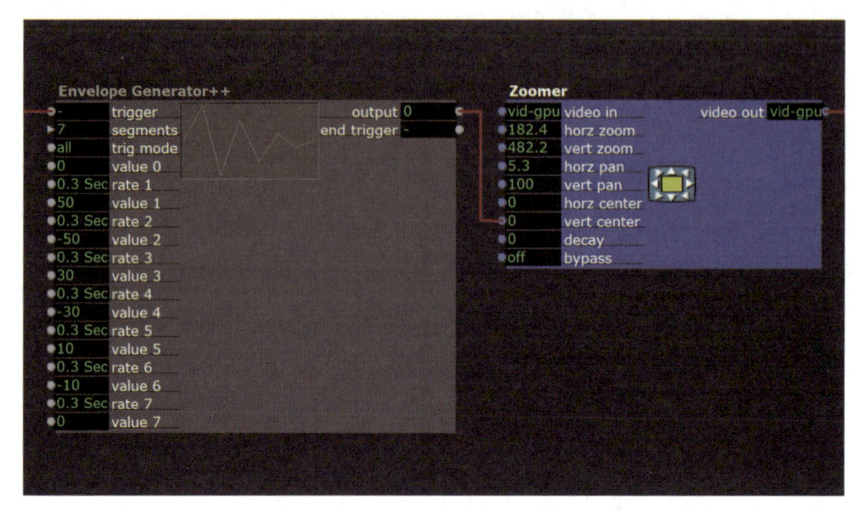

图 15-12　实现画面的抖动

（2）鼠标交互。

首先，创建 3D Stage Orientation Actor、Mouse Watcher Actor 和两个 Limit-Scale Value Actor。为了便于识别，将两个 Limit-Scale Value Actor 名称分别重命名为 Limit-xScale Value 和 Limit-yScale Value，并进行连线。如图 15-13 所示。

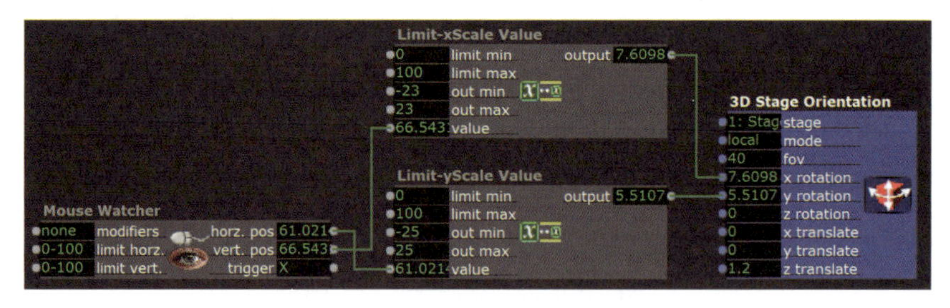

图 15-13　实现鼠标控制 3D 视角变化

① horz. pose 连接 Limit-yScale Value 的 value。

② vert. pose 连接 Limit-xScale Value 的 value。

③ Limit-yScale Value 的 output 连接 3D Stage Orientation 的 y rotation。

④ Limit-xScale Value 的 output 连接 3D Stage Orientation 的 x rotation。

在本案例测试过程中，将 Limit-xScale Value 的 out min 和 out max 分别设置为 −25 和 25，Limit-xScale Value 的 out min 和 out max 分别设置为 −23 和 23，得到较为满意的效果。如图 15-14 所示。您可以根据实际情况调节两个 Limit-Scale Value Actor 的 out min 和 out max 的数值。

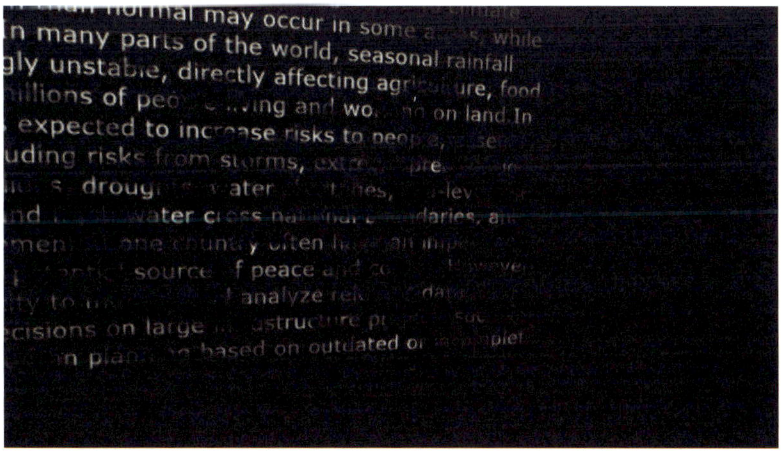

图 15-14 *Human to Sea* 的最终效果

二、《事实》[1]

《事实》是在一个世界地图上显示来自 12 个国家不同时期的疫情数据的可视化作品。借助 isadora，结合互联网上数据统计的疫情人数资料，加以整合和结合时间线，清理出来不带个人评判的、只讲述事实的数据可视化作品，在观众从作品左边走到右边的过程中，可以根据自己脚步的快慢和眼睛的位置来与疫情数据产生的时间线产生关联，从而实现交互式疫情数据的可视化。

1. 数据的准备

疫情数据来自世界卫生组织的官方网站，是基于 12 个国家各自不同时间点的疫情人数统计。在本示例中，是用 Sublime 编辑器创建一个 txt 格式的文件。其文件中的数据内容按照下述格式排版：数据之间使用 tab 隔开，不同行之间的数据使用回车隔开。如图 15-15 所示。选择菜单栏中的 view>indentation>Tab Width：8，可以让您的 tab 键看上去像是打了 8 个空格，这样就可以有很整齐的外观。

2. 图片素材准备

Isadora 不直接支持文件自带的透明通道。也就是说，png 格式的图片或者是带透明通道的 mov 格式的视频在 Isadora 中都会成为黑底的图片或视频，当然，您可以简单修改叠加方式去掉黑色部分，但是这势必会影响其他需要保留的部分。本作品采用另一种间接方式实现项目中的透明效果。

Isadora 中的透明通道添加模式和 PS 中的蒙版是一样的，也就是说，为图片添加每一个像素的不透明度分别是多少的信息图层，黑色是不透明度 0%，也就是不显示，白色是

---

① 该作品的创作者是耿圣玉。

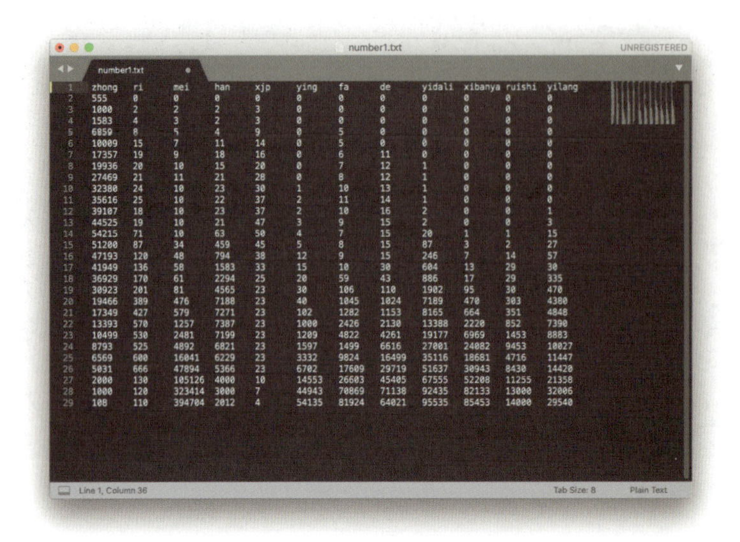

zhong	ri	mei	han	xjp	ying	fa	de	yidali	xibanya	ruishi	yilang
555	0	0	0	0	0	0	0	0	0	0	0
1000	2	2	2	3	0	0	0	0	0	0	0
1583	4	3	2	3	0	0	0	0	0	0	0
6859	8	5	4	9	0	5	0	0	0	0	0
10009	15	7	11	14	0	5	0	0	0	0	0
17357	19	9	18	16	0	6	11	0	0	0	0
19936	20	10	15	20	0	7	12	1	0	0	0
27469	21	11	21	28	0	8	12	1	0	0	0
32380	24	10	23	30	1	10	13	1	0	0	0
35616	25	10	22	37	2	11	14	1	0	0	0
39107	18	10	23	37	2	10	16	2	0	0	1
44525	19	10	21	47	3	9	15	2	0	0	3
54215	71	10	63	50	4	7	15	20	1	1	15
51200	87	34	459	45	5	8	15	87	3	2	27
47193	120	48	794	38	12	9	15	246	7	14	57
41949	136	58	1583	33	15	10	30	604	13	29	30
36929	170	61	2294	25	20	59	43	886	17	29	335
30923	201	81	4565	23	30	106	110	1902	95	30	470
19466	389	476	7188	23	40	1045	1024	7189	470	303	4380
17349	427	579	7271	23	102	1282	1153	8165	664	351	4848
13393	570	1257	7387	23	1000	2426	2130	13388	2220	852	7390
10499	530	2481	7199	23	1209	4822	4261	19177	6969	1453	8883
8793	525	4892	6821	23	1597	1499	6616	27001	24082	9453	10027
6569	600	16041	6229	23	3332	9824	16499	35116	18681	4716	11447
5031	666	47894	5366	23	6702	17609	29719	51637	30943	8430	14420
2000	130	105126	4000	10	14553	26603	45405	67555	52208	11255	21358
1000	120	323414	3000	7	44943	70869	71138	92435	82133	13000	32006
108	110	394704	2012	4	54135	81924	64021	95535	85453	14000	29540

图 15-15　12 个国家的疫情数据

不透明度 100%，也就是显示。

在本项目中，利用 PS 软件在一张世界地图上叠加各个国家的形状图层，每个图层有透明通道；国家形状是白色部分，透明部分为黑色的图像。如图 15-16 所示。

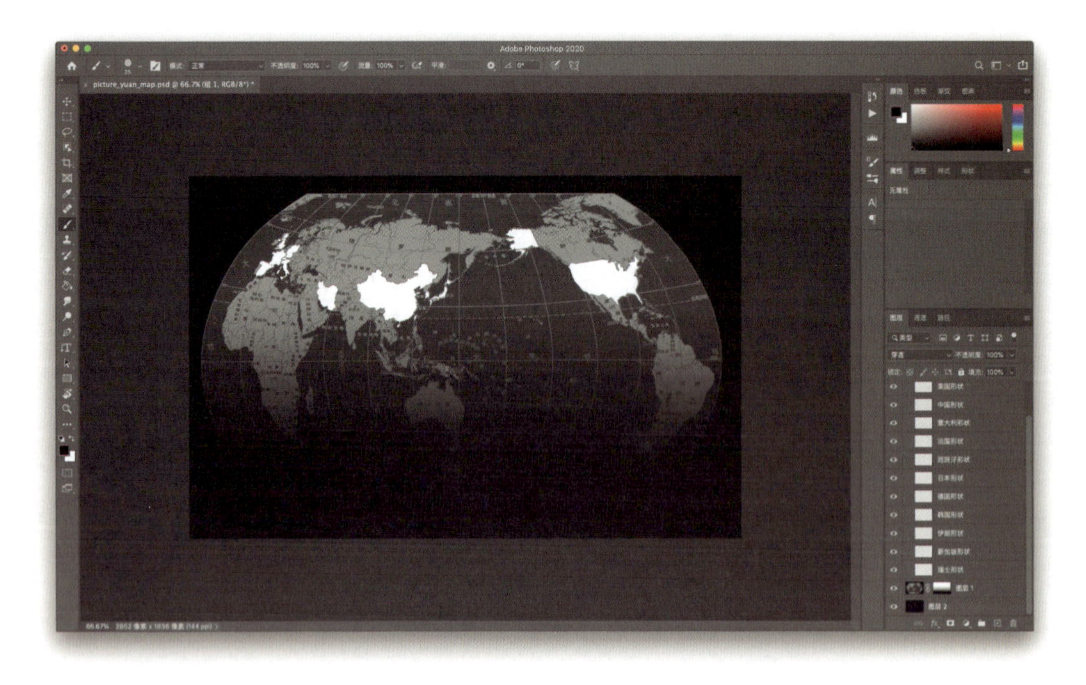

图 15-16　PS 中制作成白色的各个国家的形状

然后导出 jpg 或 png 文件即可。导出的素材有：1 张世界地图的背景图案；12 张白色轮廓黑背景的国家剪影图，其分辨率和国家位置都和前面的世界地图的背景图相匹配。由于 Isadora 对中文文件名支持不好，建议使用字母或数字组合来命名文件。

3. 项目文件管理

为了便于项目管理，首先为这个项目创建一个根文件夹，在根文件夹下创建子文件夹，把本项目中的所有文件分类放在不同的子文件夹中。然后，打开 Isadora，新建一个 isadora 文档，并将其立即保存在项目的根文件夹中。如图 15-17 所示。

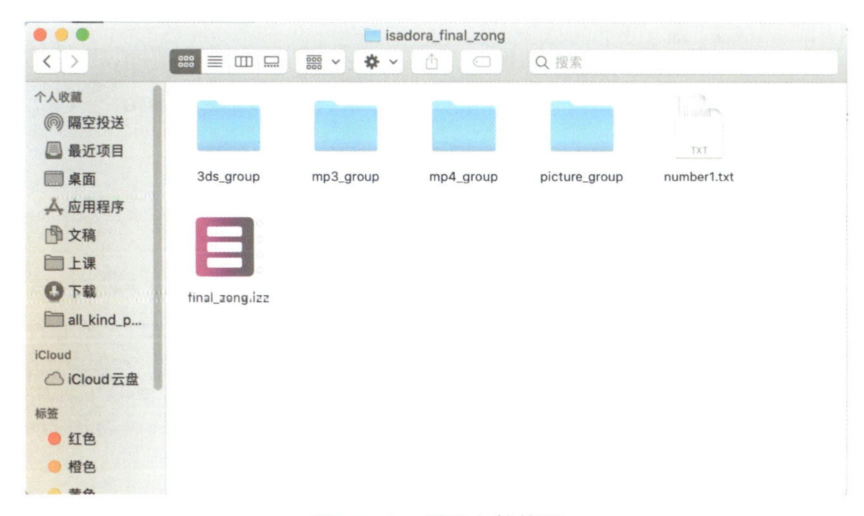

图 15-17　项目文件管理

4. 鼠标交互设计

在创作时，通常使用鼠标的交互作为前期实验。首先，添加 Stage Mouse Watcher Actor，它可以监视鼠标左键或者右键的按下与弹起，利用这个特点加上两个 Trigger Value Actor 分别设置 0，1 的数值输出，连接到 Gate Actor 的 gate 连接点，可以制造出左键按下开始交互、左键弹起交互停止的交互效果。如图 15-18 所示。

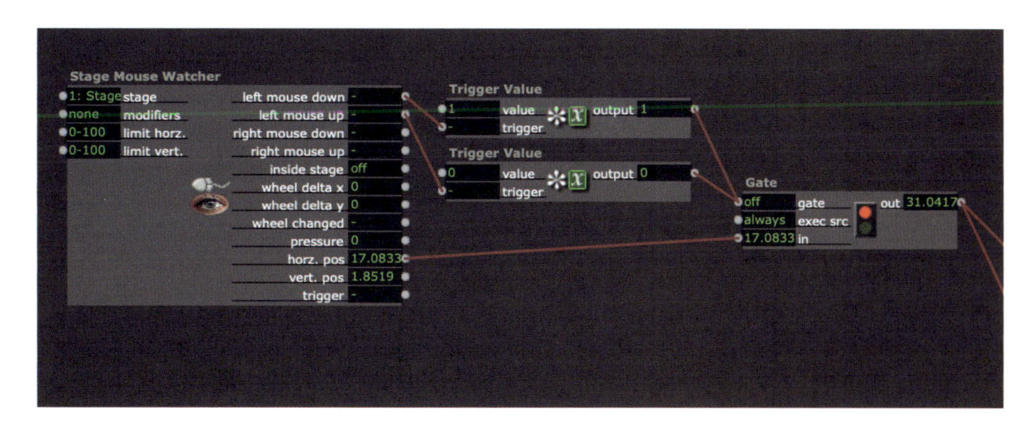

图 15-18　鼠标交互设计

其原理十分简单，当您按下鼠标的时候，Stage Mouse Watcher 的 left mouse down 会触发一个 trigger，将其连接到 Trigger Value Actor 并设置其 value 为 1，就意味着告诉电脑：当鼠标左键按下的时候，输出数值 1。Gate Actor 的输入 gate 有 off 和 on 两个模式，您可以在右下角的帮助文档中详细了解这个节点的功效。需要补充的是，所有 Isadora 的输入都是数值输入，您可以打出 off，on 来实现其模式切换，更简单也更常用的方式是，用“0”代表 off，用 1 代表 on，知道了这个原理以后，这段 Actor 组就不难看懂了，对电脑来说，它理解的是：当左键被按下的时候，输出数字 1，代表 gate 处于 on 的状态；当左键弹起，输出数字 0，代表 gate 处于 off 的状态，这样就实现了左键按下开始交互、左键松开停止交互的模拟交互方案。因为这个案例中只需要监视横向的鼠标运动，所以只使用了一个 Gate Actor，如果需要同时监视横向和纵向的鼠标运动，只需要再加一个 Gate Actor 就可以了。

5. 数据文件读取

Isadora 提供了一个读取 txt 文件中数据的 Data Array Actor。请看 Data Array Actor 的 file path 前面，这个部分需要您输入文件路径，相信您习惯了将文件直接拖进来就可以用的简单操作以后会觉得设置数据文件路径这件事情很蠢，但这是进行数据可视化的必要一步。还记得之前将 txt 文件摆在和 izz 文件同级的操作吗？看看文件路径吧，直接输入文件名称就可以了，这表明 isadora 读取文件是读取相对路径而不是绝对路径，因为文件的绝对路径是图 15-19 右侧的那一长串路径。

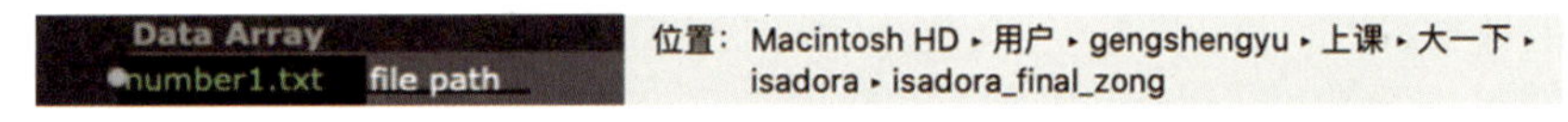

图 15-19　相对路径（左）和绝对路径（右）的对比（MacOS 系统）

也就是说，以 izz 文件为基准，和 izz 文件放在同一个文件夹中的文件，可以直接输入名称调用，就像图 15-19 左侧的 file path 中书写的那样。如果您把这些文件放在一个名为 txt 的文件夹中，您就需要在调用的时候先加上 txt/，再在后面写上您的文件名称。然后，在 items 中写上有多少列，在 recall 上写上您想要调用第几行，点一下 read 的 trigger 就可以直接读出来那一行的数据了（如图 15-20 右边的输出部分）。这里的调用就用这种简单的方式即可（当然还有更加进阶的用法，读者可以通过查询软件右下角的说明文档来学习）。在本案例中只需要调用数字数据，但是由于表格的第一行是文字（见前面的文档的图），需要去掉第一行的数据不调用，所以需要使用 Limit-Scale Value Actor 来让之前鼠标模拟的数据限制在 2～30，并且因为 recall 接受的是 int（整数数据），需要让 Limit-Scale Value Actor 中输出的 float（小数数据）变成 int（使用 Float to Integer Actor），如图 15-20。

这样就可以将 Gate Actor 的数据连接到 Limit-Scale Value Actor 上面，实现让鼠标的运动控制读取不同行的数据。

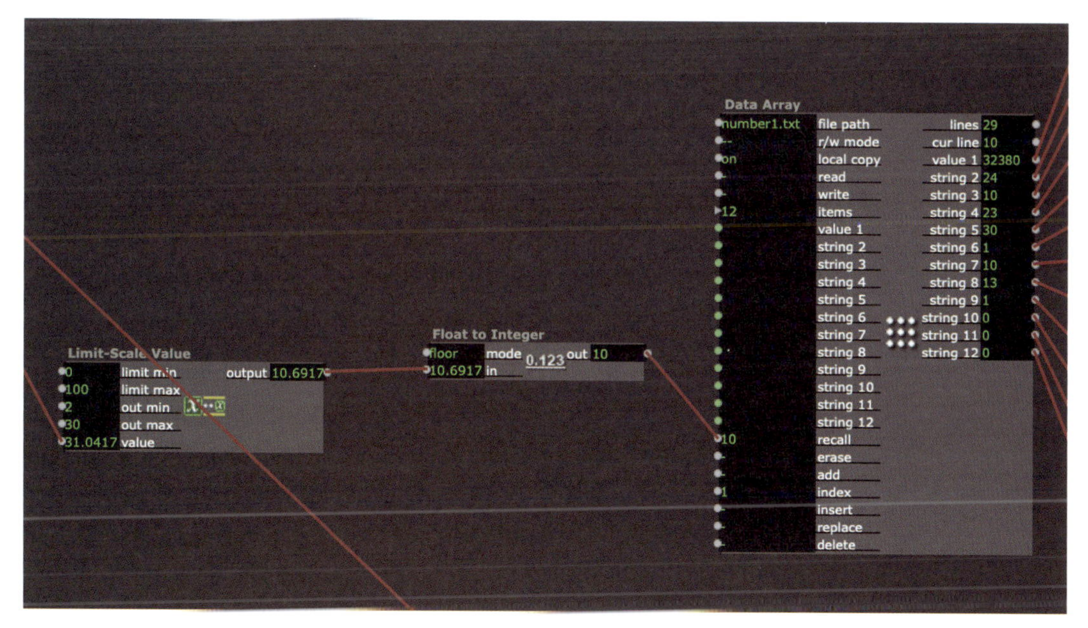

图 15-20　如何将数据变成整数

6. 数据预处理

到目前为止，您会得到随着鼠标按下左右移动且跟随变化的很多个数据输出，当然您也会发现一个问题，就是这样的数据跳动变化太快了，效果很差，图 15-21 中的这个部分的节点组就是为了解决这样的问题而存在的。左边的 User Input Actor 是数据输入源，不需要一定是这个节点，只需要是一个数据输出节点即可，如果只是想要实验效果，使用 Random Actor 也可以。将 Value Delay Line Actor 的 size 改为 1，这个部分可以理解为：接受第一个数值的时候，缓存；接受第二个数值的时候，缓存第二个数值，并在 value out 处输出第一个数值，以此类推。利用这个，加上 Ease In-Out Actor，将被 Value Delay Line Actor 缓存的第一个数值设置为 end value，Value Delay Line Actor 输出的数值设置为 start value，并且在每一次数据改变的时候触发 trigger，将 duration 设置为您想这个数据变成下一个数据所需要的时间，就可以很好地实现。整个 Actor 组如图 15-21 所示。

至于原因，假设现在有 1、2、3 三个数字分别在一、二、三的位置上，Value Delay Line Actor 等于说是记录您上一次调用的数据，而您本身的数据输出作为您这一次调用的数据，很明显，您下一次调用的上一次数据就是您这一次调用的数据。举例来说：假设第一次调用的是一位置的 1，第二次调用的是三位置的 3，第二次的上一次调用的数据就也是 1，以此类推，第 x 次调用的数据和第 x + 1 次调用的上一次的数据永远相等，这种相等的巧合模拟出了一种无论怎样变化数据，数据都会从开始变化的值向需要变化到的值做趋近的变化，时间长短由 duration 决定的效果。在开始实验的时候，可以将前面的 Data Array Actor 的数据作为输入节点来进行实验。

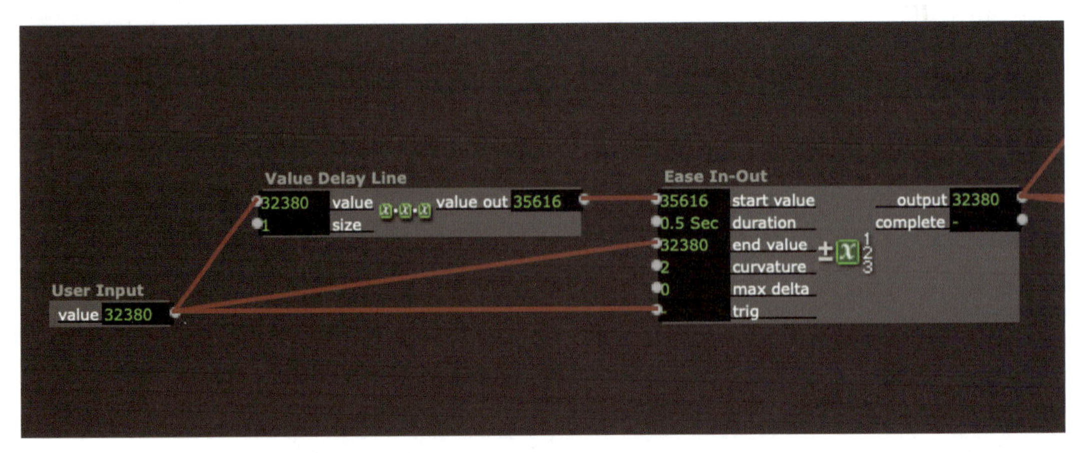

图 15-21　让数据怎样变化都会平滑变化的 Actor 组

7. 交互逻辑设计

数据到底让什么可视化？针对不同的案例，可以有很多不同的答案。案例中要表现的是疫情的人数，所以，颜色是最明显的表现数据可视化的元素。在人数不多的时候，国家轮廓的形状是由绿色变成红色的色相变化，而当疫情严重的时候，红色色相不变，亮度变低。这着实是很麻烦的事情，因为这涉及不同范围数据控制不同属性的问题，需要用 Compare Guarded Actor 来决定高于某个数值或者低于某个数值的时候控制色相还是明度，这个 Actor 可以在 low 和 high 输入同一个数值，这样，is above 输出的部分就表示：如果高于这个数值，输出 1；如果低于这个数值，输出 0。这样的数据可以如前文原理连接到 Gate Actor 来控制数据输出。问题是，同时需要一个相反的数据输出，也就是：如果高于这个数值，输出 0；如果低于这个数值，输出 1，这可以通过 Lookup Actor，将 Compare Guarded 的 is above 的数值输出连接到 compare，并将 values 改为 2，将 value1 改为 1，将 value2 改为 0，您会发现，在 Compare Guarded Actor 的 is above 输出的部分是 1 的时候，index 的输出是 1，Compare Guarded 的 is above 输出的部分是 0 的时候，index 的输出是 2，为 index 后面连接一个 Calculator Actor，将 index 输出连接到 value1，将 operation 改为 subtract 模式，将 value2 改为 1，代表对于 index 输出的数据做“减 1”计算，就可以得到想要的相反数据。至于原理，Lookup Actor 是对输入数据进行比较，如果有和比较的数值相等的数据存在于 value1，value2 处定义的数值，输出对应数字对应的目录，也就是 Lookup Actor 左下方 value 后面的数字，这样就可以让 1 和 0 的顺序改变，加上一个 Calculator Actor，让输出节点“减 1”就可以达到效果了。最后，使用 Limit-Scale Value Actor 让您的数据范围和您要操控部分的数据范围匹配即可，整个 Actor 组如图 15-22 所示。

如果需要控制颜色从绿色变成红色，在 HSBA 的色彩模式下，这代表着 hue 从 60 变成 0，只需要在 Limit-Scale Value Actor 的 limit min 和 limit max 分别写上输入数据的最大值和最小值，out min 和 out max 上写上输出的最大值和最小值，也就是 60 和 0。注

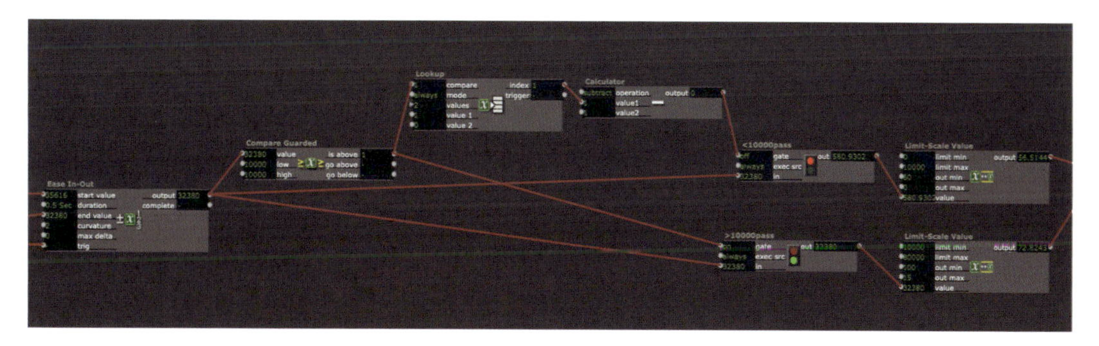

图 15-22 如何让不同范围的数据分别控制不同的视觉元素

意：是 60 和 0 而不是 0 和 60，因为在疫情人数是 0 的时候，对应的是绿色，也就是 60 的数据。Limit-Scale Value Actor 的数据变化是一个投射范围的概念，所以，最大值和最小值反过来也是可以的。

8. 实时特效设计

将控制色相和明度的数据连接到 Color Maker HSBA Actor，加上 Backgroud Color Actor 作为一个可以变化颜色的单色图层，将之前做好的白色的不同国家的形状图层拉进舞台，在 Picture Player 和 Projector 中间加入一个 Add Alpha Channel Actor，并将形状图层连接到 mask，将 Backgroud Color Actor 连接到 video，并连接 Add Alpha Channel Actor 和 Projector，就得到了带形状的纯色图层。Add Alpha Channel Actor 和 Photoshop 的蒙版图层的原理是一样的。之前的图像需要导出黑白的形状也是这个原因，这样就可以得到不同国家的纯色形状的图像，颜色代表着不同国家在这个时间点的疫情人数。整个 Actor 组如图 15-23 所示。

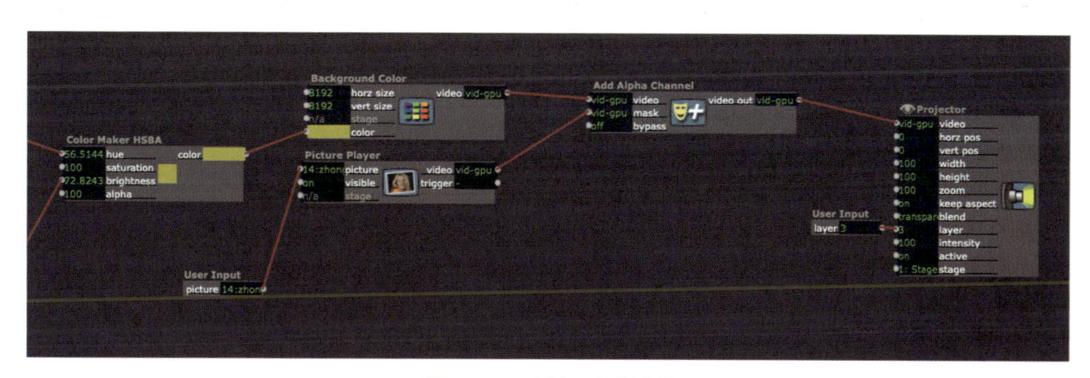

图 15-23 添加透明通道

9. 复制器的制作

整个案例涉及很多国家，当然它们都适用一样的数据处理，因此很多设置是一样的。只是添加透明通道时的图形不一样、输入的数据不一样，对这些，复制粘贴后改一下数据从哪里来、图片用哪一幅就可以了。但是当您需要复制 12 份的时候，您会发现工作界面过于杂乱，事实上，有更加简单的方式。首先，全选您需要使用多次的部分，contrl + x 剪切它们，添加一个 Macro Actor，双击进入该 Actor，contrl + v 粘贴它们，您会看到左上角有一个“X”，点击它您就会回到主页面了，您可以将它理解为一个文件夹。您会发现 Macro Actor 没有输入也没有输出，不用担心，您只需要再进入 Macro Actor，添加 User Input Actor 作为输入数据连接到您需要接受数据的节点处就可以了，同理，User Output Actor 可以作为输出的数据，当您连接好了，再点击左上角的“X”，回到上一级，您就会发现您的 Macro Actor 已经多出来了若干个输入和输出了。现在您只需要复制您的小小的 Macro，就可以得到和将一大串的 Actor 组杂乱地堆放在工作界面相同的效果了。完成上述操作后，您将得到一个简洁清爽的工作界面，就像图 15-24 一样。

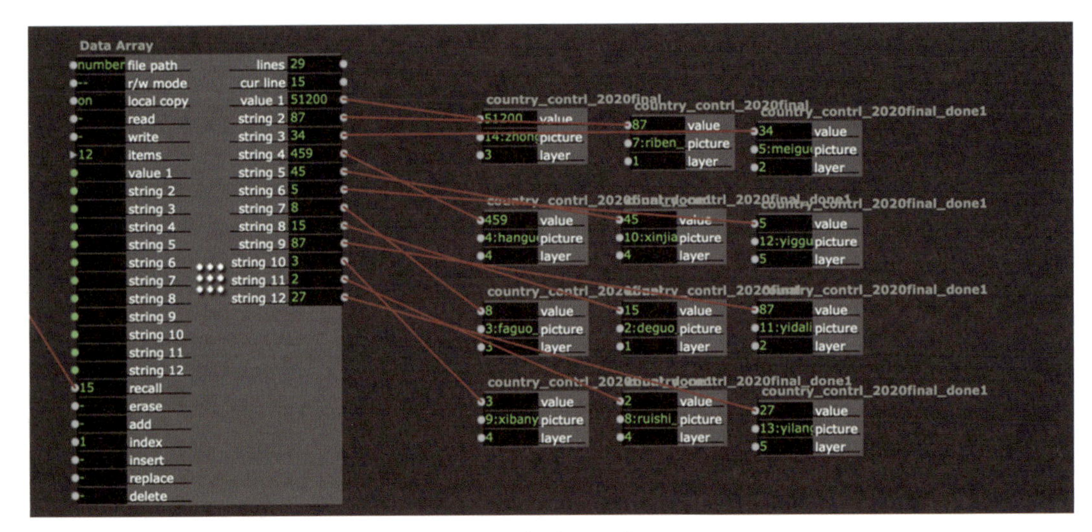

图 15-24 简洁的工作界面

这个案例中复制了 12 个 Macro 组，每一个有 3 个输入数据，分别是数据的输入节点连接到一开始的数据预处理的部分（分别连接到 Value Delay Line Actor 的 value，Ease In-Out Actor 的 end value 和 trig 上）；图像选择输入（连接到 Picture Player Actor 的 picture 上）分别使用了 12 个国家的国家形状的图像；图层序列（连接到 Projector Actor 的 layer 上）让这些颜色变化的图层覆盖在背景图的上面。

10. 交互实现

在这一步做完之后，您已经得到一个框架了，您可以修改数据范围和变化时间，让数据变得更加符合您心目中想要的样子，或者添加一些效果，在这个案例中，世界地图的图像横向分辨率远大于输出画面的横向分辨率，若用数据控制其横向运动，可以增加更为丰富的效果。最终得到的效果就是在模拟舞台中按住鼠标左键并左右移动，代表着不同国家的感染人数的颜色就开始变化，时间轴移动表示现在代表的是什么时间的数据。最终效果就像图 15-25 中表现的一样。

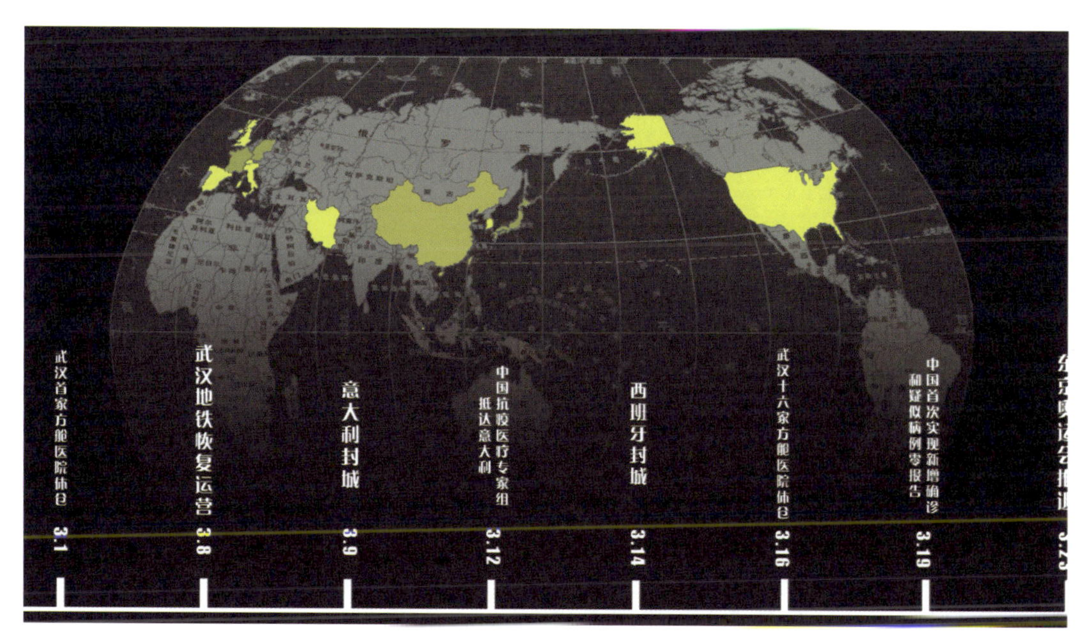

图 15-25　时间轴的效果

三、《工作细胞》

《工作细胞》主要探索 Isadora 中的生成艺术。基于对 Isadora 本身强大功能的运用，以 Shapes Actor 为效果核心所制作的自动生成图形动画，与摄像头实时捕捉处理的画面组合，能产生特殊效果。以下内容仅对 Isadora 中图形自动生成的功能性进行探索。有关 Actors 的基本知识请参考前述相关章节的内容。

从 Isadora 中能够产生图形自动生成效果的 Actors 和合成空间分类，该作品在运用 Isadora 进行创作时，分为 6 个 stage 进行，如图 15-26 所示。

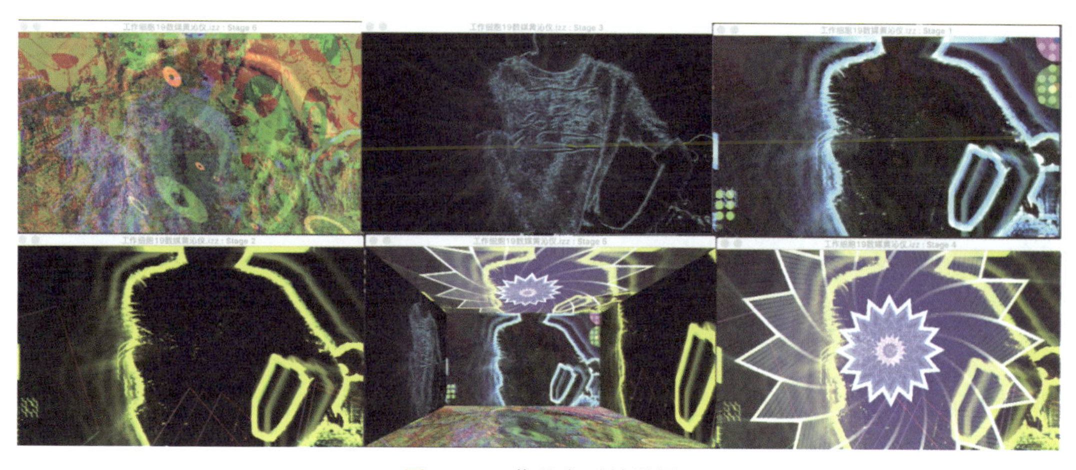

图 15-26　作品实时效果图

① Stage1——3D Particles Actor 与 Shapes Actor 的运用。

② Stage2——3D Line Actor 的运用。

③ Stage3——Shapes Actor 的运用。

④ Stage4——Shapes Actor 的运用。

⑤ Stage5——Project Actor 中 Mapping 的运用。

⑥ Stage6——Particles Actor 与 3D Ropes Actor 的运用。

1. 作品阐述

纵观 Isadora 工程文件中的 Actors 组合，看似比较复杂，但不难看出它大致可分为图形生成区域、实时捕捉处理区域、效果合成 Mapping 输出等几个部分，每一个部分对应一种效果的实现。

《工作细胞》是以疫情期间的感受状态为逻辑起点，以电子迷幻的视觉风格为视觉基础的作品。英剧《黑镜》第一季《两万五千里》中关于未来个人空间的描写也给了创作者灵感，剧中主角所身处的房间四周由 LED 屏幕组成，它所呈现的空间使创作者深受启发，这一空间在创作者看来非常像如今人们的个人空间与互联网公共空间的缩影。该作品也受到 Processing（以 Java 为编程基础的生成交互软件）生成交互动画的影响，这种生成动画是理性美与感性美的结合。而 Isadora 的强大功能和以 Shapes 为首的 Actors 可以帮助创作者实现自己的构想。

在疫情期间，人们面对着各式屏幕（如电脑、手机等），通过互联网工作、学习，互联网就像血管，每一个人像是工作细胞，分不清公共空间和私人空间。作品展现的空间是一个私人空间，但充斥着喧闹，就像人体内部的工作细胞一样，时刻在工作着，也在本能地进行一些对外部的抵抗。《工作细胞》表达的是疫情期间的公共、私人空间及互联网对个体的影响，创作者通过感受、想象的视觉化对此加以呈现。

本案例分析将重点放在 Shapes 上，并简述 3D Line、3D Particles 等 Actors，简略提及对实时捕捉图像的处理。该案例分析仅仅提供一个思路，而非具体操作方式，读者可根据个人需求，自行创作出千变万化的艺术效果。其程序框架如图 15-27 所示。

2. Shapes Actor

该 Actor 在默认情况下会生成一个白色正方形，您可以调整该节点的多项数值以达到您想要的艺术效果。Shapes 也可以与 Alpha Mask 一同使用，形成图形遮罩。

调整属性 facts，您可以获得三角形、正多边形、圆形等。

调整属性 rotation，图形将会旋转。

调整属性 odd inset，图形边缘将会以一个顶点向内收缩，看起来像等边星形。如图 15-28 所示。

图 15-29 所示的视觉效果是用 Shapes Actor 产生基本图形，再通过一些视频特效节点生成所需的效果。如使用 Shimmer Actor 实现在运动图像上产生像素运动轨迹一样的

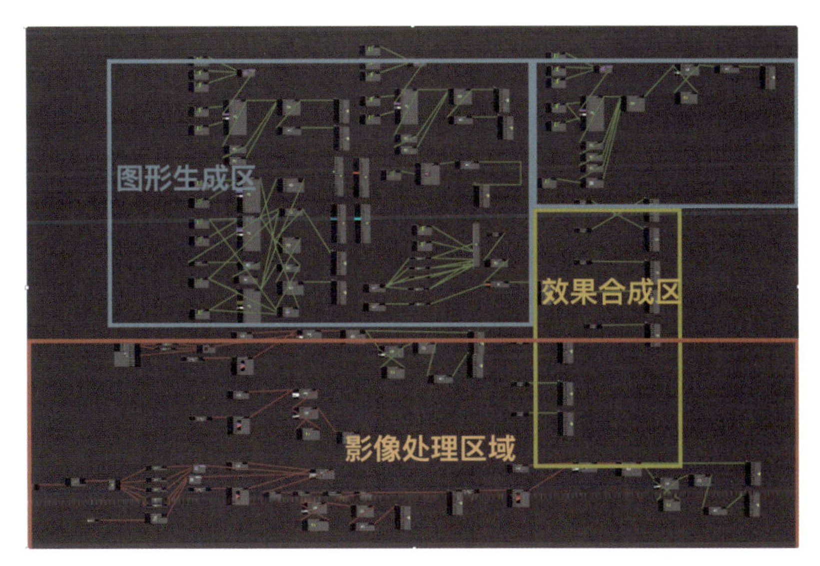

图 15-27　程序框架

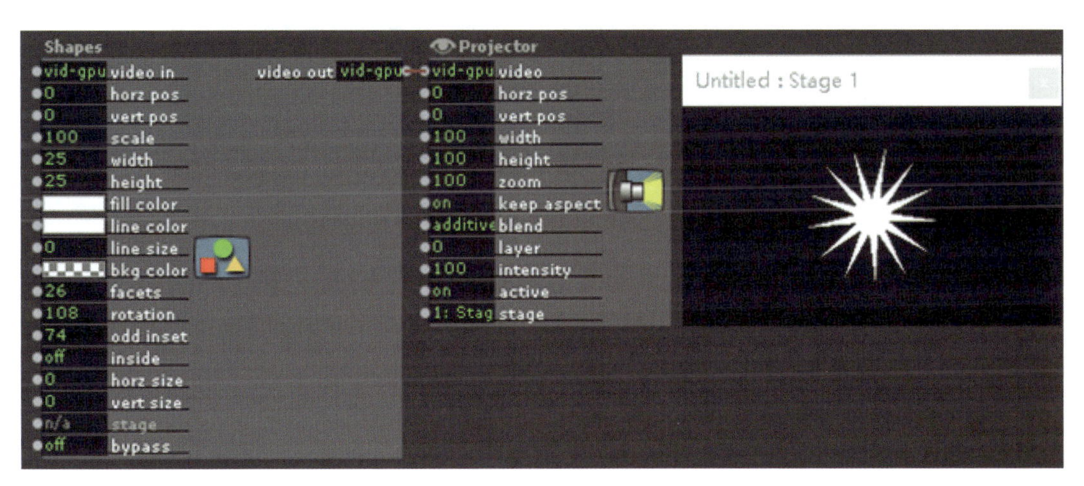

图 15-28　调整参数后呈现星形

尘埃视觉效果；Effect Mixer Actor 合成了两个视频，不同的 mode 属性会产生不同效果；Colorizer Actor 单独处理生成图形的红色、绿色和蓝色的强度；Video Delay Actor 延迟视频流以产生重影的效果；Spinner Actor 可以旋转和缩放源视频；Reflector Actor 将视频围绕其图像中心点进行反射；Mode 属性决定是水平反射还是垂直反射，Motion Blur Actor 产生运动模糊的效果等。

值得注意的是，自动生成的部分运用了 Generator Actor 作为发动机，Wave Generator Actor 会以一个您设定的频率发送数值到输入端，这便是图形变化的由来。

标有“GLSL”字样的节点是官方提供的插件，您可以参考第十四章自行选择安装。

图 15-29　Shapes 效果展现

制作花朵形展开的效果需要做以下几步：首先，您需要调用 Shapes，并将 facets 属性数值整数倍地增大，并改变 odd inset 数值，例如，当 facets 的数值为 10 时，odd inset 的数值变大，您可以得到一个五角星，只要遵循 facets 是偶数且数值较大，您就可以得到一个实心星形。其次，将 fill color 变成黑色，打开 inside 属性，并将 line size 增大，您就可以得到一个星形的边框。最后，将 Wave Generator 连接到 scale 与 rotation 属性，让图形运动起来。

为了得到多个旋转的效果，加入 Video Delay 与 Motion Blur。根据您的需要，自由改变 Shapes 的 color 属性并加入不同的视觉效果。如图 15-29 所示。

3. 3D Particles

本案例仅对 3D Particles 进行了基础的图形运用，改变了它的颜色、大小等，Video Delay 产生了重影效果，而 Video Inverter 给了它狂野的色彩。由于该效果是基于血红蛋白造型创作 100，所以呈现中空，使用 Pulse Generation 与 random 的组合，随机改变 x，y，z 的位置与 x，y，z 的 gravity、rotation 的属性值，以改变其位置。改变 inner size 的属性，使其圆形中空大小发生改变。

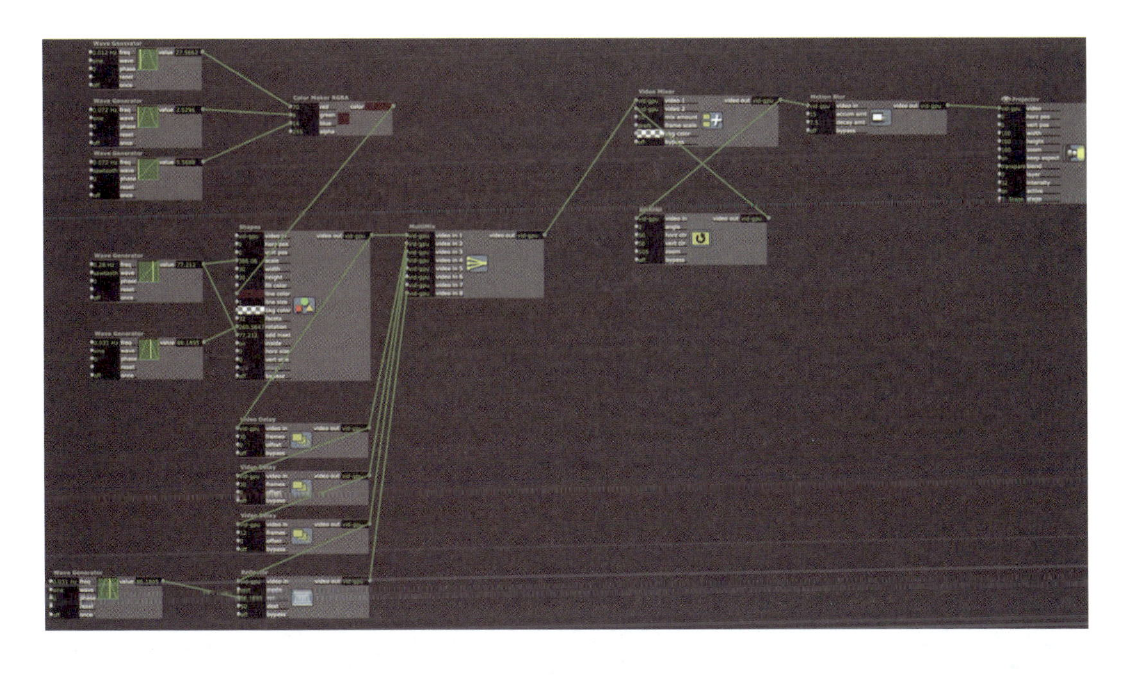

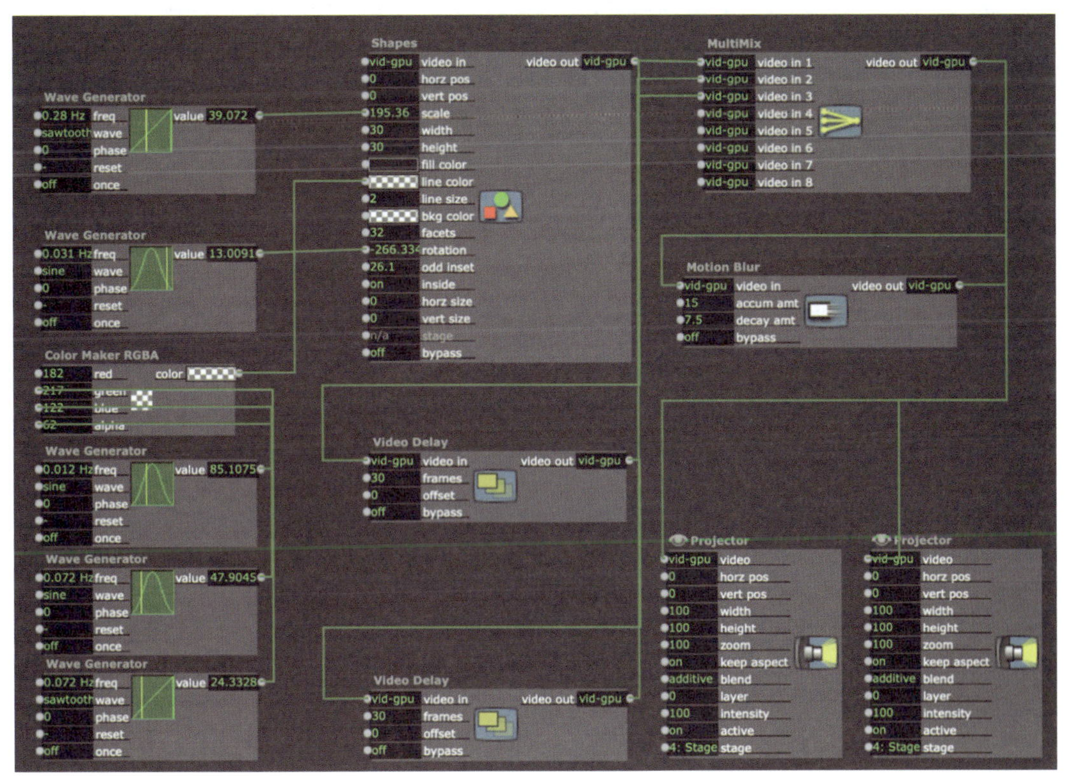

图 15-30 花型 Shapes 效果采用的 Actors 及其参数

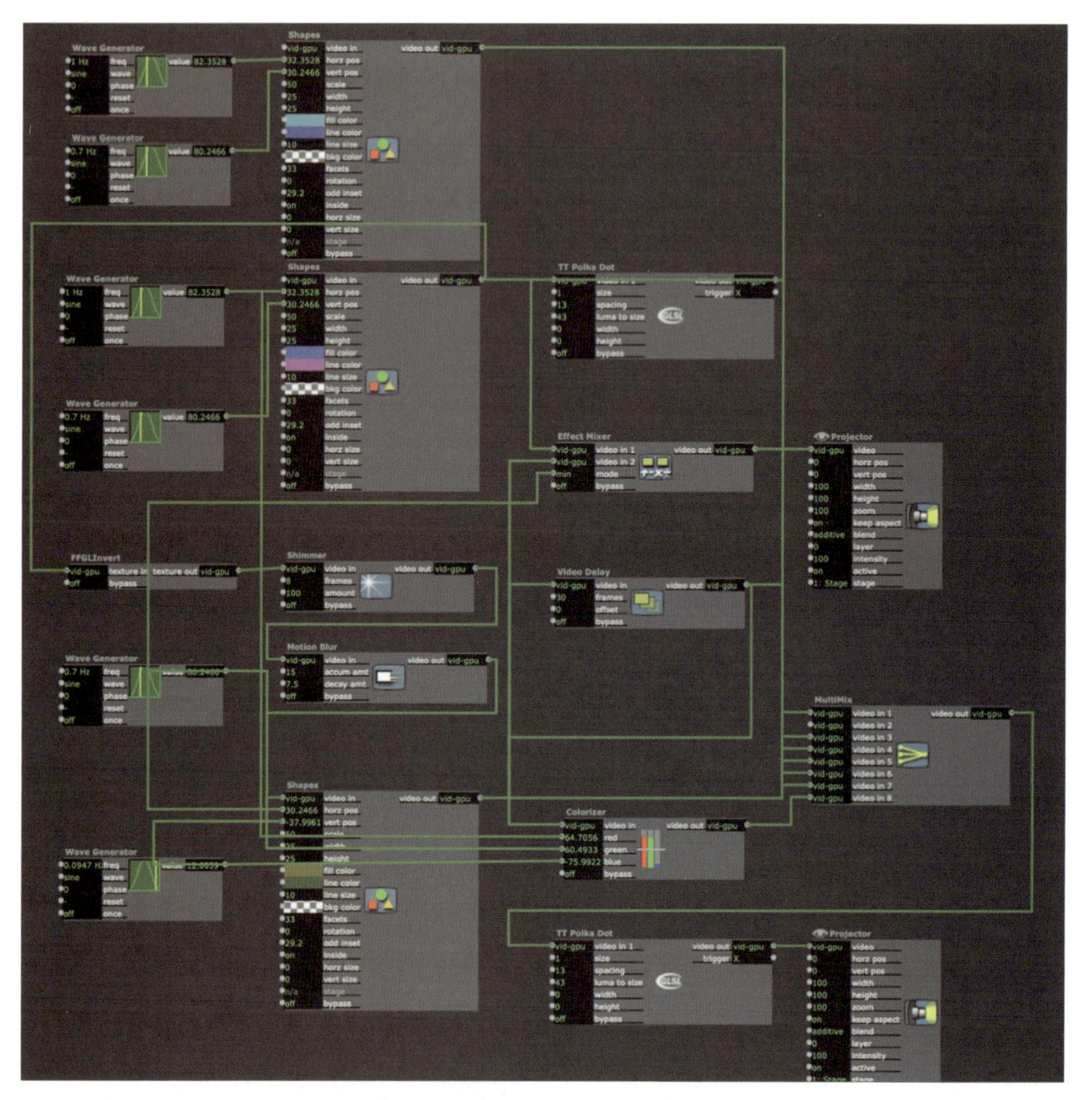

图 15-31　点状效果采用的 Actors 及其参数

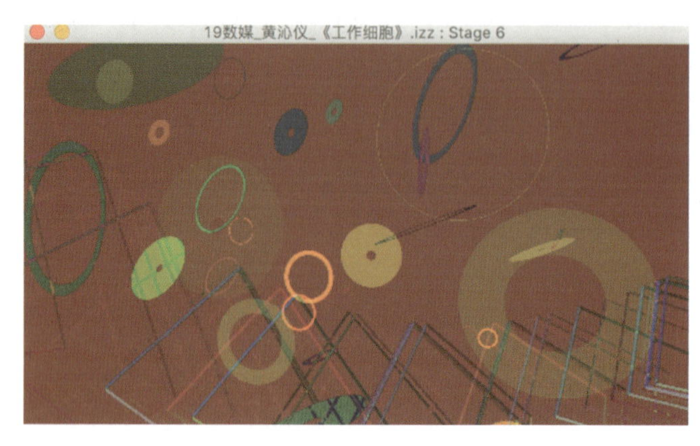

图 15-32　3D Particulars 所达到的效果

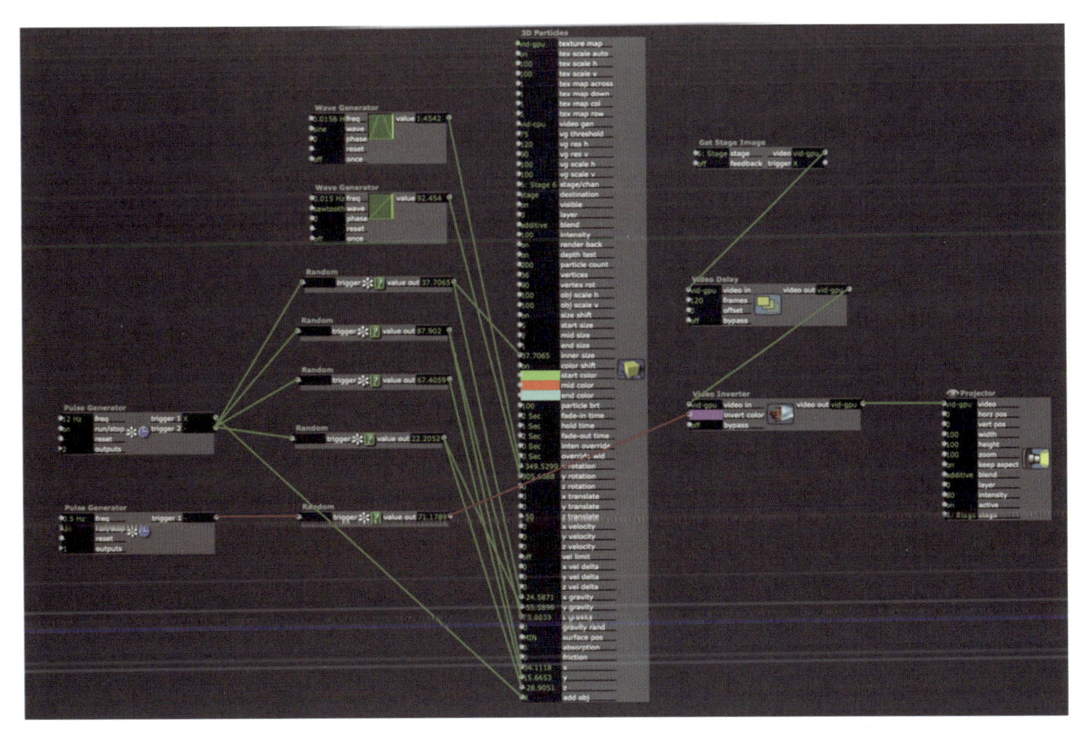

图 15-33　3D Particulars 参数

4. 3D Line

在 3D Line 中有一个空间坐标，具体操作时如改变 x1、y1、z1 与 x2、y2、z2 等参数值，便可以在舞台空间中改变 Rope 的位置，以达到构建图形的效果。值得注意的是，将 stage/chan 更改为 Render 模式后，根据相对应的 channel 数字(相应的频道)，3D Render 将会接收到 3D Line 所发出的图像信号，形成图形效果。用 3D Render 而不是直接使 3D Line 呈现在 Stage 上(将 stage/chan 改成 stage)，是为了能够给形成的图形整体添加效果，Wave Generator 与 x rotation 的连接，给了图形动态趋势，Motion Blur 则使得图形有一连串的重影效果。

5. 对实时影像的处理

Video in Watcher 可以获取通过设备捕捉的图像，然后通过 Chroma Key 进行去背景的处理。Chroma Key 的用法与 AfterEffects 中的 Keylight 原理相近，通过选定、调整区域的色值，达到抠像去背的目的；根据所获取的图像，调整相应数值，并配合 Threshold 使用，调整其 bright color 与数值，即可达到较好的抠像去背效果。

经过抠像处理的图像，通过 GPU To CPU Video、Cpu To CI Video Converter、CI Edges、CI To GPU Video Converter 处理边缘并导出。

之所以使用转换器 Actors，是因为有些 Actors 处理图形的系统中枢不同，所以，需要名字中带有 Converter 的 Actors 进行处理器的转换。例如，案例中的 CI Edges 是通过 CI 处理图像的，要将原先用 GPU 处理的信息流交接给 CPU，再移交给 CI。处理好的图像信

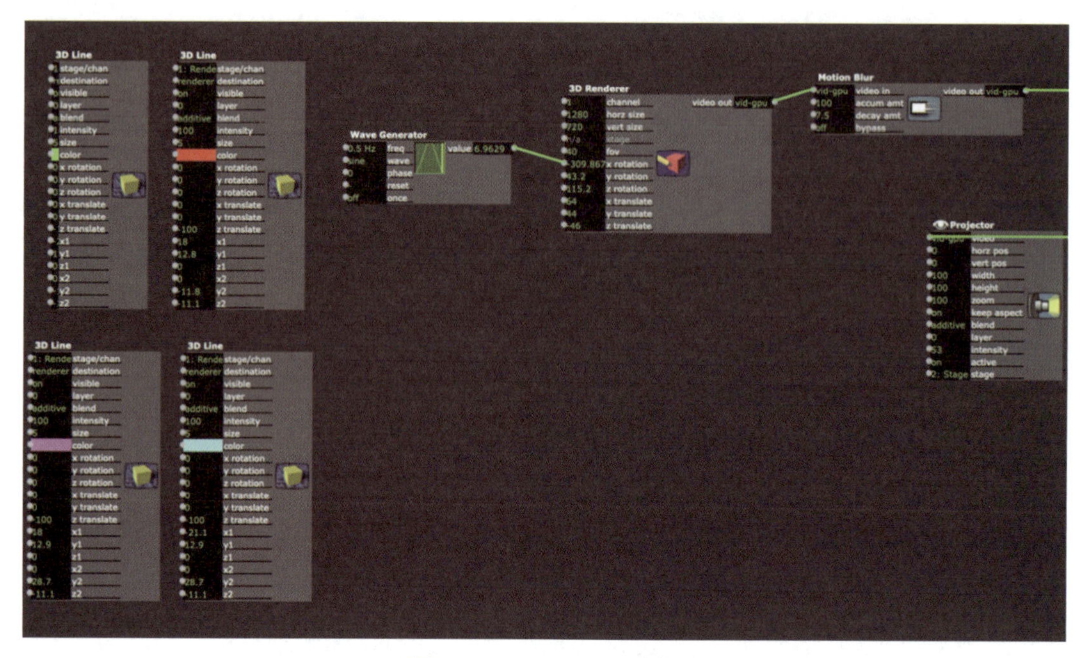

图 15-34　3D Line 的参数

息流再次导出，也需要再通过 CI To GPU Video Converter 使得 Project 能够接收到处理好的图形信息流。值得注意的是，名字中有“CI”的 Actor 仅在 MAC 系统中存在。

改变颜色的交互设计则运用了较为迂回的方法。此案例中的改变色彩交互并不常规，仅是为了使用一些较为不常用的 Actors。其中，Mouse Watcher 作为交互输入的开关，可以通过鼠标在当前场景的移动变化改变数值，触发 Inside Range，当数值在设定的区间中时，Sequential Trigger 将会规律性地触发（按照从 1 至 5 的顺序，周而复始）Trigger Value，传递 Trigger Value 中的赋值给 Color Maker RGBA，产生固定且规律性的颜色变化，连接 Random 组的则会产生随机性的颜色变化。同时，Threshold 的色彩变化也会直接影响到捕捉图像的边缘色彩变化。

图 15-35 和图 15-36 中的连接呈现红色，是由于没有打开视频摄像头，无信息流通过各 Actors。

四、《再・生》

疫情期间，人们每天频繁地在网上浏览着各种信息，除了官方给出的疫情防控信息外，还有新冠病毒带来的惶恐、焦虑和不安以及一些充满恶意和谎言的网络信息（舆论病毒）。作品《再・生》想表达的是：希望当新冠病毒和舆论病毒被彻底控制和消灭后，复苏的不仅仅是我们的身体，还有清醒的舆论环境和认知；即使我们的身体被病毒捆缚，即使世界被恶意和谎言催眠，我们终能去挣扎、冲破、起舞，迎来新生。

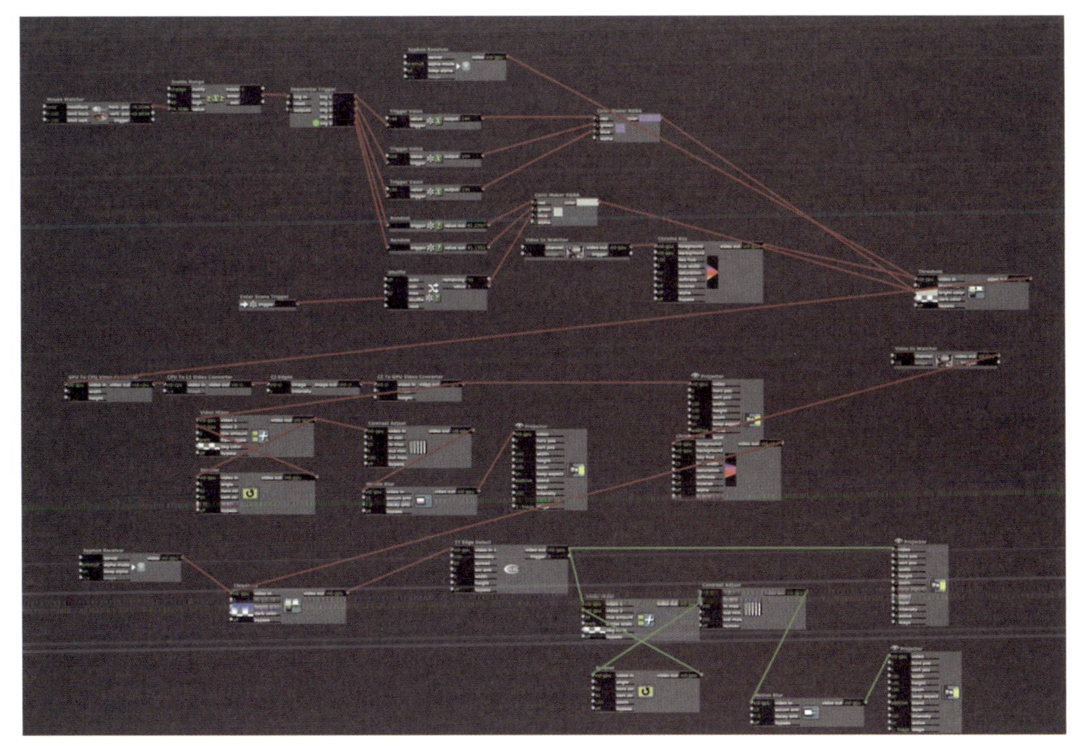

图 15-35　实时影像处理所用 Actors 的连接方式与参数

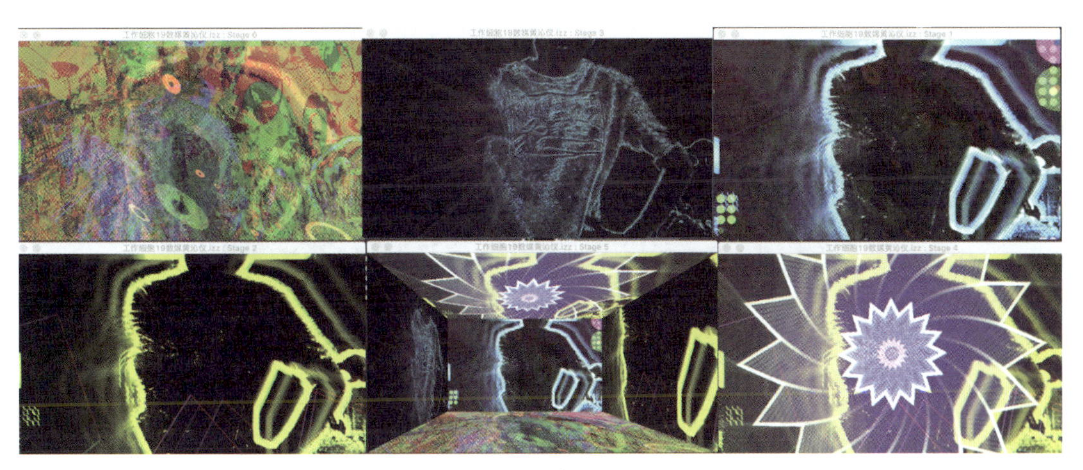

图 15-36　捕捉的人物效果

该作品试图模拟病毒检测的过程：当体验者每检测到一个病毒后，我们的身体便会有一点恢复，但是，比如，当我们的肺好转时，我们的大脑又被各种舆论病毒充斥，产生各种负面情绪。唯有将这些病毒全部消灭，我们的身体才能恢复正常的机能，大脑才能正常运转。

从抽象的主题到具象表现，该作品的创作可以概括为三个部分：检测病毒、肺部的恢复、大脑的运转。为了表达不同的内容，该作品在运用 Isadora 予以呈现时分成 3 个 stage 进行制作，如图 15-37 所示。

① Stage1——病毒的检测。

② Stage2——肺部的复苏情况。

③ Stage3——大脑的运作情况。

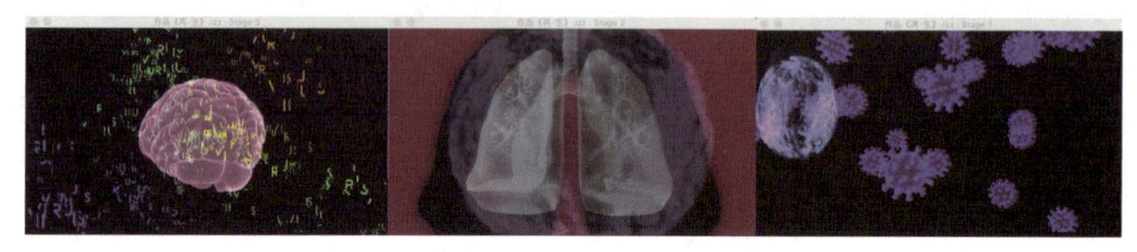

图 15-37 《再・生》的 3 个 stage 及视觉效果

3 个 stage 的画面需要独立搭建，单独制作素材，但在内容上它们是相互影响的，所以，要在交互媒体设计与内容的制作上使它们彼此产生联系。下面阐述该作品的创作过程。

1. 素材准备

在 stage1 中要制作一个病毒环境，才能让体验者产生在充满病毒的空间中探索的感觉。我们需要建立病毒的三维模型，但 Isadora 的三维空间处理能力相对较弱。该作品的实现方法是将 Maya 中病毒的三维模型导入 AE，用红巨星（Red Giant）粒子插件中的 Form 功能对模型进行处理，统一病毒的颜色并抽离出主要的框架。病毒的颜色必须和背景颜色区分开，这是之后在 Isadora 中检测病毒的凭证。再在 AE 中进行摄像头运动，从而导出一段在病毒环境中探索的视频。如图 15-38 所示。

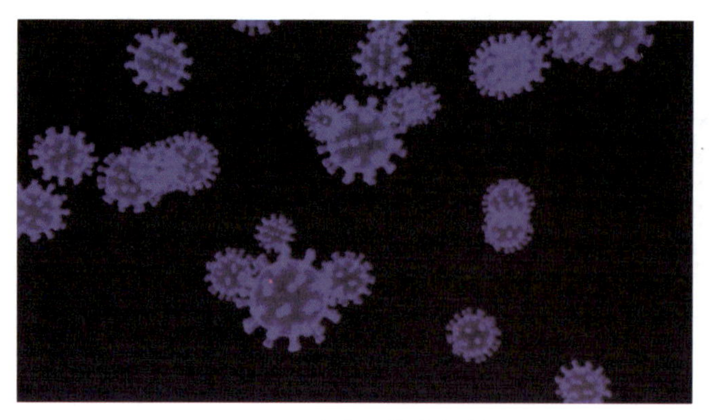

图 15-38 病毒环境素材截图

当在 Isadora 中检测到病毒后，我们希望在 stage 画面对此有所体现，因此，还需准备一个能量球素材，当我们检测到病毒后，这个病毒就会被出现的能量球包裹，意味着这个病毒被慢慢“消灭”。如图 15-39 所示。

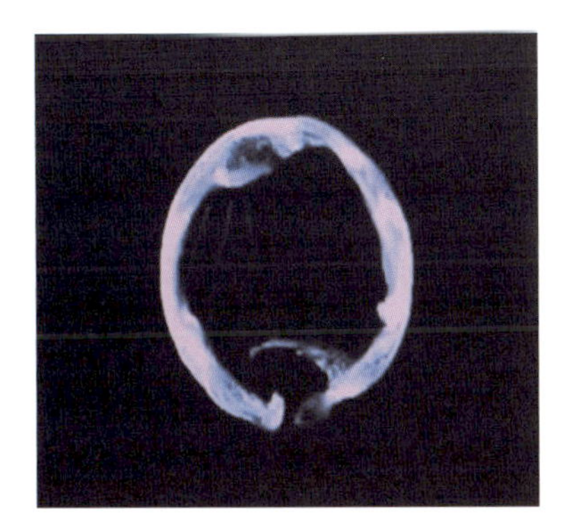
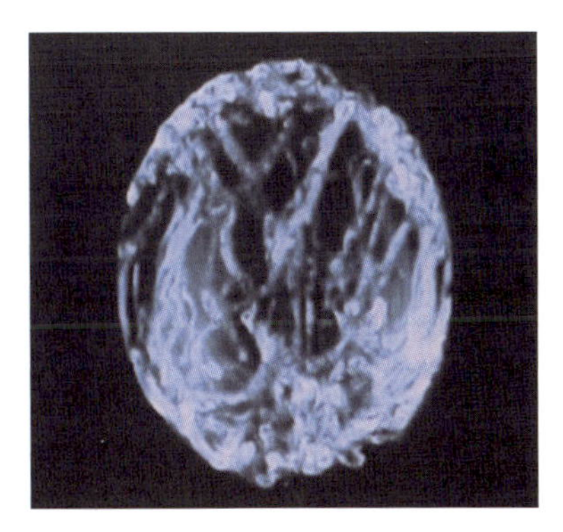

图 15-39　能量球

当病毒被全部消灭后，stage1 中会再次释放信号，因此，我们准备了烟雾素材。如图 15-40 所示。

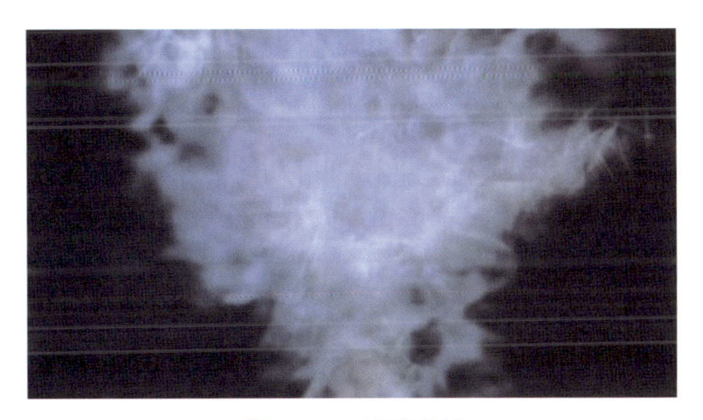

图 15-40　烟雾素材

Stage2 中展现的是肺部的影像，我们需要一个不停翕张的肺作为主元素，并提取出肺部外轮廓的蒙版，蒙版将作为胸腔周围的环境。如图 15-41 所示。

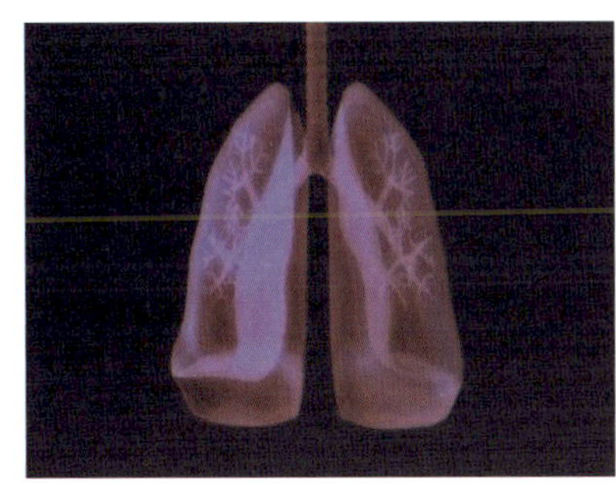
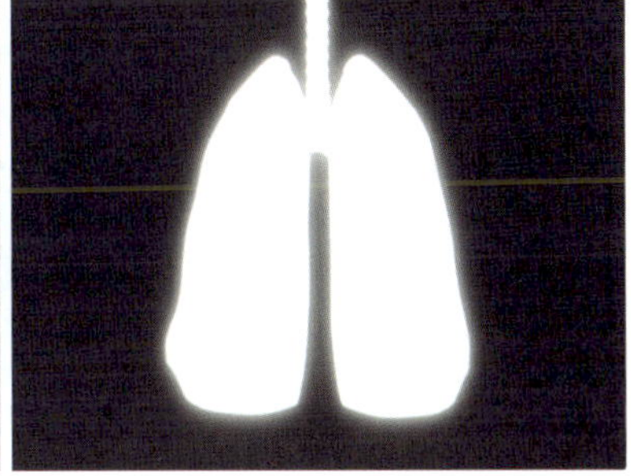

图 15-41　不停翕张的肺与轮廓的蒙版

在 stage3 中，我们要展现一个陷入舆论病毒环境的大脑。同样在 AE 中用红巨星粒子插件的 particular 功能制作了一个 virus rumor 的视频，作为 Stage3 中的舆论环境。将

virus 文字设置为散发的粒子，并赋予随机的颜色变化，这里的颜色象征着言论对人的情绪的影响程度。我们还需要一个不停旋转运作的大脑素材。如图 15-42 所示。

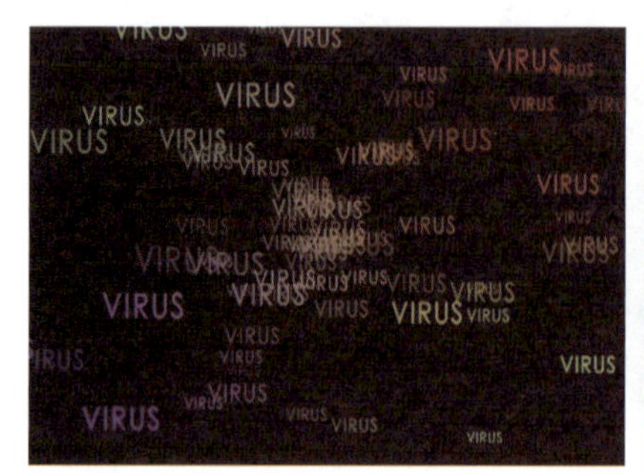
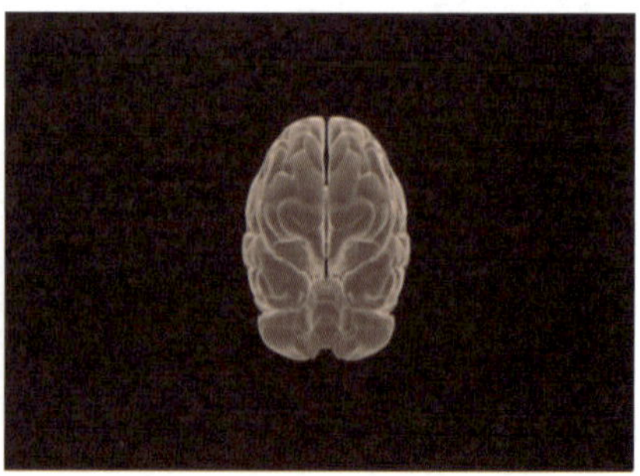

图 15-42　virus rumor 素材和大脑示意图

至此，制作需要的所有素材都准备齐了，接下来要在 Isadora 里将它们组合在一起，搭建起一个基本的画面效果。

2. 交互设计与创作

（1）Stage1：病毒的检测。

在 stage1 中，我们先要完成能够用鼠标进行病情检测、检测到后会出现能量球的基本效果。图 15-43 是我们需要的一个基本节点，为了便于局部放大后作详细讲解，将它拆分成三个部分。如图 15-43 中"1""2""3"标示。

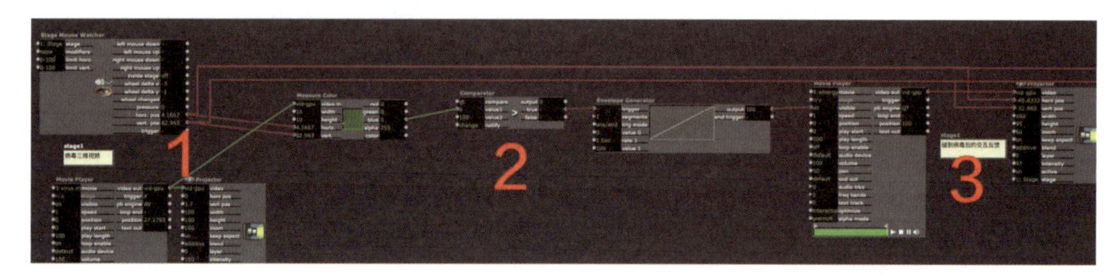

图 15-43　stage1 的程序框架

首先，将 Movie Player 和 Projector 拖入编辑区，将 movie 显示的视频设为病毒环境视频。要通过鼠标来检测病毒，就需要放入 Stage Mouse Watcher，将它的 stage 属性设为 1，这时，当鼠标在 stage1 上移动时，就会实时显示出鼠标在画面上的水平位置和垂直位置。

接下来，会用到一个重要的 Measure Color Actor。在 video in 处连入想要计算颜色的视频，在 width 和 height 处规定颜色检测区域的大小，并在 horiz 和 vert 处输入检测的位置，就会在 Actor 的右边一列显示现在检测区域的颜色信息。在前面制作素材时说过，病毒颜色和背景颜色一定要区分开，它的用处在这时就体现出来了。将病毒视频和鼠标的实时位置连接到 Measure Color 上，将计算区域的宽高设为 10×10，当用鼠标触碰到病毒时，就会将紫色病毒的色值显示出来。如图 15-43-1 所示。

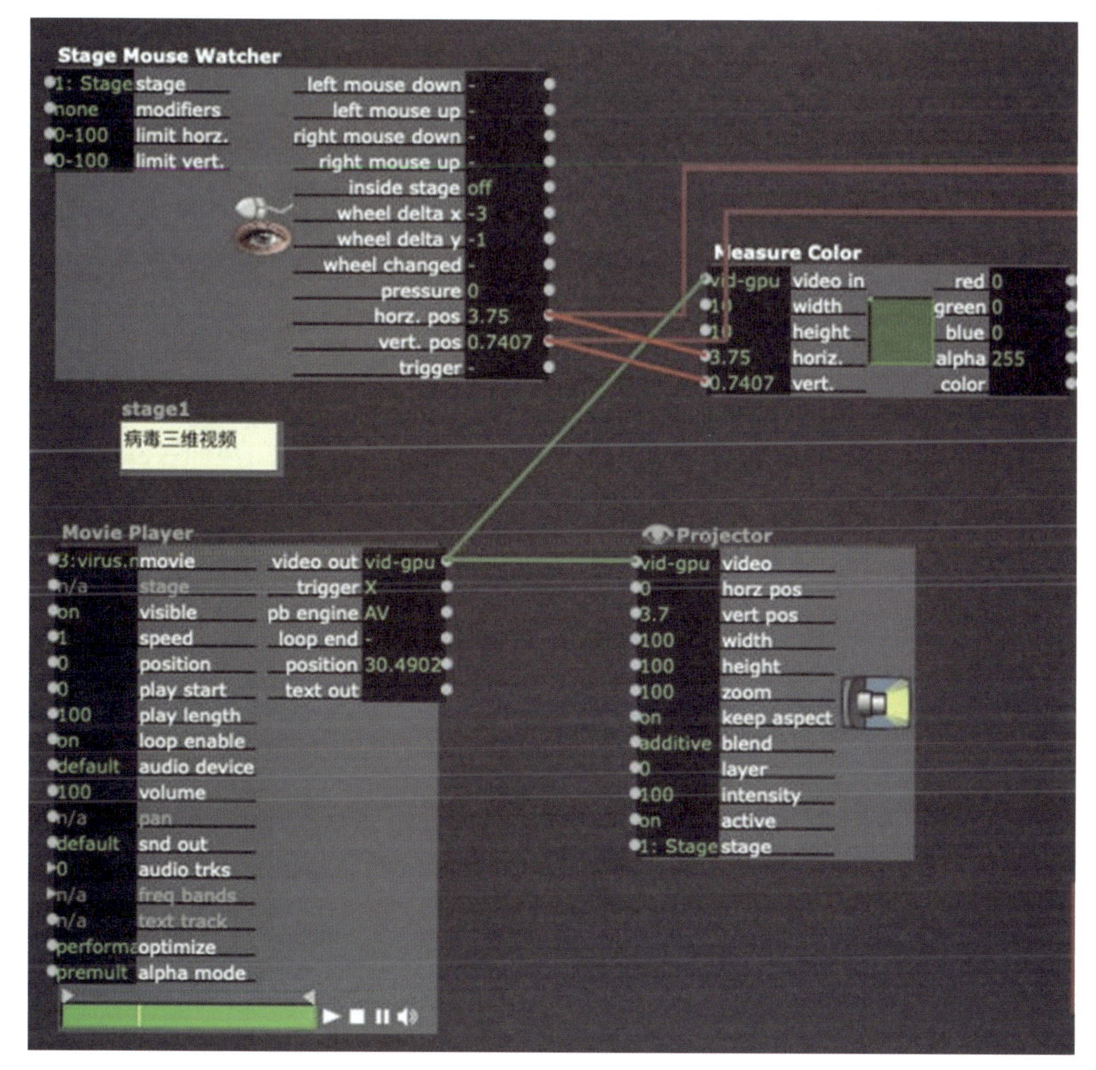

图 15-43-1　stage1 的程序框架“1”部分

病毒视频的背景是黑色，当鼠标碰到黑色病毒时，它的 blue 色值小于 100；当碰到紫色病毒后，它的 blue 值会大于 100。我们就可以以此为凭证确认是否检测到病毒，从而触发反馈。在 Measure Color 后面连接一个 Comparator，value1 是输入的实时 blue 数值，value2 是设定好的 100，当 value1 大于 value2 时，就会触发 Envelope Generator。Envelope Generator 的 output 控制的是能量球的 Movie Player 的可见性，当检测到一个病毒后就会出现能量球作为反馈。如图 15-43-2 所示。

将这个能量球连接到 Projector 上，将 stage 设为 1，它就会显示在 stage1 上。但是，现在的它还是不会动的，我们想让能量球出现在鼠标检测到的病毒位置上，就要将前面的

图 15-43-2　stage1 的程序框架“2”部分

Stage Mouse Watcher 的 vert. pos 和 horz. pos 也连接到这个 Projector 的对应位置上。如图 15-43-3 所示。

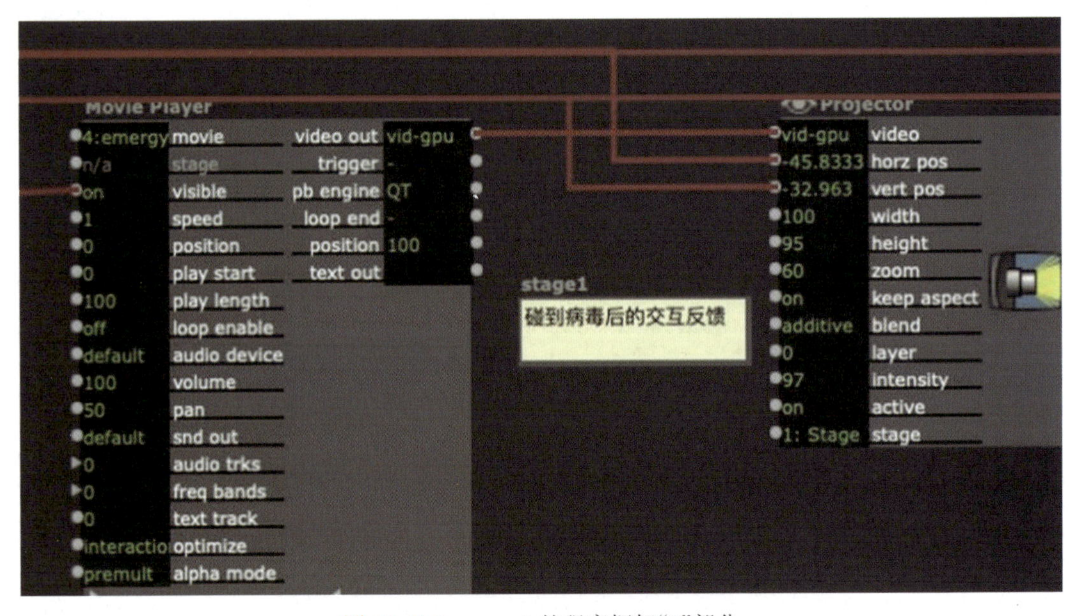

图 15-43-3　stage1 的程序框架“3”部分

现在，stage1 的基本框架已经搭建完成，我们可以测试一下，当鼠标碰到画面的某个病毒时，是否有能量球出现在鼠标悬停的位置上。如果有，那证明您成功搭建好了！如图 15-44 所示。

 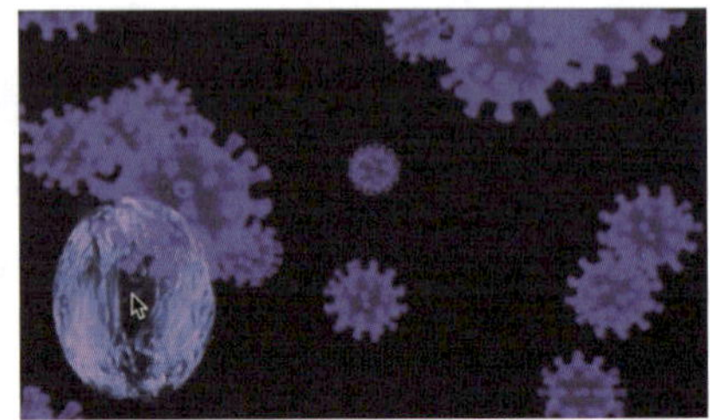

图 15-44　在 Stage1 上悬停鼠标前、后效果

(2) Stagc2:肺部的复苏情况

首先,把之前制作好的肺部和肺部轮廓蒙版的素材组合在一起,拼成一个基本画面。然后,要让肺随着 stage1 的病毒检测慢慢好转起来,就需要在两个 stage 间产生交互反馈。如图 15-45 所示。

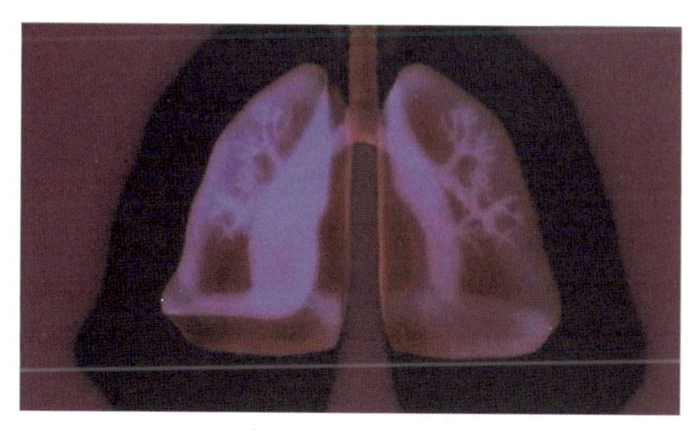

图 15-45　肺部画面效果

先将拖入肺部轮廓(蒙版)的视频拖进编辑区。接下来,要用到 Alpha Mask Actor,我们将 Movie Player 输出视频 video out 连接到 Alpha Mask 的 mask,并拖入一个 Shape Actor,将它的颜色定为红色,拖到 background 里,这样,就给肺部蒙版的黑色部分加上了红色,使它更像人的胸腔。中间空出来的部分就是 foreground,本来应该用翕动的肺部素材来替代,但是,因为要在这个肺部素材上做较多交互效果,为了方便处理,我们要单独将它拎出来制作,而不是合并到这个 Alpha Mask 上。如图 15-46 所示。

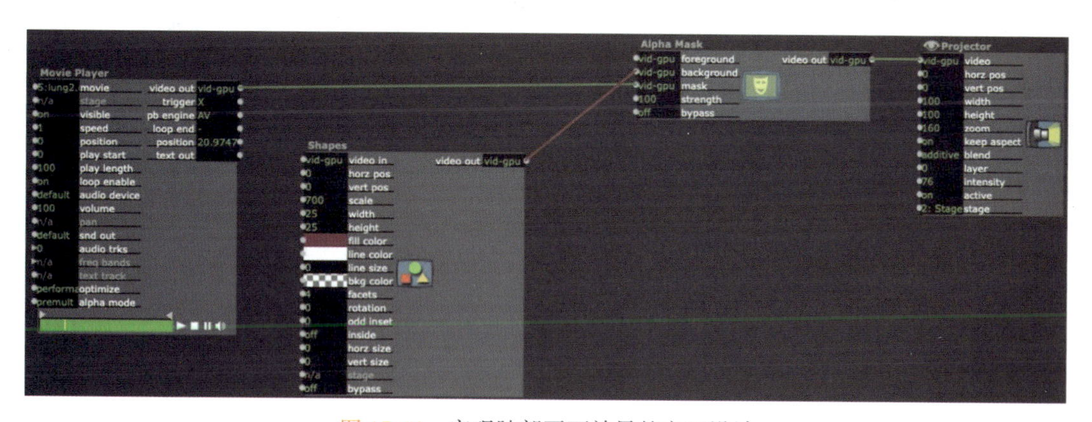

图 15-46　实现肺部画面效果的交互设计

将翕动的肺部素材拖进来。我们想要让肺随着 stage1 的病毒检测慢慢好转起来,如何去表现这个好转的过程呢? 如图 15-47,在 Movie Player 和 Projector 中间连入 Desaturate,通过肺颜色饱和度的升高来展现肺复苏的过程。点开 saturation 属性,先将初始化值 Initialization 设为 0,此时,中间翕动的肺是黑白的。

我们想让肺的饱和度不断上升，就需要给它的饱和度值不断做加法。通过 Counter Actor，我们将它的运算方法 mode 设为 limit，让饱和度值从 0 上升到 100，就要在 minimum 和 maximum 分别输入 0 和 100，在 amount 处设置它每次增加的数值，我这里设置为 5。当每点击一次 add，它就会运算一次加法，并将实时的结果通过 output 传递给 Desaturate。

我们在搭建 stage1 时用到过 Comparator，当鼠标检测到病毒时，blue 的值大于预设的 100，就会触发 Comparator，现在，想实现 stage2 对 stage1 的实时交互反馈也需要用到它。在 Comparator 的 true 后连接 Trigger Value，此时的 value 值设为 1。假如有一个按钮，按时的数值是 1，不按时的数值是 0。如果触发了这个 Trigger Value，将 1 的数值传递给 Counter 的 add，即为点击了一次 add。这样，就实现了 stage1 中每检测到一次病毒，stage2 中肺部的饱和度就会随之上升。

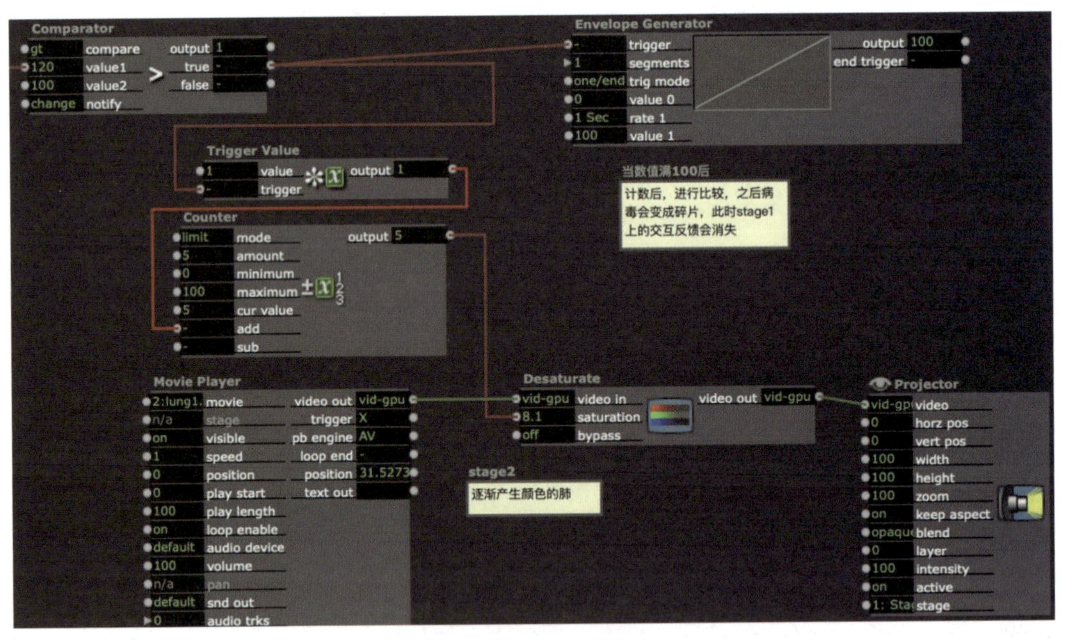

图 15-47　肺部饱和度上升的交互设计

每一次饱和度上升 5，在视觉效果上不明显，所以，还需要在 stage2 增加其他一些反馈效果，可以将 stage1 上出现的能量球映射到 stage2 中，将能量球的 Movie Player 再连接到另一个 Projector 上，将舞台设为 stage2，在 zoomer 处将它放大到可以笼罩住中间的肺，再将强度减弱到 30。两个 Actor 中间还可以插入一个 Zoomer，从而方便地对能量球的大小进行调整。如图 15-48 所示。

现在，我们可以测试一下，鼠标在 stage1 上触碰到病毒时，stage2 上会不会同时出现能量球，几次检测后，肺的颜色饱和度是否有上升。如图 15-49 所示。

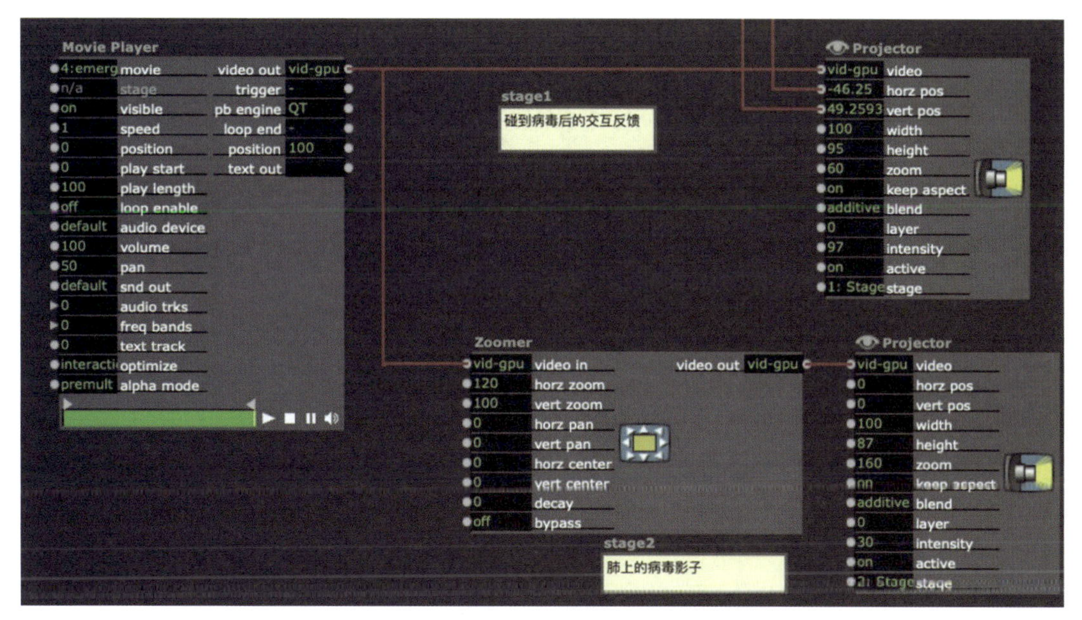

图 15-48　让能量球出现在 stage2 上的交互设计

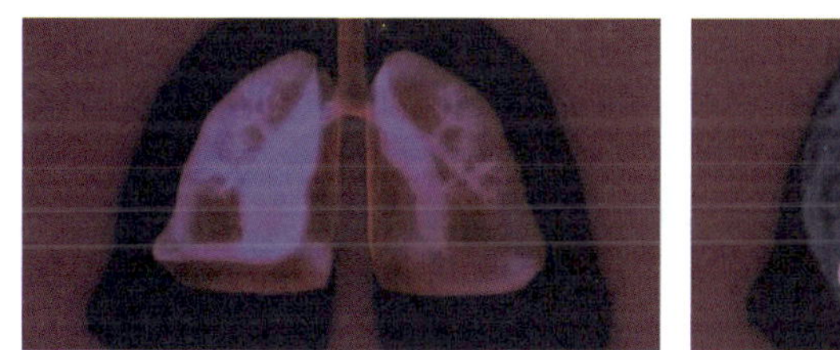
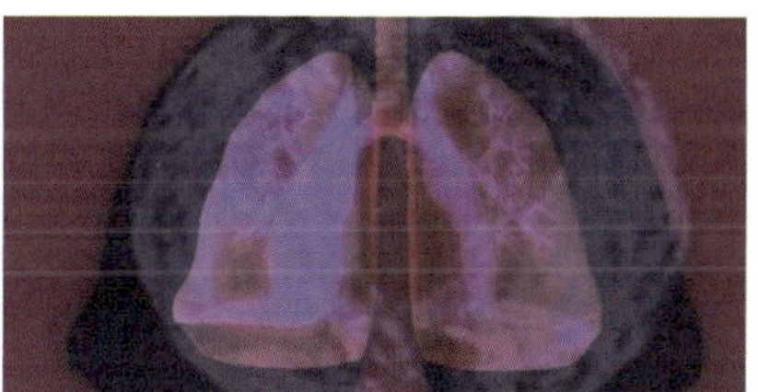

图 15-49　鼠标触碰病毒后，在 stage2 上出现的能量球

(3) Stage3：大脑的运作情况

之前针对 stage3 准备了两个素材，一个是 virus 粒子的舆论环境，另一个是不停旋转的大脑，现在将它们都放入 stage3 中。我们给舆论环境的 Movie Player 后面连入 Explode 和 HSL Adjust。Explode 让原本形状完好的 virus 粒子变得支离破碎，有种黑客帝国中故障代码的感觉，更能体现出互联网上碎片化的舆论病毒。HSL Adjust 是为了方便调整素材的画面效果。如图 15-50 所示。

在介绍整体思路的时候说过，在检测病毒的同时，我们的大脑也被各种舆论充斥，大脑的情绪由此会不停地改变，同时我们在网络上收到的舆论信息也是随机的且不可控制的。如何在视觉上去体现这些内容呢？

要先让大脑随机地收到舆论信息，我们就从这里入手。在制作 virus 粒子素材时，我们将颜色设置成随机，不同的颜色象征着言论对人的情绪的影响程度。但是不能选择我们收到什么颜色的言论，这些言论就是在病毒检测的过程中无意识传递给我们的。所以，我们又要用到 Measure Color Actor，我们将 virus 粒子素材连入 video in，计算的颜色位

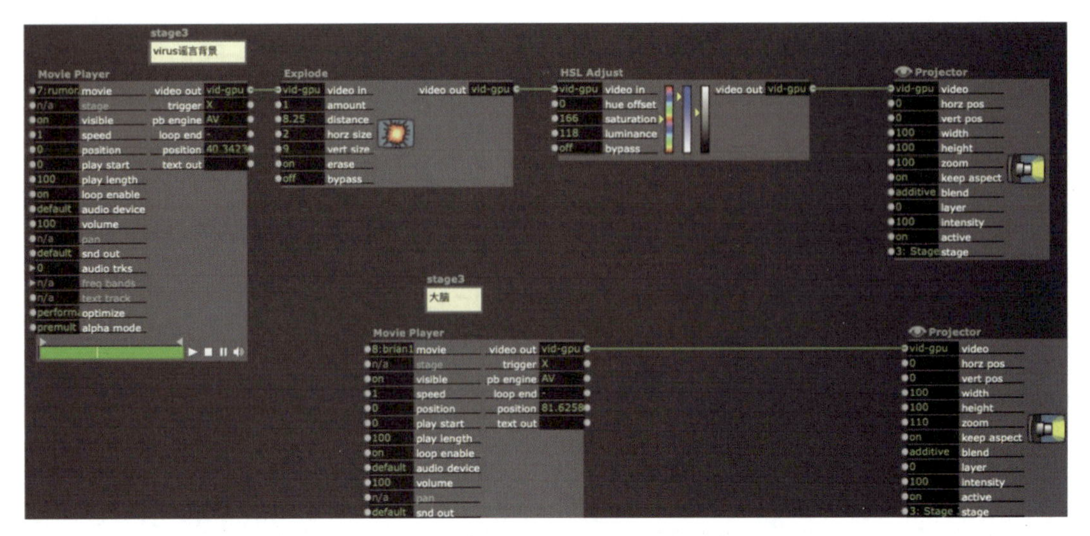

图 15-50　stage3 画面的基本搭建

置(horz 和 vert)却是由 stage1 传递给我们的(图片中的红线就是 Stage Mouse Watcher 的 vert. pos 和 horz. pos),计算的颜色却又是 stage3 中的。这就变成了在 stage1 中检测病毒时又会不可控制地在 stage3 中触碰到某条随机的言论。如图 15-51 所示。

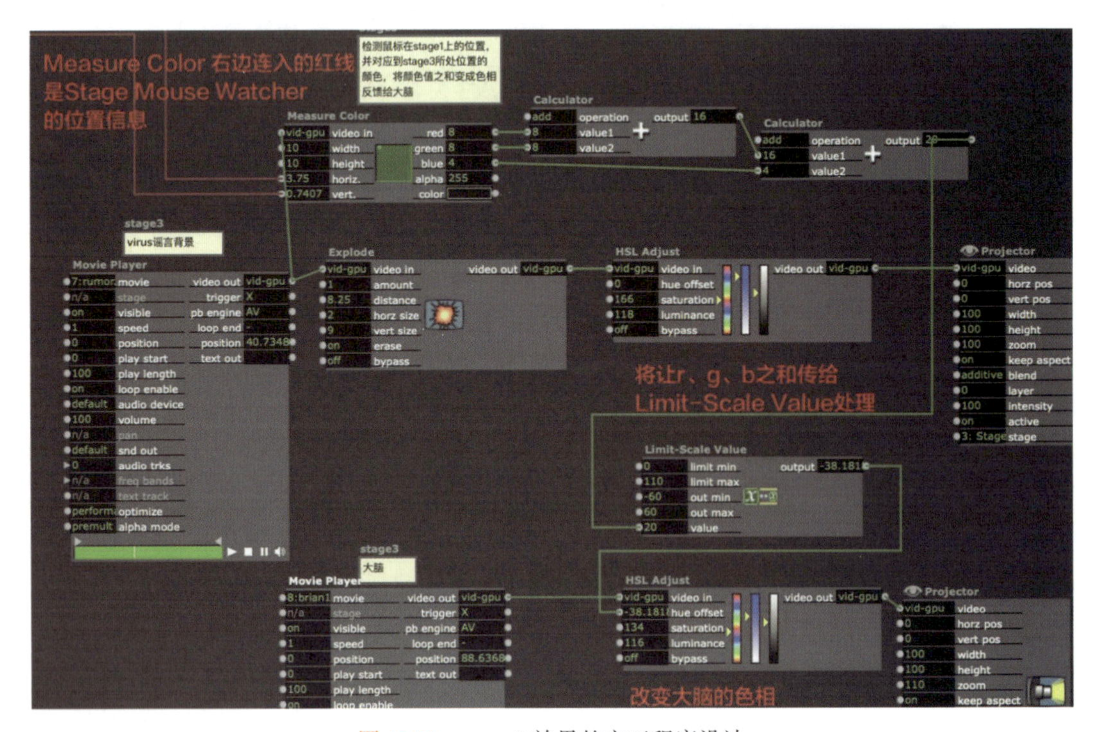

图 15-51　stage3 效果的交互程序设计

要让大脑的情绪随着触碰到的言论也不停地改变,这也需要通过大脑的颜色进行反馈。所以,给大脑的 Movie Player 后面也连入一个 HSL Adjust,调整它的饱和度和明度,但最重要的是去实时改变大脑的色相。将在 Measure Color 检测到的 r、g、b 数值通过 Calculator Actor 进行相加，将这个结果值连入 HSL Adjust 的 hue offset。当然，也可以在中间连入一个 Limit-Scale Value，通过不停地调试大脑的色相，找到适合的色相区间，并根据这个区间值在 Limit-Scale Value 里对输入值进行处理，然后再传到 HSL Adjust 里。

现在，stage3 也搭建好了，还是按照老规矩测试一下，看看当鼠标在是 stage1 中移动时，stage3 中的大脑颜色会不会相应地作出改变。如图 15-52 所示。

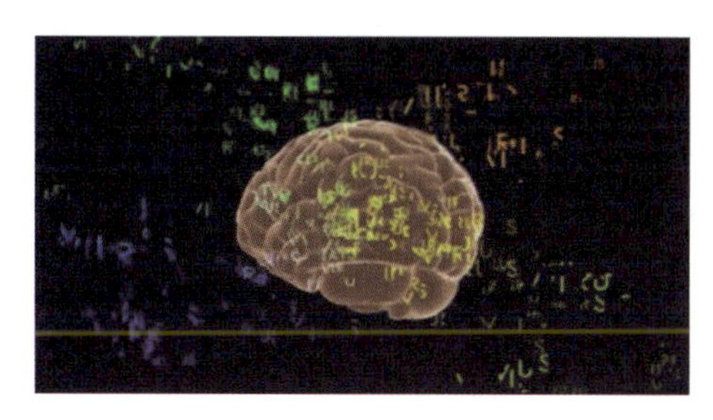

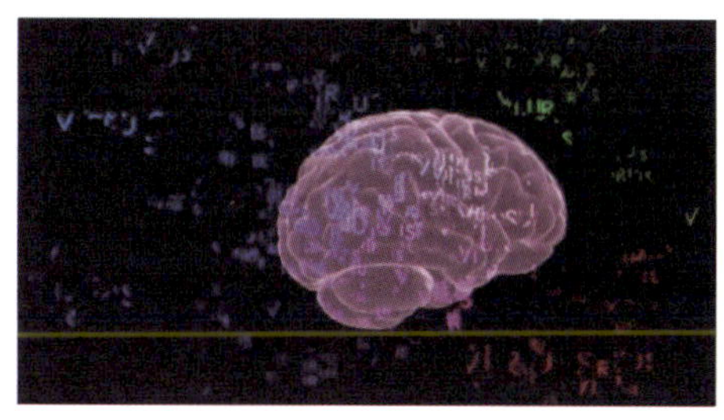

图 15-52　鼠标交互时大脑颜色的实时变化效果对比

3. 深化与完善 stage 间的交互

我们已经搭建好基本的画面效果。但是，要让体验者能感受到如同玩了一个小游戏的感觉，就要彻底地消灭病毒，并触发消灭病毒后的交互反馈，而不是一直无止尽地在检测病毒，这也是为什么要在设置 Counter 去增加肺部的颜色饱和度值时，将最大值设为 100 的原因。下面介绍当肺部复苏完成、病毒检测完毕后的交互反馈制作。

先整理一下想要的效果：stage2 肺部的饱和度达到 100 时，即为检测完毕，这时候 stage1 中具像化的病毒全部碎片化，就像互联网背后零散的代码，在碎片化的过程中，之前准备好的烟雾视频就要在此时释放。同时，之前每次检测到的病毒都会释放，在 stage1 和 stage2 中的能量球会消失。在 stage3 中，大脑运转的颜色恢复正常，virus 的粒子会消失，象征着舆论环境的清理。以上内容都要在肺部饱和度值达到 100 时来触发，所以，我们需要用几个 Comparator 进行连接。

先让 stage1 中的病毒碎片化。我们将前文中计算肺部饱和度的 Counter 连接到左边 Comparator 的 value1 上，这是输入实时数值的地方，在 value2 处输入想与之比较的固定数值。在病毒视频的 Movie Player 和 Projector 中间，连入 Explode Actor，通过它达到碎片化的效果，然后将上面的参数调至自己想要的效果。但是，在肺部饱和度未到达 100 之前，Explode 是不起任何效果的，我们要将它的 bypass 打开，让程序运行时先跳过这个 Actor。通过 Trigger Value Actor 将其打开。之前已经说过，1 和 0 象征着按钮的开与关。要想关掉 bypass，就要让 Trigger Value 的输出数值为 0，再将 Trigger Value 的另一段与 Comparator 的 true 相连，满足条件时自动地触发 Trigger Value。如图 15-53 所示。

接下来要在 stage1 中释放烟雾素材。先将烟雾素材的 Movie Player 拖入，同理，在肺部饱和度未到达 100 时，它是隐藏状态，要把它的 visible 关掉，用 Comparator 的输出

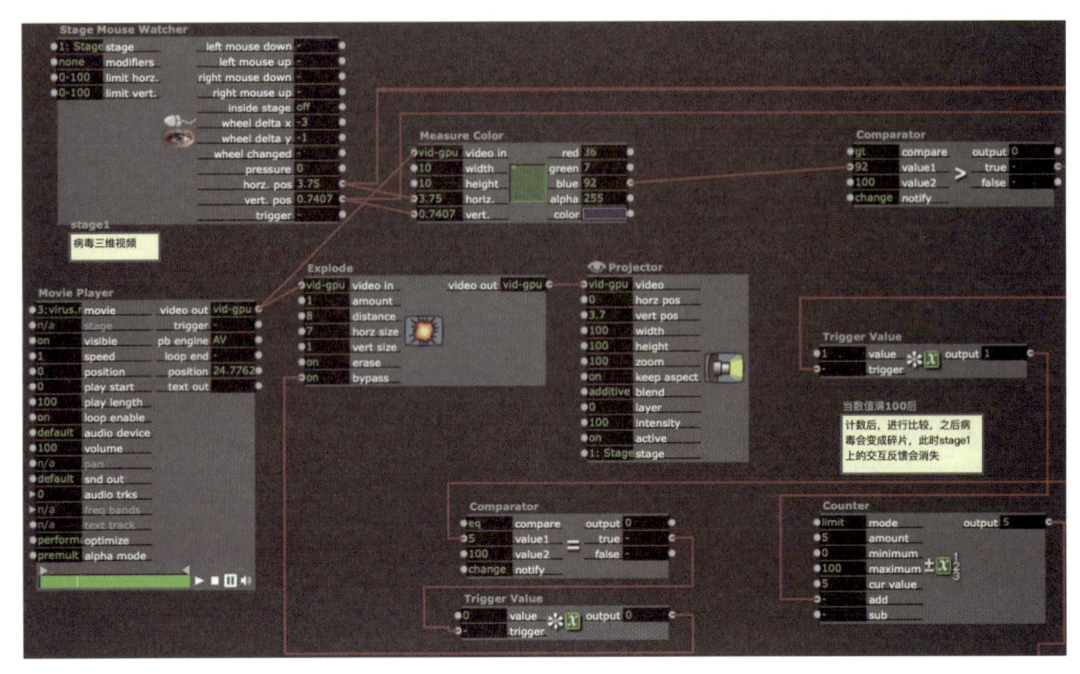

图 15-53　实现病毒碎片化

值 1 来打开它。因为这个素材中的烟雾在播放完后会突然消失，显得很生硬，我们就要给它一个淡出的效果。可以在视频播放到 position 为 99 时触发淡化效果，这又要通过 Comparator 实现了。将 value2 设为 99，然后让 true 连接到 Envelope Generator，我们要让 Projector 的强度慢慢降为 0，从而实现淡化，所以，把 Envelope Generator 的初始值 value0 设为 100，终值 value1 设为 0，可以依据自己想要的效果设置 rate。如图 15-54 和图 15-55 所示。

要让出现在 stage1 和 stage2 的能量球消失，还要在 Counter 的右边连接一个 Comparator，在 Comparator 后连接 Trigger Value，并把 value 值设定为 0，实现关掉按钮

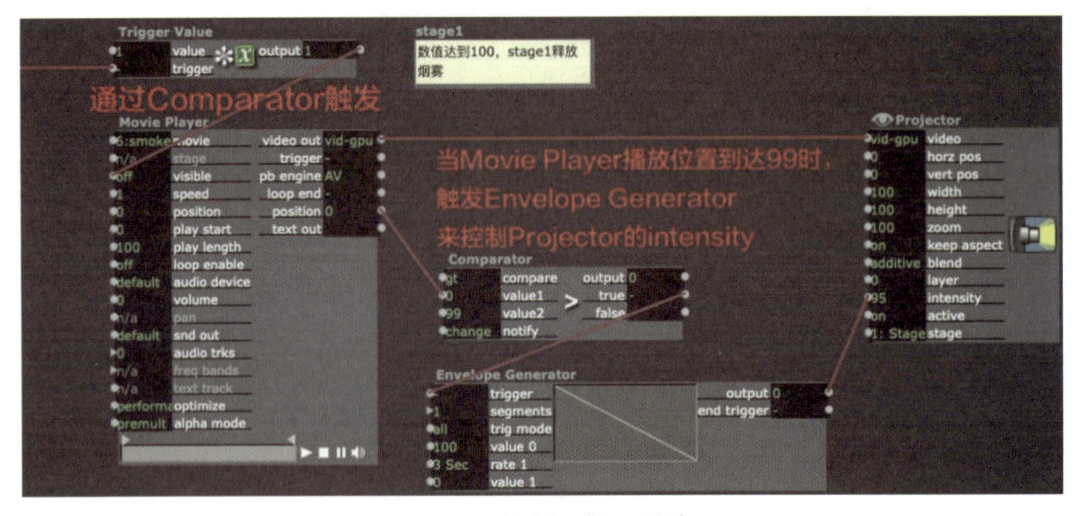

图 15-54　触发烟雾交互设计

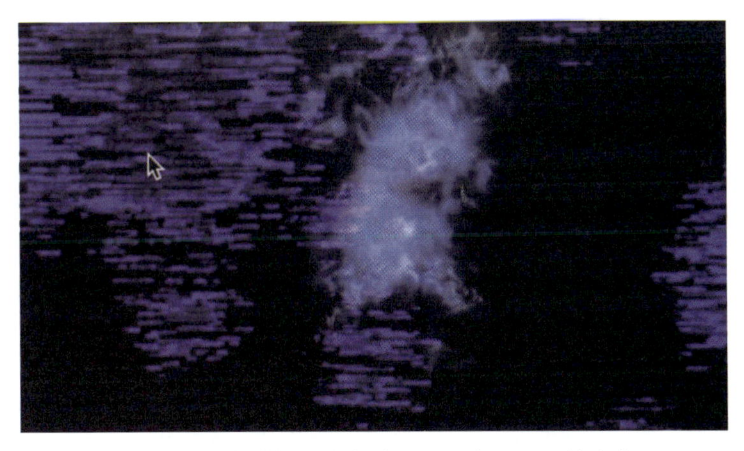

图 15-55　当肺部饱和度到达 100 时，stage1 的变化

的功能。再将 Comparator 的输出值传递给 stage1 的能量球 Movie Player 和 stage2 上的能量球 Movie Player。如图 15-56 和图 15-57 所示。

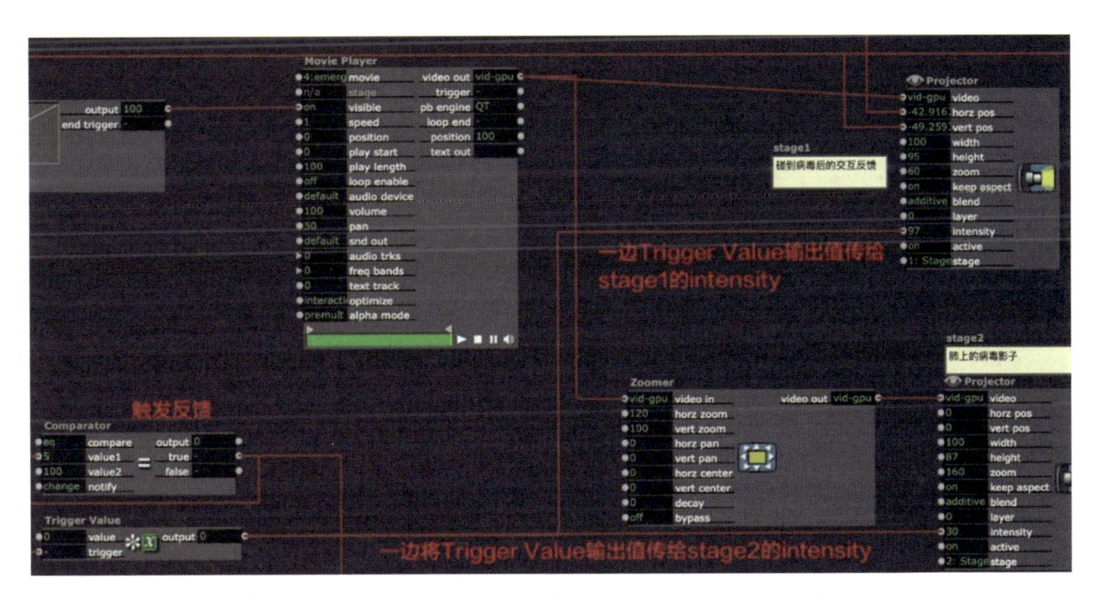

图 15-56　在 Counter 后面连接 Comparator 和 Trigger Value

最后就轮到 stage3 了，仍然用 Comparator 去触发反馈。但是要注意，这里需要两个 Trigger Value Actors。我们需要关掉 virus 粒子的视频，就要让它的 visible 变成 off 状态，其中的一个 Trigger Value 的输出值就要为 0。然后，让大脑恢复它正常的颜色，停止改变它的色相，就要让控制色相的 HSL Adjust 不再起作用，让它的 bypass 处于打开状态，因此，另一个 Trigger Value 的输出值就要为 1。如图 15-58 所示。

至此，《再・生》的完整交互效果就全部做完了。我们可以测试一下，看看肺部饱和度值达到 100 时，会不会触发这些反馈。

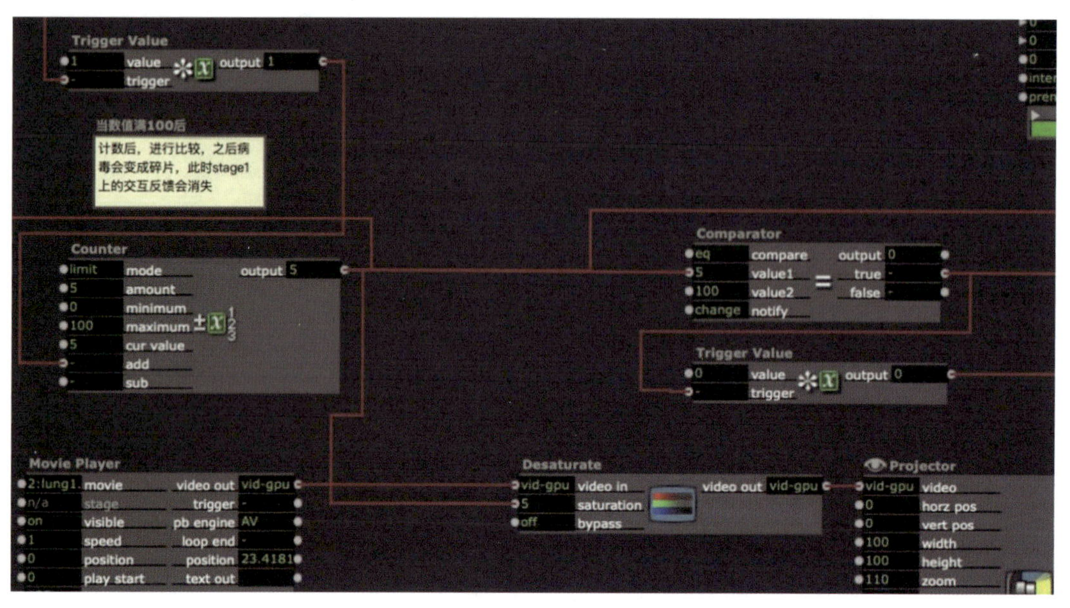

图 15-57　关闭 stage1 和 stage2 的能量球

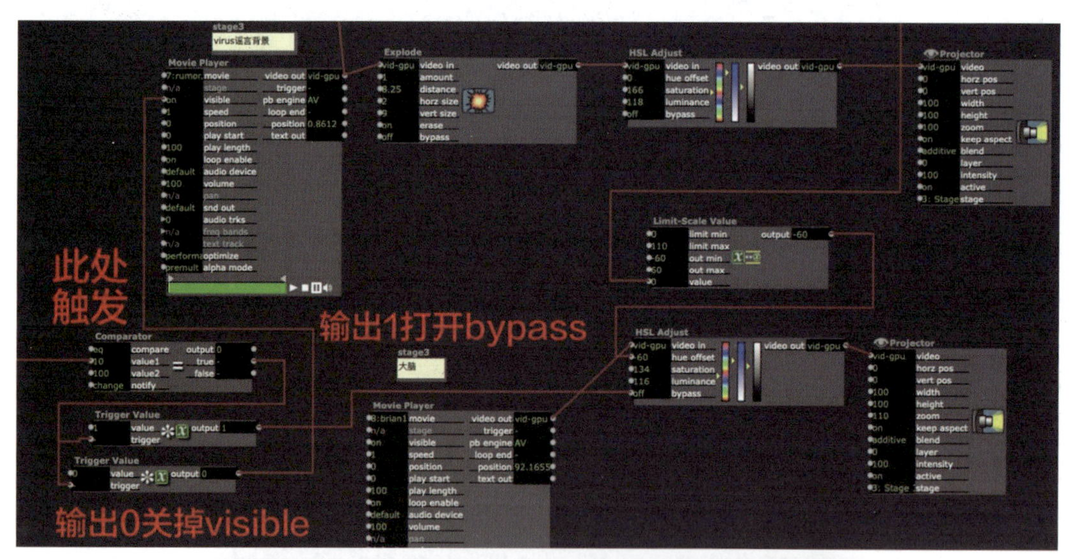

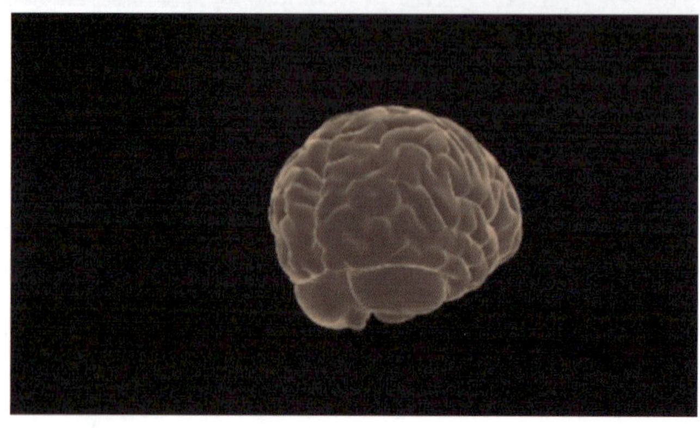
图 15-58　相关参数调整及 stage3 的效果

参 考 文 献

1. Isadora 官网:https://troikatronix. com。
2. 张敬平:《运用 Isadora 进行舞台表演中交互媒体设计与创作》,《演艺科技》2019 年第 3 期。
3. 谷雨:《新媒体交互艺术》,大连工业大学硕士学位论文,2008 年。
4. 王贞子:《新媒体叙事研究》,中国传媒大学出版社,2012 年。
5. DigitalFUN 工作室:《TouchDesigner 全新交互设计及开发平台》,人民日报出版社,2020 年。
6. Casey Reas、Ben Fry,*Processing: A Programming Handbook for Visual Designers and Artists*, Second Edition, The MIT Press, 2014.
7. GeeksArt:《什么是 VVVV? 一款不用敲代码就能实现新媒体艺术创作的工具》,GeeksArt 公众号,2019 年 9 月。
8. Processing 官网:https://processing. org。
9. Open Framework 官网:https://openframeworks. cc。
10. VVVV 官网:https://vvvv. org。
11. TouchDesigner 官网:https://derivative. ca。
12. 《装置〈火球〉及作者杜震君介绍》,新浪文化,http://cul. book. sina. com. cn. 2007/12/22。
13. Interactive Art, https://en. wikipedia. org/wiki/Interactive_art.
14. Joan Soler-Adillon (2015 - 12 - 21), "The intangible material of interactive art: agency, behavior and emergence", Archived from the original on 2016 - 05 - 06, Retrieved 2016 - 04 - 30.
15. Steve Dixon, *Digital Performance: A History of New Media in Theater, Dance, Performance Art, and Installation*, Boston: MIT Press, 2007.
16. R. Dannenberg、J. Bates, "A model for interactive art", *Proceedings of the Fifth Biennial Symposium for Arts and Technology*, 51(78):1.
17. "Introduction to OSC", opensoundcontrol. org, Retrieved 22 December 2019.
18. "OpenSoundControl|CNMAT", cnmat. berkeley. edu, Retrieved 22 December 2019.
19. Andrew Swift (May 1997), "A brief Introduction to MIDI", SURPRISE, Imperial

College of Science Technology and Medicine, Archived from the original on 30 August 2012, Retrieved 22 August 2012.

20. *MIDI History*, Chapter 6, "MIDI Is Born 1980－1983", www. midi. org, Retrieved 18 January 2020.

21. David Miles Huber, *The MIDI Manual*, Carmel, Indiana: SAMS, 1991.

22. 李家祥:《互动技术概念》,https://www. digiarts. org. tw/DigiArts/DataBasePage/4_88532502521087/Ch。

23. 《德国馆,可持续发展典范》,《羊城晚报》2010 年 4 月 25 日。

后　记

《演艺新媒体交互艺术》这本书从构思到完稿共历经了4年时间,几易其稿。

新媒体交互艺术作品的设计与创作涉及技术、艺术等多个学科领域,选择一个合适的创作工具,对于设计师或艺术家来说尤为关键。通过多年的新媒体艺术专业的教学实践和舞台新媒体交互设计创作实验的经验积累,我最终决定选择可视化交互媒体创作工具Isadora来阐述如何进行新媒体交互艺术设计与创作,因为我认为这是目前最适合艺术家使用的工具软件,而且自Isadora面世至今,得到了全球众多使用者的高度评价和喜爱。

本书在参考Isadora官方提供的参考文档和官方发布的基础视频教程的基础上,总结了笔者多年来利用Isadora进行新媒体交互艺术设计与创作的实践经验,汇集了笔者多年来讲授演艺新媒体交互设计课程的教学成果。

尤其值得一提的是,本书是Isadora发布以来在中国出版的第一部相关著作。希望本书能给所有爱好新媒体交互艺术的设计者,特别是舞台演艺新媒体交互设计的创作者一些切实的帮助,助力他们创作出更多优秀的交互艺术作品。

本书在撰写过程中自始至终得到复旦大学出版社陈军、王艳老师的热情鼓励和帮助。本书初稿完成后,我邀请我的学生黄沁仪和胡媛媛同学成为本书的第一批读者,她们与我分享了自己的阅读感受,并给我提出了一些修改建议。本书定稿后请上海理工大学的李宝俊老师审读,他对本书的体系结构、规范表达、用词推敲等方而提出了非常宝贵的修改意见。在此,向他们致以深深的谢意!

同时,我也要感谢我的爱人和孩子,他们对我经常伏案工作给予了极大的理解、支持和鼓励,使我得以安心写作。

最后,感谢Isadora的创造者——德国TroikaTronix公司的CEO Mark Coniglio专门为本书撰写序言,也感谢他以及他的团队为我们提供了这一令人惊叹的可视化创作工具。

张敬平

2021年3月于上海

图书在版编目(CIP)数据

演艺新媒体交互设计/张敬平著.—上海：复旦大学出版社，2021.9
ISBN 978-7-309-15897-7

Ⅰ.①演… Ⅱ.①张… Ⅲ.①传播媒介-人机界面-程序设计 Ⅳ.①G206.2 ②TP311.1

中国版本图书馆 CIP 数据核字(2021)第 176173 号

演艺新媒体交互设计
张敬平 著
责任编辑/陈 军

复旦大学出版社有限公司出版发行
上海市国权路 579 号 邮编：200433
网址：fupnet@fudanpress.com http://www.fudanpress.com
门市零售：86-21-65102580 团体订购：86-21-65104505
出版部电话：86-21-65642845
上海丽佳制版印刷有限公司

开本 787×1092 1/16 印张 17 字数 362 千
2021 年 9 月第 1 版第 1 次印刷
印数 1—1 100

ISBN 978-7-309-15897-7/G·2297
定价：128.00 元